PHILOSOPHIE DE LA NATURE

Physique sacrée et théosophie
XVIIIe-XIXe siècle

Bibliothèque Albin Michel
Idées

DU MÊME AUTEUR

Les Vampires — Essai historique, critique et littéraire, Paris, Le Terrain Vague, 1962.
Kirchberger et l'Illuminisme du XVIIIe *siècle*, La Haye, Nijhoff, 1966.
Eckartshausen et la théosophie chrétienne, Paris, Klincksieck, 1969.
L'Esotérisme au XVIIIe *siècle en France et en Allemagne*, Paris, Seghers-Laffont, 1973.
Mystiques, Théosophes et Illuminés au Siècle des Lumières, Hildesheim, G. Olms, 1977.
Les Contes de Grimm (Mythe et Initiation), Paris, Les Lettres Modernes, 1978.
Accès de l'Esotérisme occidental, t. I, Paris, Gallimard, 1986 ; t. I (nouvelle édition) et II, 1996.
Toison d'Or et Alchimie, Milan, Archè, 1991.
L'Esotérisme, Paris, Presses Universitaires de France (coll. « Que sais-je ? »), 1992 (rééd. 1993).
The Eternal Hermes. From Greek God to Alchemical Magus, Grand Rapids (Michigan), Phanes Press, 1995.

Antoine Faivre

Philosophie de la Nature

Physique sacrée et théosophie
XVIIIe-XIXe siècle

Albin Michel

22, rue Huyghens, 75014 Paris
ISBN 2-226-07627-1

À Basarab Nicolescu

Sommaire

Introduction

Par *physica sacra*, physique sacrée, on entend généralement, dans l'Occident moderne, une approche des phénomènes naturels éclairée par une foi ou par un savoir de caractère religieux. Il s'agit d'affirmer, ou de vouloir démontrer, que la Nature porte les signatures du divin, ou qu'entre elle et les récits de la Bible (Genèse, Ezéchiel, Job, Isaïe, etc.) il ne saurait y avoir de contradiction. Mais cette manière d'aborder le monde des phénomènes peut prendre plusieurs formes. Par commodité et malgré la complexité des courants de pensée ou leurs recoupements de fait, on pourrait en distinguer trois principales : le littéralisme biblique, la physico-théologie, l'analogisme herméneutique.

La première — le littéralisme biblique — consiste à postuler que les récits de l'Écriture sainte sont à prendre à la lettre. Mais, à partir de là, deux attitudes divergentes sont possibles qu'on pourrait qualifier, l'une d'intransigeance, l'autre d'ouverture. L'attitude intransigeante consiste à déclarer que la Bible ne pouvant mentir, l'annonce d'une nouvelle vérité scientifique en contradiction avec la lettre du texte révélé est nécessairement fallacieuse : en effet, ou bien la science prouve l'Écriture, ou bien elle lui est contraire et alors il y a conflit entre elles deux — comme on le voit avec l'affaire Galilée. Ici, l'on ne s'intéresse pas à la Nature pour elle-même et l'on tend à placer Nature et Révélation seulement en regard l'une de l'autre, à les juxtaposer en quelque sorte. Cette attitude se répand à partir de la fin du XVIe siècle et pendant tout le XVIIe chez les catholiques au fur et à mesure qu'ils se détournent d'une lecture polysémique, c'est-à-dire symbolique, à plusieurs niveaux d'interprétation — lecture encore courante dans les exégèses de type médiéval. Semblable parti pris de littéralité présente à l'époque l'avantage de servir en quelque sorte d'arbitrage entre catholiques et protestants. Le jésuite Benoît Pereire, dans son *Commentaire sur la Genèse* (1591-98), pose que le récit de Moïse doit être pris dans son sens historique et ne saurait être contraire aux raisons et expériences humaines. Certes, ni Galilée ni Descartes ne pratiquent un tel littéralisme, l'un et l'autre se contentant plutôt de retenir l'idée qu'il existe une relation entre Écriture et Nature. Dans sa lettre de 1615 à Christine de Lorraine, Galilée éprouve cependant le besoin de souligner la conformité de sa nouvelle physique aux Saintes Écritures, et Descartes lui-même ne dédaigne pas de justifier ses thèses par l'autorité de la Bible. Dans le même temps, le père Marin Mersenne se fait l'artisan d'un déplacement consistant au contraire à rabattre sur elle le Livre de la Nature pour appuyer sur les nouveaux acquis de la science la vérité révélée[1].

Pour différentes que soient leurs approches respectives, Descartes, Galilée et Mersenne sont moins éloignés de l'attitude de littéralisme ouvert que l'est Pereire. Celle-ci est pourtant sensiblement différente de la leur, et au cours du XVIIe siècle c'est l'expression *physica sacra* qui sert à la qualifier pour désigner un recours au texte des Saintes Écritures comme clef de lecture d'un autre Livre, celui de la Nature. Recours nécessaire car l'observation, l'expérience, c'est-à-dire la seule *physica naturalis* ne sauraient par elles-mêmes, croit-on, suffire à nous éclairer sur ce qu'est réellement le monde. Considérée ainsi, cette *physica sacra* apparaît surtout comme une tentative de se libérer de l'explication aristotélicienne, païenne, du monde, et de substituer à celle-ci une lecture chrétienne. Ainsi, pour Jan Amos Comenius la physique repose sur la raison, l'observation et la Révélation, mais « quel que soit le problème à traiter, c'est l'Écriture qui en procure la norme, les paroles ou les exemples[2] ». On parle aussi de « physique mosaïque » à propos de Comenius et de ceux qui, comme lui, commentent les récits bibliques (attribués à Moïse) de la Création en voyant dans ceux-ci la source des cosmologies ultérieures et surtout une clef de compréhension du monde physique. Cette interprétation coménienne, qui fait école et s'appuie sur celle de notables devanciers, n'est point sèche ni mécanique ; une inspiration de type prophétique, ou du moins poétique, vient infléchir le littéralisme biblique dans un sens d'ouverture spirituelle — comme on le voit notamment dans les belles pages de Comenius consacrées à la Lumière[3].

La deuxième forme que peut prendre cette approche de la Nature consiste à conférer aux faits empiriques une dimension théologique, sans qu'il s'agisse pour autant, comme dans les cas précédents, de défendre systématiquement une interprétation religieuse orthodoxe. Ici, l'on s'intéresse toujours à la Nature pour elle-même. Ce projet ne passe pas nécessairement, du moins pas uniquement, par la Bible : l'essentiel est de refuser la séparation radicale entre connaissance de la Nature et connaissance de Dieu. La littérature scholastique tardive a déjà proposé un programme comparable, et la philosophie occulte de la Renaissance s'inscrit dans cette tendance générale, de Corneille Agrippa *(De Occulta Philosophia*, 1533) à Lambert Daneau *(Physice Christiana*, 1588/1602). Un courant d'orientation plus systématique, d'aspect moins ésotérique mais tout aussi pédagogique et vulgarisateur, se constitue à la fin du XVIIe siècle en Angleterre pour se développer ensuite sur le continent, surtout en France et en Allemagne. On l'appelle la physico-théologie. Il s'agit d'enregistrer, dans un monde en train de se séculariser, les découvertes scientifiques en les accordant à la foi ou du moins à une vision téléologique des processus naturels. Réaction contre la pensée mécaniste et le rationalisme cartésien, la physico-théologie plonge, comme la philosophie critique, une partie de ses racines dans les écoles leibnizienne et wolfienne. Les physico-théologiens parlent des animaux (abeilles, mollusques, araignées, oiseaux, etc.), des plantes, de l'éclair, du tonnerre. Ou des cataclysmes naturels, en cherchant par exemple à accorder aux connaissances géologiques le récit mosaïque du Déluge. Ou encore de la société, par exemple Johann Peter Süssmilch, le fondateur de la démographie. L'ouvrage de Johann Jakob Scheuchzer, *Physica Sacra*, paru à Augsbourg et Ulm de 1731 à 1735, richement orné de remarquables et fantastiques gravures sur cuivre, est l'un des plus célèbres exemples de cette littérature physico-théologique ; il fera rêver des générations de lecteurs. Kant ne fait pas grand cas de celle-ci (cf. *Critique du jugement*, parag. 85) ; Voltaire refuse son postulat de l'existence d'un Bien partout présent ; elle ne trouve pas grâce non plus aux yeux de Herder — sans doute en raison des éléments ésotériques qu'elle charrie, mêlés à l'empirisme de l'époque[4]. Mais nous verrons combien Friedrich Christoph Oetinger et son école lui sont redevables.

La troisième forme d'approche ne consiste guère à vouloir démontrer, contrairement à la première, la compatibilité ou l'incompatibilité de résultats scientifiques avec la Bible, non plus qu'à présenter, comme fait la physico-théologie, des comparaisons terme à terme marquées d'étrangeté ou de pittoresque. Il s'agit plutôt d'éclairer les deux Livres — celui de la Nature et celui de la Révélation — l'un par l'autre dans une lumière d'analogie en instaurant entre eux un dialogue permanent à la faveur duquel ils se chargent de sens toujours neufs et complémentaires. La Nature est vivante, l'Écriture est chargée de connotations multiples. Un jeu de miroirs s'instaure entre trois principaux *dramatis personae* : Dieu ou l'Esprit, l'homme, la Nature ; une Nature perçue comme vivante dans toutes ses parties et qui, à l'instar de l'Écriture, se présente comme un texte interprétable à plusieurs niveaux. La Révélation confère aux faits scientifiques des significations nouvelles, et inversement une herméneutique des faits scientifiques sert à enrichir le contenu de la Révélation. Ce double mouvement n'était point inconnu du Moyen Age, mais l'univers symbolique médiéval reposait sur un tissu de correspondances à caractère plutôt statique ; par ailleurs, le besoin de cette réciprocité herméneutique se faisait moins sentir, tandis qu'avec l'avènement des Temps modernes la science concrète a désormais son mot à dire. En réaction contre la désacralisation du monde il s'agit de resacraliser la « physique » et de transférer à l'Esprit, au Divin, des propriétés de cette même physique. Dans l'interface entre ces deux mouvements complémentaires prend place un imaginaire apte à les dynamiser, qui à l'occasion sait recourir à des traditions ésotériques comme alchimie, astrologie, kabbale, philosophie occulte...

Cette troisième forme d'approche, parfois appelée « physique supérieure » — ou « sacrée » — par ses représentants, s'exprime dans deux courants de pensée qui chez certains auteurs se recoupent tout à fait. D'une part, la théosophie [5] ; d'autre part, la *Naturphilosophie* de type néoparacelsien puis romantique [6]. L'on pourrait dire de la théosophie qu'elle est une herméneutique s'exerçant sur des textes prophétiques ou révélés, ou sur des visions, pour faire jaillir de ceux-ci des significations multiples, des bouquets de sens. Le théosophe scrute les mystères de la Divinité et de l'univers conjointement, ou plutôt les rapports unissant Dieu, l'homme et la Nature ; il est plus ou moins un philosophe de la Nature — un *Naturphilosoph* — ou un théosophe, selon que son imagination créatrice s'exerce davantage à partir de l'observation des phénomènes naturels ou à partir du Divin. Le *Naturphilosoph*, au sens romantique du terme, peut n'être point théosophe — ainsi F.J.W. Schelling, ou Lorenz Oken —, mais nombre de *Naturphilosophen* partent du donné empirique, scientifique, pour l'intégrer dans des spéculations de type théosophique — ainsi Friedrich Christoph Oetinger, ou Johann Wilhelm Ritter. Des penseurs comme Franz von Baader ou Johann Friedrich von Meyer représentent aussi bien l'un que l'autre courant. A quelques-uns des représentants allemands d'une *Naturphilosophie* théosophisante, qui vécurent dans la période préromantique ou romantique, les articles de ce livre sont consacrés. Il reste maintenant à présenter succinctement le contexte théosophique et philosophique *(naturphilosophisch)* dans lequel leurs œuvres s'inscrivent.

Dans la genèse de la *Naturphilosophie* comme de la théosophie occidentales modernes, Paracelse a joué un rôle déterminant. Tandis que selon la tradition néoplatonicienne le premier principe divin s'abaisse jusque dans la matière par une série de degrés, la Nature selon Paracelse est plutôt épiphanie branchée directement sur la toute-puissance divine. Mais Paracelse partage avec le néoplatonisme une conception qualitative du temps, toute chose individuelle possédant son rythme propre. Il distingue deux ordres de réalité supra-sensibles, ou « lumières ». Il y a la « lumière de la Grâce », d'ordre spirituel, monde divin auquel est relié l'homme par son esprit immortel. L'autre « lumière », ou *philosophia sagax*, celle dite « de Nature » et qui n'est pas la voie intellective des scholastiques, est présentée par Paracelse comme puissance autonome de révélation. Entre les deux il place un troisième lieu ou terme, l'« astronomie » ou « astrologie ». Tout ce qui concerne les règnes minéral, végétal, animal, ainsi que la biologie et la psychologie humaines, ressortit à la lumière de Nature et constitue un immense réseau de rapports analogiques. Ainsi, il y a des correspondances entre planètes, métaux, parties du corps humain. Surtout, par ce qu'il appelle la « chimie » — et qui exprime une conception alchimique du monde —, Paracelse entend un instrument de connaissance de l'univers entier et de l'homme. Tout, y compris les astres, a été créé « chimiquement », continue à évoluer de façon « chimique ». Une alchimie se trouve ainsi reliée organiquement à l'astronomie, à l'astrologie, à toutes les sciences.

Le paracelsisme ne commence à se répandre en Allemagne et en Europe qu'à la fin du XVIe et au début du XVIIe siècle. Parmi les successeurs ou disciples immédiats figurent Gerhard Dorn, Adam von Bodenstein, Michael Toxites, Alexander von Suchten, Oswald Croll. Leur philosophie revêt un caractère toujours dynamique, qu'on retrouve transféré jusqu'en Dieu même, qui pour eux n'est nullement *Deus otiosus*. La manière dont ils conçoivent l'unité organique du monde et multiplient les hypostases aboutit toujours à une « physique sacrée » éloignée de la sécheresse propre à maintes cosmologies médiévales, exception faite de celles que transmirent, par exemple, un saint Bonaventure ou une sainte Hildegarde de Bingen. C'est l'irruption, en Occident, d'une cosmosophie « physiologiste ».

Cette pensée connaît une triple postérité, outre les disciples directs et immédiats. D'abord, sous l'aspect d'une alchimie et d'une astrologie fortement marquées par elle. Également, sous celui d'une « philosophie chimique » plus ou moins teintée d'alchimie et dont la science positive tentera difficilement de se débarrasser tout au long des XVIIe et XVIIIe siècles [7]. Enfin, sous la forme d'une théosophie qui apparaît et se développe comme un courant spécifique et qui, en passant par la pansophie du XVIIe siècle, marque profondément certains des *Naturphilosophen* de l'époque préromantique puis romantique. Toutefois, si la *Naturphilosophie* est généralement tributaire de Paracelse, au moins indirectement, elle peut, comme on l'a vu, n'avoir avec la théosophie que peu de rapports.

La « lumière de Nature » paracelsienne porte surtout sur les « causes secondes », c'est-à-dire sur la Nature proprement dite — ses lois, les correspondances entre ses niveaux de réalité. Or, des courants de pensée apparus dès la fin du XVe siècle, comme la Kabbale chrétienne et l'hermétisme néo-alexandrin, ont favorisé le goût pour une mystique spéculative plus globalisante portant sur les rapports de l'homme et de l'univers avec Dieu. Au cours de la seconde moitié du XVIe siècle, cette forme de spéculation illuminée commence à prendre un aspect très spécifique de gnose, qu'il est convenu d'appeler la théosophie. Valentin Weigel, Heinrich Khunrath, Aegidius Gutman, Johann Arndt en sont les principaux annonciateurs, mais c'est avec Jacob Boehme, dans le premier tiers du XVIIe siècle, qu'elle acquiert ses principales caractéristiques, quasi définitives. Cette sorte d'amalgame entre la tradition mystique médiévale allemande et une cosmosophie de type paracelsien se présente comme une herméneutique visionnaire appliquée aux textes bibliques. Entre les théosophes on trouve peu d'unité doctrinale, mais trois traits communs les relient : A. Une spéculation illuminée portant sur le « triangle » Dieu-homme-Nature, dont les trois termes entretiennent les uns avec les autres des rapports complexes selon des processus ou des scénarios dramatiques. B. La primauté de l'élément mythique : l'imagination active du théosophe s'exerce de préférence sur les éléments et les thèmes les plus mythiques de la Révélation (la Sophia, les anges, l'androgyne primitif, les chutes successives, etc.). Nous avons affaire à une sorte de théologie de l'image. C. L'accès direct aux mondes supérieurs, grâce à une faculté que posséderait l'homme — notamment le théosophe — de pénétrer directement le monde divin ou celui d'entités supérieures (le *mundus imaginalis*, comme l'appellera Henry Corbin), d'où la possibilité d'explorer tous les niveaux de réalité, d'assurer une compénétration du divin et de l'humain, enfin de donner à notre esprit la possibilité de se « fixer » dans un corps de lumière ; mais la théosophie n'est pas vraiment une « mystique » au sens strict du terme puisqu'elle ne prétend pas abolir les images : pour Boehme et ses successeurs l'image est au contraire accomplissement.

Ce courant surgi en terre luthérienne est « réformateur », mais pas au sens protestant du mot ; il correspond à un besoin de réformer l'homme de l'intérieur et n'exprime en aucune manière une volonté de créer une nouvelle Église constituée, une secte ou même un groupement organisé. Le courant rosicrucien en est proche, qui naît au moment même où Boehme rédige ses premiers livres, c'est-à-dire quand s'intensifie un besoin d'unité des sciences et de l'éthique — un désir d'unifier la pensée et aussi, par la suite, de réagir contre un imaginaire de type mécaniste qui tendra à devenir normatif. On appelle « pansophie » une pensée de type rosicrucien et plus ou moins paracelsien qui se présente comme une volonté de savoir universel, toutes choses étant ordonnées à Dieu et classées selon des rapports d'analogie ; il s'agit de connaître les choses divines en partant d'un déchiffrement des « signatures » ou hiéroglyphes repérables partout dans le monde naturel, alors que la théosophie proprement dite partirait plutôt du divin pour comprendre l'univers. Mais dans la pratique, théosophie et pansophie sont complémentaires ou peu distinctes l'une de l'autre.

Parmi les principaux représentants du courant théosophique on peut citer, outre Jacob Boehme, les noms de Johann Georg Gichtel, Quirinus Kuhlmann, en Allemagne ; Johann Baptist Van Helmont en Hollande ; Robert Fludd, John Pordage, Jane Leade, en Angleterre ; Pierre Poiret, Antoinette Bourignon, en France. Cela, pour le XVIIe siècle. Dans la première moitié du suivant, William Law, Dionysius Andreas Freher, parmi les Anglais, et le Suisse Saint-Georges de Marsais, qui se situent dans la mouvance boehméenne. En Allemagne, Georg von Welling, A.J. Kirchweger, Samuel Richter, Hermann Fictuld sont des théosophes davantage marqués par la pensée alchimique et surtout paracelsienne. Si l'époque de Boehme avait inauguré le premier « âge d'or » de la théosophie, il faut attendre la fin du XVIIIe siècle et l'époque romantique pour assister à l'avènement du second, qui est en même temps le dernier. En France ce sont surtout Louis-Claude de Saint-Martin (inspiré par Boehme et par Martinès de Pasqually). Jean-Philippe Dutoit-Membrini. En Allemagne, Friedrich Rudolf Salzmann, Michael Hahn, parfois Karl von Eckartshausen et Johann Heinrich Jung-Stilling, mais surtout Friedrich Christoph Oetinger puis Franz von Baader qui tous deux comptent de nombreux disciples et épigones. Le Suédois Emmanuel Swedenborg les précède, dont la position est relativement marginale par rapport à l'ensemble des noms cités, mais à partir de la fin du Siècle des Lumières il exerce une influence spirituelle et culturelle considérable.

Au nom du Souabe Oetinger il faut associer ceux de ses disciples contemporains ou penseurs inscrits dans la même mouvance que la sienne : Johann Ludwig Fricker, Prokop Divisch, Friedrich Rösler, dits les « théologiens de l'électricité » et auxquels une partie du présent livre est consacrée. Ces auteurs recourent de façon presque permanente aux deux sources d'inspiration qui pour eux s'éclairent et se vérifient réciproquement : la Nature et la Bible. Les images révélées — qu'il s'agisse des six jours de la Création, du jardin d'Eden ou de la vision d'Ezéchiel — sont entendues concrètement, dans la perspective d'un réalisme spirituel qui préserve et favorise les interprétations à plusieurs niveaux. Presque aussitôt après, le mesmérisme, c'est-à-dire l'œuvre et l'enseignement de Franz Anton Mesmer, popularise le goût de l'époque pour le magnétisme en donnant à celui-ci un fondement qui paraît vraiment scientifique aux yeux de beaucoup sans pour autant évacuer le mystère. L'engouement est grand pour tout ce qui touche au magnétisme, au galvanisme, à l'électricité (1789, expériences de Galvani ; 1800, pile de Volta). Dans la mouvance de la théosophie oetingérienne et du pragmatisme de Mesmer — médecin peu métaphysicien — la *Naturphilosophie* romantique va naître. Mais elle ne résulte pas uniquement de ces deux courants. Trois autres facteurs au moins entrent aussi en ligne de compte.

D'abord, le naturalisme français. Voilà qui peut sembler paradoxal, mais avec Buffon, avec *Le Rêve de d'Alembert* (1769) de Diderot, une nouvelle physique apparaît. Certes, elle se présente davantage sous la forme d'un exercice littéraire que comme un calcul scientifique, mais en se popularisant elle pénètre la culture. On voit aussi, chez Buffon, se manifester le goût de la synthèse (sans doute un des deux traits caractéristiques de la pensée romantique, l'autre étant le sentiment douloureux des limites de la condition humaine) et resurgir un thème comme l'Ame du Monde — que le XVIIe siècle n'avait pas oublié. Buffon, et même d'Holbach, ont en quelque sorte rapporté en Allemagne ce qui était venu d'elle, c'est-à-dire de Leibniz ; mais un Leibniz préalablement revu et corrigé par le naturalisme français qui transfère la monade, substance intelligible accessible au seul entendement, dans la nature phénoménale elle-même.

Le second facteur, plus déterminant, est la philosophie de Kant et de Fichte. Friedrich Schlegel, Novalis et d'autres croient trouver chez Kant une conception du monde comme produit de l'imagination — c'est-à-dire comme résultat de l'activité synthétique, spontanée, de l'Esprit. Et dès ses *Anfangsgründe der Naturwissenschaft* (1786), Kant présente comme constitutives de toute la Nature les deux forces de la physique newtonienne : l'attractive et la répulsive, dans le temps où la notion de polarité s'échappe des traditions de l'hermétisme pour s'introduire dans les plus divers domaines de réflexion, notamment en médecine, ce dont témoigne le succès du médecin écossais John Brown *(Elementa Medicinae*, 1780). Quant à Fichte, il pose comme identiques la chose en soi et notre représentation de celle-ci ; il n'y a dès lors point d'existence absolue hors du sujet car c'est lui qui crée le réel. Schelling dira que Fichte a restitué la confiance fondamentale dans l'objet, confiance naturelle à l'être humain mais ébranlée par Descartes puis par Kant.

Le troisième facteur est d'ordre religieux. Après avoir passé tout au long du XVIIIe siècle pour un athée, à l'époque romantique Spinoza revient sur le devant de la scène sous la forme d'un penseur ivre de Dieu. On tend alors à lire la formule « *Deus sive natura* » non plus comme une profession de foi déguisée de matérialisme, mais comme l'affirmation que la Nature est quelque chose de divin. D'où la tendance de plus en plus affirmée à poser un Dieu non pas identique aux choses — la *Naturphilosophie* évite le panthéisme — mais conçu comme un foyer d'énergie dont procède, comme développement de forces organiques, l'ensemble du monde fini. Sous l'influence plus ou moins directe de Herder, les premiers romantiques allemands vont tendre à remplacer la notion d'organisme cosmique — telle qu'on la trouve chez Hamann, Jacobi ou Hemsterhuis — par celle d'une force dynamique, à effacer le concept spinozien de substance au profit de quelque chose de plus énergétique. Et puis, au moment où surgit la *Naturphilosophie* la religion est en crise. C'est l'époque où Chateaubriand, dans son *Essai sur les révolutions* (1797), se demande quelle est la religion qui va succéder au christianisme[8].

Pour une large part grâce à ces facteurs, dans les toutes dernières années du XVIIIe siècle et pendant plus de cinquante ans va s'exprimer une manière très neuve d'aborder l'étude de la nature. Presque simultanément (1798) paraissent la *Weltseele* de F.J.W. Schelling et l'essai de Franz von Baader *Ueber das pythagoräische Quadrat in der Natur.* A ce coup d'envoi en deux temps il faut ajouter les premiers écrits du jeune C.A. von Eschenmayer, qui avec Franz von Baader et davantage que Schelling contribue à unir les données d'un héritage de type ésotérique à l'esprit nouveau de la philosophie kantienne. Parmi les principaux représentants de cette « école » qui se prolonge environ jusqu'à la mort de Carl Gustav Carus (1869) figurent dans le monde germanique, outre les noms déjà cités : Karl Friedrich Burdach, Wilhelm Butte, Joseph Ennemoser, Gustav Fechner, Joseph Görres, Justinus Kerner, Giovanni Malfatti, Johann Friedrich von Meyer, Adam Müller, Novalis, Jean-Christian Oersted, Lorenz Oken, Johann Nepomuk Ringseis, Johann Wilhelm Ritter, Gotthilf Heinrich von Schubert, Henrik Steffens, Gottfried Reinhold Treviranus, Ignaz Troxler, Johann Jakob Wagner, Karl Joseph Windischmann. Peu de choses à dire d'autres aires culturelles, bien qu'il soit nécessaire d'ajouter deux grands noms de philosophes anglais teintés par cette école : William Paley *(Natural Theology,* 1802) et Sir Humphrey Davy *(Consolations in Travel,* 1830).

Cette *Naturphilosophie* apparaît fondée sur un certain nombre de principes plus ou moins explicites que les réflexions actuelles sur la science rejoignent parfois de façon inattendue et stimulante.

Premier principe : *la Nature a une histoire, et cette histoire est de nature mythique.* Ce postulat sert de fondement ontologique à ceux des penseurs de ce courant qui sont les plus marqués, ou teintés, par la théosophie. Il est le moteur poétique de leurs recherches, de leurs spéculations. Le monde n'est pas fait de choses éternelles, immuables, mais il se trouve, comme l'Esprit, engagé dans un devenir dont les processus revêtent un caractère hautement dramatique. Le mythe privilégié est ici celui du Sauveur sauvé, autrement dit l'histoire d'une Lumière captive, capturée, et qu'une autre Lumière restée libre vient en quelque sorte réveiller. D'où l'utilisation si fréquente des deux notions de lumière et de pesanteur, celle-ci étant comprise comme un produit dans lequel des énergies primitives sont allées s'engloutir mais peuvent encore réapparaître, être ressuscitées. De même, Jacob Boehme disait que la Nature est un feu dont il nous appartient de rallumer les braises et qui dès lors, à son tour, nous sauverait. Comme nous le verrons, Ritter laisse entendre que cette réapparition de la Lumière dans le monde fonde métaphysiquement une écologie possible, l'homme étant l'accoucheur, le Sauveur, de la Nature, qui rendue à sa Lumière perdue serait capable à son tour de transformer l'humanité, de l'aider à effectuer sa transmutation corporelle et spirituelle.

Deuxième principe : *l'identité de l'Esprit et de la Nature.* L'expression est de Schelling, qui par Esprit entend l'Esprit universel — voire divin — dans ses rapports avec la Nature et avec l'homme, mais aussi l'Esprit de l'homme. Cette identité est fondée ontologiquement, comme on l'a vu plus haut, par une vision mythique de « l'histoire » de la Nature. Il s'agit de poser un niveau de compréhension de la réalité auquel se trouve surmontée l'apparition négative ou destructrice des deux : l'Esprit se fait Nature, la Nature se spiritualise. Oersted, le célèbre physicien, écrit en 1807 : « L'accord *(Uebereinstimmung)* de la Nature et de l'Esprit [...], plus nous avançons, plus parfait vous le trouvez, et [...] ces deux Natures sont les germes d'une racine commune[9]. »

Compris de façon dynamique, cet « accord » est dramaturgie animée et passionnée. Du même coup la connaissance de soi et celle du monde vont de pair. Elles sont l'une et l'autre passion, voyage initiatique, immersion dans le devenir. La conscience de ces penseurs n'est pas solitaire mais solidaire. Ils sont à la recherche de modèles génétiques qui mettraient au jour les rapports homme-Nature, surplombés par cette unité de la Nature et de l'Esprit, unité perdue mais à retrouver.

Troisième principe : *la Nature tout entière est un vivant tissu de correspondances à déchiffrer*. Elle est un texte dont le sens réside en dehors d'elle-même, c'est-à-dire dans un Esprit qui s'exprime à travers elle. Texte tout plein d'implications symboliques, aussi la science rigoureuse, expérimentale n'est-elle jamais que le point de départ obligé vers une saisie intellective, totalisante, de processus invisibles, ceux d'une *natura naturans* partout à l'œuvre. Les choses se présentent toujours comme des symboles dont on pense qu'ils s'inscrivent dans des chaînes et des trames, selon des étages qualitatifs, qu'il s'agisse des trois règnes, de la lumière, ou du temps. L'on décèle des structures vivantes dans les cristaux, les constellations, comme dans la circulation du sang, les phénomènes de combustion, les périodes de la vie humaine. Le compartimentage de la science en secteurs cloisonnés et l'imaginaire mécaniste font place ici à un éclatement des disciplines. Ces penseurs sont chimistes, physiciens, géologues, ingénieurs des mines, médecins — l'on sait l'importance du médecin dans la science romantique —, et parfois ils exercent plusieurs de ces activités simultanément. Imaginaire de polymorphie, de polysémie — et aussi polythéisme de fait. Schelling écrit : « Monothéisme de la raison et du cœur, polythéisme de l'imagination et de l'art, voilà ce dont nous avons besoin [10]. » Toujours il s'agit de procéder à une lecture seconde des fragments du réel, qui après avoir été scientifiquement analysés passent par des déchiffrements symboliques. Dès lors un fait scientifique est perçu comme un signe, les signes se corépondent, des concepts empruntés à la chimie sont transposés dans l'astronomie ou dans les sentiments humains, des notions ressortissant à la botanique se trouvent soudain appliquées à la description de processus inorganiques, ou vice versa. Friedrich Schlegel affirme que « l'esprit combinatoire est vraiment prophétique ». Ces transferts homologiques ouvrent parfois d'étonnantes perspectives. Ils se présentent fréquemment sous forme de rapprochements rapides et suggestifs — d'où la forme littéraire de l'aphorisme, que prise particulièrement le Romantisme allemand.

Toutefois, cette recherche des correspondances ne doit pas être comprise comme un désir de retrouver partout l'Ordre car la place est faite ici, aussi bien, au désordre. C'est plutôt sous le signe de l'Unité qu'elle s'organise. Le monde qui nous entoure, et nous-mêmes témoignons d'un ordre ancien mais perturbé — comme le montrent aussi l'art et la littérature romantiques, qui présentent volontiers des paysages naturels sur lesquels un cataclysme semble s'être abattu. Il y a place non seulement pour des correspondances vivantes mais également pour une attitude ludique et esthétique ainsi que pour l'intégration de cet élément théosophique qu'est la chute originelle — celle de l'homme et celle de la Nature.

Ces principes de la *romantische Naturforschung*, notamment le troisième, ne sont pas sans danger dans la mesure où des associations sont parfois présentées comme des faits ; où nous avons une physique, ou plutôt une physiosophie, qui « romanticise » la réalité pour la transformer en métaphore. On ne saurait sans grande prudence s'inspirer aujourd'hui de la *Naturphilosophie*, mais dès lors qu'il ne s'agirait pas de renier les méthodes et les acquis de la science expérimentale elle pourrait nous inviter à superposer à celle-ci une attitude d'éveil. Heinrich von Kleist nous dit : « Il y a deux sortes de gens. Ceux qui comprennent la métaphore, et ceux qui comprennent la formule. Ceux qui comprennent les deux sont trop peu pour former une classe. » Or, les gens dont il est question ici cherchent la formule en se laissant porter par la métaphore, confiants dans un résultat où intuition poétique et induction scientifique viendraient converger. Il s'agit pour eux de faire de l'objet le miroir de la conscience, et de la conscience le miroir de l'objet. Et aussi, comme le veut Novalis, de spiritualiser le concret en donnant chair et corps au spirituel. Nous sommes loin de l'idéalisme au sens absolu du mot, dans la pensée et dans la vie. Loin aussi du naturalisme absolu. « Le temple écrit Schelling, qui s'élève jusqu'au trône de la divinité, repose pourtant doucement sur la Nature[11]. » Il repose doucement sur elle parce que, pour Schelling, il en fait partie.

Vers 1850, après une soixantaine d'années de ce courant de pensée, la Nature apparaît de plus en plus « autre », aussi ses représentants auront-ils sans doute été les derniers d'une époque où l'homme, tout au moins le savant, s'est senti chez lui sur la terre. Mais cette école a laissé des traces profondes. Repérables directement, par exemple dans l'Anthroposophie de Rudolf Steiner et dans d'autres mouvements à caractère plus ou moins ésotérique. Plus indirectement dans la psychanalyse, car c'est chez G.H. Schubert et C.G. Carus qu'il faut chercher l'origine de celle-ci. Peut-être Carl Gustav Jung est-il l'ultime grand représentant de la *Naturphilosophie* romantique, lui qui a dégagé la structure de l'inconscient. C'est dans cet inconscient de Jung, non point dans celui, monolithique et forcené, de Schopenhauer, ni dans celui, finalement aussi monolithique, de Freud, que nous trouvons une clef pour comprendre. En effet, Jung dit des alchimistes que ce qu'ils voyaient dans l'athanor était une constellation de leur propre inconscient ; or, cela pourrait sans doute être dit aussi de la Nature selon nos philosophes romantiques. Même lorsqu'ils n'ont pas fait de découvertes retenues par l'histoire des sciences (sur ce point, Ritter et Oersted restent de brillantes exceptions), ils ont tout de même exprimé des « vérités », mais d'un autre ordre, celui de l'Imaginaire, ou — si nous voulons écarter tout soupçon de réductionnisme — de l'Absolu.

Peut-être ne s'est-on pas encore suffisamment interrogé sur la fécondité potentielle des structures imaginaires à vocation d'universalité que nous proposent certains visionnaires. Sans doute n'aurait-on rien à perdre en posant l'existence d'une conaturalité de l'esprit humain et de l'univers, hypothèse dont il pourrait être instructif de scruter la portée exploratrice. Cette conaturalité signifie que les deux termes — notre esprit, et la Nature — se trouvent associés dans un rapport d'analogie ou d'homologie, si bien que l'esprit humain se montrerait parfois capable d'intérioriser, puis de réfracter sous forme d'images et de symboles, les structures mêmes qui, nous dit le vers 383 du *Premier Faust* de Goethe, « maintiennent l'univers dans sa cohésion intime » (« *Was die Welt im Innersten zusammenhält* »). Ainsi, tout près de nous, Raymond Abellio, frappé par l'étroite analogie que révèle une comparaison entre les soixante-quatre hexagrammes du *Yi king* et les codons du code génétique, a-t-il pu attirer notre attention sur la possibilité d'une telle conaturalité.

Aujourd'hui ces « vérités » de la *Naturforschung* romantique sont sans doute de nature à nous inspirer dans le sens d'une rationalité ouverte, c'est-à-dire qui sans rien renier de l'apport de la méthode expérimentale de type classique se montre également accueillante à d'autres dimensions. Une rationalité susceptible de féconder la recherche en favorisant l'avènement d'une transdisciplinarité[12] bien comprise et aujourd'hui indispensable. Une rationalité, enfin, nous détournant de calquer notre représentation du monde uniquement sur les principes méthodologiques de la science positive, qui ne devraient jamais rester autre chose que des serviteurs de la connaissance, des *ancillae philosophiae*, c'est-à-dire des moyens en vue d'une approche fonctionnelle du réel.

A Franz von Baader est consacrée la première moitié de ce recueil*. Son intense curiosité pour les productions intellectuelles de son temps, sa position critique à leur égard fondée sur une pensée de type résolument théosophique font de lui un observateur privilégié. Ses jugements permettent de cerner les points de contact et les divergences entre théosophie et *Naturphilosophie*, entre *Naturphilosophie* purement spéculative — à la manière de Hegel — et *Naturforschung* romantique. Tel est le sujet des deux premiers articles. Les deux suivants traitent chacun d'un thème privilégié de la pensée baadérienne : l'Éclair ou la Lumière, et la Sagesse divine ou Sophia.

La seconde moitié du recueil contient diverses études présentées dans l'ordre chronologique des auteurs traités. Friedrich Christoph Oetinger et ses « théologiens » de la Lumière et de l'électricité font

---

* Pour les sources des articles présentés ici, cf. *infra*, p. 349.

l'objet d'un article d'ensemble, suivi d'un choix de textes illustratifs. Ensuite, une note sur le minéralogiste Abraham Gottlob Werner est l'occasion d'évoquer l'université de Freiberg, lieu de rassemblement de plusieurs chefs de file du courant romantique, dont Novalis et Baader. Par son contenu, l'exposé consacré à Johann Wilhelm Ritter est presque une suite du précédent, mais de nouveau il y est question de la Lumière, chère à Baader et aux amis d'Oetinger. Sur ce thème aussi revient le dernier article, consacré aux intuitions chimiques et cosmosophiques de Johann Friedrich von Meyer, le théosophe de Francfort, qui en franc-maçonnerie fut Chevalier Bienfaisant de la Cité Sainte.

Six de ces dix études ont ainsi pour thème principal la Lumière. Il se prêtait bien en effet, et se prête encore, à des gammes de l'imaginaire jouées par des virtuoses du symbole. S'il continue à inspirer des visionnaires capables de composer sur lui des variations toujours nouvelles, la physique et le mythique prolongeront leur fécondante étreinte.

Meudon, avril 1994.

NOTES

1. Exemples cités par Jean-Robert Armogathe, dans « Les problèmes de l'exégèse à l'heure de la lunette et du nouveau paradigme », pp. 349-368 *in* : *Revue des Sciences morales et politiques*, mars 1993, Paris, Gauthier Villars, cf. pp. 361 ss. Notons que Pereire a publié « une longue attaque contre l'occultisme, l'alchimie, l'astrologie » (cf. *ibid.*, p. 362). Sur le souci romain de préserver au XVIIIe siècle le sens littéral, cf. aussi J.-R. Armogathe, « Sens littéral et orthodoxie », pp. 431-439 *in* : *Le Siècle des Lumières et la Bible* (Y. Belaval et D. Bourel, éd.), Paris, Beauchesne, 1986.

2. Préface de Comenius à sa *Physicae ad lumen divinum reformatae Synopsis* (achevée en 1632, publiée à Leipzig en 1633), cf. *Veskeré spisy*, t. I, Brno, 1914, p. 160. Cité par J.-R. Armogathe, « Introduction » à *Le Grand Siècle de la Bible*, Paris, Beauchesne, 1994, p. 22. Cf. aussi, du même auteur : « La *physica sacra* de Comenius comme physique chrétienne », pp. 15-22 *in* : *Actes du colloque Comenius*, Rome, Edizioni della Enciclopedia Italiana, 1994.

3. Sur la Lumière chez Comenius, cf. *ibid.*, pp. 19-21. Sur les autres représentants de cette *physica sacra* de type plus ou moins « coménien », cf. J.-R. Armogathe, « Introduction » (citée *supra)*, p. 22.

4. Sur la physico-théologie, cf. surtout Sara Stebbins, *Maxima in Minimis (Zum Empirie- und Autoritätsverständnis in der physico-theologischen Literatur der Frühaufklärung)*, Francfort/Berne, Peter Lang, 1980. Et aussi : Wolfgang Harms et Heino Reinitzer (éd.), *Natura loquax. Naturkunde und allegorische Naturdeutung vom Mittelalter bis zur frühen Neuzeit*, Francfort/Berne, Peter Lang, 1981.

5. Pour un exposé d'ensemble sur le courant théosophique, cf. Antoine Faivre,

« Le courant théosophique (fin XVe-XXe siècle) : Essai de périodisation », pp. 6-41 *in* : *Politica Hermetica*, nr. 7, 1993 (nr. intitulé : *Les Postérités de la théosophie : du Théosophisme au Nouvel Age*, Paris, L'Age d'Homme, 1993. Et du même auteur : « Théosophie », col. 549-562 *in* : *Dictionnaire ascétique et mystique*, fasc. 96-98, Paris, Beauchesne, 1990.

6. Bibliographie succincte d'études sur la *Naturphilosophie* romantique allemande : Roger Ayrault, *La Genèse du Romantisme allemand*, cf. surtout vol. 4, Paris, Aubier-Montaigne, 1964, pp. 13-167. Christoph Bernoulli et Hans Kern (éd.), *Romantische Naturphilosophie*, Iéna, Diederichs, 1926. Dietrich von Engelhardt, « Romantische Naturforschung », pp. 103-157 *in* : Dietrich von Engelhardt, *Historisches Bewusstsein in der Naturwissenschaft von der Aufklärung bis zum Positivismus*, Fribourg-Br., Reineck, 1979. Du même : « Bibliographie der Sekundärliteratur zur romantischen Naturforschung und Medizin 1950-1975 », pp. 307-330 *in* : Richard Brinkman (éd.), *Romantik in Deutschland. Ein interdisziplinäres Symposium*, Stuttgart, Metzler, 1978. Von Engelhardt a publié de nombreux autres articles sur la question. Antoine Faivre et Rolf Christian Zimmermann (éd.), *Epochen der Naturmystik : Hermetische Tradition im wissenschaftlichen Fortschritt*, Berlin, E. Schmidt, 1979 (contient plusieurs articles sur la question). Alexander Gode von Aesch, *Natural Science in German Romanticism*, New York, Columbia University Press, 1941 (fac-similé New York, 1966). Georges Gusdorf, *Les Sciences humaines et la pensée occidentale*, cf. vol. 9 à 12, Paris, Payot, 1982-85. Werner Leibbrand, *Die spekulative Medizin der Romantik*, Hambourg, Claassen 1956. Richard Brinkman (éd.), toute la section « Romantik — im Spannungsfeld von Naturgefühl, Naturwissenschaft und Naturphilosophie », pp. 167-330 *in* : *Romantik in Deuschland. Ein interdisziplinäres Symposium*, Stuttgart, Metzler, 1978.

7. Cf. Allen G. Debus, *The Chemical Philosophy. Paracelsian Science and Medicine in the Sixteenth and Seventeenth Centuries*, 2 vol., New York, Science History Publications, 1977, et plusieurs autres travaux y relatifs du même auteur.

8. Cette énumération des « trois facteurs » m'a été suggérée par Jean-François Marquet, que je tiens à remercier ici.

9. « Diese Uebereinstimmung zwischen Natur und Geist ist wohl schwerlich zufällig. Je weiter wir vorwärts schreiten, desto vollkommener werden Sie sie finden, und desto leichter werden Sie mit mir annehmen, dass beide Naturen Keime einer gemeinschftlichen Wurzel sind », Oersted, « Betrachtungen über die Geschichte der Chemie », *in* : *Journal für die Chemie und Physik*, III, 1807, p. 230.

10. « Monotheismus der Vern[unft] u. des Herzens, Polytheismus der Einbildungskraft u. der Kunst, dis ists, was wir bedürfen » (Schelling, *Briefe und Dokumente*, éd. H. Fuhrmans, Bonn, 1962, t. I, p. 70).

11. « Der Tempel, der zum Thron der Gottheit steiget, ruht dennoch sanft auf der Natur » (Schelling, « Vorwort zu Steffens *Nachgelassene Schriften* », 1846, p. XII).

12. Une transdisciplinarité au sens où l'entend par exemple Basarab Nicolescu, *in* « Une nouvelle approche scientifique, culturelle et spirituelle — la Transdisciplinarité », pp. 102-105 *in* : *Passerelles*, nr. 7, automne 1993.

Livre I

BAADERIANA

Franz von Baader et les philosophes de la Nature

C'est déjà à la Renaissance que se constitue le sol d'où jailliront les sèves du Romantisme[1]. A l'aube des Temps modernes en effet on cherche un dénominateur commun entre une pensée homologique — inséparable de toute gnose et qui fonctionne selon des principes de similitude — et la méthode expérimentale. Kepler tentera de tenir en même temps ces deux instruments de savoir que sont l'astrologie et l'astronomie. On admet la possibilité d'une connaissance de Dieu grâce à la connaissance de la Nature, la spéculation s'orientant vers un engagement cosmique personnel et actif, un mode d'insertion dans un univers conçu de façon organique. De Paracelse à Jacob Böhme, dans ce courant d'alchimie spirituelle et de kabbale christianisée qu'illustrent aussi Leonard Fioravanti, Gerhard Dorn, Samuel Siderocrater et d'autres *Naturforscher*, il s'agit moins de se résigner à l'état d'homme-créature que d'exalter la mission créatrice de l'*anthropos* déchu mais éternel ; moins d'évoquer une divinité lointaine et immuable que de connaître personnellement un Dieu plongé dans la Nature, qui a partie liée avec elle, y participe de mille manières.

Les *Naturphilosophen* s'emploient à réactiver cette tradition[2]. Eux aussi veulent effacer le gouffre qui séparerait Dieu de la Nature ou de l'homme. Comme leurs prédécesseurs, mais dans une langue plus philosophique, ils évoquent et expliquent le souffle qui parcourt l'univers, l'Esprit au cœur de la matière, enseignent la nécessaire collusion de la physique et de la métaphysique au préjudice du mécanisme. Il s'agit bien d'une *mystique de la Nature*, à condition de ne pas prendre le mot « mystique » au sens de « fusion unitive », et dans la mesure où la Nature, qui apparaît comme une révélation graduelle de Dieu, se trouve divinisée en même temps que Dieu se fait Nature, les sciences « naturelles » acquérant du même coup une signification religieuse. Dans la seconde moitié du Siècle des Lumières et dans le sillage de Böhme, le « Mage du Sud » F.C. Oetinger et quelques « théologiens de l'électricité »[3] annoncent ceux qui, aux alentours de 1800, vont fournir à la philosophie romantique allemande son armature et ses thèmes, avant que Baader et Schelling la dotent d'une force et d'une ampleur doctrinales inégalées en Allemagne depuis Böhme. Toutefois c'est Baader qui, de tous ses contemporains, reste le mieux enraciné dans la tradition théosophique occidentale. De ce fait, il se sent un peu isolé dans son époque, mais comme il ne déteste pas la polémique, son œuvre renferme des allusions et des développements consacrés à la *Naturphilosophie* schellingienne comme à bon nombre de ceux qui, regardant la Nature, tirent de leurs observations un système matérialiste, idéaliste ou gnostique. Son œuvre a fait l'objet de deux études aujourd'hui encore fondamentales, celle de David Baumgardt et celle, surtout, d'Eugène Susini[4]. Mais sans doute n'est-il pas infructueux d'éclairer la philosophie baaderienne en la présentant sous un angle inhabituel, qui consiste à l'étudier à travers les jugements et les appréciations qu'au cours de sa vie il porte sur différents auteurs[5]. Tel est l'objet du présent travail, effectué à partir des écrits publiés[6].

De Paracelse à Saint-Martin : pour une mythisation des sciences de la Nature

Les rapports qui unissent l'Esprit, l'homme, la Nature et la matière constituent pour Baader l'objet même de la philosophie[7]. Pour comprendre ces rapports, il convient de se placer d'un point de vue anthropologique[8] et de ne point séparer la connaissance des choses divines et celle des choses naturelles (XV, 75 s), ce qui conduirait à une méconnaissance des relations les unissant les unes aux autres : c'est en reliant l'Esprit et la Nature que l'homme accomplit son devoir devant Dieu[9]. La *Naturphilosophie* apparaît alors indissociable d'un contexte chrétien et théosophique ; ainsi, en 1834, il se dit désireux de servir à la fois le christianisme et la médecine et déclare travailler à la restauration, c'est-à-dire à la rechristianisation, des sciences de la nature, du droit et de la morale[10]. Il avait entrepris cette « restauration » dès ses premières œuvres pour ce qui est des sciences naturelles puisque son écrit de jeunesse sur le calorique, en 1786, sa toute première publication — il avait alors vingt et un ans —, mêlait d'emblée chimie et théologie. Paracelse avait regardé la nature comme une galerie d'images « chimiques », Böhme était allé encore plus loin en élargissant jusqu'aux limites du spirituel et du divin cette vision organique de toute métaphysique, avant que Oetinger, sans doute le plus grand théosophe allemand du XVIIIe siècle, ait lui-même associé étroitement chimie et théologie[11]. Le traité sur le calorique devait rester entaché d'une grave erreur sur le plan proprement scientifique puisque l'auteur y défendait la théorie du phlogiston. Mais Baader fit très vite amende honorable et son petit livre reste sans doute le premier document témoignant de la naissance d'une nouvelle spéculation romantique sur la nature.

Il ne cessera guère non plus de rappeler vigoureusement l'*anti-quantitativisme* de sa Philosophie de la Nature ; elle n'est point celle d'autres penseurs de son temps que selon lui on appelle à tort et qui se disent des *Naturphilosophen.* Pour prétendre à ce titre il faut suivre la voie « des deux plus grands *Naturphilosophen* allemands », Paracelse et Jacob Böhme, maintenant incompris quand ils ne sont pas simplement méconnus[12]. Depuis longtemps en effet on ne trouve guère de théosophie qu'en Allemagne (XV, 491) car là seulement théologie et Philosophie de la Nature ont pu célébrer leurs noces. Ce mariage appelé tantôt théosophie, tantôt alchimie, témoigne du profond sens religieux des Allemands et n'exprime pas moins leur mission dans le monde que leurs trois arts majeurs : l'architecture, la peinture et la musique[13]. Mais la vraie *Naturphilosophie* se fait trop rare dans ce pays, oubli catastrophique puisque le mérite de celle-ci est de révéler cette Nature dont, depuis Descartes, Newton, la chimie moderne et les « stupides » conceptions atomistes ou mécanistes, on a tendance à nier l'existence au profit de la matière, ce qui revient à nier l'homme lui-même et Dieu en l'homme. Citant Saint-Martin, Baader rappelle que la nature est la vie de la matière : « C'est pour cela que si les hommes égarés se contentoient de se faire nature, ils ne douteroient pas de leur dégradation, mais ils se font matière » (XV, 200 s). Lourde lui apparaît la responsabilité de Spinoza dont la doctrine trop souvent reprise par la prétendue *Naturphilosophie* moderne transforme la *All-in-Eins-lehre* en une *Alleinslehre* au terme de laquelle Dieu apparaît simplement la *summa summarum* de toutes les créatures, leur concept collectif *(Kollectivbegriff)* ; ainsi le créateur comme centre et le monde créé comme périphérie se réduisent aux deux moitiés d'un centaure ou d'une substance hybride (IX, 22). Rien d'étonnant que tant de penseurs soient actuellement sollicités par deux démarches contraires également incomplètes : d'une part le docétisme spiritualiste, d'autre part le fétichisme matérialiste (III, 324). La *Naturphilosophie* moderne, de même que Hegel, pose la différence entre le matériel et l'immatériel mais par « nature primitive immatérielle » elle entend simplement le début de la nature matérielle ; ainsi la première ne peut se substancier, se somatiser, s'achever, que comme matière périssable alors qu'elle est autre chose, et la seconde freine ou suspend la corporisation *(Leibwerdung)* de la nature primitive ou lui sert d'atelier (X, 63). Pour Baader les premiers éléments de la physique s'inscrivent dans le mythe même déroulé par la *Genèse* qui attribue l'état originel *(Urstand)* et l'existence *(Bestand)* de la nature matérielle à une séparation des eaux du haut d'avec les eaux du bas : soustraites à la bénédiction, exposées à la malédiction, les eaux du bas ne pouvaient plus se relier à celles, célestes, du haut que par l'intermédiaire de l'homme. Ainsi les sept formes-sources de la nature matérielle dont parle Böhme continuent à agir en l'homme car elle espère retrouver grâce à lui les trois formes supérieures (les eaux du haut) qui la libéreront de sa fièvre ardente, temporelle et dévorante [14].

Comment comprendre quoi que ce soit à la physique sans admettre la réalité ontologique des chutes successives ? [15] Elles seules nous ouvrent une cosmologie, donc la Nature dans sa signification profonde. Si la matière est une conséquence de la chute, notre esprit (et l'Esprit) n'est pas *naturlos* puisqu'il accède à sa subjectivité grâce à la Nature, mais *naturfrei*, ce qui empêche l'homme de disparaître après la mort, et l'Esprit d'être une simple racine incapable d'accéder à ses puissances (à lui-même) autrement que par une corporisation *(Beleibung)*. La Nature existe donc sur deux plans différents : immatériel et matérialisé. Distinguons avec Saint-Martin le « sensible immatériel ou supérieur » et le « sensible matériel ». Croire que la *Leiblichkeit* (corporéité) est de la matière périssable représente de la part des *Naturphilosophen* modernes une erreur aussi grave que celle des spiritualistes modernes qui par *corpus spirituale (Corinthiens*, I, 15, 44) entendent un *Leib* devenu rationnel et pensant [16]. Les premiers, qui parlent si volontiers de l'Esprit, le prennent comme un simple esprit de la matière et ignorent le *soma pneumatikon*, le *Leib* transfiguré dont ils voient seulement le masque faute de connaître cette « double physique », comme dit Saint-Martin, connaissance qui réalise la première condition pour la réussite de notre ministère. L'homme n'avait-il pas été envoyé dans le monde pour y réveiller la physique supérieure ? (X, 100 s). A Jacobi [17] qui venait de lui reprocher de vouloir rendre visible l'invisible, de corporiser l'incorporel, de rendre commun le sacré — bref, d'être un idolâtre —, Baader répond en 1806 que son propos consiste bien plutôt à rendre l'œil du corps transparent et pénétrable à l'esprit pour manifester les merveilles scellées dans les ténèbres et dans la mort, et que pour y parvenir il entend se soumettre à la discipline des formes symboliques [18].

Il conçoit ces formes comme un ensemble de structures précises sous-tendant la totalité du monde manifesté et rendant compte aussi des plans spirituel et divin. C'est ainsi qu'il retrouve avec joie le rapport de l'Unité et du Ternaire (le Un en Trois) dans l'organisation du système nerveux, lorsque l'anatomiste Anton Förg lui signale l'existence de la *medulla oblongata* et du pont de Varole qui donnent l'impression de tenir le rôle d'un centre d'où émane la triplicité de la mœlle épinière, du cervelet et du cerveau, centre vers lequel tous trois retournent, de sorte que chacune de ces trois parties aide à la formation des autres. Il va jusqu'à vouloir démontrer avec Förg que le cerveau est fait à l'image de la construction keplerienne de l'ellipse et tient pour fondé qu'on retrouve le Septénaire dans la structure des plantes [19]. Il voit en effet toute corporéité *(Leiblichkeit)* comme le résultat de l'union de six facteurs réceptifs et d'un facteur actif ; une pression agissant du centre vers la périphérie engendre toujours six angles, sénaire dont les abeilles comme la rose donnent l'image. Böhme, à la suite d'Ezéchiel, distingue quatre formes *(Gestalten)* et sept esprits, ceux-ci étant contenus dans celles-là (c'est pourquoi Ezéchiel en parle comme d'un animal simple). La libération de ces esprits issus du quaternaire pythagoricien exerce une action spiritualisante sur celui-ci, qui est le *fons naturae* ; c'est pourquoi, chez les vertébrés et les cérébrés, les trois régions du tronc ont plus d'importance et de dignité que chez les invertébrés. La vie se parachève dans la « prise de corps » *(Beleibung)*, comme le suggère la ressemblance entre les deux mots allemands *leibhaft* (doté de corps) et *lebhaft* (vivant, vif) et ainsi que l'enseigne le verset, qu'il cite souvent, de la *Table d'Emeraude* : « Vis ejus integra est, si conversa fuerit in terram » *(in corpus)* [20]. De fait, l'œuvre entière de Baader nous apparaît comme une recherche jamais interrompue des structures dynamiques, organiques et polarisantes qui tissent un microcosme et un macrocosme unis comme la chaîne l'est à la trame [21].

Aussi, parmi tous les contemporains, le Français Louis-Claude de Saint-Martin a-t-il sa préférence. Entre les deux pensées l'accord est quasiment total ; autant peut-être que celle de Böhme, l'œuvre du théosophe d'Amboise apparaît comme la propédeutique de toute vraie philosophie. *De l'Esprit des Choses* (1800), que Baader fait traduire par Schubert, est l'œuvre par laquelle, nous dit-il dans l'introduction à cette traduction, un lecteur non préparé doit commencer pour aborder sérieusement l'étude des livres du même auteur [22]. Tout au plus reproche-t-il au Philosophe Inconnu, dans une lettre de 1816 adressée à Christian Daniel von Meyer, d'avoir manqué de connaissances chimiques supérieures, ce qui l'empêchait de connaître les analogies qui existent entre le processus régénérateur de l'homme et celui qui est hors de l'homme. Saint-Martin n'aurait pas possédé assez de science de la nature pour viriliser sa doctrine religieuse ou morale [23]. Peut-être Baader force-t-il quelque peu l'expression, mais on comprend que Saint-Martin soit un peu trop idéaliste ou éthéré à son goût. C'est affaire de style plus que de système[24]. Le désaccord avec Swedenborg, en revanche, repose bien sur une divergence profonde et la critique que Baader fait de sa pensée met en évidence une frontière entre des doctrines pratiquement inconciliables. Il reproche au visionnaire suédois de négliger, comme font les néologues, la notion chrétienne de résurrection du corps *(Leib)*, notion que pourtant on trouve même dans le livre de Job, et de ne jamais parler que de l'immortalité de l'âme ; les païens, plus clairvoyants, ont au moins su voir tout ce qu'il y a d'imparfait et d'insuffisant dans une âme sans corps. Swedenborg délaisse le *Leib* car il se préoccupe uniquement de la beauté, de l'esthétique, si bien que sa théosophie reste fumeuse. D'une façon générale les swedenborgiens ont tort de parler d'une âme séparée du *Leib* après la mort[25].

Le legs de Leibniz, Kant et Fichte.
Le sens spirituel des formes naturelles

Il apparaît donc à l'évidence que peu de Philosophies de la Nature — au sens non romantique du terme — devaient retenir l'attention de Baader, sinon comme objets propices à des réfutations offrant l'occasion de préciser les directions dans lesquelles ses choix l'engageaient, d'autant que son tempérament le prédisposait à la polémique. A première vue, la théorie leibnizienne des monades a de quoi séduire un esprit appliqué à détecter les analogies. Mais celui de Baader, qui répugne à la notion d'harmonie préétablie, voit surtout dans la monadologie une atomistique idéaliste. Il ne saurait souscrire au cloisonnement de ces monades, au hiatus entre le conscient évolué et les niveaux moins conscients. Comment la monade centrale agit-elle sur les autres ? L'idée d'un Esprit absolu ne lui convient guère et il n'admet pas non plus que Leibniz fasse dériver le Mal de la limitation du fini car le Mal, dit Baader qui tient fermement à la cosmogonie judéo-chrétienne, n'est point un simple manque, une simple absence de Dieu[26]. Surtout, Leibniz a réintroduit dans la philosophie l'idée platonicienne du néant du corps *(Nichtigkeit des Leibs)*, à l'encontre de l'enseignement de la *Table d'Emeraude* déjà citée et considérée par lui comme un théorème fondamental de la foi chrétienne. Leibniz est rendu en partie responsable de l'attitude des naturalistes modernes qui s'en tiennent au cadavre, et des spiritualistes qui ne voient plus que le fantôme (IX, 427).

Réticences comparables à propos de Kant sur d'autres objets. Certes, Baader vante dès 1792 les *Premiers principes métaphysiques des sciences de la nature* qui assignent à l'atomisme le seul rôle d'approche méthodologique, détournant par là d'en faire une métaphysique (III, 194 s). Mais Kant est sévèrement jugé, et cela dès les toutes premières œuvres de Baader, comme Roger Ayrault l'a montré. On se reportera à cet historien pour tout ce qui concerne les premières critiques adressées à Kant par Baader. Le débat commence tout de suite, et Schelling aurait tardé à entrer dans ce conflit si Baader ne lui avait montré la nécessité de s'opposer à Kant[27]. Kant a raison — écrit Baader à Jacobi en 1806 — d'affirmer qu'une métaphysique est toujours marquée par la physique de son époque, mais s'il le fait c'est que lui-même est resté lié par des chaînes de plomb au système atomistique et a cherché à construire sa dynamique d'une façon mécaniste (XV, 201). Baader n'avait pas attendu très longtemps pour critiquer l'ouvrage qu'il avait loué puisqu'en 1796 il se plaignait déjà auprès de Jacobi de lire dans ces *Premiers principes* un passage dirigé contre l'hylozoïsme. A cette critique Baader opposait la notion de « force vivante des éléments » en citant le *Tableau Naturel* de Saint-Martin, le complétait par la distinction des causes internes et des causes externes ; il affirmait qu'une philosophie de la nature commençant son premier chapitre par la pesanteur ne saurait être qu'une doctrine morte, car la pesanteur est seulement le dernier phénomène naturel, et posait le principe de ce qu'on pourrait appeler une conaturalité de notre esprit et de l'univers[28]. Critiques aussi vives à propos du temps : Kant, n'ayant pas vu qu'il peut cesser, s'est moqué de *l'Apocalypse*[29]. Schopenhauer, ce « tristus Philosophus », est plus près de la vérité quand il décrit la vanité et le néant de toute œuvre temporelle (III, 366 ; IX, 82). S'adressant à Johann Friedrich von Meyer, Baader se sert d'une belle image pour faire comprendre sa conception du temps ; il sait aussi qu'il flattera son destinataire franc-maçon. Les constructeurs du Temple, dit-il, tiennent dans une main la truelle et dans l'autre l'épée, symbole qui s'applique à tous les hommes « comme Francs-Maçons » car le temps est échafaudage pour le haut et arme contre des forces du bas : ce double sens seul permet une véritable philosophie de la matière[30]. On est loin des catégories kantiennes ! Baader reproche aussi à Kant de présenter la raison *(Vernunft)* et l'entendement *(Verstand)* comme deux ennemis : il a fait trop peu de cas de la raison tandis que Jacobi fait trop peu de cas de l'entendement :

> L'entendement procède organiquement, point mécaniquement ; il procède avec ses sens dans la sphère d'en bas tout comme la raison avec les siens dans la sphère d'en haut[31].

L'idée de chose en soi ne correspond pas non plus aux catégories baaderiennes puisqu'elle interdit toute incursion véritable dans les sphères supérieures[32]. La vraie « chose en soi », c'est ce qui sous-tend toutes les manifestations[33]. Le Dieu kantien apparaît donc bien misérable, comme celui de tous ceux qui détruisent l'harmonie de ces trois témoins du divin que sont le physique, le moral et le religieux[34].

Les premiers traits dirigés contre Kant s'accompagnent en 1798 d'une réfutation des propositions fichtéennes qui n'auraient fait au fond que tirer les dernières conséquences de l'idéalisme kantien. Baader est d'abord frappé par l'aspect unidimensionnel du Moi fichtéen auquel il oppose une pluralité organique considérée sans hésitation d'un point de vue arithmosophique[35], car il convient, ajoute-t-il plus tard, de faire passer la construction dynamique avant la construction mécanique sous peine de nier la première. Le mérite de la *Naturphilosophie* est de rappeler cela, ce qui n'est pas le cas de Fichte, « vrai ignorant en tout ce qui concerne la physique et la nature[36] ». Il confond — comme Kant — la liberté divine absolue avec celle de la créature parce que chez lui l'esprit est toujours en lutte avec la nature, qu'il méprise. En réalité l'esprit et la nature ont partie liée, ne peuvent réaliser qu'ensemble un achèvement (VIII, 158). Il n'y a pas entre eux une guerre civile, un *bellum internecinum* fichtéen, comme l'écrit si justement Wilhelm von Schütz à Baader en 1821 (XV, 367 s). La *Naturphilosophie* schellingienne, à laquelle B. H. Blasche se rattache, a tendance à emprunter à cette opposition du Moi et du Non-Moi cette façon de concevoir négativement la relation de la vie individuelle avec la vie universelle[37]. Certes, Fichte a bien reconnu la surnaturalité de l'Esprit, mais il parle d'un seul type d'esprit alors qu'il y en a de deux sortes, des bons et des mauvais, entretenant évidemment des relations différentes avec la nature selon qu'il s'agit d'esprits tombés sous cette nature ou de ceux qui ont pu rester libres à son égard. Le Moi fichtéen partant en guerre contre la Non-Moi nous fait songer davantage aux premiers, qui haïssent la nature car ils sont tombés sous son joug, qu'aux seconds, portés au contraire par elle comme par le Chérubin[38].

Le Moi apparaît à Baader plus multiple, plus polymorphe, qu'à Fichte. Il y a en nous deux « intérieurs », dit le théosophe, un vrai et un faux ; le premier attend d'être vivifié afin que Dieu devienne « tout en tout », mais pour cela le faux intérieur doit mourir, celui qui ne peut vivre qu'en dehors de Dieu. Cette tendance à révéler l'Eternel s'exprime bien dans la « symbolisation » ou la poésie. Baader associe cet intérieur authentique à la perception du sens spirituel des formes naturelles — *Geistsinn der Naturformen*, comme il l'écrit dès 1798 dans une belle lettre adressée à Jacobi —, perception qui, nous permettant de sortir du temps, nous distingue de l'animal. Il va jusqu'à dire que notre conscience raisonnable s'évanouirait si cette forme spirituelle *(Geistesform)* répandue autour de nous dans la nature corporelle *(Körpernatur)* venait à disparaître ; il y a en effet dans celle-ci, donc en dehors de nous, un guide ou « génie de la nature » dont nous ne pouvons pas plus douter que de l'existence d'un penseur dans un homme en train d'écrire et de parler. Or, c'est précisément de cet esprit en dehors de nous que Fichte et Schelling se débarrassent[39].

Ainsi Baader excelle à déceler et à dénoncer les simplifications là où il estime nécessaire de maintenir les distinctions fondées sur un polymorphisme organiciste et dynamique. D'où ses critiques dirigées contre Feuerbach qui, reprenant en fait un philosophème hégélien, assimile le crime originel à la création[40] ou contre tous ceux qui confondent matière et créature, comme ses contemporains Anton Günther, Karl Daub (dans ses dernières œuvres), le schellingien pédagogue et vulgarisateur Blasche, J.C.A. Heinroth, de même que Schopenhauer[41]. De ces critiques, celles qui visent Adam Müller et Friedrich Creuzer paraissent significatives. Baader recommande à Schubert, en 1810, de lire les *Éléments de science politique* de Müller. Quel dommage, ajoute-t-il, que l'auteur se soit arrêté en si bonne route : ce livre aurait été bien supérieur si Müller avait connu le véritable ennemi de l'État, qui n'est pas un concept mais une « idée tombée » — *i. e.* qui a chuté, comme l'ange —, et s'il nous avait présenté l'État combattant contre cet ennemi au lieu de nous le montrer en lutte contre la nature prête à nous servir[42]. Et Creuzer, pas plus que tous les modernes, ne soupçonne que la création extérieure a débuté par le contact du ciel et de l'enfer (de la lumière et des ténèbres). La nature extérieure est entre eux deux, comme pour les isoler ; dans l'homme elle est ouverte, ce qui apparaît le plus manifestement dans l'excitation de l'instinct sexuel : l'enfer peut soumettre le ciel en le prostituant et la semence divine se répandre dans des régions impures. Telle est la clef des orgies secrètes et de l'esprit de luxure[43]. Mais les critiques les plus intéressantes en ces domaines sont dirigées contre Hegel et Schelling.

L'Hégélianisme : un panthéisme spiritualisé ? *« Aufhebung » et « Erhebung »*

Malgré les divergences qui les opposent, Hegel et Baader entretiennent de bons rapports personnels[44]. Le théosophe est heureux de retrouver chez son collègue une idée qui lui est chère : l'unicité de la terre et le rôle privilégié qui lui est dévolu dans l'univers. Tous deux pensent en effet que la terre n'est pas un astre parmi d'autres (III, 317). Mais il lui reproche comme aux auteurs cités plus haut de confondre des notions qu'il faudrait soigneusement distinguer, par exemple celle de nature éternelle de Dieu et celle de créature[45]. Baader a vite fait de déceler la présence du panthéisme chez les penseurs qui se soucient moins que lui de distinctions de ce genre. C'est ainsi qu'en 1829 il appelle

> le spiritualisme hégélien un panthéisme spiritualisé et un spinozisme, car d'après Hegel l'Esprit général ou universel n'obtient et ne maintient jamais sa conscience que grâce à des personnalités individuelles (créaturelles)[46].

Le mot revient en 1838 : « Hegel a spiritualisé la panthéisme spinozien, et en même temps il a facilité sa suppression radicale »[47]. Baader reconnaît, surtout aux alentours de 1830, à Hegel le mérite de placer la raison *(Vernunft)* — l'Esprit, *l'Idea* — sous le signe de la « médiation des contraires » *(Vermittlung von Gegensätzen)*, révélant ainsi les insuffisances des logiques statiques[48]. L'idée, relativement courante à l'époque, d'une production de toutes les valeurs supérieures par la « réconciliation » de polarités dynamiques inférieures, importe à Baader qui pose toujours comme Hegel une tripolarité dès qu'il s'agit d'unir des contraires[49]. Mais la disparition chez Hegel des termes de la polarité au profit d'une synthèse dans laquelle ils perdent leur identité ne peut, malgré l'affirmation par Hegel lui-même du caractère organique de l'unité des contraires[50], convenir à Baader qui décèle aussi dans la pensée de ce philosophe une tendance à cultiver l'abstraction pour elle-même[51]. On pense à ce distique écrit par Baader au cours de son séjour à Berlin :

> Détruire, Hegel sait le faire, cela lui réussit admirablement,
> Mais il ne sait rien construire : cela lui va misérablement[52] !

C'est pourtant grâce à la reconnaissance d'une tripolarité que Hegel a retenu de l'enseignement de Böhme une notion fondamentale, celle d'*Aufhebung* qui accompagne l'acte d'union de la raison de la créature ; mais pour Hegel cette raison de la créature « se plonge dans la généralité raisonnable » — c'est-à-dire qu'elle s'y perd —, de même que Spinoza fait disparaître sans recours la créature dans la substance divine alors que dans la bonne tradition böhméenne l'esprit de la créature, une fois élevé dans l'Esprit éternel, reste distinct de celui-ci, même lors du plus parfait acte d'union[53]. En d'autres termes, le Logos hégélien prend une telle importance que l'homme terrestre et l'expérience empirique du Moi deviennent tout à fait secondaires. Il manque à *l'Aufhebung* hégélienne une *Erhebung* lui correspondant pour créer, dirions-nous en interprétant Baader, une polarité véritable que la seule *Vermittlung* ne suffit pas à dialectiser. Car si l'on observe que la manifestation de l'Esprit par la médiation de la nature reste une notion très böhméenne, il faut dire en échange que Hegel souligne bien plus que Böhme — et selon Baader bien plus qu'il ne conviendrait — l'aspect négatif de ce processus. A force de trop parler d'*Aufhebung* de la Nature celle-ci finit par disparaître alors que l'*Aufhebung* böhméenne s'accompagne d'une *Erhebung*, ou élévation, c'est-à-dire du salut de la nature et de la créature. Autre distinction absente de l'hégélianisme : celle d'une *Vermittlung* positive ou normale et d'une *Vermittlung* négative ou illégitime ; l'*Aufhebung* peut être illégitime, « déprimer » l'Esprit, le retenir prisonnier. Hegel oublie cela en ne tenant pas compte du fait que la nature se trouve gâtée dans et par la créature[54]. Tout se comprend mieux si l'on prend soin de distinguer entre plusieurs natures. Si la surnature s'achève grâce à sa manifestation, cela vaut aussi pour la Nature, qui s'achève et se manifeste en manifestant la surnature. Hegel a reconnu justement que la nature rend service à la surnature en la manifestant — et en cela il a dépassé la *Naturphilosophie* de Schelling —, mais il a commis l'erreur de considérer qu'après s'être acquittée de cette fonction la nature n'était rien de plus qu'un instrument devenu inutile et qu'on pouvait laisser tomber ; il n'avait aucune idée de cette *Erhebung* à laquelle la nature parvient précisément grâce à sa *Aufhebung* par la surnature[55].

Rappelons que c'est grâce au *Medium* de la « Nature éternelle » immatérielle que le Ternaire sacré peut, selon Böhme et Baader, passer de la potentialisation à l'actualisation. La créature sort de la nature éternelle — non pas seulement de la divinité —, de cette nature éternelle qui est la Toute-Puissance elle-même ; elle est aussi corps *(Leib)* éternel, *natura naturans* de Dieu, *Physis, vis Dei viva.* Toute vie éternelle est aussi d'après l'Écriture une « corporisation » *(Leiben)* éternelle, une corporéité *(Leibsein)* sans laquelle Dieu ne serait pas *sui*, c'est-à-dire *naturae suae compos.* La nature éternelle de Dieu est donc un pur producteur *(Produzirendes)*, non pas un produit comme chez Hegel, elle est le « Fiat lui-même qui engendre les créatures ». Dans des termes semblables Paracelse et Sebastian Frank parlaient du *Fiat* divin, bien avant Böhme. La réponse fournie par Baader à la question des rapports de l'Absolu et du fini est une solution théosophique purement « personnifiante » s'écartant des réponses conceptuelles et plus abstraites de l'époque en ceci qu'elle ramène tout à une nature éternelle et personnelle en Dieu et au *Fiat* éternel de cette nature [56].

Nous comprenons ainsi le combat incessant de Baader contre ce que l'époque empruntait aux Indes et à l'une des théories de la gnose primitive, c'est-à-dire contre l'idée — reprise par Hegel à la suite de Schelling — selon laquelle la création du monde ou son devenir n'est qu'un déchet, un résidu, de Dieu ou de l'Idée *(Abfall von sich selbst)* [57]. Baader dénonce une erreur semblable dans les premières œuvres de G.F. Daumer, l'admirateur de Bettina von Arnim et le protecteur de Kaspar Hauser [58]. S'exprimer *(sich äussern)* n'est pas se dessaisir *(sich entäussern)* [59].

Baader a voulu montrer qu'un absolu qui se détache *(entlassen)*, ou tombe *(abfallen)*, de lui-même, puis ne compense cette chute que par une destruction, ne saurait être un vrai Dieu. Il entendait, rappelle son disciple Franz Hoffmann, ne pas se laisser aveugler par les vers de Schiller que Hegel avait cités à la fin de la *Phénoménologie de l'Esprit* :

> Sans amis était le grand maître du monde,
> Il sentit un manque ; c'est pourquoi il créa des esprits,
> Miroirs bienheureux de sa félicité [60].

Dès que l'histoire de la créature commença (avec la chute), Dieu entra dans cette histoire par amour et non par ennui ou par besoin. La créature n'est pas nécessaire au créateur comme la coquille l'est à certains animaux. C'est pourtant ce que Hegel semble prétendre dans sa philosophie du droit car il fait monter l'Esprit du monde *(Weltgeist)* ou Dieu de bas en haut aux dépens de la créature jusqu'à ce que cet Esprit se soit révélé à lui-même, se soit substantialisé, et qu'alors, sur les décombres de l'Histoire universelle, il se retrouve absolument seul sans laisser de créatures derrière lui (XIV, III ss). Dans la mesure où Hegel fait naître la nature (comme créature) par un dessaisissement *(Entäusserung)* de Dieu, il n'est pas panthéiste. Mais son monisme de l'Idée *(Gedanke)* est panthéiste dans la mesure où cette idée objective qui est Dieu est assimilée à la pensée de l'esprit de la créature. On ne peut dire que Dieu se détermine, se réalise, grâce à quelque chose qui n'est pas lui ; il élève sa créature vers lui, en lui, et ce faisant il l'achève et la transfigure, mais cela ne signifie pas qu'il devienne lui-même grâce à elle, qu'il la dévore comme Saturne ses enfants ou la laisser tomber parce qu'elle est mauvaise. Elle est produite librement par l'amour créateur, comme une œuvre d'art — elle est *Poësis*[61].

Pour comprendre cela il faut être poète, en effet. Si Hegel « a la puissance de la lumière, il n'en a pas l'élément doux et subsistant — dit Charis Charisma ! »[62] Il brûle à l'extérieur, mais à l'intérieur il est comme du feu froid[63], c'est un philosophe du concept et de l'abstrait[64]. A cette philosophie « sans affect » et « sans prière » les Français ont préparé la voie depuis Descartes en séparant naturalisme et théisme qui ne manquèrent pas d'entrer en opposition ; la spéculation, ayant perdu son milieu *(Mitte)*, ne pouvait plus qu'être orgueilleuse ou infâme, c'est-à-dire les deux en même temps, *ut historia docet*[65].

Schelling, ou la confusion entre nature et matière

Pour différents qu'apparaissent les systèmes de Schelling et de Hegel sur les points précisément auxquels Baader se montre le plus attentif, on les trouve cités côte à côte car il les renvoie volontiers dos à dos. Sur le plan personnel les bons rapports entre Schelling et Baader font vite place à une hostilité larvée, voir déclarée. Les deux philosophes avaient pourtant entrepris une croisade sous un même étendard : les thèses de Schelling exposées dans son livre sur l'âme du monde et celles que Baader publiait la même année 1798 posaient le principe d'une mystique spéculative de la Nature, que les deux auteurs s'efforçaient de justifier. Si Schelling prenait soin de donner à *L'Ame du monde* le sous-titre : *Hypothèse de la physique supérieure pour expliquer l'organisme général*, Baader entendait s'associer à l'entreprise de son collègue ; il allait jusqu'à déclarer, dès la première phrase de l'essai *Sur le carré pythagoricien dans la nature ou les quatre points cardinaux*, que ce texte venait de lui être inspiré par le livre de Schelling et saluait dans cet ouvrage

> le premier messager d'un printemps qui s'annonce, c'est-à-dire la première manifestation satisfaisante d'une physique sortant à nouveau du mortel sommeil de l'atomisme.

En même temps il plaçait la tentative de Schelling et la sienne propre sous le signe de l'hermétisme par un titre visiblement provocateur dirigé contre les néologues et les matérialistes, la mystique pythagoricienne des nombres étant présentée comme un fil d'Ariane pour servir à la connaissance de la Nature[66].

Pourtant les rapports vont se détériorer assez vite[67]. Une lettre de Baader suffirait même à tempérer notre jugement sur l'excellence de leurs premières relations ; dès le mois de février 1798 il écrit à Jacobi : « Je connais Schelling mais je suis peu satisfait de lui ». Or, la raison qu'il invoque est liée précisément à l'interprétation du quaternaire, si bien que l'opuscule de Baader publié la même année constitue déjà une critique, non avouée mais fondamentale, malgré les éloges décernés dans l'introduction et quelques citations dans le texte même[68]. Car si Schelling reconnaît l'existence de deux forces ou natures fondamentales qui s'affrontent, il « est vraiment impardonnable » d'omettre la troisième dans laquelle et par laquelle seulement les deux autres peuvent agir puisqu'elle les sépare en les maintenant ensemble. Pas plus que Kant ou que Fichte il n'a dépassé une dualité, comme eux il oublie de la compléter en ternaire, puis en quaternaire ou rapport de l'élément actif aux trois éléments passifs[69]. Cette omission irrite d'autant plus Baader qu'elle s'inscrit dans la conception chère à tous deux selon laquelle la différence de structure des organismes animal et végétal s'explique par la manière différente dont ont été mélangés des principes de vie pourtant semblables. Schelling, et dès 1797 Eschenmayer lui-même, pensent cela en effet, mais ils ignorent la notion böhméenne et alchimique d'une Triade Feu — Eau — Terre qui seule permet de rendre compte de ces principes[70]. Cette critique ne nous surprend pas, car il est vrai qu'à cette époque Schelling ne connaît ni Jacob Böhme, ni Paracelse. Les reproches se précisent quand la déception devient définitive ; il trouve alors moins de raisons de ménager Schelling[71].

Baader s'indigne toujours de ne pas trouver chez autrui les distinctions selon lui indispensables permettant de comprendre les processus « organiques » dans les domaines cosmogonique et cosmologique. Ses reproches à propos du quaternaire résultent d'une irritation semblable à celle qu'il ne cesse plus de ressentir chaque fois qu'il relève dans l'œuvre ultérieure de Schelling l'absence de l'essentielle distinction entre nature et matière, l'erreur dominante de la physique consistant alors à confondre ces deux notions (III, 290 — *1809*). Kant et Fichte en portent pour une part la responsabilité, d'autant plus grave que cette confusion engendre aisément le matérialisme. Aussi la doctrine de Saint-Martin dépasse-t-elle de loin celle des *Naturphilosophen* schellingiens qui ne savent même pas faire la différence entre l'homme-esprit et l'esprit astral ou matériel (XII, 379 s, 385). Le panthéisme, cette autre confusion — entre la « cause active et intelligente » selon Saint-Martin et les pouvoirs de l'homme —, se trouve dans le bouddhisme, dans le kabbalisme gâté dont Spinoza s'est servi, dans la doctrine hégélienne de l'Esprit, mais aussi dans la *Naturphilosophie* de Schelling[72]. Poser comme le fait Spinoza que l'Étant *(das Seiende)* est *modificatio* alors qu'il est *generatio* trahit une mauvaise compréhension de « Ex nihilo nil fit » et mène au panthéisme[73]. La nature en Dieu, posée par Böhme comme force productrice, comme *vis, physis, Zeugungspotenz*, est placée par Schelling dans le ternaire, donc trop haut — il prend Dieu pour elle —, alors que Hegel la place trop bas en la prenant pour un produit de même qu'il identifie nature et créature[74]. Le mérite de Schelling est d'avoir rendu à la nature la place qu'elle avait perdue, d'avoir vu en elle une productrice, non un simple produit comme chez Hegel (II, 377 ss). Mais Schelling ne parvient pas à concevoir l'Esprit comme *naturfrei*, vraiment émancipé de la nature ; il le voit seulement *leiblos* ou *naturlos*. Hegel, lui, se représente une sorte d'Esprit sans nature, planant au-dessus d'un monde abandonné qui ressemble à un fantôme ou à un cratère brûlé[75]. Mais l'absolu baaderien se pose au départ à la fois comme existence concrète, vivante, et essence divine distincte de toute existence créaturelle ; seules l'individualité ou la personnalité totalement achevées constituent le divin en Dieu[76]. Les panthéistes, avec eux Schelling et Hegel, se trompent en rapprochant directement la matière morte et impersonnelle de la plus haute essence vivante. C'est blasphémer que tenir la matière pour une création directe de Dieu[77]. Dans ses œuvres de maturité surtout, Schelling enseigne que l'absolu trouve sa perfection grâce à la création et que l'origine de la créature provient d'une chute de l'Idée *(Abfall von der Idee)*, croyance que Hegel partage[78].

Le ton des critiques dirigées contre Schelling reste mesuré dans les écrits destinés au public ; dans la correspondance il est plus acerbe, surtout à partir de la rupture définitive de 1825, année au cours de laquelle ils échangent des lettres peu amicales. Dans l'une d'elles Baader se plaint même d'avoir été traité de prophète, c'est-à-dire de charlatan, par son collègue[79]. Baader finira par comparer la philosophie schellingienne à un civet jadis savoureux mais servi maintenant comme ragoût réchauffé et mélangé à des ingrédients étrangers ; elle fait penser, dit-il aussi, à un vin nouveau qu'on aurait mis dans de vieilles outres. Au fond, elle n'est qu'un vieux vêtement panthéiste rapiécé. En 1841, Baader plus sévère que jamais dit dans ses cours que Schelling ne cesse plus de répéter mot à mot sa mythologie depuis plusieurs années : il est comme un mort qui aurait oublié de se faire enterrer, il a quitté sa peau de chenille — sa *Naturphilosophie* — mais n'est pas devenu pour autant chrysalide[80].

Dans une lettre à Boris von Yxküll (1822) le théosophe tente de résumer sa position d'alors sur Hegel et Schelling. Baader veut aider von Yxküll, en train d'approfondir les idées des deux philosophes, à s'élever au-dessus d'elles, à les comprendre mais pour s'en mieux dégager. Il veut tendre à son correspondant une « main fraternelle » en lui montrant qu'on ne trouve rien chez eux sur le fait que le Dieu devenu homme a soumis *(subjicirt)* la loi naturelle par cette incarnation. Ils ne disent pas non plus que, ni comment, nous pouvons espérer participer à ce processus d'incarnation et de soumission commencé dans un individu (le Christ, comme germe de cristallisation, ou selon *Hébreux* III, 14 : *Initium substantiae)* et ne nous renseignent donc pas sur les conséquences que la non-participation entraîne pour la Nature, l'histoire des individus et des peuples. Ils n'enseignent pas que Dieu n'est une personne que dans le Christ et oublient que l'imagination dévoyée d'Adam a, comme dit Böhme, fait apparaître le Mal dont fut contaminé aussi l'esprit du monde, cet esprit que Schelling et Hegel veulent canoniser (XV, 383 s).

Critique de Daumer, Oken, Wilbrand, Butte

Dans la mouvance schellingienne G.F. Daumer prétendait, du moins au début de sa carrière de philosophe, que Dieu est devenu lui même tout ce qu'il devait devenir. Il est la nature, hors d'elle il n'y a point de Dieu ; elle n'est pas son attribut, mais la conscience divine surgit de la nature inconsciente[81]. Baader reconnaît que Daumer a mieux compris que ses prédécesseurs le mystère de l'*Urstand* du monde temporel mais il regrette que ce philosophe n'ait pas saisi le *centrum naturae* de Böhme[82]. En J.J. Wagner, disciple dissident de Schelling, Baader décèle surtout le panthéisme bien que Wagner écrive des choses « altioris indaginis », notamment dans son livre de 1815 sur l'État[83]. En 1827 il croit découvrir en Lorenz Oken un autre schellingien, et il s'en félicite car Oken, qui ne saurait donner à la moribonde *Naturphilosophie* aucune vie nouvelle, ne peut qu'accélérer sa disparition[84] ! Le naturalisme a-théologique d'Oken contraste évidemment avec la théosophie antimatérialiste de Baader[85]. Celui-ci lit avec satisfaction que pour Oken les choses et les êtres sont reliés invisiblement à travers les corps opaques (IV, 49 s) et que le règne animal dans son ensemble se présente comme un organisme (X, 73). Mais il lui reproche en premier lieu son goût de l'abstraction formelle. Oken fait partie de ces *Naturphilosophen* maniant le sac magique de Fortunatus pour faire sortir n'importe quoi de rien (VII, 163). Sa célèbre formule + — = 0 reste vide, ne nous instruit pas, car 0 est toujours indifférent alors que la vie repose sur des contradictions surmontées. La douleur supprimée ne donne pas la joie mais la douleur acceptée, surmontée, est joie. La formule d'Oken fait fi du troisième terme ; la rotation, ou contradiction que doit résoudre le troisième terme, a été comprise par Böhme de la façon la plus définitive et la plus claire, ce qui a incité un jour Hegel à dire à Baader que Böhme fut le plus profond de tous les philosophes (IV, 81).

La seconde critique dirigée contre Oken porte sur la nature inférieure ou parasitaire, idée assez fantastique qui occupe Baader pendant les derniers mois de sa vie. Dans les trois règnes de la nature matérielle, écrit Baader en 1841, s'est introduite une nature « apocryphe », celle des cryptogames, infusoires, insectes ; il y a même des métaux prédateurs. Cette nature apocryphe subsistant uniquement comme parasite ne doit pas être confondue avec l'autre nature, ce que fait Oken. On peut comparer la première à la vermine que sont les passions encombrant notre psyché (X, 104). L'erreur de Oken comme de Schönbein consiste à ne pas distinguer nature et matière. Pour Schönbein, toute vie est parasitaire en Dieu, et Oken considère l'existence présente et matérielle comme constitutive de toute la réalité. L'un et l'autre ignorent absolument l'infra- et le supra-matériel qui ne sont ni une sous-nature ni une surnature mais qui l'un et l'autre portent celles-ci. L'infra-matériel, matérialisation de la nature infernale, ce sont par exemple les araignées, les crapauds, les serpents, les polypes et autres monstres ; mais la matière supérieure, dans laquelle se matérialise la nature supérieure, se présente en Christ ou même dans le pur corps humain, le corps de lumière. La matière, c'est enfin un lieu de combat où s'effectuent les choix[86].

Il est à peine croyable de voir à quel point — écrit Baader à Schubert en 1816 — l'application des connaissances physiologiques aux vérités de la religion est susceptible de nous éclairer ; une physiologie, au sens général du terme, bien décrite, étaye en même temps notre religion. Ici, Baader cite le nom de Wilbrand qui a « fourni à cet égard la contribution la plus utile[87] ». Mais son opinion sur lui n'est pas exempte de réticences. Wilbrand assigne à l'esprit la fonction d'une tête unissant le ventre et la poitrine ; il oublie ainsi le ternaire de l'esprit, de l'âme et du corps *(Leib)* — ou de l'Esprit, du Fils et du Père —, bien qu'il pense à quelque chose de semblable avec sa trilogie « pesanteur, lumière et unité des deux ». D'autre part, si ce qu'il dit au sujet de l'oxygène et de la grossière chimie actuelle — celle de Kielmeyer, Autenrieth —

paraît fort juste, il confond tout de même la vie de l'air avec la vie divine éternelle et termine son livre en enseignant qu'à la mort, après la destruction de notre individualité, nous retournerons dans le ventre du Dieu Saturne. Wilbrand n'a donc aucune notion de la grande idée qui sous-tend notre religion, selon laquelle les individus humains sont appelés à devenir les membres durables d'un organisme dont la tête est le Christ [88]. Ces explications données à Schubert en 1815 ne sont pas la première critique qu'il adresse aux tenants de telles conceptions ; en 1809 il affirmait que l'homme ne doit pas s'efforcer de perdre son individualité, son existence et sa personnalité, comme si le fait d'avoir été créé constituait un péché. Dieu ne dévore pas sa créature dans la colère ou dans l'amour. Wilbrand prétendra encore dans *Physiologie de l'homme* en 1815 que l'anéantissement de l'individu permet l'accueil le plus intime de Dieu [89]. Moins de quinze jours après la lettre de 1815 à Schubert, Baader précise à Passavant son opinion sur Wilbrand. Passavant lui a demandé à partir d'où il faut commencer à philosopher ; Baader répond que ce n'est pas à partir du haut mais du bas. La physiologie nous apprend que l'organe devient et subsiste dans la mesure où il agit, sa structure *(Gestaltung)* et sa fonction ne faisant qu'un. Les auto-examens critiques et kantiens des organes de la connaissance, dépourvus de chose à connaître [90] paraissent donc de peu d'utilité ; la sagesse du philosophe de Königsberg rappelle celle d'un étudiant qui, s'étant trouvé mal après avoir essayé pour la première fois de nager, décida de ne pas se remettre à l'eau avant d'avoir appris à nager parfaitement. Aussi vaut-il mieux laisser de côté Kant, Fichte et les autres pour redescendre au niveau plus sûr de la physiologie. A cet égard l'auteur le plus recommandable reste Wilbrand, mais par ailleurs c'est un *Naturphilosoph* borné qui confond la vie du bétail avec la vie divine [91].

Les idées de Wilbrand sur la métamorphose sont pourtant d'un grand intérêt car elles présentent l'avantage de s'opposer au chimisme grossier d'Autenrieth dont Kielmeyer s'inspire encore [92]. Baader ne cite presque jamais Kielmeyer [93], qu'il compare à Kant : tous deux risquèrent bien un regard dans le pays de la vie, mais Kielmeyer mourra comme Kant et Moïse loin de la terre promise ; il s'étiolera dans le désert d'un chimisme mort. Et Baader de rappeler son conseil habituel : se procurer d'abord, sans plus tarder, les œuvres de Böhme et de Saint-Martin (XV, 283). On trouvera, chez Böhme notamment, cette « physiosophie et cette théosophie » germaniques aussi méconnues des Allemands que peut l'être actuellement l'architecture véritable. Sengler ignore ces traditions ; il n'en a pas moins écrit sur Böhme des pages qui montrent son ignorance, et ses paroles, qui se veulent prophétiques, par lesquelles il nous présente Schelling comme le nouveau Messie et le réconciliateur, sont simplement ridicules[94].

Il eût été surprenant que Baader, préoccupé d'accorder l'arithmosophie avec cette « physiosophie et cette théosophie », n'ait pas lu celui qui s'attachait alors à déceler les rapports entre les saisons, les végétaux, les espèces animales, les couleurs et les sons : Wilhelm Butte, auteur d'un *Précis d'arithmétique de la vie humaine*[95], livre qui donna à Baader l'occasion d'entendre ses cours ou de les lire. Le théosophe écrivit deux fois à Butte en 1814 pour le critiquer d'une façon amicale mais ferme. Ces deux lettres, découvertes par Eugène Susini[96], précisent des points doctrinaux importants, la pensée du destinataire servant surtout de prétexte à Baader pour exposer la sienne propre. Relevons les critiques concernant directement Butte. Baader, en accord avec lui, rappelle qu'à une forme organique donnée correspond un « nombre organique intérieur » et inversement, ce que Platon n'avait pas très bien vu. Les nombres ont un sens, un *Natursinn*, secret, dont les philosophes se débarrassent en l'appelant « mystique » — ce qui leur permet de nous « mystifier » —, adjectif que Butte emploie et qu'il devrait remplacer. Surtout, Butte ne parle que de la vie temporelle, point de la vie éternelle, il ressemble ainsi à la plupart des modernes *Naturphilosophen* (schellingiens) qui confondent les deux comme ils confondent la matière terrestre avec la matière originelle ou éternelle. Baader répète ici ce qu'il a dit ailleurs du sens externe et du sens interne de la vie qui extérieurement se manifeste dans le feu et intérieurement dans le désir[97]. Il rappelle aussi que Dieu comme *Ungrund* (au sens böhméen) se fonde en engendrant la nature éternelle, si bien qu'il faut distinguer la cause *(Ursache)* et la raison ou fondement *(Grund)* et que Butte a tort de voir dans la matière la cause *(Ursache)* de la vie, car cette matière en est la porteuse, le fondement *(Grund)*. Pourtant, Butte ne semble pas étranger à de telles distinctions lorsqu'à propos de la condition de toute vie, il parle du support obscur des miroirs et qu'il attribue à la nature le rôle d'un atelier de vie où le Un se multiplie, commence à s'organiser *(sich gliedern)*, à prendre forme *(sich gestalten)*[98].

Goethe : la médiation du feu, la double nature du Verbe, un Méphisto panthéiste

Avant qu'il fût question de Schelling et de ses émules, le jeune Baader saluait dès 1786 Herder comme un des grands génies du siècle. Il lui savait gré de voir que dans toute la création vivante le liquide devient solide, le solide liquide, tandis que le feu ne cesse de se développer et de se lier[99]. Mais son opinion change lorsque la question qui a tant retenu l'attention de Baader, de savoir si la terre occupe une place privilégiée dans l'univers, et que Hegel abordait d'une manière satisfaisante pour le théosophe, trouve chez Herder une réponse différente. Pour Herder notre terre est une étoile parmi d'autres, affirmation sur laquelle s'ouvrent les *Idées pour servir à la philosophie de l'histoire de l'humanité* et qui, en 1822, lui vaut d'être traité par Baader de « sentimentaliste humanisant et syncrétisant »[100]. Ces deux références à Herder restent pratiquement les seules que l'œuvre publiée de Baader a conservées. Il se réfère plus fréquemment à Goethe en sachant démêler ce qui dans cette pensée heurte son propre système ou s'accorde avec lui.

La philosophie goethéenne de la nature n'étant pas dépourvue d'accents accordés aux harmonies baaderiennes, le théosophe se déclare d'accord avec le penseur de Weimar — et avec Plotin — sur cette belle idée qu'expriment les vers connus :

Si l'œil n'était pas déjà soleil,
Comment pourrais-tu apercevoir le soleil ?
S'il n'y avait pas en toi de la force propre au Dieu,
Comment le divin pourrait-il te ravir ?

Dès 1797, dans les *Contributions à la physiologie élémentaire*, Baader citait ces deux vers, sans nommer leur auteur :

La nature contraint maintes forces hostiles
A s'unir ; de leur lutte elle engendre les corps.

La même citation apparaît l'année suivante, dans l'essai consacré au *Carré pythagoricien*, accompagnée cette fois du commentaire : « ainsi parle le poète qui s'est déjà révélé souvent comme le prophète de vérités philosophiques ». Ce poète, c'est Goethe, et les deux vers font partie de son poème *Sur la mort de Mieding*[101].

Baader note aussi que pour Goethe toute vision dans la lumière solaire est une vision dans l'image du soleil. De même, ajoute le théosophe, toute lumière (Verbe) dans l'Esprit émane d'une personnalité[102]. Baader admire aussi ces vers sur la vie organique :

Prenez plaisir à cette apparence *vraie*,
Prenez plaisir à ce jeu *sérieux*.
Il n'est point de vivant qui soit une unité,
C'est toujours une pluralité.

Il se dégage, dit-il, beauté et vérité, de ce texte si opposé à la plate abstraction de l'Un (celui de Mendelssohn par exemple) conçu comme vide de toute pluralité et plénitude [103]. Mais les critiques portent sur des points tout aussi essentiels. En 1820 Baader note que Goethe parle d'une ruse *(Tücke)* de la nature, dont l'homme doit se défier. Goethe omet d'ajouter qu'il ne faut pas attribuer cette méchanceté à la matière sourde-muette et *selbstlos* mais à une malédiction, à une corruption spirituelle rivalisant avec une bénédiction spirituelle qui elle aussi parcourt toute chose. Seul la physique chrétienne nous permet de connaître cela (VIII, 201). Dans ses cours sur les *Theologumena et Philosophèmes de Jacob Böhme*, Baader revient sur cette idée : Goethe, qui oppose au christianisme la religion « naturelle » du paganisme, parle d'une ruse de la nature hostile à l'homme, mais il oublie que précisément d'après la doctrine chrétienne la porte de la nature fut ouverte par l'homme à ces puissances hostiles ; celle-ci est donc fondée à se plaindre de la ruse adamique et à s'en protéger. La malédiction-fuite *(Fluch-Flucht)* de Dieu se manifeste à notre intelligence par le retrait, la crispation, d'une nature non intelligente mais sensible (III, 361 s).

Goethe semble trop marqué par le panthéisme spinozien pour se livrer à de telles distinctions. Baader a noté ces deux vers dans le poème *Eins und Alles* :

> Pour se trouver dans l'illimité,
> L'individu consentira à disparaître [104].

Voilà une contradiction [105] qui montre Goethe essayant péniblement, comme les Schellingiens dont il est le vrai « papa », de mélanger à la façon de Spinoza l'infini avec l'indéterminé, l'Un avec le confus [106].

La seconde critique, formulée à d'autres occasions, part du même esprit. Baader écrit en 1824 que Goethe a bien fait, dans sa *Théorie des couleurs*, d'attirer l'attention sur la négativité sous-tendant la positivité de toute manifestation et sur le fait que tout phénomène est possible grâce au maintien *(Bleiben)* de quelque chose : la manifestation suppose l'occultation, l'évolution suppose l'involution. Malheureusement on a mal compris Goethe (II, 466). En 1838 il cite encore cet auteur dans une lettre adressée à Stransky ; il remarque que les théologiens prennent indifféremment le mot « Père » dans le sens d'une relation personnelle, ou comme le Dieu non manifesté (En-Soph des Kabbalistes) et trinitaire ; or, ces deux conceptions sont également vraies mais il faut les distinguer : la Monade cachée dans tous les nombres n'apparaît pas elle-même comme nombre de l'Unité dans la séquence numérologique mais elle y est présente, se manifeste à sa manière dans chacun des nombres, fait pénétrer tous les autres en chacun d'eux (la Trinité ne signifie pas qu'il y a trois Dieux). Les nombres se développent comme des membres de la Monade par le truchement d'une naissance dans laquelle ils trouvent leurs bases respectives, leur vie propre. La Monade engendre, et ce faisant elle s'occulte. En engendrant à partir d'elle-même *(von sich)* elle manifeste, acte de lumière qui suppose un engendrement en elle-même *(in sich)*, une fécondation à l'abri de la lumière. Ce qui fait dire à Goethe :

> Et ainsi, même dans la paix éternelle
> Les ténèbres restent séparées de la lumière.

Mais il n'a pas remarqué que cette séparation est rendue possible par l'intermédiaire du Feu, qui est le chérubin et le gardien de la lumière. Le Feu monte de la racine de ténèbres (scotogène) afin de donner force à l'élément lumineux (photogène) ; pour cela le Feu « brise sa mère », sinon il allume la ténèbre, le scotogène[107]. On connaît l'horreur de Goethe pour le Feu, et ses convictions « neptuniennes » renforcées par l'enseignement de A.G. Werner ! Baader, en 1839, reconnaît encore à la *Théorie des couleurs* le mérite d'enseigner que les ténèbres — le principe obscur de la nature —, en tant que principe distinct de la lumière, sont bonnes en soi. Mais Goethe aurait dû prouver par le Feu cette distinction et montrer que sans elle les ténèbres et la lumière ne sauraient être unies dans leur action. Surtout, puisqu'il nie avec juste raison que le principe des ténèbres soit mauvais, pourquoi n'admet-il pas aussi que le mal est la conséquence d'un rapport anormal du principe de nature avec celui de lumière, de la vie éthique avec la vie physique ? De là à nier le diable — et Dieu — il n'y a qu'un pas ! (IX, 319). Goethe affirme bien que la lumière et les ténèbres ne sont en paix que séparées ; mais il ne voit pas que la distinction *(Scheidung)* par le Feu sert à unir car le Feu donne à la liberté l'énergie obtenue par la suppression des ténèbres, de sorte que la nature sert à la manifestation de la liberté : on retrouve ici le ternaire esprit-âme-corps[108] ou principe, organe, instrument ; ternaire déjà présent dans le Dieu caché, avec la Sagesse. De ce Dieu caché il est dit : « In principio erat verbum » (organon), et de ce Verbe manifesé à travers la nature : « et verbum erat *apud* Deum » (comme agent coopérateur, *Mitwirker)*. En Dieu (Père) la Verbe est silencieux, près de Dieu *(bei Gott)* il parle ; cela est vrai aussi de ce Verbe en tant que lumière : elle luit seulement *auprès de* Dieu. La présence d'un agent auxiliaire *(Mitwirker)* auprès de Dieu devient possible si le Verbe assume sa nature éternelle comme fond igné de la nature. Sans cette dualitude *(Doppelgängerei)* du Verbe on ne comprend rien à celui-ci. Parce qu'on a confondu jusqu'à présent la naissance du Verbe en dehors de la nature éternelle avec la manifestation de celui-ci à travers la nature, on n'a pas connu le sens johannique de ce mot ; voilà pourquoi Goethe fait inventer *(fabeln)* par son Faust : « Au commencement était l'action »[109].

D'autres critiques concernent le *Faust* de Goethe, particulièrement le personnage de Méphistophélès. Franz Hoffmann, qui jusqu'à un certain point peut passer pour le porte-parole de Baader, a inséré dans ses notes aux *Œuvres Complètes* quelques commentaires sur cette pièce. Il appelle de ses vœux le poète génial qui serait capable d'écrire un *Faust* dans l'esprit de Baader (II, 462 s). Goethe, selon Franz Hoffmann et Baader, a donné au diable un caractère abstrait, donc peu poétique, en le représentant comme l'esprit qui toujours nie ; c'est oublier qu'en réalité le diable s'est déclaré contre Dieu et se donne lui-même pour Dieu ! Baader préfère dire que Lucifer, comme Adam, a *nié* son vrai principe en voulant se poser lui-même comme principe (VIII, 173). Cette pièce repose surtout sur une idée panthéiste, d'où l'intérêt qu'elle a suscité chez des penseurs comme Schelling, Hegel, J.J. Wagner. La philosophie de Goethe a pu influencer Schelling parce qu'elle était pétrie de spinozisme. Le panthéisme n'est pas en soi poétique puisqu'il pose partout des lois aveugles ; il empêche ce drame d'être vraiment tragique[110]. Baader cite dans le troisième cahier de *Fermenta cognitionis* un passage du premier entretien entre Faust et Méphisto. Il trouve assez remarquable que Méphisto donne de l'origine du Mal une explication panthéiste ; en réalité, affirme Baader, le diable n'est pas panthéiste ; il se sert de cette doctrine pour induire Faust en erreur ; il ment à Faust en lui disant que la lumière passe seulement sur les corps pour disparaître un jour avec eux et il se garde bien d'avouer qu'il est lui-même cette ombre passagère sur les corps. Baader rappelle à ce propos Saint-Martin écrivant dans *De l'Esprit des Choses* (I, 212) : le diable

> n'est rien qu'une universelle concentration sans la possibilité d'aucun développement et cependant sentant le perpétuel besoin d'être tout et d'avoir un développement universel[111].

En s'appuyant sur les critères de sa propre Philosophie de la Nature, Baader critique Goethe en tant qu'artiste et parodie avec humour l'écrit sur Winckelmann et son siècle. Dans la première époque de leur histoire, explique Baader en 1833, les artistes étaient comme Orphée ; dans la seconde ils se contentaient de copier servilement la nature sourde-muette ; dans la troisième période, égoïste et orgueilleuse qui est encore la nôtre, ils quittent à la fois Dieu et la nature et se figurent être devenus les maîtres des deux : dommage que Goethe, avec son sens plastique de l'antique et ses liens avec la nature, n'ait pu maîtriser cette troisième période[112].

Carus, Schubert, Steffens, A.G. Werner : vers une Naturphilosophie authentique ?

Carl Gustav Carus, qui a fait de l'œuvre scientifique de Goethe sa lecture de prédilection, reste plus proche de Baader que Goethe. Avec Schubert et Steffens il est un des trois grands *Naturphilosophen* d'alors dont les conceptions se rapprochent le plus de celle du théosophe. Celui-ci avait noté avec satisfaction en 1824 que pour Goethe la manifestation suppose l'occultation (cf. *supra).* En 1839 il constate que Carus pense de même. Celui-ci, en effet, vient d'écrire dans son *Traité de zoologie comparée* que plus un organisme est complexe, plus la nature a tendance à cacher ses métamorphoses jusqu'à l'achèvement de l'œuvre, comme le montre l'exemple des œufs ou de l'enfant dans le ventre de sa mère. C'est une « loi du secret ». Pour Baader la raison en est que l'œuvre imparfaite ne supporte pas la lumière ou est punie par elle. De même qu'en 1798 il avait cru apercevoir dans *L'Ame du monde* de Schelling « le premier messager d'un printemps qui s'annonce », il salue cette fois la physiologie de Carus comme « le premier message agréable de printemps et de vie pour la physiologie »[113] et recommande à Stransky de lire le *Système de Physiologie* du même auteur car il bouleverse la doctrine « cadavérique » des physiologues contemporains pour lesquels la vie est seulement un *superadditum* ou *annexum* du cadavre ou de la mort ; mais si cet écrit renferme bien des remarques géniales, les vues philosophiques de Carus restent souvent obscures, superficielles, chargées de considérations indigestes[114]. Ce n'est pas la première réserve de ce genre : en 1838 il a critiqué le *Traité de zootomie comparée* dans lequel Carus considère toute génération nouvelle (animale, humaine) comme une simple ramification mécaniste des précédentes. Selon Baader cette conception mécaniste d'une *itio inter partes* n'explique pas que la partie devienne un tout et même une création nouvelle. Böhme a bien vu que les essences *(Essentien)* provenant des essences éternelles de Dieu sont différentes de celles-ci tout en leur restant liées, d'où la possibilité du péché[115].

Baader n'a pas vécu assez longtemps pour connaître les œuvres ultérieures de Carus mais il a pu apprécier celles de son ami Gotthilf Heinrich von Schubert, rencontré en 1809 à l'occasion d'un voyage à Nuremberg. Dès leur première entrevue Baader lui conseillait de traduire *De l'Esprit des Choses* (1800), de Saint-Martin. Cette traduction vit le jour ; précédée d'une introduction de Baader lui-même[116], elle fut considérée par son auteur comme un moment important de sa vie. Baader et Schubert s'accordent assez sur l'essentiel bien que Baader reproche généralement à Schubert de ne pas tirer de ses observations toutes les conclusions qui s'imposeraient. Schubert, écrit Baader à Passavant en 1817, a noté dans la nouvelle édition de ses *Vues sur l'aspect nocturne des sciences naturelles*[117] l'existence dans l'organisme de parties animées plus légères que d'autres et qui accomplissent plus rapidement le cycle vital ; il appelle celles-là les « prophètes » de celles-ci. Il n'a pas vu qu'il redécouvrait par là le principe de toute divination, à commencer par l'astrologie, car les étoiles, disaient déjà Paracelse et van Helmont, ne sont pas la cause des événements terrestres mais les annoncent, elles en sont les augures, et l'Écriture enseigne que Dieu ne fait rien sur terre qu'il n'ait montré auparavant à ses élus. Baader se félicite au demeurant d'avoir détourné Schubert de l'hypothèse de Reil sur les ganglions[118] et écrit que contrairement à l'opinion de Kieser les ganglions ne sont pas comme la terre est au soleil, mais comme la lune est au soleil ; il rappelle la distinction proposée par Prokop Divisch entre une électricité positive (active, sidérique) et une électricité négative, de même que Schubert a su distinguer entre une lumière rayonnante et une lumière non rayonnante (phosphorescente) et a fait de même pour le son. Cette « duplicité » existe aussi entre le soleil et la lune. Paracelse et Jacob Böhme distinguent également deux sortes d'imagination : l'active et la réactive, cela dans toutes les régions de la vie ; par exemple, le désir actif s'oppose à la nostalgie passive *(Begierde* s'oppose à *Sehnen* ou à *Sucht),* de même qu'en dehors de l'homme une imagination sidérique s'oppose à une imagination élémentaire, ce que nos *Naturphilosophen* (schellingiens) ne savent pas voir malgré leur habitude de chercher partout des polarités[119].

Le problème, déjà évoqué à propos de Hegel et de Herder, du rôle privilégié de la terre dans l'univers, est repris par Schubert dans une perspective böhméenne. Le Philosophe Teutonique avait assigné à la corporéité *(Begreiflichkeit)* terrestre un rayon d'action se portant jusqu'à la lune, du moins ne dépassant pas les planètes de notre système solaire. Au-delà ce sont les étoiles fixes de nature éthérique. Les savants modernes veulent que cette corporéité soit partout présente dans l'espace ; c'est recouvrir toute l'armée lumineuse et céleste d'un sombre manteau de poussière et de deuil !

Schubert, au contraire, reprend la théorie de la nature éthérique des étoiles fixes car il ne conçoit pas que l'univers soit composé de systèmes solaires semblables aux nôtres. Au-dessus de notre système planétaire *(Erdmond)* il voit une gravité vive, attractive, au-dessous une gravité morte. La terre n'est donc plus une planète parmi d'autres, ni le système solaire un système parmi d'autres [120].

En 1822 Baader reçoit la visite de Schubert et de l'astronome J.W.A. Pfaff [121] qui se font fort de montrer que les étoiles fixes sont incomparablement plus impalpables *(dünn)* encore que notre air de montagne le plus léger ; ils prouvent ainsi qu'on ne saurait voir dans les astres du ciel la simple répétition de notre système planétaire et qu'il existe entre le ciel et la terre cette différence qu'enseigne la *Genèse*, la voûte céleste ayant seulement valeur de signe [122]. Schubert peut alors présenter notre globe, première planète malgré sa petitesse et née à partir du *tohu-va-bohu* dont parle le texte mosaïque, comme le réceptacle du joyau même de la création, voire le grain de sénevé dont parle l'Évangile. De tels accents ne surprennent pas non plus chez Schelling, ni chez Daumer qui voyait dans notre terre la Bethléem de l'univers [123]. Franz Hoffmann écrit à propos de ces vues baaderiennes et schubertiennes qu'elles ne cadrent pas avec l'astronomie scientifique et seraient plutôt le talon d'Achille du théosophe (II, 536). Il a sans doute raison si on les prend à la lettre, mais considérées d'un point de vue hautement symbolique elles « signifient » autant que le récit de la *Genèse*, c'est-à-dire qu'elles peuvent être vraies à un certain niveau d'explication, celui, précisément, qui nous importe le plus. En tout cas elles restent inséparables des spéculations cosmogoniques de ces théosophes. Baader écrit à Schubert en 1818 que la doctrine de Martines de Pasqually lui a permis de comprendre d'une façon parfaitement claire comment le fait d'être prisonnier et tombé dans le temps et l'espace constitue le signe indiscutable de notre adhérence *(Behaftetsein)* au Mal. Il lit avec « plaisir » la même chose dans le deuxième cahier du *Judas Ischariot* de Daub (cf. note 41) car il est regrettable que la philosophie moderne — par exemple, fichtéenne — ait présenté ces liens, cette fluidité intérieure du temps et cette raide fixité de l'espace, comme éternels, nécessaires aux démons et aux hommes. Il est agréable de voir dans ce que professe Daub un doux rayon de soleil venant dissoudre l'engourdissement de notre conscience moderne (XV, 347 s).

La conception schubertienne de la corporéité se présente elle aussi comme un écho de la pensée baaderienne ; les deux théosophes se rejoignent partiellement sur ce point capital, ainsi que Baader se plaît à le noter en 1837 et 1838. Tandis que Platon voyait dans la corporisation *(Leibwerdung)* une imperfection de la vie, Baader la considère comme son achèvement. Le *Leib* platonicien se confond avec l'élément mortel, le cadavre, mais Schubert pose qu'un esprit sans *Leib, i. e.* détaché de tout processus somatique, se présente de façon négative comme esprit de colère, de meurtre ou de pourriture. Böhme déjà assignait à la mort le rôle de réparatrice de la vraie vie par l'intermédiaire de l'incarnation et rendait la chute de Lucifer et d'Adam responsable de leur décorporisation *(Entleibung)* ou de leur insuffisante incarnation (IV, 346) ; l'orgueil de la créature consistant précisément à vouloir être sans corps devant Dieu, le diable ne devrait pas nous apparaître comme un matérialiste mais comme un spiritualiste ! Les anges rebelles se sont eux-mêmes décorporisés, sans le vouloir expressément mais du fait de leur orgueilleux spiritualisme[124]. Schubert lui aussi, dans son *Histoire de l'âme*, fait plus qu'entrevoir la mort comme une décorporisation *(Entleibung)* de l'âme, qui coïncide avec la « désanimation » *(Entseelung)* du corps ; c'est que la vie trouve sa perfection dans l'incarnation, comme l'enseigne la *Table d'Emeraude* : « Vis (animae) integra, si conversa in corpus »[125]. Mais Schubert n'a pas encore clairement perçu les rapports entre cette *Entseelung* et cette *Entleibung* d'une part, et la déspiritualisation *(Entgeistung)* d'autre part ; il n'a pas bien saisi comment ni pourquoi la matière masque la vraie corporéité. La vérité est que la création entière, sous la direction d'Adam, était destinée à « réduire » la matière — créée en raison de la chute des anges rebelles — pour faire réapparaître la corporéité ; cette matière ne représente donc point la substance divine elle-même comme le pensent les panthéistes et il ne faut pas la voir bonne et pure comme le font certains théologiens. Schubert lui-même avait commis des erreurs de ce genre, dont il est revenu, mais sans avouer qu'il les avait abandonnées grâce à Baader. Il n'a plus tendance à croire que la fleur qui s'agite au souffle du serpent est animée par celui du zéphyr ; aussi son *Histoire de l'âme*, pleine de phosphorescences instructives, reste profitable à ceux qui sont encore dans l'obscurité. Ses vues sur l'Esprit de Dieu en l'homme sont pourtant insuffisantes, peu claires, faute de comprendre que cet Esprit pénétrant tout *(durchwohnend)* établit aussi dans l'intérieur sa demeure *(inwohnend)* car il lui faut un lieu qui le contienne sans l'enfermer. *Inwohnung* et *Durchwohnung* se complètent sans s'exclure. Après avoir associé cette idée à celle de roue de naissance de la nature, Baader ajoute que si Schubert s'était mis davantage à l'école de Böhme il aurait compris la nécessité pour le souffle (ou âme) igné de s'unir à l'âme de lumière afin de pénétrer dans le corps spirituel *(Geistleib)* qui, comme lieu par excellence ou Schechina, reste la condition de toute inhabitation *(Inwohnung)* divine. Il n'y a point de corps de lumière sans une huile (élément photogène) et une eau (hydrogène), ce que montrent les larmes de contrition ou de repentir qui avec l'eau éteignent le feu de colère et avec leur huile font brûler le feu d'amour[126].

Henrik Steffens, spirituellement parent de Schubert, nomme l'eau élémentaire « la larme de la nature ». Cette image plaît à Baader (II, 57), qui aime aussi la manière dont Steffens et Schubert suivent le processus de salut dans ses moments cosmiques, et il lit avec satisfaction dans l'*Anthropologie* de Steffens que nous devons être sauvés avec la nature, ne pouvons l'être sans elle ni en combattant contre elle. De même que Baader considère l'homme comme le point final de la création, Steffens voit en lui le point final d'un passé, le centre d'un présent, le début d'un avenir, infinis[127]. Mais à la fin de sa vie Baader se montre plus sévère. Dans une lettre à Stransky datée de 1840, il range Steffens parmi ces modernes semblables à des insectes nuisibles qui restent dans l'écorce des arbres. Leur uranographie construit quotidiennement le tombeau de l'uranognosie ; après avoir perdu à la fois leur goût immodéré pour la *Naturphilosophie* schellingienne et leur puissance créatrice, ils attribuent à la nature leur propre impuissance : « mulier formosa — desinit in frigidum piscem » ; celui qui n'a pas compris ce qu'est la transmutation ne comprend rien au christianisme[128].

Baader se montre certainement injuste envers Steffens ; mais il ne faudrait pas prendre pour un jugement absolu ces remarques tirées d'une lettre sans doute écrite dans un mouvement d'humeur. Il se montre fort réservé aussi quand il lui arrive de parler du célèbre minéralogiste de Freiberg, son ancien maître (1788-1791) A.G. Werner, qui le fut aussi de Steffens et de Novalis. Baader, qui fut ensuite conseiller supérieur des Mines de Bavière, ne cite pourtant jamais Werner dans ses écrits. Au soir de sa vie il racontait encore à l'occasion avoir fréquenté ses cours ; s'il disait l'estimer beaucoup pour la précision de ses travaux, il regrettait que Werner fût resté lui aussi, comme presque tous les savants de son temps, dans l'ignorance du vrai « pourquoi » des choses et n'ait pas su « dépasser le matérialisme »[129]. De semblables réticences semblent avoir été partagées par Novalis tandis que Steffens faisait preuve d'un certain enthousiasme que plusieurs aspects de la pensée wernerienne ne cessèrent jamais de susciter. Or, on ne trouve pas trace de cet enthousiasme chez Baader[130].

Werner avait cependant, au cours de sa longue carrière, fait œuvre de chercheur scrupuleux et attentif aux moindres détails des objets naturels qu'il étudiait et classait avec un soin extrême. Baader, plus éclectique, n'a pas moins cherché à saisir les nuances du concret, qu'il sagisse de minéralogie, de biologie ou de physique.

Mais contrairement au maître de Freiberg son propos est de saisir à la fois l'esprit et la matière dans leur interaction, leur unité.

De l'homéopathie au magnétisme animal : le « sidérisme » de Ritter ; les insuffisances de Jung-Stilling, d'Eschenmayer, de Kieser, de Troxler ; Justinus Kerner

La découverte de l'homéopathie par Friedrich Hahnemann ne saurait donc le laisser indifférent, ne fût-ce qu'en raison du principe sur lequel elle repose : *similia similibus curantur.* Au cours d'un voyage à Leipzig en 1824 il s'y intéresse vivement, considérant que c'est une « affaire de grande importance » mais sans faire preuve d'un réel enthousiasme pour la théorie « rationnelle » proposée par son inventeur. Il note que Hahnemann, chassé par les médecins de Leipzig, vit et exerce à Köthen et que le Dr. Koreff, avec cette méthode, répand à Paris « beaucoup de bonheur et de bruit »[131]. Dix ans plus tard il annonce au prince von Löwenstein-Wertheim son intention de publier un écrit — il ne verra pas le jour — dans lequel il comparera l'homéopathie avec l'alchimie des Anciens, qu'il distingue bien entendu de la vulgaire spagyrie, car les homéopathes ont trouvé par la seule voie empirique l'énergie de l'esprit de vin qui « ouvre » toute *Tinctur* dans les médicaments. Mais cette énergie, les alchimistes la connaissent mieux. Citant Saint-Martin il rappelle à ce propos que la science n'est plus une occupation tranquille et oisive mais un combat[132].

Le Viennois Malfatti, dont les spéculations complexes dépassent celles de Baader par la hardiesse, ne s'y est pas trompé ; en 1834, à l'occasion d'une visite au théosophe munichois il lui donne raison sur le fait que l'irréligiosité et le matérialisme des médecins modernes entraînent la décadence de la médecine, processus observable aussi en matière médicale et juridique, et voit en son hôte un des rares hommes capables précisément de réconcilier la science et l'esprit.

Voilà pourquoi on trouve dans son œuvre tant de réflexions sur le magnétisme animal, malgré de bien rares allusions à Mesmer, « archi-matérialiste »[133] qui ne s'est point intéressé à la création mais uniquement à la matière et au mouvement. Mesmer a découvert une thérapeutique puis est passé indûment, car il n'avait pas de cosmogonie, à une sorte de philosophie qui semble avoir préparé la voie au panthéisme schellingien. Lui-même attendait de ses théories une réforme sociale, politique et religieuse[134]. Baader lui compare

K. C. Wolfart, qui connaît beaucoup de succès à Berlin et dont la thérapeutique vaut mieux que les théories[135]. Si Baader fait peu de cas du précurseur, le magnétisme animal lui semble pourtant instructif ; dans la vogue que connaissent ces pratiques et malgré les dangers qu'elles comportent il lui semble voir le doigt de Dieu (XV, 280). Certes, le somnambulisme courant ne nous élève pas au-dessus de la région sidérique ou stellaire et celui qui ne saisit pas le lien du sidérique et de l'élémentaire, comme Paracelse fut le dernier à savoir le faire, ne comprend rien à ces phénomènes (XV, 289). Pourtant les vers de Schiller sont maintenant devenus réalité :

> Il est facile à réveiller, le royaume des esprits,
> Ils attendent, épiant sous une mince couverture,
> Prêtent l'oreille, puis surgissent tout à coup[136] !

Notre système stellaire est devenu en effet assez mince : la matière s'est usée. Les hommes, en s'enterrant profondément dans cette couverture pour se mettre à l'abri des esprits — pour se protéger du ciel et de l'enfer — ont facilité l'entrée à ces esprits qui en ont profité pour monter à l'assaut. Celui qui ne possède pas le mot du maître ne pourra le conjurer ! Les phénomènes magnétiques ne nous permettent pas moins de constater ce qu'on pourrait appeler une libération de la résistance générale de la nature[137]. On sait que Böhme considérait son œuvre comme un moment significatif de l'histoire, un signe de la *Lilienzeit*, du « temps des lys », c'est-à-dire d'une nouvelle aurore qui verrait s'accomplir les prophéties relatives au salut et se répandre dans l'esprit des chrétiens la compréhension intégrale de la Révélation[138]. Baader à son tour crut voir s'instaurer cet avènement non seulement par la redécouverte de Böhme à laquelle il contribuait, mais aussi par la révélation de cette Magie naturelle qu'est le magnétisme. Sans aucun doute, écrit-il à Christian Daniel von Meyer en 1815, le *temps des lys* a déjà commencé, dont Böhme parle si souvent et dans lequel, comme il dit, ses écrits seraient aimés. Et particulièrement, voici que se réalise chez nous ce que Böhme, dans le *Mysterium Magnum*, dit de la nécessité d'une nouvelle manifestation de la *Magia naturalis* ! C'est, ajoute Baader, le magnétisme animal qui est en 1815 le signe, dangereux certes mais significatif, envoyé par Dieu pour ressusciter cette magie naturelle[139]. Ces pratiques nous rappellent en effet que l'Esprit confère à l'âme un esprit nouveau ; la résurrection intervient quand l'esprit nouveau, fortifié par l'âme qu'il a attirée à lui, revêt celle-ci de son nouveau corps ; ce que le magnétisme appelle l'extase apparaît donc non seulement comme une anticipation de la mort mais aussi comme l'annonce prophétique de la résurrection.

Dès son essai consacré au carré pythagoricien (1798), Baader fait allusion à un traité de J. W. Ritter paru la même année. Ce traité, dans lequel on a pu voir « le premier témoignage de la science romantique » [140], démontre que dans le règne animal un galvanisme constant accompagne le processus de la vie et qu'il n'y a pas d'autonomie ni de stabilité sans l'existence et la coopération de trois forces agissantes, condition posée aussi par Schelling dans ses *Idées pour une philosophie de la Nature* [141]. Baader fut vite séduit par ce physicien d'Iéna, esprit instable mais génial, intime de Novalis et voué comme celui-ci à une mort précoce [142]. En Ritter il reconnaissait le visionnaire d'une physique plus orientée selon l'esprit ; il saluait celui qui avait su considérer les sons comme des formes organiques (VIII, 244) et appelé « sidérisme » aussi bien les processus électriques et anorganiques magnétiques que ceux du magnétisme vital au sens paracelsien (XV, 703), car il n'est point nécessaire de distinguer catégoriquement entre des matières organiques, éclairantes, réchauffantes, fluides, qui toutes sans se gêner mutuellement entrent et sortent par les pores de la matière. Ritter n'a pas craint de suivre les anciens physiciens qui appelaient « action sidérique » *(Sternenwirken)* cette action, cette vie, qui sort de l'intérieur de la matière, et il a donné le titre de *sidérisme* à son rapport sur le médium Campetti [143]. Ritter fait partie de ces Allemands qui ont eu raison, depuis Kant et contre les matérialistes, de reconnaître dans la matière l'existence d'un intérieur qui est nature et non matière, celle-ci n'étant pas la seule expression — substantiation, ou *Leibwerdung* — possible de la nature. L'intérieur — immatériel, spirituel *(spirituos)* mais non intelligent, passif — doit être distingué de l'esprit intelligent, comme le *spiritus mundi immundi* doit l'être du Saint-Esprit (IX, 39). De telles nuances ne sont point des cloisonnements. Ainsi Ritter a remarqué que la sphère d'action d'une classe d'êtres, même inorganiques, peut développer, si elle est mise en rapport avec une classe plus haute, des possibilités insoupçonnées qui ne se seraient jamais manifestées sans ce rapprochement. Le plan supérieur anime, le plan inférieur est animé, comme on le voit dans les rapports entre les lunes et leurs planètes, les planètes et leur soleil, le minéral et le végétal, le végétal et le règne animal, l'animal et la nature intelligente, celle-ci et la nature divine [144] !

De tels accents vont trouver maints échos, notamment dans les *Vues sur l'aspect nocturne des sciences naturelles*, de Schubert, que Baader cite volontiers car elles suggèrent la possibilité de retrouver partiellement le contact avec la nature, l'harmonie magique avec le Tout grâce au magnétisme et à la voyance [145]. Le romantisme n'est pas avare d'évocations de ce genre, si bien qu'en matière de lectures Baader a l'embarras du choix. Il se réfère peu à Passavant, pourtant chef de file en ce domaine, et bien qu'il soit son ami[146]. Il apprécie un certain Neuberth mais lui reproche de méconnaître Böhme[147]. Surtout, il s'offusque de voir son cher Jung-Stilling, auteur des *Scènes du royaume des esprits*, confondre à propos de la clairvoyance magnétique le *spiritus siderum* avec notre organe de l'âme, c'est-à-dire prendre notre esprit astral destructible pour l'esprit lumineux éternel, malgré l'enseignement de Böhme et de Paracelse[148].

Eschenmayer retient plusieurs fois son attention. Ce collègue de Halle, directeur avec Kieser des « Archives du magnétisme »[149], a droit à un témoignage de satisfaction dans le traité consacré au carré pythagoricien : Baader lui sait gré d'avoir bien parlé du Ternaire comme d'un levier pour décrire les deux forces antagonistes de la nature (III, 263). Le même compliment se retrouve dans un cours prononcé plus tard : attraction, implétion et expansion, comparables à l'admiration, l'amour et l'énergie, voilà une idée saint-martinienne qui pour Baader correspond à la triplicité selon Eschenmayer : idée du vrai (juste), du bon et du beau (III, 390). En 1835 il vante encore les réflexions instructives et éclairantes d'Eschenmayer sur les cas de possession et de magnétisme car elles vont dans le sens de la triple distinction baaderienne : nature supérieure, nature, nature inférieure. La nature supérieure ne peut vraiment se manifester que par la nature. Si celle-ci (la seconde) manifeste et fait descendre en elle la première, elle occulte la troisième et trouve du même coup son intégrité. Böhme dit que la nature inférieure, si elle est livrée à elle-même (élevée dans la créature), devient la région de l'imagination au mauvais sens du mot. De même, Eschenmayer compare les formations fantastiques de cette région aux infusoires et écrit justement que les atomes font partie de celle-ci car ils manquent de l'élément intégrateur, la lumière, qui seule confère une forme vraie (IV, 253 s ; X, 120). Mais dès 1817 le théosophe explique à Christian Daniel von Meyer que les articles d'Eschenmayer proposent des hypothèses mesquines malgré les importants faits magnétiques qu'ils relatent (XV, 335). Dans un de ces articles il se fait fort d'expliquer la magie « apparente » du magnétisme ; c'est oublier, écrit Baader à Passavant, qu'il confère par ce propos même un fondement physique et psychique à ce magnétisme, de sorte que sa magie apparaît bien réelle et point « apparente » ; un écrit comme celui-là n'est pas moins de nature à rendre service à un public peu instruit en ce domaine (XVI, 314). Baader reproche à Eschenmayer de rester superficiel, d'être un « philosophe sentimental et abstrait »[150] dont les philosophèmes ne transcendent pas plus la philosophie schellingienne que les philosophèmes hégéliens. Malgré ses qualités ce chercheur n'est pas de taille à combattre avec succès la pensée destructrice de Hegel à qui il concède par ailleurs des points de doctrine inadmissibles ; ainsi il tombe dans l'erreur radicale qui consiste à déclarer la conscience de soi comme notre pouvoir propre *(eigen Gemächte)*, alors que si nous savons que nous existons, voulons et agissons, cette connaissance ne vient pas de nous-même : *con*-science signifie connaissance *avec Dieu.* Le criminel qui se sait tel n'a pas de cet état une connaissance qui lui appartient, il est parcouru *(durchwohnt)* par le savoir de Dieu ; l'homme qui suit Dieu sait qu'il est bon, il est habité *(ingewohnt)* par le savoir de Dieu[151]. En 1817 Baader écrit à Passavant qu'il souhaite avec quelque impatience la publication du premier numéro de la revue de Johann Friedrich von Meyer car elle sera consacrée au magnétisme, tandis que celle d'Eschenmayer (« Archives du magnétisme animal ») lui déplaît beaucoup ; en attendant il va tenter de réfuter les théories de Kieser et de Troxler[152]. Passavant lui non plus n'aimait pas cette revue à laquelle il refusait de collaborer[153]. Mais Baader dédiera tout de même à Eschenmayer ses *Conférences sur une future théorie du culte*[154].

La même année (1817) Kieser critique dans la revue d'Eschenmayer[155] le début d'une suite d'articles que Baader a commencé à publier en 1817 sous le titre *De l'Extase.* L'occasion est ainsi offerte au théosophe de préciser sa position[156]. Kieser riposte avec son livre *Système du tellurisme ou magnétisme animal* (1821) dans lequel il critique Baader en s'appuyant sur la philosophie de l'identité de Schelling, et avec plusieurs articles qu'il fait paraître dans les « Archives du magnétisme animal »[157]. Alors Baader publie l'année suivante *De la force de la divination et de la croyance*[158]. Les points de divergence sont les suivants. Pour Baader — et, semble-t-il, tout autant pour J. F. von Meyer et Schubert, que Kieser prend aussi à partie — l'état de veille magnétique n'est pas un état de sommeil opposé à l'état de veille normal bien qu'il lui soit supérieur, et celui-ci n'est pas d'une nature supérieure à celle du sommeil magnétique mais il y a une différence de nature entre le rêve simple (pendant le sommeil) et la conscience somnambulique. Kieser pense le contraire. Et pour lui, si le sommeil magnétique permet bien des apparitions que la conscience éveillée ne saurait susciter, il ne constitue qu'une forme plus haute du sommeil normal et n'est pas par nature différent de celui-ci ; il commence avec le sommeil et finit avec lui. Kieser rejette aussi la croyance aux esprits et aux démons, qui existent seulement dans l'imagination des malades ; il reproche à Baader, J. F. von Meyer et Schubert de tenir leur existence pour assurée, de penser qu'il y a des êtres spirituels en dehors de l'homme[159]. Baader estime aussi que Kieser — comme Hegel — ne devrait pas placer la connaissance intuitive au-dessous de la réflexive, ce qui oblige à considérer que l'état magnétique coupe le sujet en deux, le sentiment d'un côté et la connaissance de l'autre, le premier « déprimant » celle-ci. Au contraire Baader entend donner au mot *Gefühl* sa véritable et suprême signification : c'est lui qui unit l'Esprit et la Nature [160]. Il fait remarquer plus tard que Kieser compare les personnes magnétisées à des animaux menés par l'instinct puisqu'il explique leurs pressentiments par une sorte de révélation des lois naturelles d'après lesquelles un événement futur doit avoir lieu. L'autorité de Saint-Martin est ici invoquée, pour qui « dans le vrai ordre des choses, la connaissance et la jouissance de l'objet doivent coïncider. » Ainsi Baader tente de prouver que le magnétisme n'est nullement un abaissement de l'homme [161]. En 1832, à propos des réflexions de Kieser sur la visionnaire de Prevorst, Baader écrit à Justinus Kerner qu'il voudrait tresser non pas une couronne d'épines mais une verge d'épines à ce « Philosophus » délaissé par l'Esprit et par les esprits (XV, 482). En 1836 encore, après avoir parcouru un écrit de Wirth sur le somnambulisme, il explique à Justinus Kerner que ce livre est une sorte de nouveau « Kieseranisme » : on y trouve la même tendance que celle qui s'exprime à travers les travaux de Strauss sur le christianisme, c'est-à-dire la même « confusion misérable » du subjectif et de ce qui est réalisé par le sujet lui-même *(das Selbstgemachte)*, dans laquelle sont tombés Kant, Fichte, Schelling et Hegel, alors que notre raison affaiblie ne peut prétendre avoir fait elle-même l'enfant sous prétexte qu'elle le porte en soi comme sujet [162].

L'essai sur l'extase n'a pas été rédigé seulement contre Kieser et la tendance générale du journal d'Eschenmayer mais aussi contre Troxler, comme Baader l'avoue à trois reprises en 1817. On regrette que Baader n'ait pas parlé plus souvent de ce penseur qui fut lui aussi un mélange de poète et d'homme de science [163]. Baader explique à C. D. von Meyer que son texte sur l'extase est dirigé contre ce *Naturphilosoph* envers qui il entend jouer son rôle de « frère du glaive », et à Eschenmayer il écrit que Troxler fait partie de ceux dont le corps prend trop d'esprit pour que leur esprit puisse prendre du corps (XV, 333, 336). Il déclare ailleurs vouloir chasser les « mouches philosophiques » (Troxler et Kieser) qui se posent sur tout ce qui brille — ici, le magnétisme [164]. Et dès la parution des premiers livres du célèbre Görres consacrés à la mystique chrétienne, Baader écrit que ses craintes à propos de ce travail de Görres étaient fondées : *mist* signifie *brouillard* en anglais, de même tout ici est nébuleux, mêlé d'idées fausses sur la nature, sous le prétexte de parler de « mystique ». Il trouve fausse aussi la définition que donne Görres de la conscience de soi des magnétisés, dans laquelle celui-ci voit une conscience renversée et détournée de l'objectivité [165].

Baader préfère infiniment les travaux de Justinus Kerner dont il est un admirateur presque inconditionnel[166]. Pour Kerner en effet, comme pour Böhme, Dieu doit avoir une « nature » au sens de cette corporéité *(Leiblichkeit)* que l'on s'efforçait de constater expérimentalement au cours des séances de magnétisme et de somnambulisme ; car seul ce *medium* qu'est la nature éternelle immatérielle permet au Ternaire sacré de passer de la potentialisation à l'actualisation ; grâce à ce *medium* le profond mystère de la divinité s'engendre pour devenir un Dieu manifeste, un Esprit ternaire *naturfrei* mais point *naturlos*, la créature sortant de cette nature éternelle et non pas directement de la divinité[167].

L'intérêt de poser l'existence d'une nature éternelle immatérielle, notion si caractéristique du système baaderien et héritière de la cosmosophie böhméenne, ne réside pas simplement dans le projet de reléguer l'atomisme de Lucrèce parmi les systèmes simplistes ou dépassés ; elle exprime mieux encore, à l'inverse, une dénonciation des insuffisances du néo-platonisme, jugé ici trop idéaliste malgré les tentatives renouvelées, chez maints néo-hermétistes, de le rattacher à l'ésotérisme chrétien. Déjà Berkeley avait refusé la dévalorisation cartésienne, platonicienne et néo-platonicienne du monde sensible, alors que Kant ne maintenait la métaphysique qu'au prix d'une extinction de la Philosophie de la Nature. Il n'empêche que la position des Philosophes de la Nature se révèle souvent inconfortable dans la mesure où ils s'exposent aux accusations de subjectivisme ou d'idéalisme. Pourtant — Michel Ambacher l'a bien rappelé — ni l'une ni l'autre ne sont vraiment fondées. En effet, bien que soupçonné de subjectivisme, Bergson n'a pas négligé le caractère objectif du contenu intuitif sous lequel la réalité se manifeste à la conscience : il n'y a pas en nous que du mesurable ou du concept, mais aussi tout le monde dont nous sommes faits ; il n'y a pas que la fabrication de la science mais aussi l'organisation de la nature par elle-même[168] ; savoir concret, auquel Baader invite en écrivant que la voie vers l'intérieur — celle dont parle aussi Novalis — est indispensable à toute vraie connaissance : « En trouvant son centre, le sujet trouve du même coup la force productrice »[169]. On ne saurait parler non plus d'idéalisme au sens de « philosophie transcendantale » ou de « philosophie de l'Esprit », car pour un Philosophe de la Nature la réflexion est seulement un moyen, non pas une fin, le système de la nature devant se révéler au bout du compte celui de notre esprit, et le concept inséparable de l'organisation naturelle la plus concrète.

La *Critique du jugement* ne s'exposait guère à de tels soupçons, car si Kant y affirmait bien l'existence d'une « finalité naturelle » par opposition à la finalité artificialiste d'Aristote, il se refusait pourtant à poser cette reconnaissance comme point de départ d'une recherche spéculative. En la posant comme telle, les Philosophes de la Nature cessent de rester tributaires de la seule objectivité phénoménale, ils passent du plan de la nature naturée à celui de la nature naturante, productrice[170]. Voilà précisément ce que Schelling a bien mis en lumière : l'activité constituante de la *natura naturans*, ou si l'on préfère, de la nature envisagée dans sa productivité, non plus comme simple produit, et à condition d'entendre par « Nature » à la fois la conscience, le corps et la matière, dans une conception englobante unissant l'intuition et l'objet. Mais avec Schelling on voit apparaître en même temps ce qui fonde l'originalité de la *Naturphilosophie* romantique par rapport aux autres Philosophies de la Nature : leur plus prestigieux représentant à l'époque, Hegel, ne conçoit pas la nature comme un univers hypostasié et hiérarchisé. L'affirmation lourde de conséquences contenue dans la *Phénoménologie de l'Esprit*, que « la Nature organique n'a pas d'histoire », suffit à écarter la possibilité de toute parenté véritable entre cette pensée et la tradition dite théosophique. Mieux vaut aussi ne pas se méprendre sur le propos de la dialectique hégélienne dont nous avons vu à propos de Baader combien elle reste tributaire de la logique d'identité, et qui en prétendant rassembler les moments de l'histoire de l'évolution humaine ne cesse pour autant de poser une disproportion constitutive et permanente entre le devenir historique rationnel des hommes et l'irrationalité de la nature[171].

Or, Schelling[172] — et avec lui la *Naturphilosophie* romantique — introduit un type de rationalité dynamique dans la nature même. Ses *Ages du Monde* représentent peut-être l'effort nostalgique mais non vraiment mené à son terme, de soumettre la totalité de la création, de son devenir, à une mytho-critique, c'est-à-dire à une herméneutique pour laquelle le mythe reste la limite ultime de toute explication, chaque autre interprétation se réduisant à lui, non pas l'inverse. Avec l'affirmation de cette « tautégorie » et l'absence de tout évehmérisme dans sa pensée religieuse, Schelling se présente bien à nous comme un romantique, toutefois la pente naturelle de son esprit si fortement orienté vers le naturalisme le pousse à mêler nature et matière jusqu'à les confondre. Or, Baader a réussi là où Schelling avait échoué : sa *Naturphilosophie* est une théosophie dès lors qu'il opte pour une mytho-critique plus radicale encore, fondée sur la révélation judéo-chrétienne au sein de laquelle il désigne la chute — ou les chutes successives — comme le centre de référence permanent de sa cosmosophie. A ce centre, qui rend compte d'une nature étagée à plusieurs niveaux qualitativement différents, toute interrogation philosophique renvoie, de lui dérive nécessairement toute « explication ». Donc, point d'effort nostalgique chez Baader, mais toujours *désir*, fondu dans son inébranlable volonté qu'éclairent et informent quelques certitudes au fond assez simples autour desquelles l'œuvre entière s'élabore en une suite complexe de gammes baroques enroulées comme en spirale. Point de *Sehnsucht* non plus, mais plutôt une *Begierde*, exprimée de façon souvent agressive car pour lui la connaissance n'est jamais « désintéressée ».

C'est pourquoi, plus encore que Schelling et d'une façon bien différente de celle de Kant, il entend mettre en question l'excellence de la *raison* telle que la concevait l'*Aufklärung* ; pour lui cette raison humaine se trouve gâtée — comme la matière — par la chute originelle. Il se sépare donc des autres *Naturphilosophen* par son adhésion à la gnose, au sens large. Son attitude est résolument gnostique dans la mesure où il ne se contente pas d'une simple adhésion intellectuelle au mythe qui prend corps en lui et dans lequel il coule son esprit et son *Gemüt*, mais veut soumettre le réel entier au récit des origines et de l'Incarnation, projeter cette révélation dans les espaces et le devenir cosmiques. On reconnaît ici la force et la hardiesse de la théosophie chrétienne, dont Baader apparaît dans l'Allemagne du XIXe siècle comme le représentant éminent. Avec lui, l'homme est encore la mesure de toutes choses, mais cette mesure n'est point celle de l'*Aufklärung* puisque l'*anthropos* se trouve restitué à son *mundus vitalis* qui le substancie, la valeur de chaque être humain ne se mesurant plus finalement qu'au degré de sa régénération, c'est-à-dire de sa participation au centre divin de l'organisme cosmique.

NOTES

1. A ce sujet, on consultera avec profit : Karl Joel, *Der Ursprung der Naturphilosophie aus dem Geiste der Mystik*, Jena 1906 ; Ernst Cassirer, *Individuum und Kosmos in der Philosophie der Renaissance*, Berlin 1927 (5e éd., Darmastadt, 1977) ; Alexandre Koyré, *Mystiques, spirituels, alchimistes du XVIe siècle allemand*, Paris, 1955 (2e éd., Paris, 1971) ; cf. aussi, du même, *La Philosophie de Jacob Böhme*, Paris, 1929 (2e éd., Paris, 1975).

2. Sur la notion de Philosophie de la Nature en général dans l'histoire des idées, consulter la bonne synthèse de Michel Ambacher, *Les Philosophes de la Nature*, Paris, P.U.F., 1961 ; *Cosmologie et Philosophie*, Paris, 1967. Pour une bibliographie sur la *Naturphilosophie* romantique, cf. *supra*, note 4 de l'Introduction.

3. Sur Oetinger, cf. de nombreux travaux de Ernst Benz ; et du même auteur, *Theologie der Elektrizität*, Mayence, Akademie der Wissenschaften und der Literatur, 1970, nr. 12, ainsi que son excellent travail de synthèse : *Les Sources mystiques de la philosophie romantique allemande*, Paris, Vrin, 1968.

4. David Baumgardt, *Franz von Baader und die philosophische Romantik*, Halle, 1927. Eugène Susini, *Franz von Baader et le Romantisme mystique*, Paris, Vrin, 1942, 2 vol. Du même, divers volumes de correspondance de Baader (*Lettres inédites*, Paris, Vrin, 1942 ; Vienne, Herder, 1951, 2 vol. ; Paris, P.U.F. 1967 ; Francfort/Berne, P. Lang, 1983, 3 vol.). Consulter en outre *Die Philosophie, Theologie und Gnosis Franz von Baaders*, hg. von Peter Koslowski (ouvrage collectif), Vienne, Passagen Verlag, 1993. Et la substantielle bibliographie par Lidia Procesi Xella, *Baader, Rassegna storica degli studi (1786-1977)*, Bologne, Soc. Editrice il Mulino, 1977.

5. Rappelons l'essentiel de la biographie de Baader. Né à Munich en 1765, catholique, fils de médecin, lui-même étudiant en médecine mais peu désireux d'exercer cette profession, B. se tourne vers la minéralogie qu'il étudie à Freiberg, en Saxe (1788-1792), là où enseigne A.G. Werner qu'entendra plus tard Novalis. Dès cette époque B. se familiarise avec les écrits de mystiques, ainsi que nous l'apprend son Journal de jeunesse. En 1792 il se rend en Angleterre pour quatre ans, y étudie les questions relatives à l'industrie des mines, s'intéresse à Godwin et à Adam Smith. Rentré à Munich il se plonge dans Böhme et dans Saint-Martin, pour devenir assez vite le Boehmius redivivus dont parlera A. W. Schlegel. Lecteur assidu des grands mystiques, il sera en mesure de faire connaître Maître Eckhart à Hegel. Un an après son retour d'Angleterre, nommé Conseiller des mines de Bavière il gravit rapidement les échelons sans cesser de faire preuve d'un réel talent d'administrateur ni d'un sens pratique hors de pair. Correspondant d'Alexandre Ier et de A.N. Galitzine jusqu'en 1822, il joue un rôle de premier plan dans les tentatives de rapprochement entre l'Allemagne et la Russie, si bien qu'avec Mme de Krüdener il apparaît comme un des inspirateurs de la Sainte-Alliance. Ses œuvres n'ont pas été mises à l'index.

6. Pour la correspondance publiée, cf. *supra*, note 4 (publications par E. Susini), et le t. XV des œuvres complètes de B. Ces œuvres complètes en seize volumes *(Sämtliche Werke)*, rassemblées et publiées par Franz Hoffmann de 1851 à 1860, ont été rééditées anastatiquement (Aalen, Scientia Verlag, 1963). Dans le présent travail, les chiffres romains sans autre indication de titre renvoient aux seize volumes des *Sämtliche Werke.* Le sigle ADB renvoie à l'*Allgemeine Deutsche Biographie*, et NADB à la *Neue Allgemeine Deutsche Biographie.* Baumgardt a fait plus d'une fois mention des critiques de B. concernant d'autres penseurs, mais son objet n'était pas de présenter toutes ces critiques d'une façon systématique (*op. cit. supra*, note 4.).

7. I, 389. « Die Philosophie hat überall die Einheit des innern und äussern Geschehens gegen ihre Trennung sowohl als gegen ihre Vermengung festzuhalten » (III, 430).

8. I, 154 ; VIII, 9ss, 225 : Les branches de la philosophie, comme de toute connaissance humaine, sont la théologie, la physiologie, l'anthropologie ; la philosophie religieuse a trois départements : la doctrine de la connaissance, la Naturphilosophie religieuse, la philosophie religieuse de l'Esprit (qui inclut la philosophie religieuse de la société).

9. Cf. le schéma in II, 194s ; XIV, 268. B. dit aussi que la nature est subordonnée à l'Esprit.

10. B. à von Löwenstein-Wertheim, XV, 504 ; cf. aussi Boris von Yxküll à B., XV, 439 (1827).

11. *Vom Wärmestoff*, de B., figure au t. III de la grande édition, pp. 1 à 180. Oetinger écrivait : « Chemie und Theolo-

gie sind mir nicht 2 sondern 1 Ding » (cité par D. Baumgardt, *op. cit.*, pp. 82 s).

12. B. à Justinus Kerner, 1832, XV, 482.

13. I, 389, 417. Sur Paracelse et surtout Böhme dans la pensée de B., cf. mon article dans le présent ouvrage : « Note sur la lecture de Jacob Boehme par Franz von Baader ».

14. IV, 215s. B. ajoute dans ce beau passage que la septième *Gestalt* aspire à trouver son sabbat, et il renvoie à Saint-Martin qui évoque le soleil se levant dans l'espoir et se couchant dans la tristesse, de même qu'à Böhme sur l'exil de la nature.

15. « Der Abfall in die Natur [wäre] nicht möglich gewesen, falls letztere nicht bereits in Folge einer früher erlittenen Katastrophe in einem anderen Sinne gegen Gott äusserlich geworden wäre, als sie dieses vermöge ihrer Geschöpflichkeit war, weswegen man sich vor dem naturphilosophischen Irrthum zu verwahren hat, welcher die eine Weise des Äußerlichseins mit der anderen vermengt, d. i. den Urstand des Geschöpfs mit seinem Abfall » (II, 503).

16. VIII, 245 ss. « Das Corpus spirituale spricht einen geistlichen Leib (Substanz, Wesenheit, Materie im weiteren Sinne oder Natur) aus, nicht wie die Naturphilosophen sagen den Geist eines (nemlich des irdischen) Leibes » (III, 291).

17. Publié par E. Susini, *Lettres inédites* (1967), *op. cit.*, p. 58.

18. « Nicht dem Körper das Unkörperliche sicht- und greifbar zu machen, sondern das Körperauge durchsichtig und leitbar, durchdringbar dem Geiste zu machen, — die in Finsterniss und Tod verschlossenen Wunder zu eröffnen, ist mein Sinnen und Trachten. Die Symbolform ist die Bedingnis dieser Durchdringung, dieser Auferstehung von den Todten, und erst nachdem wir diese Gestalt in unserem Gemüthe selbst im Feuerbade der Schmerzensgeburt errungen haben, geht uns der höhere symbolische Sinn in der Natur um und unter uns auf. Nur der wiedergeborene Mensch, der Christ, sagten die alten Alchymisten, kann — Gold machen aus Steinen. — Nur dieser wiedergeborene Mensch bringt überall, wo er hintritt, den Sabbath der Natur, dem Menschen, und selbst, wenn er so sagen darf, der leidenden Gottheit. — / Der Mensch allein weise und beweise Gott ! Er sollte Gott gleichsam fortsetzen, wiederanfangen in einer untern Sphäre, aber er setzte Ihn nicht fort » (XV, 202s).

19. XV, 585, 592ss (1838). Anton Förg (1809-1859), philosophe et anatomiste qui étudia le cerveau et la moelle, fut Professeur à Munich à partir de 1844. Auteur de *Grundlinien zu einer morphologischen Betrachtung des Gehirns* (1839). Cf. *Das Rückenmark des Menschen mit den Ursprüngen seiner Nerven* (1839). Cf. E. Susini, *Lettres inédites* (1951), *op. cit.*, t. III, pp. 377s.

20. XV, 586s (1839). « Wholeness » est à la fois totalité et santé ; B. rapproche ce mot de « holyness » (cf. III, 329). « So ist zu wissen », écrit Böhme, « dass jedem Organismus (als Microcosmus) mehr oder minder vollständig alle jene Potenzen (Gestirne u. Elemente) eingebildet sind, d. h. dass derselbe (nachbildlich) alles das ist und wirkt » (cité par B., XV, 587).

21. Parmi de nombreux passages, et rien qu'en se limitant à la correspondance, cf. sur la conception organique de la divinité : XV, 553 ; de la Révélation : XV, 599, 641s ; de la pensée : XV, 397 ; de la matière : XV, 542, 550 ; de la logique : XV, 542 ; de l'Histoire : XV, 318. Lire XV, 532 à 536. C'est chez lui une idée maîtresse ; IV, 241ss, VII, 262ss, VIII, 84, seraient d'autres exemples, mais ils sont innombrables. De façon significative il expose à Hermann Friedrich Wilhelm Hinrichs (hégélien de stricte obédience et écrivain politique, cf. ADB) la façon dont il voit organiquement le concept : « Endlich gilt mir die Concretheit des Begriffs noch in einem weiteren Sinne als Bewährung des Gefühls und der

Anschauung, nicht als Tilgung derselben oder Abstraction von ihnen, weil ein solcher Begriff, der nemlich sein Gefühl und seine Vorstellung im engeren Sinne aufhübe, seelenlos und blind wäre. Wie z. B. der unorganische (mineralische) Begriff sein « eau mère » in seinem Entstehen auftrocknet, wogegen der organische dasselbe als Lebensquelle (als Blut, Odem etc.) in sich bewahrt. Nicht unerwartet war mir, was mir E. W. von H. P. Daubs literarischen Arbeiten schrieben, und ich sehe voraus, daß auch die in der Phänomenologie gefundene Lösung zur Theorie des Bösen ihm nicht lange Stich halten wird » (XV, 389, 1822).

22. Cf. *infra*, note 116. Sur la première imprégnation de la pensée de Saint-Martin chez B., cf. R. Ayrault, *La Genèse du Romantisme allemand*, Paris, Aubier, t. IV, 1976, pp. 56s.

23. « St-Martin fehlte es besonders an höheren chemischen Kenntnissen, er kannte die Parallele nicht, die zwischen dem Wiedergeburtsprocess in menschlicher Eigenschaft und dem ausser ihr statt hat, und um mich seiner eigenen Ausdrücke zu bedienen : il n'avoit pas assez de la science de la nature pour *viriliser* sa doctrine religieuse ou morale » (XV, 315).

24. Le t. XII des *Sämtliche Werke*, présenté par Friedrich von der Osten-Sacken, est tout entier consacré aux notes de Baader sur des exemplaires des livres de Saint-Martin.

25. XV, 529 ; IV, 272. D'ailleurs, B. se méfie des descriptions de Swedenborg qui ne distingue pas mais se contente de faire défiler des images trompeuses et enfantines (« kindische Täuschungen » ; XII, 358) ; il ne distingue pas, comme le réclame Saint-Martin, d'où viennent les esprits, pourquoi ils sont venus, il ne se demande pas s'ils sont bons ou mauvais, etc. (XII, 383).

26. Cf. Franz Hoffmann, introduction à II, pp. XXVIII à XXXIV ; et B., IV, 297.

27. *Metaphysische Anfangsgründe der Naturwissenschaft*, 1787. R. Ayrault, *op. cit.*, note 22, pp. 52 à 73. Consulter aussi Johann Sauter, *Baader und Kant*, Iéna, G. Fischer, 1928.

28. « in der Betrachtung der Elementarnatur [mögen wir] objectiv ein Ineinander, einen unserem innern Privatsinn — eigener kraftschöpfender Quelle — entsprechenden inneren Natur — oder Weltsinn nicht nur ahnen, zugeben, glauben, sondern [wir müssen ihn] anerkennen, eingestehen (er mag nun bloss muskulär, wie beim blossen Verstandeswesen, oder wahrer Herzsinn, wie bei Vernunftwesen sein) » (XV, 164 ss. Le passage de Kant : 2e éd., Riga, 1787, p. 121 ; éd. Hartenstein : VIII, 542).

29. XV, 175, B. à Jacobi (1798). Éd. Hartenstein, VI, 400.

30. *Lettres inédites*, I, 1942 (éd. Vrin), p. 317 (lettre de 1818) ; cf. aussi t. III (éd. Herder), 1951, p. 345. La référence est Néhémie, IV, 17-18, mais il s'agit des murs de Jérusalem plutôt que de la reconstruction du Temple.

31. « Der Verstand verfährt organisch, nicht mechanisch hiebei. — Er verfährt ebenso mit seinen Sinnen in der niedrigen Sphäre, wie die Vernunft mit ihren Sinnen in der höheren » (B. à Jacobi, 1806, XV, 203).

32. « Kant hat (wie alle seine Nachfolger) den Menschen einen Todesstreich versetzt, indem er ihnen das Erkenntnisstreben des Höheren verbot » (B. à Jacobi, 1806, XV, 204).

33. Cf. B. à Oppel, in : *Lettres inédites*, I, éd. Vrin, 1942, p. 345 (1820 ?). A rapprocher de XV, 386 (B. à W. v. Schütz, 1822) sur l'incarnation de la morale et la soumission de la loi naturelle à la morale par cette incarnation : le kantisme a tort d'affirmer que la croyance en un Dieu fonde toute morale ; seule la foi en Christ la fonde.

34. B. au pasteur Sperl, 1819 (XV, 358s).

35. « Die alte Gottesfurcht [ist] mir (mit allem Anhängsel von Anthropomorphismus) tausend mal lieber, als [der] —

nur konsequenter und aufrichtiger (von Fichte) durchgeführte Kantische Idealisus... Wenn Herr Fichte nur Eins zählt, da zähle ich bereits vier, nemlich : wie meinem Ich ein Du gegenüber, so finde ich noch ein über mir, und ein unter mir, ohne dass ich weder das eine noch das andere mir gegenüberstellen, oder es als aus meinem Ich selber hervorgehend, wegerklären kann. Ich schwöre nämlich als Pythagoräer bei jenem heiligen Ternarius » (XV, 178, B. à Jacobi, 1798).

36. « Fichte [ist] ein wahrer Ignorant in allem, was Physik und Natur betrifft » (XV, 201, B. à Jacobi, 1806).

37. Bernhard Heinrich Blasche (1766-1832), auteur de : *Das Böse im Einklang mit der Weltordnung dargestellt*, Leipzig, 1827 ; cf. XVI, index. Ce disciple de Schelling, qui fut Professeur de travaux manuels à l'institut salzmannien de Schrepfenthal, avait étudié la philosophie à Iéna ; il est aussi l'auteur de : *Philosophie der Offenbarung* (1829), *Kritik des modernen Geisterglaubens* (1830), *Philosophie der Unsterblichkeitslehre* (1831). Cf. NADB.

38. IV, 27 ; cf. aussi IX, 34 s ; VII, 255 ss.

39. B. à Jacobi, XV, 182ss (1798).

40. X, 47 ; la création « als Abfall der Idee von sich » ! Dans ce texte il adresse la même critique à Daumer (sur lui, cf. *infra*, note 81). En revanche, il reproche à Feuerbach de séparer philosophie et religion (pensée et cœur pour la philosophie, Gemüth et imagination pour la religion).

41. XIV, 121 ; VIII, 144, 189 ; I, 120 ; III, II, 374s, 429. Cf. D. Baumgardt, *op. cit.* (note 4), p. 283. Anton Günther (1783-1863), prêtre catholique en 1823, enseigna à Vienne à partir de cette date mais en refusant toute chaire et fonda ce qu'on appelle le güntherianisme qui connut une certaine vogue entre 1830 et 1870. Il voulait prouver et déduire la création à partir de la Trinité et la Trinité à partir de la conscience de soi, et transformer — comme les théosophes — la foi en un savoir. Il s'élevait contre le panthéisme hégélien. Ses œuvres furent mises à l'index en 1857, condamnation qui conduisit à une délimitation plus nette entre foi et savoir dans la théologie catholique (NADB). Karl Daub (1765-1836), théologien qui enseigna à Marbourg, Hanau et Heidelberg, est avec Ph. K. Marheineke le principal représentant de la théologie spéculative à son époque. Après avoir subi l'influence de Kant et de Schelling il vit dans Hegel la possibilité d'une réconciliation de la philosophie et de la théologie. Auteur, parmi d'autres ouvrages, de : *Judas Ischariot oder das Böse im Verhältnis zum Guten betrachtet* (1816/18) ; ses cours philosophiques et théologiques furent édités par Ph. K. Marheineke et Ph. W. Dittenberger (1838/44). NADB. Johann Christian August Heinroth (1773-1843), qui fut médecin militaire en France sous l'Empire, a contribué à fonder la psychiatrie moderne ; professeur de thérapie psychique à Leipzig à partir de 1819, il est l'auteur de plusieurs ouvrages, dont : *Pisteodicée, oder Resultate freier Forschung über Geschichte, Philosophie und Glauben* (1829), dans lequel il prend ses distances vis-à-vis de Schelling, Fichte et Hegel ; *Lehrbuch der Anthropologie* (1822) ; *Ueber die Wahrheit* (1824) ; *Der Schlüssel zu Himmel und Hölle im Menschen* (1829).

42. « Erst mit diesem Kampf hätte die göttliche zornliche Kraft, und also auch das Christenthum seinen wahren lebendigen Zweck erhalten » (XV, 239). Adam Müller (1779-1829), auteur de : *Elemente der Staatskunst*, ensemble de trente-six exposés présentés à Dresde et publiés à Berlin ; et : *Die Lehre vom Gegensatz* (1804). Sur lui, cf. L. Sauzin, *A. H. Müller. Sa vie, son œuvre*, Paris, Nizet, 1937, et surtout les irremplaçables travaux de J. Baxa.

43. XV, 354 (1819). Friedrich Creuzer (1771-1858), Professeur de philologie et d'histoire ancienne à Heidelberg, avait publié peu avant : *Symbolik und Mythologie der alten Völker* (1810/12, 4 vol.).

44. Cf. D. Baumgardt, *op. cit.* ; les lettres de B. à Boris von Yxküll en 1823,

in t. XV ; la biographie de B. par Frank Hoffmann, XVI ; et la lettre de Hegel à B., in E. Susini, *Lettres inédites* (1967), *op. cit.*, p. 184.

45. XV, 691 ; cf. aussi IX, 310s, et l'article suivant du présent ouvrage.

46. « Der Hegel'sche Spiritualismus ist ein vergeistigter Pantheismus und Spinozismus, weil nach ihm der allgemeine oder Weltgeist doch nur durch Hilfe der einzelnen (creatürlichen) Persönlichkeiten sein Bewusstsein gewinnt und erhält » (XV, 453, B. au Dr. S., 1829).

47. « Hegel hat den spinozistischen Pantheismus vergeistigt, eben hiemit aber seine radicale Tilgung leichter gemacht » (XV, 586, B. à Stransky, 1838). La Naturphilosophie (de Schelling) n'est qu'une deuxième édition du panthéisme spinozien et Hegel n'en est que la troisième — « Dieu veuille que ce soit la dernière » (XIV, 472 ; X, 29 ; cité par Baumgardt, *op. cit.*, p. 263, note I).

48. II, 240, 326 ; VIII, 364 ; IX, 62, 102 ; cf. aussi, 141, VIII, 232 ; Baumgardt, *op. cit.*, *Wachstum der Historie*, 1807 ; Adam Müller, *Lehre vom Gegensatz* (1804) et *Von der Idee der Schönheit* (1809) ; Bonald, *Recherches philosophiques sur les premiers objets des connaissances morales*, 2 vol., 1818/26 ; cf. Baumgardt, *op. cit.*, p. 260, n. 2.

49. Cf. par exemple I, 393, 397 s ; Baumgardt, *op. cit.*, p. 260. Au sujet des jugements de Hegel sur Baader, cf. *ibid.*, p. 258, n. I.

50. Cf. par exemple IX, 216, 311 ; XIII, 81. Görres, *Glauben und Wissen*, 1805, pp. 82 ss.

51. Cf. notamment XI, 110 ss (dès 1786 !) sur la nécessité de la « personnification » (Personifizieren) dans la connaissance supérieure ; ou encore, en 1806 et surtout en 1813 les traits dirigés contre Jacobi : « die christliche Vernunftphilosophie ist frei von allem blossen Abstrahieren, sie ist Bildnerdienst... Personendienst... nicht eine reine (leere) und heilandlose (heillose) Moral » (II, 24 s, cf. XV, 200, 202 ; déjà cité par Baumgardt, *op. cit.*, pp. 261 s, n. 2.)

52. XV, 453 (1829) ; « Zerstören kann der Hegel ; das glückt ihm admirabel, / Doch bauen kann Er nichts : da geht's ihm miserabel ! »

53. « Wie denn auch der organische Begriff seine Glieder nicht zu Grunde richtet oder entgründet, sondern sie begründend in sich emporhebt » (II, 306 s, 1822/24). Référence à Hegel : Encykl. der Phil., W. par 5. Cf. aussi l'article suivant du présent ouvrage.

54. *Ibid.* ; cf. aussi II, 416 ; IX, 117 s.

55. XV, 670, B. à Stransky, 1840. Cf. aussi III, 325 (1834) : « Hegel [machte] den ersten Schritt zur Begründung einer Naturphilosophie, indem er die Entäusserung eines Wesens (zur Natur) als die Bedingung seiner Innerung (als Geist) begriff, nur dass er die Entäusserung für einen Abfall nahm, und in der Aufhebung der Natur ihre Erhebung verkannte ». Il ne suffit pas de dire que le Verbe (das sprechende Wort) se contente d'exprimer (aussprechen) la nature et la créature : il doit aussi les « einsprechen ». Cet Einsprechen dans la créature exprimée suppose déjà une réceptivité de cette créature. Hegel a donc tort de dire que le Verbe se dessaisit (sich entäussert) dans l'Aussprechen (XV, 555 ; 1837).

56. Sur tout cela, et les références y relatives, cf. Baumgardt, *op. cit.*, pp. 279 s.

57. Cf. Franz Hoffmann, in II, p. LII : Hegel écrit dans Encycl. der Phil. Wiss. (Ire éd., 1817, p. 128) : « Mit Recht ist die Natur überhaupt als der Abfall der Idee von sich selbst bestimmt worden, weil sie in dem Elemente der Aeusserlichkeit die Bestimmung der Unangemessenheit ihrer selbst mit sich hat ». Dans la deuxième édition Hegel a barré « Mit Recht ». D'une façon générale, ajoute Hoffmann, l'erreur vient de ce qu'on dit avec Spinoza : « Determinatio est negatio » ; il vait mieux dire : « Omnis determinatio est positio, ergo negatio indeterminationis seu nonpositionis ».

58. Cf. Baumgardt, *op. cit.*, p. 276. Sur Daumer, cf. *infra*, n. 81.

59. Cf. surtout la septième *Vorlesung über Jacob Böhmes Theologumena und Philosopheme*, in III, 397-400, particulièrement le beau passage déjà cité par Baumgardt, *op. cit.*, p. 282 ; et II, 165.

60. III, p. LI : « Freundlos war der grosse Weltmeister, / Fühlte Mangel ; darum schuf er Geister, / Sel'ge Spiegel seiner Seligkeit ».

61. I, 393 ss. Caractéristique apparaît aussi la critique que fait B. du passage que Hegel, dans l'*Enzyklopädie*, consacre à la communion. B. n'y voit qu'une conception luthérienne superficielle, un « mauvais spiritualisme », « l'anéantissment » de la nature extérieure dans la consommation de l'hostie, tandis que le catholicisme et « l'ancienne Naturphilosophie allemande » voient la transfiguration, l'élévation de la nature, dans la consécration de l'hostie avant qu'elle soit consommée (VII, 254 ss ; Hegel, *Enzyklopädie*, éd. Lasson, 1920, p. 466, cité par Baumgardt, *op. cit.*, p. 327).

62. E. Susini, *Lettres inédites* (1942), *op. cit.*, p. 373 ; B. ajoute dans la même lettre, p. 374, toujours à propos des hégéliens, un intéressant post-scriptum sur les rapports entre représentation (Vorstellung) et concept.

63. XV, 462, B. à S., 1830.

64. XV, 467 (1831), B. à Löwenstein-Wertheim, où on lit aussi qu'Eschenmayer est qualifié de « abstrakter Gefühlsphilosoph » ; cf. aussi XV, 460 : Hegels « Zaubereisünde mit der Idea ist nicht zu leugnen » (B. à S., 1830).

65. XV, 651, B. à Stransky, 1840.

66. *Von der Weltseele, eine Hypothese der höheren Physik zur Erklärung des allgemeinen Organismus*, Hamburg, Fr. Perthes, 1798 (3e éd. 1809). *Ueber das pythagoräische Quadrat in der Natur oder die vier Weltgegenden*, Tübingen, Cotta, 1798 (III, 246 à 268) : « Diese kleine Schrift entstand bei Durchlesung des neulich erschienenen Werkes von H. Schelling (über die Weltseele), welches ich als den ersten Boten eines nahenden Frühlings, d. h. als die erste erfreuliche Aeusserung der von dem Todtenschlaf der Atomistik wieder aufwachenden Physik, dankbar bewillkommte » (III, 249). Dans la *Weltseele*, Schelling avait déjà loué B. pour ses *Beiträge zur Elementarphysiologie* (1797) ; cf. XV, 33.

67. Cf. Franz Hoffmann, biographie de B., in XV.

68. Cf. III, 260, 263 s. Cf. aussi R. Ayrault, développement cité note 22.

69. B. à Jacobi, 8 février 1798, XV, 181 s : « Schelling kenne ich, aber bin wenig mit ihm zufrieden. Wenn man einmal in der Kenntniss der Materie so weit ist, dass man jene innere Zwietracht oder die beiden widerstreitenden Grundkräfte oder Naturen anerkennt, so ist es wirklich unverzeihlich, die dritte, in der und durch die jene beiden allein wirksam sein können, die sie trennend und scheidend doch beisammen hält (weil sie nicht und nie wahrhaft Eins werden können) und festet, zu verkennen. — Kant, Fichte und Schelling etc. sind also nur noch beim Anfang Λ, sie müssen erst zu △ und sodann erst zu ◬ oder zum Verhältnis des activen Elements zu den drei passiven gelangen, ehe auch nur der Anfang zu einer Körperlehre gemacht ist ». Cf. aussi XV, 178 (B. à Jacobi, 3 janv. 1798).

70. Cf. Eschenmayer, *Sätze aus der Naturmetaphysik auf chemische und medicinische Gegenstände angewandt*, 1797 ; *Dedukzion des lebendigen Organismus*, 1799 (sur Eschenmayer, cf. *infra*, note 149). Schelling, *Weltseele*, *op. cit.*, in Werke, I, II, pp. 335 ss.

71. Ils réapparaissent subtilement beaucoup plus tard dans des lettres à Stransky : tout quaternaire dans la nature se compose d'un ternaire actif et d'un sujet passif ; celui-ci, exprimé par l'Esprit (par le Ternaire) est selon Böhme le corps (Leib) du ternaire, sa demeure ; l'âme et l'esprit sont à eux seuls un ternaire car l'âme est double (feu et lumière ou Père et Fils) et le corps resprésente la substance (Wesenheit), la Sophia ouverte par l'Esprit (cf. 1828, XV, 447, et la suite de cette lettre pour la critique faite à Schelling ; cf. aussi 1839, XV, 635).

72. XII, 137, XIV, 472 ; VI, 39 : la centralisation napoléonienne est un panthéisme d'État car celui-ci, devenant Tout (comme la substance unique de Spinoza), rend tout « fiscalisch », le spirituel comme le matériel, s'assimile tout comme le faisaient Saturne ou Moloch ; la conséquence inattendue mais inéluctable prend le visage d'un dualisme constitutionnel.

73. X, 29 (1839). Sur la création « ex nihilo », cf. plusieurs passages : index, XVI, 432.

74. III, 402 ; X, 313 s. D'autre part, pour Böhme « le Dieu silencieux et ésotérique » ne se manifeste pas à lui-même par la créature, rappelle Baader, mais par la nature éternelle qui est en lui. Et si Dieu n'est pas *naturlos* mais *naturfrei* il ne faut pas lui dénier l'attribut de *natura naturans* : ce spiritualisme d'eunuque serait contraire à la Bible (III, 402). Cf. aussi l'importante lettre de B. à Fr. Hoffmann, 1834, in XV, 516 à 518.

75. XV, 593 (1838). Sur la critique de la notion de « mal » chez Schelling, cf. XV, 409 s (1823).

76. « [Nur die] gänzlich vollendete, (lebendige) Individualität oder Persönlichkeit macht eben das Göttliche in Gott aus » (VIII, 71 ; IV, 24 ;) ; passage déjà cité par Baumgardt, *op. cit.*, p. 263.

77. *Ibid.*, p. 263 ; XII, 213.

78. XIV, 38 s ; VIII, 65, 91 ; VII, 162 s ; I, 206.

79. Correspondance publiée par E. Susini, in : *Etudes germaniques*, janvier 1969, cf. notamment pp. 68 et 78.

80. XV, 431, 455, 462, 464 s, 485, 492, 645, 688 s. E. Susini, *Lettres inédites* (1942), p. 401. Cf. aussi la lettre de B. à Boris von Yxküll (XV, 38 s), et rappelons la mordante satire qui se trouve dans la biographie par Hoffmann (XV), sous le masque d'un studiosus berné.

81. Cf. notamment, de Daumer, *Andeutung eines Systems spekulativer Philosophie*, Nuremberg, 1831 ; et l'opinion de Franz Hoffmann, dans IX, 81. Georg Friedrich Daumer (1800-1875) a oscillé toute sa vie entre les systèmes les plus opposés. D'abord désireux de concilier Böhme, G. Bruno et Schelling, il a cherché l'accord de la foi et du savoir. Le séjour que fit chez lui Kaspar Hauser qu'il avait recueilli lui fut l'occasion de se rendre compte combien il s'était éloigné du christianisme ; à la suite de cela il élabora un système qui préfigurait celui de David Friedrich Strauss et rejoignait celui de Ludwig Feuerbach : Daumer remplaçait l'explication mythologique par l'explication historique pour frapper à mort le christianisme, toutefois il s'en prenait tout autant aux athées et se mit bientôt à chanter les louanges de l'Islam. Après quoi il se fit catholique, mais s'en repentit avant de mourir ! Ludwig Klages a vu en lui un précurseur d'Edgar Dacqué. Plusieurs de ses poèmes ont été mis en musique par Johannes Brahms. Outre l'ouvrage ci-dessus référé, citons : *Urgeschichte des Menschengeistes* (1827) ; *Philosophie, Religion und Altertum* (1833) ; *Züge zu einer neuen Philosophie der Religion und Religionsgeschichte* (1835). Sur sa place dans l'histoire des philosophies de la nature, cf. H. Kern, *Von Paracelus bis Klages*, 1942, pp. 139 ss.

82. X, 38 ; XIII, 194 ss. Cf. surtout l'intéressante lettre de B. à Fr. Hoffmann sur Daumer, *ibid.*, XV, 521 (1835).

83. XV. 259 (1815). Johann Jakob Wagner (1775-1841) fut Professeur à Wurzbourg mais aussi poète, très lié à Platen. Ce philosophe dans la lignée de Schelling était toutefois plus que celui-ci porté vers l'abstraction mathématique et vers les problèmes spécifiquement religieux. Après *Von der Natur der Dinge in drei Büchern* (1803), il se détache de la pensée de Schelling en publiant *Ueber das Wesen der Philosophie* (1804), *System der Idealphilosophie* (1804), *Ideen zu einer allgemeinen Mythologie der alten Welt* (1808), *Mathematische Philosophie* (1811). *Organon der menschlichen Erkenntnisse* (1830) est un de ses ouvrages les plus intéressants.

84. B. à E. von Schenk, XV, 438 (1827). Lorenz Oken (1779-1851), Professeur de médecine à Iéna, éditeur de la

revue encyclopédique *Isis*, enseigna ensuite à Munich, puis à Zurich. Auteur de : *Die Zeugung* (1805). *Allgemeine Naturgeschichte*, 13 vol., 1833/45).

85. Cf. Franz Hoffmann, in V, p. VIII.

86. XV, 142 (biographie), 1841 : on lit « Schönlein » mais sans doute s'agit-il de Christian Friedrich Schönbein (1799-1868), Professeur de chimie à Bâle, ami de Schubert qui lui fit connaître Schelling avec qui il entretint toujours d'amicaux rapports. Schönbein fut à Paris l'élève d'Ampère et de Gay-Lussac.

87. « Ueberhaupt ist es kaum zu glauben, welches Licht die Anwendung der Physiologie auf die Religionswahrheiten gibt, und wer die Physiologie im allgemeinsten Sinne des Wortes (Wilbrand lieferte hiezu das Brauchbarste) darstellte, würde, ohne es zu wissen, eine Begründung unserer Religion geben » (B. à Schubert, XV, 227, 22, IX, 1816). Sur Wilbrand, cf. note *infra* (88).

88. XV, 278 s, B. à Schubert (22, XI, 1815). Johann Bernhard Wilbrand (1779-1846), Professeur à l'Université de Giessen de 1809 à 1846 (anatomie, botanique et zoologie), classificateur et comparatiste. Il s'intéressait au magnétisme et publia à Francfort une *Darstellung des thierischen Magnetismus als einer in den Gesetzen der Natur vollkommen begründeten Erscheinung*. Sur ses activités en ce domaine, cf. Wilhelm Erman, *Der tierische Magnetismus in Preussen vor und nach den Freiheitskriegen*, München und Berlin, R. Oldenbourg, 1925, index des noms. Wilbrand est aussi l'auteur de : *Physiologie des Menschen* (1815) et de : *Das Gesetz des polaren Verhaltens in der Natur* (1819). Il a écrit en outre de nombreux articles dans *Isis*, *Flora*, et dans d'autres revues.

89. Wilbrand, *Physiologie des Menschen*, p. 429 ; rapprochement de Fr. Hoffmann, III, 285, note. Ce que l'homme doit sacrifier, dit B., c'est la « peinigende Entzündung seiner Ichheit, seine Selbstsucht, nicht seine Selbstheit als Diesselbigkeit, oder seine Creatürlichkeit » (III, 285).

90. « [...] so sieht es mit jenen Kantischen kritischen Selbstprüfungen der Erkenntnisorgane ohne ein Erkennbares [...] misslich und windig aus » (B. à Passavant, XV, 283, 4. XII 1815).

91. « [...] obschon dieser Schriftsteller übrigens ein bornirter sogenannter Naturphilosoph ist, dem der Vieh-Sternengeist schon der heilige Geist, und das Viehleben das ewige göttliche Leben ist » (*ibid.*, p. 283).

92. Johann Hermann Ferdinand von Autenrieth (1772-1835), Professeur de médecine à Tubingen dès 1797, s'occupait essentiellement d'anatomie. Auteur d'un *Handbuch der empirischen menschlichen Physiologie* (1801), livre dans lequel il défend vigoureusement un empirisme réaliste, contre toute forme de Naturphilosophie. Ses idées ne sont pas très éloignées de celles de Reil dont il était l'ami. NADB sur Reil, cf. note 118.

93. Du moins à ma connaissance, c'est-à-dire dans les *Sämtliche Werke* ; la seule référence à ce savant pourtant important se trouve dans cette lettre à Passavant — ainsi que dans ia lettre à Schubert écrite quelques jours avant (cf. *supra*).

94. B. à Fr. Hoffmann ; XV, 560 s (1837). Jakob Sengler (1799-1879), élève de Schelling à Munich en 1828 — et aussi de Baader, Görres, Schubert, Thiersch. En 1831, Professeur à l'éphémère Faculté de théologie catholique de Marbourg, en 1832 à la Faculté de philosophie de cette ville. Il a apporté se contribution à diverses revues en même temps que J.H. Fichte, Fr. Hoffmann et K. Ph. Fischer. Auteur de plusieurs ouvrages sur la philosophie, la théologie spéculative, la philosophie religieuse. En 1842 il fut nommé Professeur à Fribourg. ADB.

95. Wilhelm Butte (1772-1833), *Grundriss der Arithmetik des menschlichen Lebens*, 1811, Professeur à Landshut, est également l'auteur de *Schriften zur sogenannten anthropologischen Biotomie*,

1828/29 et de travaux consacrés au droit et aux statistiques. On peut regretter de ne pas trouver, dans les écrits de B., d'allusions à Karl Friedrich Burdach (1776-1847), Professeur d'anatomie à Königsberg et auteur d'une complexe *Zeitrechnung des menschlichen Lebens* (1829). Burdach lui a bien rendu ce silence : dans son autobiographie il ne mentionne pas B. (ni, d'ailleurs, Schelling). Sur Butte et Burdach, cf. H. Kern et Chr. Bernoulli, *op. cit.*, (*supra*, note 1).

96. E. Susini, *Lettres inédites* (1967), pp. 82 à 90.

97. *Ueber die Begründung der Ethik durch die Physik*, V, I à 34, cf. surtout p. 16. B. ajoute dans la seconde lettre à Butte (Susini, p. 87) : « Der Gedanke (Geist) ist das Erfüllende, der Stoff (Natur-Begierde-Raum-Stätte) die Form (von ihm erfüllt werdend) ».

98. *Ibid.*, pp. 83 ss.

99. III, 40 ; cf. *Ideen zur Philosophie einer Geschichte der Menschheit*, 1784/91, II, 325. Cf. aussi R. Ayrault, *op. cit.*, t. IV, p. 57.

100. « Wobei es mir leid thut, dass der sentimentalisirende, humanisirende, syncretisirende Herder noch nach seinem Tode Lügen gestraft wird (nemlich mit dem ersten Satze in den Ideen zur Philosophie der Menschheitsgeschichte, welcher lautet : Unsere Erde ist ein Stern unter Sternen !) » (XV, 384, 1822).

101. « Wär' nicht dein Auge sonnenhaft, / Wie könntest du die Sonn' erblicken ? / Wär' nicht in dir des Gottes eig'ne Kraft, / Wie könnt' dich Göttliches entzücken ? » (cité in XII, 203). « So sagt der Dichter (welcher sich so oft als Propheten philosophischer Wahrheiten zeigte) : Wie die Natur manch' widerwärt'ge Kraft verbindend zwingt, und streitend Körper schafft » (III, 263, note ; 206, note). La traduction que je donne est de R. Ayrault. Goethe, « Auf Miedings Tod », vers 93 s.

102. Cette note est à propos du *Nouvel Homme* de Saint-Martin (1796), p. 309, lignes 1-3 : « Das gebildete Wort ist schallend, wie Lichtgestalt strahlend. Nur Gestalt leuchtet (tönt) fort und pflanzt sich fort. Schon Göthe bemerkt, dass alles Sehen im Sonnenlicht ein Sehen im Sonnenbild ist. Ebenso geht alles Licht (Wort) im Geistigen von einer Persönlichkeit aus » (XII, 253 s).

103. « Schön und wahr sagt Göthe vom organischen Leben : Freuet euch des wahren Scheins, / Euch des ernsten Spieles. Kein Lebendges ist ein Eins, / Immer ist's ein Vieles. Welche besonders gegen jenen flachen Abstractionsbegriff des Einen (z. B. den Mendelssohn'schen) als des aller Vielheit und Fülle Leeren gilt » (II, 160).

104. « Im Gränzenlosen sich zu finden, / wird gern der Einzelne verschwinden » (in : *Zur Naturwissenschaft*, cité in X, 117, en 1841).

105. « Was sich doch widerspricht, falls man das sich Finden desselben Einzelnen im Gränzenlosen nicht als ein Verschwinden im Begränzten sich denkt, wobei also das Einzelne doch ein solches bliebe » (X, 117).

106. « Aber Goethe laborirt hier mit den deutschen Naturphilosophen (deren Papa er eigentlich war) an der Spinozistischen Vermengung des Unendlichen mit dem Unbestimmten so wie des Endlichen mit dem Bestimmten oder des Einen mit dem Confusen » (X, 117). B. ajoute que la vérité réside dans un renversement du postulat spinozien : *Omnis determinatio est negatio* devient : *Omnis determinatio est positio, quia negatio indeterminationis* ; nous avons vu (note 57 *supra*) que Fr. Hoffmann avait repris cette idée, ajoutant même à *indeterminationis* la précision : *seu non-positionis*.

107. « Und so bleibt auch im ewigen Frieden/Die Finsternis vom Licht geschieden » (lettre publiée par E. Susini, in : *Lettres inédites* (1967), p. 329 s.

108. « aber, was Goethe sagt, diese Scheidung (durch das Feuer) ist nur eine Unterscheidung, als solche aber dient [sie] einer Einung, indem das Feuer die in der Aufhebung der finstern Enge gewonnene

Kraft der Freiheit gibt, so dass jene (die Natur) dieser zu ihrer Manifestation (zum Scheinen) dient ; womit schon die dreifache Kategorie von Geist, Seele und Leib, von Centralwirker, Organ oder Mitwirker, und werkzeuglichem Wirker bezeichnet ist » (XV, 564 s, B. à Fr. Hoffmann, 1837).

109. XV, 669 s, B. à Stransky (1840).

110. VIII, 324. Pourtant B. note dans un de ses cours de dogmatique spéculative que le mal (ou le malin) ne peut rien produire mais seulement nier *(negiren)* la « production » d'autrui. Nier le centre, c'est nier aussi les ponts de la périphérie.. dont nous faisons partie ! (VIII, 172 s).

111. II, 398 s. Cf. aussi IV, 84 ss ; II, 462 s ; IX, 17 s.

112. II, 503 s ; 480 s. Sur le fatalisme contemporain que B. retrouve dans les *Wahlverwandtschaften*, cf. XII, 408. Citons enfin cette remarque confidentielle : « Der liebe Gott darf in der That nicht difficile in der Wahl seiner Employés sein, so Wenige taugen hiezu, und so wenig taugen auch diese Wenigen ! Gegenwärtig habe ich Göthen in dieser Hinsicht in der Mache » (XV, 379, B. à Boris von Yxküll, 1822).

113. IX, 314 s. « Nur im Vorbeigehen kann ich hier noch bemerken, dass man Carus' Physiologie als den ersten erfreulichen Frühlings — und Lebensboten für die Physiologie zu begrüssen hat » (*ibid.*, p. 315, note).

114. XV, 619 et 621, B. à Stransky, 1839. Cf. aussi IX, 324. Carus, *System der Physiologie*, 3 vol., 1838/40.

115. XIV, 467 s. Carus, *Lehrbuch der vergleichenden Zootomie*, 1818, II, 703.

116. *Vom Geist und Wesen der Dinge*, Leipzig, 1811 et 1812. Cf. aussi *Sämtliche Werke* de B. XV, 42 ss. Schubert à B., 1811 : « Diese Uebersetzung [...] bezeichnet eine wichtige Zeit meines Lebens » (E. Susini, *Lettres inédites*, *op. cit.*, 1967, p. 73).

117. *Ansichten über die Nachtseite der Naturwissenschaften*, 1808, plusieurs rééd.

118. XV, 331 s. Johann Christian Reil (1759-1813), Professeur de médecine à Halle depuis 1787, puis à Berlin, fondateur de *Archiv für Physiologie* et du premier journal psychiatrique : *Magazin für psychische Heilkunde* (1803 à 1805).

119. IV, 308 s ; l'œuvre de Schubert citée ici est *Erscheinung aus dem Nachtgebiete der Natur*. Sur Prokop Divisch, cf. Ernst Benz, *Theologie der Elektrizität, Zur Begegnung und Auzeinandersetzung von Theologie und Naturwissenschaft im XVIIten und XVIIIten Jahrhundert*, Mayence, Ak. der Wiss. u. der Lt., 1970, nr. 12.

120. II, 312 (1822/24) ; IX, 281 s. Cf. Schubert, *Ansichten*, *op. cit.*, 1808 ; il écrivit aussi, pendant son séjour à Erlangen, *Die Urwelt und die Fixsterne*, 1822, et *Handbuch der Kosmologie* (1823) ; cf. également *Die Geschichte der Natur* (1835), et les commentaires de Franz Hoffmann, in II, 312. Johann Heinrich Mädler (1794-1874), auteur d'un célèbre *Wunder des Himmels* (1841) et cité par Franz Hoffmann, va dans le même sens mais sans parler du caractère éthérique des étoiles fixes (ADB).

121. Johann Wilhelm Andreas Pfaff (1774-1835), Professeur à l'Université de Dorpat en 1803 et la même année directeur de l'observatoire, préféra s'installer dans le sud : il fut nommé Professeur de mathématiques à l'Université d'Erlangen en 1818 et était membre des Académies de Saint-Pétersbourg et de Munich. Il s'intéressa au sanscrit, aux hiéroglyphes, à l'astrologie (qu'il voulait introduire parmi les disciplines scientifiques). Ses traités d'astronomie publiés dans diverses revues sont ce qu'il a laissé de plus valable (ADB). Il semble bien que ce soit ce personnage qui rendit visite à B. en 1822, plutôt que Christoph Heinrich Pfaff (1773-1852), qui fit toute sa carrière à Kiel, s'intéressa au magnétisme et à la géologie, écrivit contre Goethe le traité *Ueber Newton's Farbentheorie* mais ne fut point astronome (ADB).

122. XV, 383 s (B. à Boris von Yxküll, 1822). C'est à ce propos que B. cite Herder (cf. *supra*).

123. IX, 281 s. Cf. aussi II, 512, 536. Schelling, « Sendschreiben an Eschenmayer », in : *Allgemeine Zeitschrift von Deutschen für Deutsche*, Nuremberg ; 1813, I, 92, 104, 118, 123. Le point de vue de Daumer est tout de même très différent de celui de Baader (Daumer, *Andeutung eines Systems speculativer Philosophie*, p. II). Cf. aussi Hegel, *Werke*, VII, 155, et C. Ph. Fischer, *Speculative Charakteristik und Kritik des Hegel'schen Systems*, pp. 344 s. Nombreuses références sur les auteurs de l'époque, in Franz Hoffmann, in IX, 282, note, et D. Baumgardt, *op. cit.*, pp. 331 ss.

124. IV, 427 (1838) ; XV, 562 ss, B. à Hoffmann (1837).

125. IV, 427 (1838) ; cf. aussi I, 249. Une citation plus exacte de la *Table d'Émeraude* serait : « Et vis ejus integra est, si versa fuerit in terram ». Schubert, *Die Geschichte der Seele*, 1830.

126. XV, 561 ss (B. à Hoffmann, 1837). Stahl a raison de dire que l'âme se construit elle-même son corps (Leib) (II, 117).

127. IV, 82 s, 89 (1822) ; IX, 428.

128. XV, 653 s. Dans une lettre à Förg, la même année, il compare les physiologues de son temps aux mêmes insectes : « unsere Physiologen [...], welche gleich jenem Borken — oder Rindenkäfer (Bostrychus Typographus) nur an die und in der Rinde der Natur, diese durchwühlend, sich halten, ohne sich um das, was dahinter oder darinnen steckt, im mindesten zu bekümmern » (XV, 659).

129. Cf. Biographie Franz von Baader's, par Fr. Hoffmann, in XV, 143 ss.

130. En 1807 B. écrit à son « vénéré ami et maître » pour se rapprocher de lui après plusieurs années de silence et lui demander son accord pour la nomination de deux spécialistes, dont Steffens, qui seraient chargés d'étudier la topographie géognostique de la Bavière (E. Susini, *Lettres inédites*, *op. cit.* (1967), p. 58). Sur la position de Novalis, cf. la pénétrante analyse de R. Ayrault, *op. cit.*, t. IV, notamment pp. 138 s, 142 ; sur Steffens, cf. *ibid.*, pp. 107 à 117. Sur Werner, cf. *infra*, l'article qui lui est consacré dans le présent ouvrage.

131. XV, 416. Christian Friedrich Samuel Hahnemann (1755-1843) passa sa thèse à Leipzig mais comme il entendait donner lui-même ses remèdes aux malades il fut chassé à l'instigation des pharmaciens de cette ville et s'installa à Köthen ou sa réputation internationale commença à s'établir. En 1835 il se rendit à Paris où il passa le reste de sa vie. Il a résumé l'essentiel de sa doctrine dans *Organon* (1810). Johann Ferdinand Koreff (1783-1851), ami de Varnhagen, de Chamisso, médecin à Paris (magnétisme), puis en 1815 à Berlin où il fut Professeur à la Faculté de médecine, protégé du chancelier Hardenberg. Il perdit son crédit en 1822 et retourna à Paris. Médecin de Heinrich Heine, il contribua aussi à faire connaître en France l'œuvre de E. T. A. Hoffmann. Il est l'auteur de poèmes et de pièces de théâtre (cf. *Biographisches Lexikon der hervorragenden Aerzte*, rééd. 1962, Urban-Schwarzenberg, Munich-Berlin).

132. XV, 292, 416, 503 (1834), 504. Johann Malfatti von Montereggio (1775-1859), d'abord élève de Galvani à Bologne, vint à Vienne en 1795 ; il fut le médecin du duc de Reichstadt (1830) et de Beethoven (1824) après avoir bénéficié d'une grande popularité au Congrès de Vienne. Auteur de : *Entwurf einer Pathogenie aus der Evolution und Revolution des Lebens* (1809), *Studie über Anarchie und Hierarchie des Wissens, mit besonderer Beziehung auf die Medicin* (1845).

133. E. Susini, *Lettres inédites, op. cit.* (1941), p. 349 (B. à Koreff, 1821, et non à Schlegel ; d'après une communication d'E. Susini).

134. C'était déjà l'avis de Karl Chr. Wolfart, *Erläuterungen zum Mesmerismus*, Berlin 1814, p. 55. Sur lui, cf. la note suivante.

135. XV, 285, 287. Einleitung, IV, XLVIII. Karl Christian Wolfart (1778-1832), Professeur de médecine et de phy-

sique à Göttingen, a travaillé avec Mesmer et fut un ami intime de Schleiermacher. Auteur de : *Mesmerismus* (1814), il a écrit dans la revue *Asklepieion* continuée plus tard sous le titre *Jahrbücher für Lebensmagnetismus* (Leipzig, 1818/23). On créa à Berlin une chaire de magnétisme qui fut occupée aussi par Koreff, en 1816/17 (projet soutenu par Wilhelm von Humboldt). Wolfart créa une clinique mesmérienne à l'usage des nécessiteux. Il est aussi l'auteur de : *Grundzüge der Semiotik* (1818). ADB.

136. « Leicht aufzuwecken ist das Reich der Geister, / Sie lauschen wartend unter dünner Decke, / Und leise horchend stürmen sie herauf ! » (*Die Jungfrau von Orleans*, cité in XV, 291, 1816).

137. XV, 291 ; II, 66, 92, 131.

138. Cf. Ernst Benz, *Les Sources mystiques de la philosophie romantique allemande*, Paris, Vrin, 1968, p. 17.

139. XV, 280 s. Référence au *Mysterium Magnum* : chap. ILI, par. 3-9.

140. Avec le traité sur le calorique de B. Cf. Roger Ayrault, *op. cit.*, I, 354.

141. III, 266. J. W. Ritter, *Beweis, dass ein beständiger Galvanismus den Lebensprozess in dem Tierreich begleite*, 1798. Mais Schelling n'avait pas d'abord tiré du principe des « trois forces agissantes » toutes les conséquences ; il ne le fit que grâce à B. qui attira son attention sur ce principe.

142. Johann Wilhelm Ritter (1776-1810) a découvert les rayons ultra-violets, construit le premier accumulateur et s'est occupé surtout de spéculations mystico-philosophiques (*Fragmente aus dem Nachlass eines jungen Physikers*, 1809). Cf. mon article sur lui dans le présent ouvrage.

143. Sur l'affaire Francesco Campetti, cf. E. Susini, *Commentaires aux Lettres inédites, op. cit.*, II, 123 ss.

144. II, III. De même J. A. L. Richter, dans *Betrachtungen über den animalischen Magnetismus* (1817), p. 42 (cité par B, in *ibid.*).

145. IV, 35, 71 s, 76. *Ansichten von der Nachtseite der Naturwissenschaft* (1808) ; il cite aussi la belle *Symbolik des Traums* (1814).

146. Johann Karl Passavant (1790-1857), venu au magnétisme sous l'influence de Malfatti, est l'auteur de plusieurs ouvrages de philosophie religieuse et d'études sur le magnétisme (cf. une notice bio-bibliographique in E. Susini, *Lettres inédites, op. cit.*, III, 21).

147. Julius Neuberth, auteur de : *Originalbeiträge zur Geschichte des Magnetismus*, appelait Böhme « Hauptmystiker », « Hauptnarr ». X, 272. Ce personnage, mort en 1881, est cité par H. R. P. Schröder, *Geschichte des Lebensmagnetismus*, Leipzig, 1899, cf. index.

148. XV, 285, 290. Johann Heinrich Jung-Stilling (1740-1817), *Scenen aus dem Geisterreiche* (1795). *Theorie der Geisterkunde* (1808). Sur cet auteur important, cf. Max Geiger, *Aufklärung und Erweckung*, Zurich, E. V. Z., 1963.

149. Carl August von Eschenmayer, 1768-1852, déjà cité, philosophe des religions et *Naturphilosoph* (*Religionsphilosophie*, 1818/24), Professeur de philosophie et de médecine à Halle. *Archiv für den thierischen Magnetismus. In Verbindung mit mehreren Naturforschern* hg. von Eschenmayer, Kieser und Nasse (1817/24, douze vol. dont les cinq derniers par Kieser seul). Cf. aussi note 166. Sur lui, consulter la thèse de Fabrice Malkani, *C. A. von Eschenmayer et la « Naturphilosophie ». Contribution à l'histoire des idées en Allemagne à l'époque romantique*, thèse Université de Rouen, tapuscrit, 3 vol., 1994.

150. XV, 461 ; « abstrakter Gefühlsphilosoph », tandis que Hegel est un « abstrakter Begriffsphilosoph » (XV, 467). Cf aussi B. à Löwenstein-Wertheim (1831), in E. Susini, *Lettres inédites* (*op. cit.*, 1967, p. 217).

151. B. note à ce propos l'excellence des travaux de Philipp H. Werner sur le magnétisme ; malheureusement Werner ne connaît pas ce que Paracelse et Böhme ont écrit sur la Tinktur et délaye des faits

intéressants dans la sauce hégélienne, ce que Schubert ne goûte pas non plus (XV, 631 s, 663).

152. XV, 331. Johann Friedrich von Meyer (1772-1847), plusieurs fois maire de Francfort, auteur en 1819 d'une célèbre traduction de la Bible, dirigea les *Blätter für höhere Wahrheit, aus älteren und neueren Handschriften und seltenen Büchern, mit besonderer Rücksicht auf den Magnetismus* (1819 à 1832, soit onze numéros, plus un douzième cahier intitulé *Inbegriff der Glaubenslehre.* Sur lui, cf. mon article *infra* dans le présent ouvrage.

153. Lettre de Passavant à B., 1817, in E. Susini, *Lettres inédites, op. cit.*, 1967, p. 142.

154. *Vorlesungen über eine künftige Theorie des Cultus* (1836 ; in VII, 273 : « seinem verehrten Mitarbeiter in der tieferen Begründung einer religiösen Philosophie »).

155. *Archiv für den thierischen Magnetismus, op. cit.*, Bd. I, Stück III, pp. 113 ss. Dietrich Georg Kieser (1779-1862), Professeur à Iéna, psychiatre et anatomiste mesmérien disciple de Schelling, étudia l'influence des rythmes naturels et cosmiques sur le corps de l'homme et chercha dans un principe unique les lois de la vie et des maladies.

156. *Ueber die Extase oder das Verzücktsein der magnetischen Schlafredner,* 1817/18, in IV, I à 40. Et B., IV, 17 ss ; cf. aussi XV, 333, 340, 352.

157. « System des Tellurismus oder thierischer Magnetismus », in *Archiv für den thierischen Magnetismus, op. cit.*, I, 3, p. 119 ; II, 2, pp. 124-147 ; II, 3, pp. 125 s.

158. *Ueber Divinations- und Glaubenskraft,* 1822, in IV, 61 à 92.

159. IV, p. XLVIII ss (résumé de Hoffmann), 20, 29 ss, 73. *Archiv für den thierischen Magnetismus, op. cit.*, IV, 2, p. 6 ; VI, 1, pp. 92, 131 ; VI, 2, pp. 18, 40 ; *System des Tellurismus, op. cit.*, I 85 343 ; II 103 102 220 234 527.

160. IV, 110 s, 129 ; I, 412 (1832). Cf. aussi E. Susini, *Lettres inédites, op. cit.*, (1941), p. 350 (B. à Koreff, cf. *supra*, note 133, 1821). Depuis Fichte, le mot *Gefühl* signifie moins le « sentiment » que la sensation indifférenciée, le fait originel. Le *Gefühl* précède l'*Anschauung.* L'*Anstoss* du *Ich* sur lui-même suscite un *Gefühl* chargé de contenu.

161. X, 277 (1841) ; IV, 20, 29 ss.

162. E. Susini, *Lettres inédites, op. cit.*, (1967), p. 287. B. ajoute que cela lui rappelle un fou qui prétendait avoir construit lui-même l'asile dans lequel il était enfermé.

163. Le Suisse Ignaz P. V. Troxler (1780-1866), auteur de : *Elemente der Biosophie* (1807), *Blicke in das Wissen des Menschen* (1812), disciple de Malfatti mais aussi de Schelling. Albert Beguin lui a consacré de belles pages dans : *L'Ame romantique et le rêve,* Paris, Corti, 1939, plusieurs rééd.

164. E. Susini, *Lettres inédites, op. cit.*, (1967), p. 146.

165. XV, 547 s (1836), 354 (1839). *Die christliche Mystik* parut de 1836 à 1842.

166. Sur son admiration pour son ami Kerner et ses écrits *(Die Seherin von Prevorst,* 1829 ; *Geschichte Besessener,* 1834 ; *Erscheinung aus dem Nachtgebiete der Natur,* 1836), cf. IV, 143 ss ; 243 ss ; 303 ss. Kerner est connu dans les lettres allemandes, non seulement comme poète romantique mais aussi pour avoir fait l'objet d'une savoureuse satire dans le roman d'Immermann, *Münchhausen* (1839) où il s'appelle Kernbeisser et figure, indissociablement pour la postérité, aux côtés d'Eschenmayer qui est, lui, affublé du nom d'Eschenmischel.

167. II, 305 s, 288, 306 ; III, 327 ; XIV, 212 ; cf. D. Baumgardt, *op. cit.*, pp. 278 s.

168. Michel Ambacher, *Les Philosophies de la Nature,* Paris, P. U. F., 1974, pp. 99 ss.

169. « Indem das Subjekt seine Mitte gewinnt, gewinnt es diese als Produktionskraft (VIII, 240). Déjà cité par Josef

Siegl, *Franz von Baader. Ein Bild seines Lebens und Wirkens*, München, Bayerischer Schulbuch-Verlag, 1957, p. 101.

170. Cf. Michel Ambacher, *Les Philosophies de la Nature, op. cit.*, pp. 94 à 98.

171. *Ibid.*, p. 115.

172. Sur cet aspect de la pensée de Schelling, consulter surtout les excellents travaux de Xavier Tilliette, *Schelling, un philosophe en devenir*, Paris, Vrin, 1970, 2 vol., et Jean-François Marquet, *La Philosophie de Schelling*, Paris, Gallimard, 1973.

Note sur la lecture de Jacob Boehme par Franz von Baader

Hegel appelait Jacob Boehme « le premier philosophe allemand[1] » et de nos jours Ernst Benz a rappelé que Boehme ainsi que Maître Eckhart ont puissamment contribué à créer une langue philosophique allemande car ils forgèrent de nombreux concepts et des termes théologiques qui passèrent naturellement dans la philosophie. L'influence du théosophe de Görlitz fut d'abord sensible surtout en Angleterre[2] et aux Pays-Bas, pendant tout le XVIIe siècle, mais pour être moins retentissante en Allemagne à cette époque elle n'en était pas moins profonde : J.G. Gichtel et les « Engelsbrüder », Ueberfeld, d'autres auteurs aussi, exerçaient par leurs livres et leur apostolat un rayonnement discret mais profond[3]. Innombrables furent ces *Stillen im Lande*, gens souvent très simples, peu instruits, mais qui semblent s'être sentis fort à l'aise dans les complexes spéculations du Philosophe Teutonique.

Cette influence diffuse ne cessera pas de s'exercer au moins jusqu'au XIXe siècle, et à l'aube de l'ère des Lumières, des ouvrages fort consultés contribuèrent beaucoup à le faire connaître du grand public cultivé. Citons seulement Gottfried Arnold, *Histoire impartiale des Églises et des hérésies* (Francfort, 1699-1700) et Jakob Brucker, *Histoire critique de la philosophie* (Leipzig, 1742-1744)[4]. Le plus grand théosophe allemand du XVIIIe siècle, F.C. Oetinger, doit à Boehme sa théorie de la *Leibwerdung* selon laquelle « la corporéité *(Leiblichkeit)* est la fin des œuvres de Dieu[5] » : c'est le refus catégorique du spiritualisme absolu comme du matérialisme. Et J.A. Bengel développe puis popularise une eschatologie inspirée de celle de Boehme et qui connaît un grand succès.

Pourtant, à l'aube du Romantisme Boehme reste pratiquement inconnu des « grands » penseurs allemands. Ce fait peut surprendre, si l'on songe que le spiritualisme de Hemsterhuis suggère une religion spéculative dont les principaux représentants de l'irrationalisme religieux regrettent l'absence. Hamann, Lavater, Herder le connaissent peu le Philosophe Teutonique[6]. Il faut attendre, dans les dernières années du siècle, les ouvrages de Saint-Martin, devenu son disciple à partir de 1788, et surtout la traduction de ces ouvrages en allemand à l'aube du XIXe siècle[7], pour voir Boehme lu et admiré, commenté et critiqué, par les écrivains les plus célèbres. Presque tous les Romantiques allemands le pratiquent, prenant chez lui ce qui leur plaît, qu'il s'agisse du thème de l'androgyne[8], de spéculations sur la dialectique du jour et de la nuit ou de problèmes cosmogoniques et eschatologiques. Les *Tageszeiten* (1802) du peintre Philipp Otto Runge sont une représentation optique de l'esprit boehméen. Le baron Friedrich de la Motte-Fouqué consacre à Boehme un livre entier en 1831[9], et même un esprit se voulant éloigné du Romantisme, tel que Goethe, procède un peu comme ce théosophe lorsqu'il s'agit de lire le livre de la nature en évitant les abstractions autant que les pièges du naturalisme. Chaque fois qu'il s'agit d'éviter le Charybde et le Scylla d'un spiritualisme évanescent et d'un matérialisme qui nie la réalité du spirituel, on peut soupçonner l'influence de Boehme — bien qu'il n'ait pas le monopole de cette attitude et qu'il soit difficile de distinguer entre des affinités intérieures ou des attitudes identiques d'esprit, et des influences directes. Celles-ci sont assez nombreuses dans l'Allemagne romantique puisque Boehme y est souvent cité nommément. Mais limitons-nous à certains philosophes parmi les plus connus.

Schelling, qui vient enseigner en 1806 à l'Université de Munich où il a alors la possibilité de fréquenter Baader, parle de Boehme dans les *Ages du Monde* et dans la *Philosophie de la Révélation* ; il restitue à la Nature la place importante dont l'avait privée une tradition jugée trop abstraite par le Romantisme. Dans sa thèse Jean-François Marquet a repéré d'intéressants parallélismes entre Boehme et Schelling — intéressants mais secondaires. Et de même que chez Hegel, l'Esprit, l'Absolu, garantit l'identité du sujet et de la substance, l'identité de la pensée et de l'Être, de même Boehme parle de l'éternité dans le temps, c'est-à-dire du monde spirituel dans le monde extérieur. La polarité lumières-ténèbres, celle du Bien et du Mal, que Boehme décèle dans la divinité même, on la retrouve aussi chez Hegel. Schleiermacher, de même que Boehme, voit dans la Foi comme une activité de la volonté. Quant à Fichte, s'il ne le cite pas, il a pu néanmoins être inspiré par lui dans la mesure où le théosophe avait, plus que ses prédécesseurs, affirmé l'importance du Moi et de sa liberté[10]. Parallèlement à cette affirmation boehméenne de la liberté, le primat de la volonté comme clef ontologique devait connaître dans la philosophie allemande une évolution complexe et riche de conséquences qu'a étudiée Hans Grunsky[11].

Mais le seul Romantique à s'être vraiment imprégné de ce prince de l'ésotérisme occidental fut Franz von Baader (1765-1841). En 1792, il découvre le *Magikon* de Kleuker — publié en 1784 — qui lui fait connaître la pensée de Saint-Martin, puis, par voie de conséquence, Boehme. Il se détourne alors de Fichte, de Jacobi et de Kant. En 1809 il reçoit les trois éditions complètes de Boehme alors existantes et mentionne pour la première fois publiquement le théosophe de Görlitz, en 1811, dans sa préface à la traduction de l'*Esprit des Choses* de Saint-Martin par G.H. Schubert. Il lui consacre en 1822 des études entières *(Fermenta Cognitionis)* puis en 1829 et en 1832 des cours privés *(Abhandlung über die Gnadenwahl)*, en 1833, ainsi qu'en 1836, de nouveaux textes et de nouvelles conférences. Il serait fastidieux de citer tous les titres y relatifs, non seulement parce qu'ils sont publiés dans les *Œuvres complètes* de Baader parues à Leipzig de 1851 à 1860, mais parce que toute la pensée de Baader à partir de sa maturité se comprend seulement à condition de la considérer comme un prolongement de celle de Boehme.

Au cours de son séjour en Estonie, Baader écrit dans ses *Fermenta Cognitionis* (1822-1824) que le but principal de ce travail est :

> de fixer l'attention de façon plus sérieuse sur les écrits encore peu connus et encore plus fréquemment méconnus de notre Jacob Boehme, ce véritable *philosophus per ignem*, réformateur de la science religieuse, et de convaincre au moins quelques têtes intelligentes que, dans l'actuelle direction idéale [= idéaliste] de la philosophie en Allemagne, ignorer plus longtemps ses écrits ne saurait convenir qu'aux ignorants. Si d'ailleurs, j'appelle ici notre *Philosophus Teutonicus* le réformateur de la science religieuse, en vérité j'anticipe par là sur un avenir pourtant pas très éloigné, et je prétends seulement qu'une réforme purement scientifique de cette sorte pourrait, par les récits et les principes de Jacob Boehme, rendre des services, principalement aux Allemands[12].

Baader écrit dans le même ouvrage :

> J'ai presque l'impression d'être à notre époque le premier et malheureusement encore le seul qui ait reconnu et compris la spécificité de la réforme scientifique commencée et effectuée par Jacob Boehme. Et en vérité les savants protestants font preuve de peu de pénétration *(Einsicht)* en continuant à citer toujours leur si peu scientifique Luther tout en ignorant Boehme. En ce qui me concerne en effet, la philosophie de ce *Philosophus Teutonicus*, laquelle, comme dit Hegel, va extrêmement loin *(die gar sehr in die Tiefe geht)*, a été pour moi un guide vers les hauteurs lumineuses[13].

Intéressant nous paraît le rapprochement de Boehme et de Paracelse, que Baader ne manque pas d'établir à plusieurs reprises. Ce que Boehme a fait, dit-il, Paracelse l'avait déjà fait dans la mesure où celui-ci se plaçait d'un point de vue *naturphilosophisch* ou physiologique, car Paracelse est un *Naturphilosoph*[14]. Paracelse est le prédécesseur de Jacob Boehme dont Saint-Martin est le successeur[15].

> Mais comment a-t-il pu arriver que les philosophes allemands en particulier se soient aussi peu souciés de ce chercheur [Boehme] et de ce qu'il a fait, que de son prédécesseur Paracelse dont la *Naturphilosophie* embrasse elle aussi l'efficacité et la puissance de l'imagination ou de la magie dans leur rapport avec l'esprit et la nature dans toutes les régions de la vie — et que les philosophes modernes aient prétendu pouvoir puiser leur sagesse divine et naturelle plutôt partout ailleurs, par exemple dans la lithographie pétrifiée du concept de Dieu de l'Esprit et de la Nature donné par Spinoza[16] ?

A cette question posée dans un de ses cours sur Boehme, Baader répond en 1838, dans son texte dédié au poète Lenau : parce qu'ils n'ont pas écrit dans la forme scolaire on a dit qu'ils n'avaient pas l'esprit scientifique et surtout pas de méthode, ce qui évite de se donner du mal pour les étudier. Et aussi parce qu'ils dérangent *(verrücken)* leurs petits systèmes, les philosophes ont déclaré que Paracelse et J. Boehme étaient dérangés *(verrückt)* — alors que c'est eux-mêmes qui nous font perdre la tête *(die Verrückenden)*[17]. Il écrit en 1815 à G.H. von Schubert : « J. Boehme, Paracelse et Kepler se sont donné dans mon esprit un rendez-vous dont vous connaîtrez les conséquences[18]. »

C'est peut-être parce qu'elle va si loin, que cette philosophie a fourni tant d'éléments à la pensée allemande. Depuis Leibniz, explique Baader, tous les philosophes allemands — sauf Kant qui s'interdisait poliment toute incursion *(Eingehen)* dans les objets mêmes — ont pris ceci ou cela à Jacob Boehme, soit sans le nommer, soit en le considérant avec condescendance. « Mais à vrai dire, personne à ma connaissance n'a compris tout à fait [Boehme][19] » — sans doute parce que sa philosophie est autant poétique que *naturphilosophisch*, un tel alliage pouvant dérouter les modernes, même s'il est riche d'enseignements. En tout cas, Boehme a su marier la poésie et la *Naturphilosophie* car il a maintenu le rapport de l'Idée *(Sophia)* à la Nature, celui de l'idéalité à la réalité[20]. Baader précise souvent en quoi sa propre cosmogonie est semblable à celle de Boehme et en quoi elle diffère de celle de Schelling ou de Hegel. Boehme et, à sa suite, Baader distinguent de la façon la plus précise la production immanente et la création émanente. La création émanente n'est pas le moyen dont Dieu se servirait pour avoir conscience de lui-même et pour réaliser son propre être spirituel. Cette création est un acte libre, celui de la conscience de Dieu éternellement achevée en lui-même. C'est trop peu de dire que la création n'est pas un acte aveugle et inconscient de la puissance de Dieu ; il faut dire aussi qu'elle n'est pas non plus un acte de Dieu qui produirait ou qui achèverait la conscience de Dieu[21]. Nous reviendrons, à propos de la critique de Schelling et de Hegel par Baader, sur cette distinction entre production immanente et création émanente.

Mais il convient d'exposer auparavant — et cela permettra de mieux comprendre cette distinction — le seul point important sur lequel Baader, ce « Böhmius redivivus » (comme l'appela August Wilhelm Schlegel), se déclare en désaccord avec Boehme[22]. Boehme, rappelle Baader en 1839 et en 1840, a montré qu'il y a en Dieu un processus de fondement de soi, d'achèvement de soi, de contraction, mais en même temps de médiation *(Vermittlungsprocess)*, processus qui est celui de la célébration de l'éternel Sabbat de la satisfaction parfaite de Dieu en son Fils — ce qui, ajoute Baader, est loin du fantôme logique d'un *Dasein* absolu chez les philosophes modernes[23]. Ce processus qui existe en Dieu de façon « non créaturelle » *(uncreatürlich)* et qui concerne la production immanente dont il vient d'être question, a dans la création son pendant qui se présente comme une copie *(abbildlich)* du processus divin. Mais, ajoute Baader, Boehme n'a pas remarqué que dans la création également il faut qu'une créature joue le rôle d'intermédiaire. De même qu'il y a en Dieu une éternelle *Vermittlung* par l'éternelle naissance du Fils, ou si l'on préfère, de même que l'achèvement de l'Être de Dieu peut se faire seulement par la naissance intérieure *(Ingeburt)* du Fils de Dieu pour clôturer le processus de génération, de même, pour l'achèvement de la création, ce rôle incombe à l'homme. Boehme n'aurait pas vu que la catastrophe survenue dans l'évolution du processus de création devait être dirigée nécessairement contre l'homme. La création de la terre *(arrez, Erz, Erde, hart)* eut pour objet d'*arrêter* ce processus négatif. C'est pourquoi Isaïe dit que les étoiles du matin (*i. e.* les anges qui ne s'étaient pas révoltés) se réjouirent de la création de la terre. Boehme n'a pas vu non plus, ajoute Baader, que le Sabbat de la Création, l'achèvement de celle-ci *(sein Vollenden und Zusammenschliessen)*, n'est pas possible sans l'entrée directe du Médiateur éternel, c'est-à-dire sans le Fils de Dieu, dans la copie créaturelle *(creatürliches Abbild)*, *i. e.* dans l'homme. Enfin, ni Boehme ni aucun autre théologien connu n'ont remarqué, dit-il, que cette *homificatio Verbi* aurait été nécessaire même sans la prévarication de Lucifer et sans le péché d'Adam, car elle était de toute façon indispensable pour consolider et parachever cette création. Cette *homificatio Verbi* aurait seulement eu lieu d'une autre manière[24]. Mais bien entendu, Baader s'en prend surtout à la *Naturphilosophie* de son temps.

Celle-ci, affirme-t-il en 1839 — et par là il vise surtout Schelling — a tort de ne pas distinguer comme le fait Boehme entre une *natura non creata creans* et une *natura creata* temporelle. Il y a deux natures, l'une est « intègre », l'autre ne l'est pas. L'une est immatérielle, l'autre matérielle. Il y a deux auto-manifestations de Dieu, l'une éternelle et non créaturelle, l'autre créaturelle. Ne pas faire cette distinction maintenue par Boehme, c'est tomber dans le panthéisme[25]. La philosophie moderne succombe plus ou moins au panthéisme ou au spinozisme, notait déjà Baader en 1824. Contre ces erreurs, ajoutait-il, il faut maintenir avec Boehme l'idée d'un Dieu supramondain, c'est-à-dire que le Créateur ne doit pas être confondu avec la créature et que dans le Sauveur il convient de distinguer l'humain et le divin. Il est certes possible de participer de nouveau à la nature divine grâce au Sauveur mais rien n'autorise à croire que cette participation fait de nous une partie de la nature divine elle-même[26].

C'est que Baader sépare soigneusement, comme on l'a vu, production immanente et création émanente (l'expression est de Franz Hoffmann), la seconde étant un acte libre de Dieu auquel rien ne l'oblige. Dans un cours privé de 1829, Baader dit : « Le ktisiomorphisme prétend que Dieu s'achève par la création, et l'anthropomorphisme qu'Il s'achève par l'homme. Schelling a abandonné la première thèse et adopté la seconde[27]. » Nous dirions que dans les deux cas c'est une forme de naturalisme. Or, Baader redoute aussi que le théisme devienne déisme. Comment unir théisme et naturalisme ? Il nous le dit en 1838 dans l'écrit dédié à Lenau : il suffit de lire Boehme. Et Baader de se plaindre que Schelling, dans le *Denkmal Jacobis*, attende encore l'homme qui unira ces deux « ismes » — alors qu'il est déjà venu[28]. Ajoutons que si pour Schelling le Mal fait nécessairement partie de la révélation de Dieu[29], pour Baader le Mal a existé en raison seulement du fait que la créature s'est détachée librement de Dieu. Les critiques que Baader adresse à Schelling et celles qui visent Hegel s'éclairent réciproquement et ne concernent guère que ces problèmes — capitaux, il est vrai — de double nature, de panthéisme et de dualisme.

Baader note que la nature selon Hegel correspond chez Boehme au seul univers matériel et à la créature temporelle. Pour Boehme la nature éternelle (ou racine ignée) est au contraire le principe directement créateur lui-même, celui qui engendre les créatures ;

c'est le *Fiat* ou la toute-puissance[30]. Parallèlement, par *Vernunft* Boehme entend presque toujours la raison de la créature, raison détournée de la raison divine et absolue, tandis que Hegel entend la raison absolue. Tous deux envisagent bien dans l'acte d'union une *Aufhebung* de la raison de la créature, mais tandis que chez Hegel cette raison de la créature, mais tandis que chez Hegel cette raison de la créature « se plonge dans la généralité raisonnable », c'est-à-dire s'y abîme, de même que pour Spinoza la créature disparaît sans recours dans la substance divine, il faut dire en échange que selon Boehme l'esprit de la créature, une fois élevé dans l'esprit éternel, reste distinct de celui-ci, même dans l'union la plus profonde[31]. On pourrait dire que pour Baader l'importance du Logos hégélien est telle que l'homme terrestre et l'expérience empirique du Moi deviennent secondaires.

Dans un de ses *Cours de dogmatique spéculative* (1836) et dans un *Cours sur J. Boehme*, Baader reconnaît que Hegel a retenu de l'enseignement de Boehme une notion essentielle : la manifestation de l'Esprit par la médiation *(Vermittlung)* de la nature. Mais il ajoute aussitôt que Hegel a souligné plus que Boehme (et plus qu'il ne le fallait) l'aspect négatif de ce processus ; en effet, quand Hegel parle de la *Aufhebung* de la nature il veut oublier ce que Boehme y ajoute : le fait qu'on ait affaire en même temps à une *Erhebung* — à une élévation, et même au salut — de cette nature et de cette créature. De plus, si l'Esprit (actif et entrant dans le manifesté) se pose et s'affirme par la *Aufhebung* de la nature, il faut dire avec J. Boehme que cette affirmation vaut aussi pour la nature. Enfin, Hegel a tort de ne pas distinguer, dans la nature, une *Vermittlung*, positive, normale, et une *Vermittlung* négative, illégitime, *i. e.* une *Aufhebung* illégitime qui « déprime » l'Esprit et le retient prisonnier : c'est que Hegel oublie que la nature se trouve gâtée dans et par la créature[32].

Les passages boehméens les plus intéressants dans l'œuvre du théosophe munichois sont ceux où il renvoie dos à dos Schelling et Hegel. En 1824, dans *Fermenta Cognitionis* (II, 37711) il les compare sur deux points :

A. Le mérite de Schelling, dit-il, est d'avoir rendu à la nature la place importante qu'elle avait perdue. Celui de Hegel, d'avoir rappelé que l'Esprit, loin d'être quelque chose d'immédiat, naît et subsiste par *Vermittlung*, par *Aufhebung* de la Nature. Mais pour Schelling la nature est quelque chose qui existe avant l'Esprit et pour Hegel l'Esprit est quelque chose qui existe après la nature. Tous deux ont tort, c'est dans Boehme que la vraie identité est maintenue, car pour lui Esprit et nature proviennent de l'Unité et y retournent, ce qui résout la tension polaire.

B. Schelling a bien vu aussi — avec Boehme — que la nature est productrice (elle est ce qui produit, comme force, physis) et non un simple produit comme chez Hegel. Mais ni Schelling ni Hegel n'ont bien saisi le rapport de la nature au *Logos* en Dieu. Car pour Boehme l'Esprit qui naît ou subsiste par *Aufhebung* de la Nature ne produit pas (ne se réalise pas) sans intermédiaire mais grâce à cette nature excitée par lui (elle peut l'être dans le bon ou le mauvais sens) et qui lui sert de base.

Ces deux points permettent à Baader de rappeler que si la philosophie moderne parle d'une identité de la Nature et de l'Esprit, elle ne rend pas compte du fait que la corruption s'empare aussi bien de l'élément spirituel que de l'élément naturel. Tous les philosophes — ou presque — oublient de tenir compte de la chute originelle[33]. Baader revient sur cette idée en 1839 dans une synthèse assez vaste intitulée *Révision des Philosophèmes de l'école hégélienne relativement au Christianisme.* Il faut donner, dit-il, raison à Hegel d'avoir tant mis l'accent sur l'Idée et d'avoir compris par « nature » autre chose que ce qu'entendent les *Naturphilosophen* : par là il est allé plus loin que Schelling mais pas aussi loin que Boehme. Car si Boehme enseignait bien comme Hegel la révélation de l'Idée par la nature, il prouvait en outre (ce en quoi personne ne l'a encore suivi) que l'Idée non manifestée, de même que le principe non encore manifesté de la nature, ne peuvent devenir réels *(real)* que par leur conjonction — et dans une conjonction où ils conservent ou acquièrent leur intégrité. Si donc l'Idée qui se fait nature devient réelle, alors la nature comme principe devient également réelle. Hegel emploie des mots inexacts : l'Être (de l'Idée) n'est pas encore un être, et le Non-Être (de la nature) ne nie pas l'Idée ; au contraire le principe de la nature est le désir *(Begierde)*, dit Boehme, et une volonté sans désir serait une volonté sans nature : méconnaître cela, c'est tomber dans le dualisme de l'idéal et du réel. Un esprit sans volonté (sans affect, sans *Gemüth)*, comme celui de la philosophie hégélienne, est un corps exsangue. Hegel ne reconnaît pas que le principe de la nature se réalise et s'achève par l'Idée ou que la nature s'élève *(Erhebung)* dans l'Idée — si bien qu'il conclut à leur éternelle irréductibilité. Boehme et Hegel disent bien tous deux que le principe de nature et l'Idée sont à l'origine deux choses différentes (bien que provenant d'une même causalité, la volonté *ungründig)*. Mais Hegel s'éloigne de Boehme — et de Baader — quand il conçoit le principe de nature comme une nature déjà achevée et terminée (alors qu'elle n'est que commencement et volonté) « et même comme une créature surgie d'elle-même par suite d'une coupable rupture avec l'Idée ». L'école hégélienne en tire la conclusion que l'Idée divine, opposée à la nature, doit rejeter la créature en tant que telle et comme si elle était sa larve. Le principe de nature, en tant que serviteur de l'Idée, ne peut obtenir sa vraie réalité, sa véritable intégrité, qu'en étant élevé dans l'Idée, car la notion de réalité coïncide avec celle de l'intégrité, ou, comme disent les Anglais, *wholeness.* Si le principe de nature est soustrait au service de l'Idée, la soif de Tantale s'allume en lui[34].

Ainsi, tandis que Boehme pose la nature en Dieu comme une force productrice, les *Naturphilosophen,* perdus dans le panthéisme, la prennent ou trop haut ou trop bas. Schelling l'a prise trop haut en la mettant dans le Ternaire ; Hegel trop bas, en la prenant pour un produit. D'autre part, pour Boehme, « le Dieu silencieux et ésotérique » ne se manifeste pas à lui-même par la créature mais par la nature éternelle qui est en lui. Enfin, si Dieu n'est pas *naturlos* il est *naturfrei* ; il ne faut pas lui dénier l'attribut de *natura naturans* : spiritualisme d'eunuque qui serait contraire à la Bible[35]. Sans doute serons-nous d'accord avec Baader sur l'interprétation de Boehme par Hegel. Celui-ci semble croire que pour Boehme la nature est le corps de Dieu et que l'esprit humain est identique à l'esprit divin.

Les précisions n'empêchent pas les malentendus. Dans sa dix-septième conférence sur la religion, Feuerbach assimile Schelling à Baader, fait de celui-ci un panthéiste et croit que Boehme met le principe du Mal en Dieu même. Sengler *(Die Idee Gottes,* 1845) confond la doctrine de Boehme avec la conception orientale et platonicienne sur la matérialisation de la nature alors que pour Boehme c'est seulement la matérialisation qui est due à la chute des esprits, mais pas la naissance même de la nature créée[36]. De même, pour Wirth, Wullen, Moriz Carriere, Dieu est fort dépendant du monde[37]. J.V. Wirth interprète Boehme dans le sens de Baader. La Réforme de Luther, écrit-il en 1845, qui a attaqué le dualisme religieux à sa racine, fut prolongée par une seconde réforme, silencieuse et intellectuelle, celle de Boehme qui pose la contradiction à l'intérieur même de Dieu, mais une contradiction qu'il faut se garder de considérer dans un sens négatif[38]. Les *Œuvres complètes* de Baader en seize volumes sont truffées de commentaires de Franz Hoffmann qui a écrit également les introductions à plusieurs de ces volumes ; il est aussi auteur de plusieurs études sur Boehme et sur Baader et a tenté toute sa vie de dissiper les malentendus en dénonçant les contre-sens. Julius Hamberger, qui travailla lui aussi à la grande édition et rédigea la longue introduction au tome XIII, peut être considéré comme un des plus fidèles interprètes du théosophe de Munich. Il rappelle qu'un système qui enseigne la non-éternité de la création, donc qui pose un commencement à celle-ci, ne saurait être qualifié de panthéiste. Son livre *La Doctrine du philosophe allemand J. Boehme* (Munich, 1844) est aujourd'hui encore un instrument de travail utile et sûr[39].

Suivre le rayonnement de Boehme après Franz von Baader et les baaderiens du milieu du siècle dernier dépasserait le cadre d'un simple exposé. J'ai seulement voulu illustrer par quelques exemples ce que Ernst Benz écrivait naguère : « L'histoire de l'influence de Jacob Boehme sur la philosophie européenne est un des chapitres les plus excitants de l'histoire de l'esprit européen[40]. » Mais cette œuvre et cette influence ne sont pas excitantes seulement pour l'intelligence et pour les érudits. Le boehmisme est une source inépuisable à laquelle les hommes de Désir peuvent sinon étancher leur soif, du moins en comprendre le sens. On sait que Boehme considérait son œuvre comme un moment significatif, comme un signe de la *Lilienzeit*, du « temps des lys », c'est-à-dire d'une nouvelle aurore qui verrait s'accomplir les prophéties relatives au salut et se répandre dans l'esprit des chrétiens la compréhension intégrale de la Révélation[41]. Baader à son tour crut voir s'instaurer cet avènement non seulement par la redécouverte de Boehme à laquelle il contribuait, mais aussi par la révélation de la Magie naturelle. « Sans aucun doute », écrit-il à Christian Daniel von Meyer le 4 décembre 1815, « *le temps des Lys* a déjà commencé, dont Boehme parle si souvent et dans lequel, comme il dit, ses écrits seraient aimés. Et particulièrement, voici que se réalise chez nous ce que Boehme, dans le *Mysterium Magnum*[42], dit de la nécessité d'une nouvelle manifestation de la *Magia naturalis.* » C'est le magnétisme animal qui, ajoute Baader, est en 1815 le signe, dangereux certes mais significatif, envoyé par Dieu pour ressusciter cette magie naturelle[43]. Nous savons, en 1975, à quoi nous en tenir là-dessus : le magnétisme animal a engendré le spiritisme et il faudrait beaucoup d'indulgence pour voir dans les mouvements kardecistes l'aurore d'un jour nouveau où fleuriraient les lys dont rêva Jacob Boehme. Mais Baader a au moins l'immense mérite de nous aider à lire Boehme. Le fait d'étudier avec lui cette œuvre nous permet de la mieux comprendre à la fois de l'intérieur et de l'extérieur ; et non pas comme un système réductible à autre chose qu'à ce qu'il est, ni comme un enseignement passé ou dépassé tout juste bon à « expliquer » certains aspects du labyrinthe de l'histoire des idées, mais comme une discipline de pensée.

Et puis, une conclusion autorisant à sortir quelque peu du sujet, et ce colloque étant à ce jour la dernière manifestation du rayonnement de Boehme en France, exprimons ici l'espoir que les éminents spécialistes venus aux « Fontaines » soient entendus, et lus, ailleurs aussi, afin que l'on oublie moins qu'il existe un hermétisme chrétien sur lequel il serait bon de s'interroger et de se pencher avant de déclarer que seul l'Orient a quelque chose à nous dire en matière de spiritualité. Une meilleure connaissance de Boehme aiderait aussi à mettre un peu d'ordre dans le chaos actuel de ce qu'on appelle l'ésotérisme car elle permettrait de mieux comprendre la spécificité de l'hermétisme occidental, son irréductibilité à la plupart des pensées d'inspiration orientale — celle de R. Guenon par exemple. Libre à chacun, ensuite, de choisir ; mais mieux vaut le faire en connaissance de cause.

Et puisque depuis deux jours nous faisons revivre de grandes images — pas n'importe quelles images — je voudrais terminer en évoquant à mon tour l'une des plus belles de Jacob Boehme. Depuis le début de ce colloque nous avons fait défiler de nombreux noms, depuis ceux des premiers gnostiques jusqu'à Nicolas Berdiaeff et même au-delà. Je voudrais dire, sans me leurrer sur le caractère nécessairement outré de la distinction (elle n'a de valeur que méthodologique), qu'il y a deux familles d'esprits. Un collègue, ce matin, a dit l'importance de la végétation, de la croissance des végétaux, chez Boehme. Cela nous rappelle un beau passage dans lequel Boehme décrit *l'arbre*. On peut décrire de mille manières un arbre seul, mais peut-être oscillent-elles toutes entre deux pôles : un arbre tout nu, simple abstraction, et un arbre chargé d'une vivante luxuriance. A l'arbre de Descartes, on pourrait opposer celui de Boehme. Nous connaissons tous l'arbre philosophique de Descartes, avec son tronc et ses branches : il est bien dénudé. Or, au début de sa *Morgenröthe*, Boehme nous présente ainsi le sien :

> Je compare toute la Philosophie, l'Astrologie et la Théologie ainsi que leur mère, à un arbre délicieux qui pousse dans un beau jardin d'agrément. Eh bien, la terre où se tient l'arbre donne toujours à celui-ci la sève dont il tire sa qualité vivante. Mais l'arbre en lui-même croît grâce au suc de la terre, il grandit et étend ses branches. Et de même que la terre travaille à cet arbre, de toute son énergie, pour qu'il pousse et grossisse, de même l'arbre travaille sans cesse, avec ses branches, de toutes ses forces pour pouvoir donner toujours beaucoup de bons fruits (...). Mais quand l'arbre devient vieux, que ses branches se dessèchent, que la sève ne monte plus jusqu'en haut, alors en bas, sous le tronc, poussent de nombreuses petites branches vertes, il finit par en pousser aussi sur la racine, et elles transfigurent le vieil arbre[44].

Les fruits de l'arbre, nous explique-t-il encore, ce sont les hommes. La sève, c'est la divinité. Ajoutons pour notre part qu'il y a des esprits à qui l'arbre de Descartes suffit, et d'autres à qui il faut celui de Boehme. Dans le jardin décrit par celui-ci on rencontre des gens qui sont tous un peu de la même famille, même si certains d'entre eux n'ont jamais entendu parler du Philosophe Teutonique. Les différences de points de vue sur la cosmogonie, la cosmologie ou toute autre question ardue d'herméneutique, entre les auteurs évoqués depuis hier, présentent certes un intérêt historique et philosophique. Toutefois, ces auteurs semblent nous exhorter avant tout à veiller à ce que notre arbre occidental reste bien vivant, chargé de couleurs, de feuillages et de fruits ; à ce que la sève le nourrisse et le pénètre ; à ce qu'il ne ressemble plus à un arbre mort dans un paysage d'hiver, comme l'image formalisée, abstraite, d'un être exsangue. La contemplation de l'arbre boehméen peut nous inciter à ne pas sacrifier tout à fait le plein au profit du vide, l'avoir à l'être, la chair spirituelle à la figure abstraite.

NOTES

1. *Vorlesungen über die Geschichte der Philosophie* (1817), cité par Gerhard Wehr, *Jacob Böhme*, Hambourg, Rowhlt, 1971, p. 142.

2. Cf. surtout Serge Hutin, *Les Disciples anglais de Jacob Böhme*, Paris, Denoël, 1960.

3. Consulter le livre récent de Bernard Gorceix, *Johann Georg Gichtel, théosophe d'Amsterdam*, Paris, L'Age d'Homme, 1975.

4. *Unpartheyische Kirchen- und Ketzer-historie vom Anfang des Neuen Testaments bis auf das Jahr Christi 1688.* Brucker : *Historia Critica philosophiae a tempore ressuscitarum in occidente literarum ad nostra tempora*, t. IV, Leipzig, 1743, surtout pp. 353 à 448 et 644 à 750 (cf. le t. II pour la Kabbale juive).

5. Friedrich Christoph Oetinger, *Biblisches und emblematisches Wörterbuch*, 1776 (reéd. anastatique Hildesheim, Olms, 1969), p. 407.

6. Cf. Roger Ayrault, *La Genèse du romantisme allemand*, Paris, Aubier, 1961, t. II, pp. 495 et sq.

7. Cf. Antoine Faivre, « De Saint-Martin à Baader, le *Magikon* de Kleuker », *in : Revue d'études germaniques*, avril-juin 1968.

8. Ernst Benz, *Adam, der Mythus des Urmenschen*, Munich, O. W. Barth, 1955.

9. Friedrich baron de La Motte-Fouqué, *Jacob Böhme. Ein biographischer Denkstein*, Greiz, Henning, 1831.

10. Pour quelques précisions sur les *Nachwirkungen*, cf. G. Wehr, *op. cit.*, pp. 118 et sq.

11. Hans Grunsky, *Jacob Böhme als Schöpfer einer Germanischen Philosophie des Willens*, Hambourg, 1940.

12. Si Baader a fait mieux connaître Jacob Boehme en Allemagne, Eugène Susini a permis de mieux connaître Baader en France — et en Allemagne aussi où celui-ci était trop méconnu. Cf. surtout la thèse d'E. Susini, *Franz von Baader et le romantisme mystique ; la philosophie de Franz von Baader*, Paris, Vrin, 1942, 2 vol. Lorsque Baader écrit le texte cité ici, il se trouve en Estonie ; ce texte est précédé par deux citations de Boehme, en exergue, sur la légitimité de la théosophie (ici, *das Forschen)* et par un extrait du *Psaume* 77, 7 (« Mein Geist muss forschen ») ; on pense à saint Paul : « L'Esprit

saute tout, jusqu'aux profondeurs divines. » Texte original du passage cité : « eine ernstere Aufmerksamkeit auf die noch wenig bekannten und noch häufiger verkannten Schriften unseres Jacob Böhme's, dieses wahren Philosophus per Ignem und Reformators der Religionswissenschaft, zu fixiren, und wenigst einige tüchtige Köpfe zu überzeugen, dass gerade bei der dermaligen idealen Richtung der Philosophie in Deutschland ein ferneres « Ignoriren » dieser Schriften nur dem Ignoranten hingehen kann. Wenn ich übrigens hier unsern Philosophus Teutonicus den Reformator der Religionswissenschaft nenne, so anticipire ich hiermit freilich eine, jedoch nicht mehr ferne, Zukunft, und behaupte nur, dass bei einer solchen rein wissenschaftlichen Reformation Jacob Böhme's Schriften und Principien den Deutschen vorzüglich Dienste leisten werden » *(Sämtliche Werke*, II, 199 sq).

13. « Es scheint mir fast, als ob ich in unseren Zeiten der Erste und leider noch der Einzige sei, welcher die durch J. Böhme begonnene und durchgeführte wissenschaftliche Reformation als solche erkannt und begriffen hat. Und es verräth allerdings wenig Einsicht von den protestantischen Gelehrten, wenn sie noch immer und immer wieder ihren (unwissenschaftlichen) Luther citiren, J. Böhme aber ignoriren. Mir ist nemlich dieses Philosophi teutonici Philosophie, die gar sehr, wie Hegel sagt, in die Tiefe geht, in die lichte Höhe führend geworden » (II, 196). « Es macht mir wahre Lust, unsere weltweisen Narren recht oft mit diesem Schuster zu ärgern » (Baader à V. von Fiese, 1822, *in* XV, 381).

14. XIII, 161 et sq.

15. III, 370 ; cf. aussi VII, 277 et d'autres passages où le nom de Boehme est associé à celui de Saint-Martin.

16 « Wie aber war es doch möglich, dass besonders die deutschen Philosophen von diesem Forscher und seinen Leistungen so wenig Notiz nahmen, als von seinem Vorfahren Paracelsus, dessen Naturphilosophie sich gleichfalls um die Wirksamkeit und Macht der Imagination oder Magie in ihrem Bezug zum Geist und zur Natur in allen Regionen des Lebens bewegt, und dass diese neueren Philosophen lieber überall anders wo, z. B. in dem Steinabdruck oder Petrefact des Begriffs Gottes, des Geistes und der Natur, wie denselben Spinoza gab, ihre Gottes — und Naturweisheit schöpfen zu können vermeinten ! » (III, 380).

17. « Und weil sie ihre kleinen Systemschen verrückten, gaben sie selbe selber (die sie Verrückenden) für verrückt aus » (IX, 160).

18. « *J. Böhme, Paracelsus* und *Kepler* haben sich in meinem Geiste ein Rendezvous gegeben, von dem Sie den Effekt erfahren sollen » (XV, 263). Paracelse et Boehme sont les deux plus grands *Naturphilosophen* (Baader à J. Kerner en 1832, XV, 482).

19. « Im eigentlichen Sinne hat ihn, meines Wissens, keiner ganz verstanden » (XIII, 163).

20. XIII, 164.

21. D'après Franz Hoffmann, introduction au t. III des *Sämtliche Werke* de Baader, p. XXIX.

22. Un autre point, moins essentiel, concerne l'arithmosophie cosmogonique et notamment les sept « formes naturelles » selon Boehme. Cf. XIII, 84 sq, 117 sq ; IX, 240.

23. *Revision der Philosopheme der Hegel'schen Schule bezüglich auf das Christenthum*, in IX, 305.

24. *Ibid.*, p. 305 sq « Die Menschwerdung (Creatur-werdung) des Wortes [würde] auch dann erfolgt sein, obschon auf andere Weise, wenn auch kein Fall der Creatur (des Menschen) stattgefunden hätte » (III, 410). Cf. aussi XV, 609.

25. IX, 311.

26. II, 373.

27. « Der Ktisiomorphismus behauptet, dass Gott durch die Schöpfung sich vollende, der Anthropomorphismus behauptet, dass Gott sich durch den Menschen vollende. Schelling hat jenen

aufgegeben und diesen angenommen. Der Letztere nähert sich dem Christenthum an und christianisirt sich, obwohl er in Grunde antichristlich ist » (XIII, 61).

28. IX, 159 sq. Il s'agit de l'écrit de Schelling intitulé *Denkmal der Schrift von den göttlichen Dingen des Herrn Friedrich Heinrich Jacobi und der ihm in derselben gemachten Beschuldigung eines absichtlich täuschenden, Lüge redenden Atheismus*, Cotta, 1812.

29. Schelling, *Werke*, I, VII, p. 373.

30. II, 306.

31. « Wie denn auch der organische Begriff seine Glieder nicht zu Grunde richtet oder entgründet, sondern sie begründend in sich emporhebt » (II, 306 sq, 1822/24). Référence à Hegel : *Encykl. der Phil.*, W. § 5.

32. II, 416 ; IX, 117 sq. A rapprocher de II, 206 sq (1822/24) : « wenn z. B. Hegel sagt : dass die wahrhafte Erkenntniss kein bloss Gegebenes (Geoffenbartes, — Unmittelbares), sondern ein (freilich nur an und mit diesem Gegebenen) Selbst — (organisch) erzeugtes sei, so stimmt diese Behauptung mit jener Jac. Böhme's überein, welcher gleichfalls nur jenes Erkennen gelten lässt, welches der Mensch mit Hilfe jenes Gegebenen in sich ausgeboren hat, wenn schon der letztere Denker es deutlicher als der erstere macht, dass der Ernst und der Schmerz dieser Geburt nicht eigentlich in der Anstrengung des Sehens, sondern in jener der Frei- und Klarmachung des rechten Auges besteht und nicht, wie die meisten unserer Philosophen meinen, im Selbstmachen solchen Auges ».

33. II, 377 sq.

34. IX, 302 sq.

35. III, 402.

36. Cf. aussi Franz Hoffmann, *Sämtliche Werke* de Baader, p. XXXIII sq, XLI sq, LVIII.

37. Cf. Moriz Carriere, *Die philosophische Weltanschauung der Reformationszeit in ihren Beziehungen zur Gegenwart*, 1846-48 (p. 607 à 725), déjà cité par J. Hamberger, *Sämtliche Werke* de Baader, II, 373 sq.

38. J. V. Wirth, *Die spekulative Idee Gottes*, Stuttgart et Tübingen, 1845.

39. *Die Lehre des deutschen Philosophen Jacob Böhme, in einem systematischen Auszuge aus dessen sämmtlichen Schriften dargestellt und mit erläuternden Ammerkungen begleitet von Dr. Julius Hamberger*, Munich, Verlag der literarisch — artistischen Anstalt, 1844.

40. Ernst Benz, *Les Sources mystiques de la philosophie romantique allemande*, Paris, Vrin, 1968, p. 17.

41. Cf. *Ibid.*, p. 11 et 119.

42. Chapitre LII, § 3-9.

43. « Ohne Zweifel ist übrigens die *Lilienzeit*, von der Böhme so oft spricht, in welcher, wie er sagt, seine Schriften sehr lieb und willkommen sein würden, bereits eingetreten, und besonders wird nun bei uns wahr, was J. *Böhme* im Myster. magn. (...) sagt von der Nothwendigkeit des Wiederoffenbarwerdens der Magia naturalis. Die Erscheinungen des sogenannten thierischen Magnetismus, welche in unseren Zeiten immer dreister auftreten, sind mir in dieser Hinsicht um so lehrreicher, da Gott es für gut befand, diese Wunder der Magie selbst auf die Gefahr des hiermit verbundenen schlimmen Gebrauchs doch in unseren Zeiten zuerst öffentlich bekannt werden zu lassen [...] Uebrigens weiss ich sehr wohl, wie sehr man bei allen auch den besten siderischen Ekstasen auf seiner Hut sein muss, und wie selten jene Fälle sind, von denen J. *Böhme* in seinen drei Principien Cap. 14, § 37, 38 spricht » (XV, 280 sq).

44. « Ich vergleiche die ganze Philosophiam, Astrologiam und Theologiam samt ihrer Mutter einem köstlichen Baum, der in einem schönen Lustgarten wächst. Nun gibt die Erde, da der Baum inne stehet, dem Baum immer Saft, davon der Baum seine lebendige Qualität hat. Der Baum aber in sich selbst wächst von dem Saft der Erden und wird gross und breitet sich aus mit seinen Aesten. Nun, gleichwie die Erde mit ihrer Kraft an dem Baum arbeitet, dass derselbe wachse und zunehme, also arbeitet der

Baum stets mit seinen Aesten aus ganzen Vermögen, dass er möchte immer viel guter Früchte bringen [...] Wenn aber der Baum alt wird, dass seine Aeste verdorren, dass der Saft nicht mehr in die Höhe kann, so wachsen unten um den Stamm viel grüne Zweiglein aus, letztlich auch auf der Wurzel, und verklären den alten Baum » (*Morgenröthe*, « Vorrede », 1-8).

Âme du Monde et divine Sophia chez Franz von Baader

> La vraie gnose est un cercle qu'on ne saisit pas peu à peu, mais seulement d'un coup. Une chose y renvoie toujours à une autre, et celui qui saisit bien l'une a tôt fait de saisir le tout. Aussi ne devez-vous pas vous étonner qu'une notion renvoie toujours en partie à une autre, et qu'en tenant solidement l'une d'elles nous devions nécessairement anticiper sur d'autres notions. Par cela précisément se révèle ce que la gnose a de systématique : toute notion isolée renvoie au Centre, qui à son tour renvoie à toutes les notions (Franz von Baader, *Cours de Philosophie sociale*, 1831-1832, *in : Sämtliche Werke*, t. XIV, p. 160).

Âme du Monde et Sophia : rappels historiques

La notion d'Âme du Monde a une longue histoire en Occident. Un philosophe contemporain en voit apparaître ce qui semble la première expression, dans un fragment pythagoricien :

> Les quatre éléments sont dans la sphère comme les marchandises dans la cale d'une péniche ; le cinquième élément porte les autres comme la péniche transporte les marchandises [1].

Quel est donc cet élément qui porte les autres — qui porte le monde ? C'est ce que des penseurs ont appelé le *Sensorium Dei*, organe dans lequel et par lequel le créateur prend conscience, crée, agit. Car au fond, ainsi que l'a fait récemment remarquer un épistémologue, il semble bien que les rapports entre l'homme et son cadre ne peuvent prendre que trois formes [2] : A) Celle qu'on a appelée parfois, à tort ou à raison, « idéaliste », selon laquelle Dieu a créé par sa pensée le jardin où nous vivons. Le monde est la pensée de Dieu, matérialisée et différente de lui, mais évoluant selon Sa volonté ; c'est dans le *Sensorium Dei* que le créateur prend conscience, crée et agit à la fois. Les lois de Sa pensée sont plus ou moins analogues à celles qui dirigent notre intellect puisque la création est au moins en partie intelligible. Solution inévitable pour de nombreux penseurs, non seulement théosophes ou théologiens mais aussi essentiellement scientifiques, tels Newton, Einstein, de Broglie. B) La forme généralement appelée « panthéiste » qui suppose que le monde est son propre créateur. Il n'y a qu'une seule entité, contrairement à la solution précédente. Spinoza fut le plus ardent défenseur de cette théorie. C) La forme qu'on peut appeler, par pure commodité de langage, « matérialiste », dans laquelle Dieu n'existe plus et où toute idée surnaturelle, de finalisme ou de plan préconçu, se trouve remplacée par le concept de hasard.

Il va sans dire que lorsqu'on parle d'Âme du Monde, c'est à *A* qu'on se réfère, bien qu'il n'ait jamais manqué de partisans de *A* pour mettre en cause la notion d'Âme du Monde elle-même, c'est-à-dire de *Sensorium Dei* objectivé, représenté et compris comme un médiateur entre Dieu et Sa création. Ainsi, bien que Platon entre dans cette première catégorie, il ne semble pas avoir senti la nécessité d'un Dieu créateur et actif, rattaché à la création par des lois définies ; et pour Aristote, Dieu reste hétérogène à l'univers car la physique de ce philosophe, basée sur les « moteurs » et sur la finalité, conduit à une métaphysique dans laquelle Dieu ne peut rien savoir des hommes[3]. En revanche, avec Boèce, qui traduit Aristote *(De anim. 6)* au début du VIe siècle, le *Sensorium Dei* acquiert ses lettres de noblesse en philosophie — non que Boèce fût vraiment le premier à en préciser la notion — car il voit le monde comme la matérialisation de la pensée de Dieu, le *Sensorium* étant donc ce par quoi Dieu prend conscience, et dirige ce monde qu'Il a créé et où Il est toujours présent. Jean Scot Erigène dira plus tard (IXe siècle) que si Dieu est bien seul créateur en idée, Sa manifestation temporelle est *substitutio* et passe par le relais fondamental qu'est l'Âme du Monde, si bien que ce monde peut, selon une remarque récente, être considéré comme une métaphore, et l'art comme anagogique[4]. Avant de citer Baader et ses contemporains, mentionnons à titre d'exemple très significatif Newton, auquel un livre a été consacré, précisément sous le titre : *Sensorium Dei dans l'hermétisme et la science*[5]. Pour Newton l'ouvrage de Dieu est contrôlé par ce *Sensorium* dont le savant anglais trouve la réplique analogique en la personne humaine, dans la « sensibilité intérieure » qu'il oppose à la sensibilité extérieure et qu'il reconnaît comme moyen de connaissance. C'est ce « par quoi » nous pouvons saisir la qualité des choses, c'est-à-dire leur image, c'est ce qui en nous jauge l'univers autour de nous — autrement dit, c'est un organe en résonance avec l'univers [6]. Nous retrouverons cette analogie chez Boehme et chez Baader. L'important pour notre propos, dans ce qu'a pensé Newton, est que Dieu a mis une relation entre Lui et le monde qu'Il a créé [7] — et c'est cette relation que d'autres appellent Âme du Monde quand ils la considèrent d'un point de vue concret et vivant.

Ainsi l'idée d'Âme du Monde, liée à une conception de la matière comme vivante — à une relation entre Dieu et le monde partout présente, plus ou moins active —, correspond à l'une des constantes de la pensée humaine qui lui donna les noms de vitalisme et d'hylozoïsme, mais elle ne fit jamais l'unanimité. Ses périodes de gloire furent l'Antiquité, avec Platon (le *Timée)*, et les stoïciens — qui l'interprétèrent dans un sens matérialiste —, puis la Renaissance avec Pic de la Mirandole et Giordano Bruno, enfin le Romantisme allemand à l'époque de Schelling. Généralement bannie de la philosophie officielle, on l'avait vue triompher dans un certain nombre de systèmes isolés quoique presque toujours rattachés au courant hermésien, ce dont l'œuvre de Cudworth porte témoignage dans la seconde moitié du XVIIIe siècle : l'Anglais voyait dans une « nature plastique » tant la cause qui exécute les lois faites par Dieu que l'intermédiaire indispensable entre Dieu et le monde [8]. Chez la plupart des « idéalistes » allemands, l'Âme du Monde est évidemment liée à une philosophie de la nature, mais sans qu'on puisse, comme cela apparaît clairement dans le cas de Hegel, parler pour autant de théosophie. L'austère étude d'August Böckh *(Sur la formation de l'Âme du Monde dans le Timée de Platon,* 1807 [9]) a contribué à en répandre l'idée dans les cercles romantiques — c'est-à-dire, pour l'essentiel, philosophiques —, et il n'est guère douteux que Baader l'ait lue ; mais lorsqu'elle paraît il s'intéresse déjà moins à l'Âme du Monde qu'à son pendant divin, Sophia. C'est pourtant l'année suivante que Gotthilf Heinrich von Schubert publie *Aspects nocturnes des sciences de la nature* [10] ; l'Âme du Monde lui apparaît dans la gravitation universelle, le magnétisme, la lumière, la vie végétale et animale, et même dans « l'enthousiasme ». Juste après Schelling, mais avec davantage de romantisme, il sait allier, comme il a d'ailleurs toujours cherché à le faire, l'inspiration germanique théosophique et la platonicienne [11].

L'Âme du Monde n'a donc pas toujours été une notion platonicienne : « biologisée par Herder, leibnizianisée par Maïmon, elle est fortement teintée de théosophie chez Schelling », écrit Jean-Louis Vieillard-Baron dans son ouvrage *Platon et l'Idéalisme allemand,* pour ajouter aussitôt que la *Naturphilosophie* romantique n'a pas été aussi éclectique qu'on pourrait le croire, car l'époque de l'idéalisme a ignoré « totalement » une grande théorie de l'Âme du Monde, celle d'Hermès Trismégiste (*cf.* le Traité XI) et de la gnose valentinienne, où on la voit revêtue d'une profonde signification religieuse, comme force opérante de Dieu dans l'univers [12]. Mais il conviendrait d'ajouter que Baader échappe à cette généralisation et représente une exception importante, même si elle vient confirmer la règle ; car s'il ne se réfère pas plus souvent au *Corpus Hermeticum* qu'à Valentin, il lui arrive cependant de les citer, et nous verrons que son œuvre en est teintée. Tout dépend il est vrai de ce qu'on entend par « idéalisme », et nul doute que l'auteur de *Platon et l'Idéalisme allemand* admettrait lui-même que la Gnose alexandrine a pénétré au moins la théosophie romantique, si l'on consent à élargir le mot « idéalisme » et à admettre qu'il est de toute façon difficile de faire la part entre la teneur religieuse du *Corpus hermeticum* et celle de la théosophie d'inspiration boehméenne. Au demeurant, Baader connaissait au moins l'existence d'Hermès Trismégiste et de Valentin [13].

Il semble bien vrai pourtant, et c'est l'essentiel, qu'à part Baader c'est Schelling qui, par une voie différente bien que quelque peu orientée théosophiquement, a compris alors de l'intérieur le sens philosophique de l'Âme du Monde dans le *Timée* de Platon. Il y voit une force d'organisation du monde selon un modèle vivant, un intermédiaire indispensable pour passer de l'un au multiple. Et si en 1798 elle est encore, dans son essai intitulé justement *L'Âme du Monde*, la condition « a priori » de l'unité de l'univers, elle devient en 1806, comme l'a noté J.-L. Vieillard-Baron, « le lien qui unit tout dans l'univers intellectuel dont l'univers visible est la copie ». Mais contrairement à Baader c'est l'Absolu que Schelling affirme, et non pas Dieu comme personne ; il s'écarte du *Timée* en ne parlant pas d'une Âme du Monde qui serait un intermédiaire entre Dieu et le corps du monde. C'est ce « point de départ *scientiste* avant la lettre », où l'Absolu et non pas Dieu est affirmé [14], qui déplaira tant à son collègue Baader. Du moins Schelling aura-t-il apporté à la *Naturphilosophie* une note originale : l'intégration de la nuit au monde de l'âme, l'idée que l'Âme du Monde, *vis magica*, a aussi sa face d'ombre, si bien que l'harmonie n'est pas quiétude immobile, absence de tout conflit, mais dépassement de celui-ci et dynamique active [15] ; en cela, Schelling est proche de Baader et de la théosophie chrétienne traditionnelle.

Et Sophia ? Elle n'est point l'Âme du Monde, mais entretient des rapports personnels avec Dieu *et* avec la création, particulièrement avec l'homme, avec l'histoire de l'homme et sa métahistoire. Âme du Monde et Sophia indiquent toutes deux la présence à demeure, dans le monde créé, d'un souvenir, d'une trace du plan organisateur des dessins — et des desseins — du Grand Architecte de l'Univers. C'est Sophia, qui parle d'elle-même dans la Bible (les *Proverbes* et le *Livre de la Sagesse*) :

> Le Seigneur m'a engendrée, prémice de son activité, prélude à ses œuvres anciennes. J'ai été sacrée depuis toujours, dès les origines, dès les premiers temps de la terre. Quand les abîmes n'étaient pas, j'ai été enfantée, quand n'étaient pas les sources profondes des eaux [...]. Quand Il affermit les cieux, moi, j'étais là, quand Il grava un cercle face à l'abîme [...]. Je fus maître d'œuvre à son côté, objet de ses délices chaque jour, jouant en sa présence en tout temps, jouant dans son univers terrestre ; et je trouve mes délices parmi les hommes (*Proverbes*, VIII, 22-31).

Et c'est d'elle encore qu'il est dit :

> Elle est un reflet de la lumière éternelle, un miroir sans tache de l'activité de Dieu et une image de sa bonté. Comme elle est unique, elle peut tout ; demeurant en elle-même, elle renouvelle l'univers (*Sagesse*, VII, 26-27) [16].

C'est à elle, non pas à une personne humaine, que sont consacrées la Sainte-Sophie de Constantinople (537) et celle de Kiev (1037). Sans retracer ici l'histoire de la sophiologie, mentionnons au moins saint Bernard, ne serait-ce que, paradoxalement, en raison de son peu de goût pour ce qu'on appellera la théosophie ; saint Bernard qui, comme l'a fait remarquer judicieusement Gilbert Durand, a le mieux exprimé, dans ses sermons (*cf.* surtout *1er sermon pour l'Avent, 1er sermon sur l'Épiphanie, 25e sermon sur le Cantique des Cantiques*), « la nécessité sophianique de l'obombrement ». Dans des commentaires sur *Isaïe* (XIX, 1) et *Luc* (I, 26-38), il écrit que la lumière incréée, étant inaccessible, a besoin d'un « nuage léger et translucide » pour se réverbérer. Et Bernard retrouve l'inspiration de la Sourate de Lumière quand il nous enseigne que « Dieu s'est en quelque sorte placé dans une lanterne en prenant un corps glorieux [17] ». On conçoit dès lors que Sophia soit bien typifiée par la Vierge Marie du christianisme, comme aussi par la Vénus antique [18].

Alexandre Koyré, puis surtout Pierre Deghaye [19] ont étudié la sophiologie du grand théosophe Jacob Boehme qui, dans le premier quart du XVIIe siècle, a sans doute plus écrit sur Sophia que quiconque avant lui. La théorie boehméenne de la Sophia ou Sagesse Divine trouvera parmi les théosophes à partir de cette époque, en passant par Gottfried Arnold, Johann Georg Gichtel et bien d'autres, un large écho qui ne cessera plus de se faire entendre et de se répercuter de diverses manières. Dans l'Angleterre du siècle de Boehme, où des Illuminés comme Pordage et Jane Leade traduisent concrètement les théories du cordonnier de Goerlitz et les répandent, on a même affaire à une véritable inflation de manifestations sophianiques, comme semblent en témoigner par exemple les récits merveilleux — ou fantastiques ! — consignés par Jane Leade dans son volumineux *Journal*, auxquels ceux d'Ueberfeld et de Gichtel n'ont rien à envier pour ce qui est du pittoresque, voire de l'insolite — Sophia apparaissant sous forme humaine à ces privilégiés —, mais également pour ce qui concerne leur intérêt théosophique. Kirchberger, ami de Saint-Martin, s'intéressa de très près à tous ces récits, mais parmi les grands auteurs sérieux ayant vraiment enrichi la tradition sophiologique, c'est Saint-Martin qui, en France, semble avoir écrit les plus belles pages sur Sophia[20]. En Russie il faut évidemment citer, parmi les penseurs historiquement plus proches de nous, Pavel Florensky, Serge Boulgakov, Vladimir Soloviev, et Nicolas Berdiaev qui vécut et écrivit en France pendant la deuxième moitié de sa vie. Rappelons enfin qu'en 1978, un an avant sa mort, Henry Corbin lançait un suprême appel au « Combat pour l'Âme du Monde », rappelait « l'urgence de la sophiologie » et exhortait quelques-uns de ses disciples, collègues et amis, à consacrer à ce double thème le prochain colloque annuel de l'Université de Saint-Jean-de-Jérusalem. Ce qui fut fait, mais lui-même ne devait pas, hélas, en voir la réalisation[21].

L'Âme du Monde selon Baader

Le traité sur le calorique (1786), ou les prémices d'une Philosophie de la Nature

En 1786, Baader a vingt et un ans. Il a terminé ses études de médecine et partira bientôt pour Freiberg, où de 1788 à 1792 il étudiera la minéralogie sous la direction d'Abraham Gottlob Werner[22]. Il publie cette année-là ce qui est pratiquement son premier livre : une compilation, commencée trois ans auparavant, de données physico-chimiques présentées dans une perspective épistémologique : *Du calorique, de sa répartition, de son association et de sa dissociation, particulièrement dans la combustion des corps*[23]. Il y défend la théorie du calorique, veut faire œuvre objective, mais malgré un langage ardu qui n'entend pas, du moins semble-t-il au départ, laisser beaucoup de place au lyrisme et à la réflexion, il sait saluer au passage Herder, « l'un des plus sublimes génies de notre siècle », et envisage le jour pas trop lointain où lumière, chaleur, électricité, magnétisme seront reconnus comme les manifestations splendides d'un « même principe gouvernant toutes les choses », d'un « grand agent de la nature »[24]. Le calorique dont Baader décrit l'essence et l'action se confond avec ce que Herder, dans les *Idées*, avait qualifié « d'invisible et céleste esprit de lumière et de feu qui parcourt tout ce qui est vivant et réunit toutes les forces de la Nature[25] ». Baader retient donc de Herder le projet de saisir la Nature comme une réalité vivante, mais en même temps ce traité témoigne d'un « large consentement aux conquêtes de la science durant le siècle de l'analyse », car s'il fait rapidement mention de « Messieurs les alchimistes », c'est pour ajouter : « ... mais Réaumur résolut l'énigme », et pour citer « les deux immortels chercheurs, Priestley et Lavoisier »[26].

Pourtant on trouve là, timidement, les prémices de ce qui allait bientôt être, dans les œuvres suivantes de Baader, une véritable Philosophie de la Nature. Car il imagine le calorique comme un fluide ou une matière autonome, élastique, répandue partout, délicate *(zart)* et invisible, toujours en mouvement et en activité, qui produit et en même temps détruit tout sur terre : c'est « l'Âme du Monde, à proprement parler » *(die eigentliche Weltseele)*, qui pénètre et anime toute chose. Trouvez-vous mon style trop enthousiaste ? demande l'auteur comme pour s'excuser de ne pouvoir s'exprimer autrement dans ces quelques passages qui rompent avec la laborieuse scientificité du reste du traité. Et d'ajouter aussitôt qu'il faut n'avoir pas pénétré les mystères de la Nature et de la vie, n'en avoir que des « notions obscures », pour être dépourvu du sens de cette « vérité physique » qu'est le calorique. Déjà les Anciens, auxquels on ne saurait dénier le sens de la Nature, reconnaissaient dans sa dignité et sa puissance ce fluide universel et mobile. En une formule lapidaire il l'associe au Feu et à l'idée d'engendrement : *Ignis* vient de *gignendo*. A cet esprit — invisible — du monde *(Weltgeist)* on a rendu des honneurs divins ; c'est lui que qualifient les mots *anima mundi, vivifico suo influxu omnia fovens, supremus ignis, paternus ignis, vis spirans, naturae et artis organum* ! Car il est la substance *(Wesen)* éternelle des stoïciens, de laquelle tout découle, vers laquelle tout revient — l'éther, ou le Feu ; leur théologie était de la physique, c'était une doctrine du Feu.

Aussi le calorique, que les images de lumière et de feu nous font comprendre, est lui-même Feu dévorant, ses anges sont les messagers flamboyants de la lumière. Hippocrate ne parlait-il pas de la chaleur comme d'un être divin increé *(cf. De carnibus*, chap. 1) ?

Aristote *(De gen. anim.*, chap. 10) et Bacon n'ont-ils pas vu dans le calorique ce qui donne tout et détruit tout[27] ? Ainsi, Baader affirme dès cette première œuvre le principe de l'hylozoïsme, qu'il maintiendra tout au long de sa vie. Il dira notamment à propos de la physique officielle que c'est une hérésie de voir dans la matière quelque chose d'indestructible, et voudra toujours rappeler au contraire que celle-ci est dans une fluxion constante, c'est-à-dire à la fois dans une dissolution radicale, permanente, vers l'immatériel, et dans une permanente renaissance. Il n'existe pas, dans le temps, d'instant où la matière ne renaisse pas de l'immatériel et n'y disparaisse pas de nouveau. Au demeurant, cet hypermatériel n'est pas de l'hyperphysique, mais renvoie à un autre ordre : il n'y a pas d'objet, pas de produit ou de figure *(Gebilde)* matériels sans une base « spiritueuse » *(spirituosa)* qui les habite et qui, comme centre et « père » de son enveloppe, lie ensemble les puissances élémentaires, déterminant ainsi la production de ce corps[28].

Il reconnaîtra aussi que le grand mérite de la *Naturphilosophie* allemande de son temps — il pense, chaque fois, à Schelling surtout — est d'avoir vu dans les créatures même inanimées une « action intérieure », ce qui, en conformité avec l'une des vues les plus caractéristiques de la théosophie de Boehme, Oetinger et Saint-Martin, permet de distinguer Nature et matière. Le corps animé, dit-il en 1797 dans ses *Contributions à la Physiologie élémentaire*, ne doit pas être confondu avec la substance qui l'anime — et que Baader qualifie de *Raumfülle*, en invoquant l'autorité de Kant. Car celui-ci, dans son essai *De l'influence de la lune sur le temps*, avait caractérisé cette *Raumfülle*, cet « emplissement spatial », comme une matière non corporelle, non mécanique, mais dynamique et chimique capable de se manifester dans le monde des corps. Newton, que Baader ne cite pas ici, avait posé la non-existence du vide absolu, le vide « relatif » étant constitué par un fluide parfaitement subtil et asubstantiel, véhiculant par exemple des ondes de lumière ; et il avait donné à cet éther le nom de *Sensorium Dei*, comme on l'a vu au début de cette étude ; il voyait en celui-ci le cerveau de Dieu, c'est-à-dire l'organe par lequel la pensée divine agit dans l'infiniment grand comme dans l'infiniment petit[29]. Chez Kant comme chez Newton, donc, et malgré la grande différence des deux conceptions, il s'agit d'une matière qui n'est pas vraiment une matière, mais d'un principe qui vient animer *(begeisten)* celle-ci comme de l'intérieur. Ce n'est autre, écrit notre auteur, que l'Âme du Monde, ou l'Esprit du Monde ; les Anciens la nommaient significativement « voûte » *(Veste)*, ou ciel ; elle est ce qui soutient, porte, « maintient vers le haut »[30], car le mot *Himmel* (ciel), dira plus tard Baader, tient ses racines de « *heben* » (lever, soulever) et de « *halten* » (tenir). L'Âme du Monde est appelée aussi « esprit astral » car elle informe « astralement » les choses, leur communique son souffle *(astralische Begeistung)* ; l'esprit astral noue ensemble l'âme et le corps en les portant dans le « ciel », et les « anciens astronomes » lui attribuaient avec justice, pour la vie animale, le même sens et la même fonction que les théologiens pour l'esprit ou « génie » éternel dans l'homme. Aussi Paracelse l'appelle-t-il encore *evestrum, Idea,* esprit sidérique, astre ou constellation dans les corps élémentaires[31].

Esprit sidérique et figures formatrices

C'est surtout dans les œuvres de maturité que Baader rapproche l'hylozoïsme, et la distinction esprit-matière, de l'*astrognosie* paracelsienne qui assimile l'intériorité de la matière à un esprit sidérique *(Sternengeist)* sans lequel les éléments de la Nature resteraient « silencieux » et improductifs. L'esprit sidérique, en tant que corps astral, fixe pour toute formation naturelle ou élémentaire le temps propre à celle-ci ; il est comme un « planétarium » ou un mécanisme d'horlogerie *(Orrery)* co-naturel aux créatures, fixé en elles[32]. Tout être vivant, grand ou petit, est l'expression temporelle d'une *figura formatrix* projetée dans notre nature par l'esprit astral ; le développement de cet être, sa marche vers l'autonomie, est tributaire de l'action des essences élémentaires. Quand celles-ci tombent au minimum de leur production, le produit disparaît car le producteur immanent cesse de maintenir son action. Le cadavre se décomposera progressivement et non pas tout à coup, car il restera pendant quelque temps des effluves secondaires de teinture, d'où le rapport provisoire du défunt avec son cadavre. Ainsi l'esprit astral peut-il produire quelque temps l'apparition d'un « vampirisme spiritueux ». On le voit, c'est toujours de projection qu'il s'agit. Il y a, dit encore Baader, une « plastique » *(Plastik)*, ou imagination spiritueuse — à rapprocher du « médiateur plastique » intermédiaire entre l'imagination et l'être qu'elle réalise[33] —, par laquelle un être projette hors de son corps, directement et sans intermédiaire, ce que son imagination a formé dans son esprit, comme on le voit avec la voyante de Prevorst[34]. Baader se plaît à multiplier les dénominations, comme pour affirmer le fil ininterrompu d'une tradition : ce que Boehme appelait corps spirituel de « teinture » *(Tinctur)*, la voyante de Prevorst *Nervengeist*, les Anciens « esprits de vie » ou « principes auxiliaires de vie »[35], est encore « individu général de la Nature » *(allgemeines Natur-Individuum)*. Cet esprit sidérique parcourt *(durchwohnt)* le minéral, réside auprès de *(beiwohnt)* la plante, a sa demeure dans *(innewohnt)* l'animal, qui grâce à cela est mobile comme le sont les astres. Dans chacun des trois règnes l'esprit sidérique entretient le rapport du corps élémentaire avec l'astre divin. Le minéral est donc l'outil de la Nature, la plante en est la collaboratrice *(Mitwirker, administrans)*, et l'animal le représentant émancipé[36]. Mais la *Naturphilosophie* — de Schelling — s'est arrêtée à mi-chemin, elle a apothéosé l'esprit sidérique du ciel extérieur ou zodiaque, comme s'il était le Saint-Esprit, alors que la notion de « corps spirituel » — au sens où l'entend l'apôtre Paul — lui est restée étrangère[37]. C'est que Baader distingue soigneusement deux formes d'Esprit du Monde. Il y en a un mauvais, ou *spiritus mundi immundi*, dit « esprit du serpent ». L'esprit astral ne s'oppose pas, normalement, à l'Esprit céleste, il ne lui résiste pas, sauf s'il se lie à cet esprit du serpent. Le *spiritus mundi* libéré du croc du serpent, c'est la licorne qui vient reposer sur le giron de la Vierge (Sophia) ! Nous avons donc affaire à une triple « maja » ou magie : la céleste, l'astrale, et l'infernale. Distinction que la *Naturphilosophie* de l'époque, dit Baader, a le tort de ne pas faire[38].

Dans *Fermenta Cognitionis*[39] il compare le *spiritus mundi* à une sorte d'océan universel de vie, celui où va la vie qui se retire des corps[40]. Et un peu plus tard, dans ses *Cours de Philosophie religieuse*[41], il développe plus amplement cette idée d'océan, sous une autre forme. Nos sens, explique le théosophe, de même que ceux de tous les animaux, ne sont pas uniquement individuels mais ils se rattachent également à une « vision » *(Anschauung)* générale et centrale. Le souffle de vie que chaque individu possède en propre est en rapport avec un souffle de vie général. Il y a d'innombrables animaux et esprits, mais une seule Âme du Monde, Âme de Vie, un seul Esprit de Vie, commun et central. Il convient de rapprocher cette idée des passages où Baader, après Goethe, parle de l'identité de l'œil et de la vision[42]. Cet Esprit de Vie est l'Esprit animal du Monde ; il ne faut pas le confondre avec l'autre Esprit du Monde, qui participe à un ordre supérieur, céleste. Le premier, astral, celui qui n'est pas nécessairement mauvais, correspond à une conscience de soi centrale et universelle avec laquelle la conscience de soi de chaque créature se trouve en rapport. Et Baader d'invoquer ici l'autorité de Thomas d'Aquin, qui se servait d'une image pour faire comprendre cette notion de conscience centrale et universelle. Si deux hommes, disait le théologien, possédaient un œil commun, il y aurait deux voyants mais une seule vision. A son tour, Baader cite le cas de deux sœurs siamoises jointes l'une à l'autre par le milieu du corps : chacune d'elles ressentait la même piqûre faite dans leur partie commune. Aussi bien les physiciens ont-ils le tort, ajoute-t-il, de ne pas considérer les éléments de la Nature comme des centres actifs mais seulement comme des données brutes — des *elementa*[43].

La Sophia selon Baader

Qui est Sophia ?

Les allusions déjà rencontrées à un double Esprit du Monde — l'astral et le céleste — suffisent à rappeler la différence qui sépare Baader de l'idéalisme allemand tel que Schelling l'exposait à sa manière. Baader ne se contente pas en effet de poser l'existence d'une Ame du Monde, il veut encore insérer celle-ci dans un scénario théosophique, dans un mythe où elle joue le rôle d'une partenaire parmi d'autres. Aussi bien parle-t-il moins, après les premiers écrits de jeunesse, de l'Ame du Monde au sens astral que de l'Esprit céleste qui, lui, occupe une bien plus grande place dans l'ensemble de son œuvre. Cet Esprit céleste, c'est Sophia, qui parle d'elle-même dans les passages, cités *supra*, des *Proverbes* et dans le *Livre de la Sagesse.* Baader rappelle que le mot « philosophie » avait à l'origine un sens religieux puisqu'il signifie étymologiquement « amour de la sagesse », ce qui était reconnaître l'existence objective d'une Sagesse « déjà là », d'un Sage ou d'un Guide déjà présent *(Weise*, Sage ; *der Weisende,* le Guide), ainsi que la nécessité pour l'homme de se soumettre à cette Sophia, de se laisser guider et instruire par elle. Le théosophe l'assimile donc à ce qui est pour lui le véritable sens du mot « Raison » *(Vernunft).* L'homme n'est pas lui-même cette Raison, pas plus qu'il ne l'a en propre comme quelque chose qui lui appartient, mais il peut accepter ou refuser de « participer » à elle *(theilhaft sein).* D'où l'erreur de ceux qui disent : « La raison, c'est moi ! », des « panthéistes » de la raison et de l'esprit, ou de la *Naturphilosophie* (schellingienne) ; ils décomposent cette lumière de façon polythéiste en d'innombrables astres ou soleils partiels, prenant la périphérie pour le centre alors qu'elle lui est subordonnée[44].

Baader lui donne divers noms : Sagesse, Sophia, ou Idea ; parfois *Idea formatrix,* ou *Vierge.* Elle est la vraie matrice de tous les archétypes *(Urbilder)*[45] et par excellence la collaboratrice *(Mitwirkerin)* de Dieu. En tant que *spiritus mundi divini* elle est un « élément éternel », alors que le *spiritus mundi sidereus* qui correspond à ce que la plupart des philosophes appellent l'Ame du Monde se situe à un niveau inférieur, celui des quatre éléments, c'est-à-dire de la Nature manifestée[46]. Il apparaît à Baader que seule la religion chrétienne a su distinguer entre un lien direct (anorganique) et un lien indirect (organique), pour ce qui concerne le rapport de la créature avec son principe. Le modèle par excellence de rapport indirect est cette collaboratrice, cet intermédiaire, qu'est la Sagesse. Notre organisation terrestre actuelle, la façon dont l'être humain est incarné *(Beleibung)* doivent servir d'atelier, de loge secrète, à une organisation supérieure ; or, ce point fondamental du christianisme s'éclaire grâce à la sophiologie[47], car c'est Sophia qui assure le rapport de la créature avec son principe, ou du produit avec son producteur.

Sophia et le devenir divin

L'idée de production nous est rendue sensible à travers la spatialité propre à l'imaginaire de notre théosophe. Le producteur, rappelle-t-il volontiers, est à l'intérieur de son produit. Le Père est dans le Fils, le Fils dans la Mère, d'où une relation dans laquelle chaque « producteur » — que la production soit immanente ou émanante — se trouve dans son produit. Celui qui voit le Fils voit le Père dans le Fils et celui-ci dans la Mère. Car toute manifestation est en même temps une entrée dans quelque chose d'autre, de même que le fait de se cacher quelque part signifie qu'on se retire de l'extérieur de la cachette. Si le dogme enseigne que l'engendrement éternel — immanent — du Fils est une sortie éternelle, celle-ci suppose un « extérieur » éternel « dans » la divinité elle-même, et cet extérieur éternel — ciel, demeure — est distinct de Dieu sans en être séparé ; c'est une substance *(Wesen)* non personnelle dans laquelle il entre et s'engendre en se « fixant » *(fassen)* sans pour autant cesser d'être lui-même inengendré. Les mystiques, ajoute Baader, ont depuis toujours distingué de Dieu lui-même, et du Fils, cet extérieur ou enveloppe appelée Sophia, œil, corps, Vierge céleste, Heva[48].

Œil, ou miroir, comme disait déjà Boehme. Le Dieu s'introduit d'abord dans son œil ou Sophia — miroir des merveilles —, mais dans quel but ? Dieu est *Ungrund*, avant de s'introduire dans ce miroir, c'est-à-dire « sans fond », dont on ne sait rien, et on serait tenté de dire qu'Il veut, Lui-même, passer en quelque sorte de l'essence à l'existence si son *Ungrund* était essence ; or, Il n'est même pas cela. Ce que Baader dit à ce sujet ne diffère nullement, en substance, de ce que Boehme avait enseigné. La volonté divine, comme celle de l'artiste, désire son automanifestation, elle s'imagine désirante, alors elle se « centre », s'introduit en quelque sorte dans une vision, ou œil — *imago, Idea* — et s'y fixe *(Fassung)*. Mouvement qui se répète sans cesse, *mutatis mutandis,* pour l'esprit fini — l'homme — qui est la copie de l'esprit originel... Car il n'y a pas de volonté sans désir, ni de désir sans nature. A partir de cette saisie, ou plutôt de cette fixation (Baader parle ici de *Naturwerdung,* mais si pour Boehme Dieu naît dans la Nature, Il n'est pas pour autant la Nature), l'Idea, qui dès lors cesse d'être seulement miroir, s'élève majestueusement comme une plante possédant tronc, couronne et racine. L'*Ungrund* s'est donné un *Grund*, un fondement[49]. Pour cela il s'est saisi — ce qui nous permet d'approcher la notion du Verbe —, puis il est sorti de cette saisie — ce qui nous permet d'approcher la notion d'Esprit —, enfin il a contemplé cette opération *(Schaulichkeit)* — ce qui nous permet d'approcher la notion de Sagesse ou Sophia. Mais, point essentiel de la théosophie, ces opérations sont absolument simultanées, car à ce niveau, de même que dans le monde créé, la vie tourne et palpite éternellement. Il n'y a pas de cause qui puisse agir sans intermédiaire ; elle doit, pour agir, s'introduire dans un fondement, un *Grund* (*causa non efficit sine ratione*, disent les scolastiques) ; mais aucun des moments du processus ne doit être pensé abstraitement, ou indépendamment des autres. Certes, ce qui a un commencement a aussi une fin, mais dans Celui qui est le vrai Etant, le commencement passe toujours par le milieu, la fin par le commencement. En Dieu, être et devenir sont simultanés : Il devient en étant, Il est en devenant. La semence et l'arbre, la poule et l'œuf sont simultanés. S'il n'y avait pas de genèse en Dieu, la conscience de soi divine serait privée de vie, il n'y aurait pas de processus. Certes, cette théogonie n'entend pas décrire l'histoire de la naissance de Dieu ! Mais elle s'efforce de saisir au moins, afin de le décrire, le *processus* divin à l'œuvre de toute éternité. Dire que ce processus n'a pas lieu, c'est mettre la mort en Dieu, car elle seule est sans processus[50].

Nous pouvons faire en nous l'expérience psychologique de celui-ci car c'est toujours à partir d'une saisie au-dessus de laquelle nous nous élevons — à partir d'un mot, d'un nom, qui sont une manière de saisir — que nous voyons se développer en nous une vision ou une représentation qui à leur tour deviennent saisies. Si je prononce un mot, le faisant ainsi sortir du silence, il entre comme une saisie dans l'esprit de mon interlocuteur et dans le mien. A une prononciation ou ex-pression *(Aussprechen)* correspond une im-pression *(Einsprechen)*. D'ailleurs on sait que l'absence de parole engendre chez un être le manque de pensée. C'est pourquoi Boehme appelle Sophia, dans son premier développement magique, « l'œil des miracles ». Cet œil ne devient lumière que du fait de cette saisie, il s'élève dans la divinité comme un astre lumineux éternel et il est en même temps le firmament de cet astre[51]. Si je veux m'exprimer, prendre la parole, je me saisis dans ma profondeur comme si j'allais y chercher la sphère ou le cercle magique de mon opération — cette sphère, ce cercle, c'est l'*Idea* ou Sophia pour Dieu. Je tire cette sphère de moi-même, je la pose devant moi, et je sors en quelque sorte de moi-même, c'est-à-dire que je me mets en elle. En sortant ainsi je trouve la force qui me permet de réaliser, de canaliser, de rendre agissante, l'énergie qui flottait en moi comme figure et désir silencieux. Nous avons conscience de cette énergie comme d'une source *(Quelle)* qui coule en nous et qui peut nous faire souffrir *(Qual)* quand elle ne parvient pas à suivre son cours. Dans l'angoisse, on étouffe parce que quelque chose qui voudrait naître ne naît pas[52].

Le suggestif rapprochement des mots *Quelle* et *Qual* donne une force aux images, il exprime l'enfantement et le jaillissement à la fois, symbolise à plusieurs niveaux l'idée d'émanation ou d'émission, si importante chez tous ces théosophes. La Sophia de Robert Fludd, par exemple, est encore captive dans la nuit du Père ; le Verbe se trouve là *in principio* dans un « principe » dont on ne parle pas, dont on respecte en quelque sorte l'anonymat — voire, chez Boehme, l'ambiguïté. Mais la Sophia fluddienne ainsi captive n'est encore qu'Aleph ténébreux, qui devient Aleph lumineux grâce à un mouvement qu'expriment des mots comme *fluxus, emissio, emanatio*[53]. Baader ne cite pas Fludd à ce propos, mais on aimerait multiplier les rapprochements entre sa pensée, ou ses images, et celles d'autres théosophes. Plus que l'image du rayon lumineux, c'est celle du miroir qui retient Baader. L'équivalence Sagesse = miroir = œil a été, de Boehme à lui-même, une constante de la théosophie chrétienne, dont les spéculations sur le noir de la pupille — la double face de Sophia[54] ! — mériteraient ici un développement particulier si Baader s'y était lui aussi livré, ce qui n'est pas le cas. Chez Boehme non plus, il n'y a pas ce double aspect de la Sophia. Mais Baader parle souvent du miroir.

Miroir sophianique et création artistique

La sophiogenèse est décrite en d'autres belles pages à travers cette image du miroir, inséparable de la notion paracelsienne et boehméenne d'imagination. Toute manifestation, formation, réalisation commence avec la *magia* ou l'imagination dans laquelle se trouve leur racine profonde. Tout ce qui existe, disait Boehme, a une racine originelle de nature « magique », potentielle ; de même la volonté originelle, muette et sans lumière, de Dieu, est cette racine, qui est comme un miroir, un œil, ou une oreille, « initialement » sans désir (mais il ne faut prendre à la lettre aucune chronologie). Baader rapproche « magie » de « maja », ou première contemplation immédiate, « *visus inconceptus* ». Imaginer signifie faire entrer la vie dans la forme, de telle manière que toutes deux ensemble constituent quelque chose de vivant et d'organisé. Cette « entrée » a d'abord lieu idéalement, quand le miroir magique commence à s'ouvrir, puis le désir prend figure et excite le principe de vie. L'imagination est cette faculté créatrice et plastique de former des images, dans le bon et dans le mauvais sens[55]. Au fond, le miroir est un médiateur indispensable car la cause n'est pas directement *genitor* mais doit, pour agir, s'introduire dans un fondement *(Grund).* Autrement dit la volonté entrant en elle-même devient à elle-même un miroir qui n'est pas encore le *genitus* ; c'est dans ce miroir et à partir de lui que la volonté désirante, imaginante, se fixe *(sich fasst),* s'engrosse, et ce qui est alors saisi, c'est le *genitus* qui, aussitôt, révèle ou exprime ce fondement, ce miroir ou « mère » que Boehme appelle Sophia ou splendeur. La splendeur de Dieu *(doxa)* est Sa contemplation *(logos proforikos)*[56].

L'*Ungrund* originel est déjà *magia* car il possède une volonté qui est le fondement même de la divinité, ou qui la porte. Dans cette volonté il n'y a ni Bien ni Mal, elle est seulement désirante, mais tous les êtres avant leur manifestation sont déjà là, comme enfermés dans un œil qui ressemble à un miroir car la volonté se contemple elle-même, elle désire la substance *(Wesen),* elle se modèle, se forme, s'organise, dans son désir. Elle voit ce qu'elle est, elle se voit telle qu'elle est, dans ce miroir qui est le modèle et le symbole de ce qu'elle est. Et ce miroir, c'est Sophia, ou la Sagesse éternelle de Dieu, la Vierge éternelle, non encore substantifiée — sans *Wesen* — mais dans laquelle toutes choses sont vues, ont été vues, de toute éternité. Elle naît et subsiste dans le désir, qui pour ainsi dire la tire du chaos. L'éternel commencement est donc au sein de l'*Ungrund* une volonté éternelle qui se pose elle-même un fondement où elle repose et sans lequel elle serait comme sans consistance, car une volonté réduite à elle-même est peu de chose ; pour être vraiment quelque chose il faut qu'elle désire et qu'ait lieu une automanifestation. La volonté s'aperçoit elle-même dans le miroir qu'est la Sagesse, elle saisit ce miroir dans son désir, s'engrosse avec l'imagination. C'est pourquoi ce miroir, qui est vie, est aussi en tant que Sagesse le fondement de l'Esprit, et son récipient. L'engendrement n'a pas lieu dans le miroir, mais dans l'imagination de la volonté, car le miroir lui-même reste éternellement une Vierge. La volonté est engrossée par la contemplation du miroir[57].

Ainsi ce miroir qu'est Sophia assure le lien de l'idéal et du réel, l'identité du connaissant et du connu. Car en cet œil, disait déjà Boehme, aucune image n'apparaît manifestée qui n'était pas déjà potentiellement en lui *(im Glast)* ; de même que l'air porte en soi, idéellement, tous les sons, de même ce médium qu'est l'œil ou le miroir porte magiquement toutes les formes et toutes les couleurs. L'objet jette son image dans le miroir en la faisant passer de la puissance à l'acte, c'est-à-dire en l'éveillant, en la réalisant. Comme la puissance qui crée ou produit les êtres ne le fait qu'en imaginant dans ce miroir, il faut dire que tout ce qui est réel a son fondement originel en lui, en l'*Idea*, et ainsi s'expliquerait la théorie platonicienne de la réminiscence. Toute production est production d'une image, c'est-à-dire d'une copie, du producteur, qui est distinct de cette image bien que celle-ci ne puisse subsister sans lui ; la théorie de la production est celle de l'image et passe toujours par le désir, par la Nature[58].

La genèse d'une œuvre d'art rend bien compte de ce processus. Baader la compare souvent à l'engendrement de Sophia au sein de la divinité. D'abord, pour récuser l'opposition de l'idéal et du réel telle qu'on la conçoit généralement quand on confond l'Idea comme forme muette ou magique, non encore vivante, avec l'*Idea* comme vraiment réelle et vivante, c'est-à-dire comme Verbe ou Sophia réalisé. La première est la figure intérieure de la seconde dont elle ne possède pas encore l'âme, elle n'en est que le cadavre ou le nom en lettres pâles. Trop de philosophes ont le tort de ne pas faire cette distinction ; et s'ils ne la font point, c'est qu'ils considèrent uniquement la première forme en ignorant que la seconde puisse seulement exister. Distinction que rend sensible l'exemple de l'artiste ; il a d'abord une *Idea* qui se présente à lui, muette comme dans un miroir, mais encore doit-il élever à la puissance *(potenzieren)*, fortifier cette figure « magique » pour qu'elle se revête de puissances naturelles, ne reste point détachée de la Nature, pour qu'elle devienne Verbe vivant, créateur. La contemplation sans fond de l'artiste — et celle de Dieu — se perdrait, en quelque sorte, si elle n'effectuait pas ce « centrage » *(Centrirung)* dont nous avons vu plus haut la nécessité[59].

En méditant sur cette ressemblance entre la création divine et la création de l'artiste, Baader rappelle, comme il le fait parfois selon une étymologie sans doute fantaisiste mais combien évocatrice, les dérivations allemandes du second mot du début de la *Genèse : bara*, dont le sens est « créer », a donné *offenbar* (manifeste, révélé), *gebären* (engendrer, mettre au monde), *Gebärde* (geste, mouvement), si bien que ce mot hébraïque implique le sens de « mettre dans la lumière » ou de « découvrir », et en même temps de « soulever » et de « tenir » comme pour s'élever, se dégager *(entheben)*, d'une profondeur sans fond. Il s'agit donc en même temps de fonder, au sens de « donner un fondement »[60], notion capitale de la pensée baaderienne. Baader remarque par la même occasion que dans diverses langues, « lumière » et « légèreté » ont la même racine — c'est le cas en allemand : *Licht, leicht*—, de même que « obscurité » et « profondeur ». Et comme le feu et l'éclair représentent une importante composante de son imaginaire, il évoque ici une puissance ignée et lumineuse à la fois qui s'arrache d'une profondeur insondable, s'élève, pose, crée, substantifie, corporise, et il va jusqu'à conférer ce rôle au soleil à l'égard des planètes. L'idée de création ainsi comprise implique donc celle de « mettre devant » — devant Dieu, ou devant l'artiste —, de « maintenir », si bien que le but de toute création ou de toute créature est d'être et de rester posée devant la face de son créateur. Les créatures intelligentes sont posées directement devant la face lumineuse de Dieu, les non intelligentes indirectement, mais les unes et les autres conformément au modèle par excellence, *à* et *dans* ce modèle qu'est l'*Idea* ou Sophia, quintessence *(Inbegriff)* de toutes les créatures, posée éternellement devant Dieu. Aussi Dieu n'a-t-il pas initialement écrit la création comme on fait un brouillon : elle était dès le départ un véritable système bien qu'elle ne fût pas pour autant fixée, absolument déterminée *(illabil)*. En lisant Baader nous pensons ici au *Timée* de Platon (28a) où, dès le début, la Beauté est évoquée comme leitmotiv signalant l'Âme du Monde ; autrement dit, le monde, en tant qu'œuvre belle, copie un modèle immuable.

L'homme, artiste comme Dieu est artiste, continue le texte de Baader, ne crée pas son *Idea* — contrairement à Dieu — mais crée *en* elle ou *en direction* d'elle, en y faisant entrer sa propre volonté, comme nous faisons avec notre corps, qui nous est donné, point subordonné comme le serait une énergie autonome distincte de nous. L'homme engendre en soi l'*Idea* avant de créer l'œuvre, il la fait passer dans celle-ci comme ce qu'il a de plus cher. Passage qui est dépouillement et suppression *(Entäussern, Aufheben)* momentanés de l'*Idea*, mais en vue de la restitution, de la glorification, de la mise en puissance *(Potenzierung)* de cette *Idea*. L'œuvre achevée, l'homme est distinct de ce qu'il a produit mais n'en est point séparé ; il reste avec son produit dans un rapport effectif. L'artiste qui a extériorisé son *Idea* dans une œuvre s'y repose, elle lui appartient[61]. Car je ne possède la pensée, l'idée, dans leur pleine et vivante vérité, que si je les exprime. L'artiste comprend-il vraiment sa propre « idée » avant d'avoir achevé son œuvre[62] ? Ainsi, Sophia se montre en trois moments, tout de même que l'*Idea* de l'artiste : A) Dans le premier, elle se montre comme vision « magique », non vivante, sans éclat, muette. B) Dans le second elle est déjà vivante, emplie d'esprit *(begeistet)*, sensible, et tendant à prendre corps *(Leibwerdung)*. C) Dans le troisième, dit cubique *(Cubirung)*, elle a réalisé cette incarnation (« *Vis ejus integra si conversa in Corpus* »)[63].

Sophia et le Ternaire

Reconnaître cette triplicité en Dieu même, c'est refuser de partager l'erreur — signalée plus haut — consistant à penser que l'*Idea* en Dieu est sans beaucoup de vie *(unlebhaft)* tant qu'elle n'est pas encore entrée dans les créatures. On voit que Dieu, comme seul esprit absolu, acquiert — si on pardonne ce verbe — du fait de son *entrée* en lui-même (entrée du Père dans le Fils) l'énergie qui lui permet de *sortir (ausgehen),* c'est-à-dire de s'introduire dans son auto-manifestation ou Sophia en laquelle réside le Ternaire. Entrer en soi ou se trouver, cela se fait, d'une part, par une sortie directe, une sorte d'ex-pression *(Entäussern)* de soi, c'est-à-dire du Père, vers la Nature ; notons que par « Nature » il faut entendre ici non pas « créature », contrairement à Hegel à qui Baader reproche de n'avoir pas compris Boehme sur ce point, mais « puissance spiritueuse » *(spirituose Potenz).* Cela se fait, d'autre part, grâce à un auto-resserrement, une autoexclusion de soi-même, une tension ou une mise en tension qui sont une saisie immédiate et permettent à l'Esprit originel désirant Son automanifestation et la naissance de Son Verbe, de se trouver. La puissance spiritueuse, du fait de cette saisie, se transforme comme sous l'effet d'une percée qui est un éclair, elle devient substance lumineuse, ce que Boehme appelle corporéité éternelle de Dieu ou élément éternel, pur et incréé, dans lequel l'*Idea* demeure. L'Esprit, libéré de toute tension en soi, pénètre en soi-même plus profondément, avec plénitude, énergie et joie. Et l'*Idea,* manifestation seulement spirituelle de l'énergie que le Père a trouvée en Soi, est introduite, du fait de cette habitation, dans un être extérieur ; elle devient par là spirituellement vivante, sensible, elle ouvre cette énergie à une naissance, fait naître la corporéité ou les essences bien qu'elle-même n'enfante rien — c'est pourquoi on l'appelle Vierge[64].

La sophiologie, que Baader déplore de voir négligée par les « théologiens modernes », scandaleusement méconnue de tout le monde, permet pourtant de mieux comprendre la notion de *Logos* car elle en est distincte tout en entretenant avec elle d'étroits rapports. En effet toute manifestation, apparition ou expression de quelque chose, est le résultat d'un resserrement : *Aussprechen* n'a lieu que par *Einsprechen* (fait d'insuffler, ou d'introduire une semence), qu'il s'agisse d'un phénomène immanent — à l'intérieur de moi-même — ou émanant, dans le cas de la communication avec autrui. Ainsi, quand Dieu se manifeste à nous Il ne le fait pas directement, mais par l'intermédiaire de Sa gloire. Il est triple car tout à la fois *Einsprechender, Eingesprochener, Aussprechender* (celui qui « parle dans, insuffle » ; qui est « parlé dans, insufflé » ; qui

« exprime ») — on reconnaît ici la Trinité. Mais il y a en outre un *Ausgesprochener*, c'est-à-dire quelque chose d'« *ex*-primé », qui est en dehors de la Trinité, près de Dieu ou devant Lui. C'est la Sophia, qui n'est donc pas une quatrième personne. Il n'y a pas quatre personnes car la Sagesse n'est que quelque chose d'*agi*, non pas une puissance agissant elle-même *(Selbstwirker)*. Elle n'est pas *persona* — au sens de « *per se sonans* » ! Boehme disait qu'elle est au Logos ce que, selon Paul (cf. *Éphésiens*), l'Église est au Christ, et que son état de fiancée ou de féminité indique son absence de volonté ou de personnalité propres, son absence de nom[65] ! Elle collabore à l'action divine lors de la création, elle est l'organe de la divinité ; dans *Proverbes* VIII, 22, elle dit d'elle-même que le Seigneur l'a « eue » au commencement de Ses voies ; c'est-à-dire qu'il ne l'a pas « faite », elle n'est pas *genitum*, elle n'a pas été faite Verbe. À rapprocher de *Jean I*, 1, le Verbe qui était *auprès* de Dieu, etc.[66]. Le fait d'admettre des personnalités en Dieu conduit à admettre également quelque chose de non personnel en soi, ou plutôt un attribut divin, la Sophia. Si j'en nie l'existence — comme *ex*-pression — je nie du même coup Dieu comme personne (s)[67]. Sophia est donc *Logos perforikos*, Verbe exprimé (mais Boehme ne serait pas d'accord sur ce point) ; Baader dit encore que l'Esprit Saint est « respiré » *(spiritus spiratus)* par le Père et le Verbe et qu'il émane de lui une substance *(Wesen)* dans laquelle il entre et dans laquelle il ouvre le Verbe exprimé ou *logos perforikos* (Sophia).

Au fond, nous avons affaire ici à la notion arithmosophique de quaternaire, selon laquelle un élément passif est en relation avec un triple élément actif ; ce quatrième élément est appelé par Boehme « périphérie », « corps » du ternaire, ou « habitation », mais nous devons nous souvenir que selon lui la pureté est seulement dans l'élément au singulier (il a tendance à considérer le quaternaire comme négatif). C'est le quatrième terme dont parlera C.G. Jung qui verra dans la proclamation, en 1950, du dogme de l'Assomption, la consécration officielle d'une des plus puissantes manifestations de l'archétype dans le mental collectif. Aussi bien toutes ces spéculations de Baader au sujet du Ternaire tournent-elles autour d'un quaternaire, et même quand il dit que dans l'homme ce n'est pas « âme, esprit et corps » qui sont l'image du ternaire, mais âme et esprit, parce que l'âme est double (âme-feu et âme-lumière, Père et Fils) ; le corps est comparable ici à Sophia ouverte par l'Esprit, car l'âme-sang et l'âme-nerf insufflent l'esprit de vie qui ouvre l'organe — la chair — en pénétrant en lui. Jacob Boehme appelait cet *Ausgesprochene*, ce miroir ou cet œil de Dieu, la « Pensée-Dieu » parce que la pensée est le premier corps spirituel ou la première « habitation » du triple acte divin de conscience de Soi[68]. La distinction entre *Verbum* et *vox*, entre *Verbe* et *parole*, est instructive à cet égard. La « théologie indoue », note Baader, fait cette distinction entre le Verbe archétype, ou puissance intérieure mâle, soleil, et la parole de vie, ou puissance extérieure femelle, lune. La parole, étant extérieure, n'est pas l'Esprit — comme troisième Personne — mais la Sophia exprimée *(ausgehaucht)* comme vierge ou, disent les Indous, comme Mâyâ. « La vraie parole, selon Saint-Martin, ne dit pas, elle opère des actes » — c'est-à-dire qu'elle écrit, parle, agit[69]. Par le ternaire entier le Verbe s'est fait chair, cependant seule la seconde Personne fut homme ; de même la Sophia en tant que *Logos ekdetos* ne regarde *(spectat)* que la personne du Fils de Dieu *(Logos endetos, Verbum aeterne genitum)* bien qu'elle soit « faite » *(facta)* éternellement par la Sainte Trinité entière[70].

Sophia et la Nature

Le miroir de la Sagesse est l'œil de la divinité. En lui sont renfermées idéalement toutes les énergies, couleurs, merveilles et essences, en poids égal, non encore séparées ou différenciées mais susceptibles de l'être[71]. Le rapport de Sophia avec la Nature est celui de l'idéal et du réel ; c'est ce rapport qu'a étudié Boehme, aussi sa pensée est-elle autant une Philosophie de la Nature qu'une poésie au plus haut sens du terme. Encore ne peut-on appeler Boehme un *Naturphilosoph* au sens où on le dit de Paracelse, car chez celui-là il s'agit davantage d'une Nature qui devient Surnature. Quoi qu'il en soit de cette différence que nous tenons à noter au passage, la poésie originelle de l'Idea comme Sophia dans ses rapports avec la Nature et la créature est accessible, selon Baader, à qui connaît l'Ancienne et la Nouvelle Alliance, de même que tout le mystère du christianisme tourne autour des notions de *Mahl (coena)* et de *Mahlschaft* ou *Vermählung*[72].

Nature et Sophia sont comme une structure à deux pôles, qui devient lumineuse et audible quand le dualisme est supprimé, transcendé *(Aufhebung)*. De même, la femme prend à l'homme une force génératrice qui lui permet d'engendrer. Envie *(Lust)* et désir, liberté et nature, le dur et le doux, le féminin et le masculin sont autant de bipolarités du même genre, que Baader énumère en citant l'ouvrage de Boehme *Von der Gnaden-Wahl*[73]. Mais Nature et Sophia sont en même temps en relation avec Dieu, car si les êtres émanés de Dieu peuvent lui servir de miroir, c'est parce qu'ils peuvent se mirer eux-mêmes dans d'autres êtres placés au-dessous d'eux ; ainsi, Sophia, le miroir de Dieu, a elle-même pour miroir la Nature — reliée indirectement à Dieu, donc par Sophia. Le miroir originel qu'est Sophia se glorifie dans une Nature originelle[74]. Le dialogue entre elles deux, tel que le conçoivent Boehme et Baader, rappelle évidemment certaines des spéculations essentielles de Hegel sur l'*Idea* et la Nature. Car Baader sait gré à Hegel d'avoir reconnu que la Nature n'est pas simplement suspendue ou supprimée *(aufgehoben)* par l'*Idea*, mais que l'*Idea* entre dans la Nature, s'y suspend ou s'y supprime, et vice versa, et que l'*Idea* glorifiée dans la Nature et à partir d'elle s'en dégage de nouveau, enrichie par elle d'une force nouvelle, libre à l'égard de la Nature mais point pour autant privée de nature[75]. Hegel a enseigné que l'*Idea* se manifeste par la Nature, mais il a aussi montré que toutes deux (l'*Idea* non manifestée et le principe de Nature non manifesté) ne deviennent manifestes ou réels, ne trouvent leur intégrité, que dans leur conjonction : lorsque l'*Idea* devient réelle en devenant naturelle, la Nature comme principe devient réelle. Mais à Boehme revient le mérite de cette découverte que le principe de la Nature est dans le désir et qu'une volonté sans désir serait une volonté sans nature. Il ne saurait donc y avoir de dualisme radical entre l'idéal et le réel, car la causalité (la volonté) se manifeste dans la triplicité de l'*Idea*, de la Nature et du fondement — c'est-à-dire du *Grund*, « milieu », ou *logos*[76]. En posant le fondement de la Nature, Dieu ou plutôt le Verbe y introduit *(einspricht)* l'*Idea* comme on met une graine dans la terre, afin que toutes deux s'interpénètrent, deviennent image vivante où le Verbe demeurera. Il ne faut donc pas dire que c'est Dieu directement qui s'introduit dans la Nature ou qui s'en retire, mais que c'est son *Idea*. Il ne faut pas dire non plus que l'*Idea* s'exprime pour devenir Nature *(sich entäussert zur Natur)* mais que c'est le même Dieu — Verbe parlant — qui pose la Nature tout en lui insufflant l'*Idea*. Et celle-ci sort de la Nature comme esprit, de même que la lumière sort du feu, ou le son du métal, sans pour autant la quitter vraiment, sans la laisser tomber ou retomber[77]. Rappelons que, selon Boehme, l'Esprit Saint a introduit dans Ève une semence qui a fructifié dans le sein de Marie.

Sophia est plus personnalisée que l'*Idea* hégélienne car elle fait partie intégrante d'un drame cosmique, d'un véritable scénario mythique. Pour la théosophie chrétienne, la Sagesse ne devient personnelle que dans la créature, et on peut dire que pour Hegel l'*Idea* ne se réalise que dans la Nature. Baader insiste sur ce processus de personnalisation en rappelant que Sophia pas plus que le Principe de la Nature éternelle, n'a en Dieu ou relativement à Lui une personnalité propre *(Selbheit)*. Ils en acquièrent une dans la créature et relativement à elle, de même qu'un envoyé n'a pas de personnalité propre relativement à son maître mais en acquiert une dans la région où il le représente. La personnalisation de Sophia dans la créature est conditionnée par la non-personnalisation du « principe de Nature » ou du « principe du Moi » dans la créature ; ce principe s'allume comme un pyrophore, l'aliment substantifiant lui est retiré quand, en se tordant sur lui-même et devenant ver solitaire, il se ferme sur lui-même[78]. Ce principe est caractérisé aussi par la lutte, la séparation et la multiplication, grâce auxquelles la Sagesse peut se manifester dans la Nature quand elles n'aboutissent pas à la fermeture. Elle se manifeste pleinement quand s'apaise cette lutte, qu'elle utilise en déployant ses qualités, ses vertus, son désir d'amour ; ainsi l'arbre qui grandit est en lutte avec ses branches : il se ramifie, mais pour se manifester, pour donner des fleurs et des fruits. La Sagesse apaise, utilise le désir et le combat inhérents à toute formation, en intégrant, en prenant en elle-même, en assumant les oppositions. On peut donc dire qu'en Dieu cette Sagesse est une volonté unifiée, un Bien éternel non manifesté, la plénitude de l'Unité, alors qu'ensuite, dans ses rapports avec la Nature, elle représente plutôt l'unité dans la plénitude[79].

Au plan naturel, le théosophe est capable de percevoir les effets de Sophia grâce à la connaissance du modèle divin. Boehme appelait « teinture » *(Tinctur)*, comme on l'a vu, le ferment qui relie l'âme à l'esprit et au corps ; or, cette « teinture » correspond en Dieu à Sophia[80]. Il y a un principe intermédiaire entre l'âme et le corps, principe *(Idea)* qui supprime, en la transcendant *(aufheben)*, la lutte qu'ils se livrent ; il n'est pas de l'ordre des créatures, mais organe, ministre, « aide » de Dieu, comme on lit au Livre de la Sagesse ; parce qu'il ne peut se confondre avec les créatures, on l'a qualifié de « virginité », et Paracelse puis Boehme ont appelé l'esprit, pris dans ce sens d'aide divin, d'apparition sans substance *(wesenlos)* ou du moins distincte de la substance : *Evestrum*[81]. Baader dit encore que c'est le « véhicule spiritueux » de Sophia qui est la « teinture » ou l'*Idea formatrix* des corps, un peu comme ce que Kant appelle « *Schema* » dans la *Critique de la Raison pure*[82]. Sophia ou l'*Idea* n'est pas par elle-même divisible, contrairement à cette « teinture » qui est la première « saisie » *(Fassung)* de Sophia. La « teinture » est semence, ou commencement de toute corporéité, son rôle est de faire de l'*Idea* la demeure de la créature en train de s'incarner. La division des « teintures », leur opposition, empêche les choses de s'incarner vraiment — de « prendre nature », comme dit Saint-Martin. Mais en ce sens une telle division est bénéfique quand c'est le Mal qu'elle empêche de prendre nature[83] ; car tout ce qui est spirituel — y compris le Mal — a tendance à s'incarner, à prendre corps, fût-ce un corps spirituel. Point fondamental de la théosophie chrétienne que Baader, comme avant lui son contemporain Oetinger, souligne fortement.

Ces considérations sur le rôle médiateur de l'*Idea* dans la Nature nous ramènent à celles qui concernaient l'Ame du Monde, mais nous voyons mieux comment celle-ci s'insère, pour la théosophie chrétienne, dans un scénario mythique où la théogonie occupe une large place. L'on comprend dès lors pourquoi Baader reproche à Hegel de ne pas aller assez loin. Hegel a bien montré que l'Esprit ne se réalise qu'en entrant dans la Nature, en la traversant ; mais il ne connaît point Sophia, et ce qu'il appelle *Idea* ne retient d'elle que quelques aspects. Quand Hegel parle d'*Aufhebung* il entend surtout « suppression » alors qu'il s'agit d'élévation *(Erhebung)*, d'achèvement. La Nature vue par Hegel n'est pas ce qu'elle est en réalité — selon Baader —, c'est-à-dire un élément constitutif de l'existence achevée. Le philosophe ne voit dans la *physis* qu'un produit alors qu'elle est une puissance engendrante directement productrice[84]. Baader accorde à Hegel qu'en distinguant *Idea* et Nature il a conçu celle-ci autrement que les *Naturphilosophen* (notamment Schelling) ; il a vu en celle-là quelque chose de plus profond, ou si l'on parle en termes de succession, de plus « ancien », que la Nature. Mais il faut voir aussi que « plus profond » veut dire « plus élevé », et qu'*Idea* et Nature, considérées comme hauteur et profondeur, ont entre elles, en leur milieu, un fondement, un *Grund*, qui les sépare et les rassemble — de même que toutes choses, y compris les voyelles et les couleurs, ont une hauteur, un milieu et une profondeur. Surtout, ce que Boehme a montré et que Hegel n'a pas vu, c'est que si la révélation, la manifestation de l'*Idea* se fait *par* la Nature, *Idea* et Nature ne deviennent manifestées et réelles que par leur conjonction dans la préservation de leur intégrité[85]. Hegel ne connaît pas la transfiguration, les noces éternelles de la Nature et de l'Idée[86]. Et s'il est permis de parler d'Ame du Monde à propos de la Philosophie de l'Histoire, il convient de relever que Baader qualifie de doctrine « abominable » cet aspect essentiel de la pensée hégélienne. Car en présentant l'histoire du monde selon quatre étapes (Orient, Grèce, Rome, Empire Germanique) elle inverse le rapport créateur-créature. On ne sait jamais bien si l'Esprit du Monde *(Weltgeist)* de Hegel est le *Spiritus Dei* ou bien le *Spiritus mundi immundi* ; de toute façon c'est au détriment des créatures, à travers leurs crimes, qu'il finit par se substantialiser comme esprit, pour finalement, sur les ruines de l'histoire du monde, se retrouver solitaire, sans aucune créature auprès de lui. Enseignement aussi abominable, en vérité, que celui de Schiller prétendant que Dieu s'est décidé à créer seulement par solitude, ennui, désœuvrement[87] !

L'Esprit du monde immonde

La théosophie chrétienne, qui par définition prend le mythe au sérieux, se distingue donc de la pensée hégélienne et de la philosophie schellingienne en ce qu'elle reconnaît dans l'univers naturel et spirituel un plus grand nombre de principes, et qu'elle se rattache à une conception dramatique de la cosmogenèse et de l'anthropogenèse. Il ne s'agit donc pas seulement de voir une Ame du Monde à l'œuvre dans la Nature ; puisqu'il y a eu une chute — angélique, puis humaine —, il n'existe pas qu'un seul principe spirituel. Du fait de la chute, Dieu ne pouvait se manifester d'abord que dans la loi du feu, par l'Esprit du Monde *(Weltgeist)*, que l'Écriture appelle Esprit du Seigneur, mais qu'il faut distinguer du Saint-Esprit. Cet Esprit du Monde, ou Esprit du Temps *(Zeitgeist)*, que les *Naturphilosophen* ont tendance à prendre pour le Saint-Esprit (c'est Schelling qui est visé ici), est comparable à une bourrasque surgie lors d'un orage et qui persiste quelque temps avant de s'arrêter, ou à la licorne indomptable qui finit par se coucher aux pieds de la Vierge. Cela signifie que le rétablissement des choses soumettra de nouveau la Nature à l'homme, ou que l'Esprit du Monde finira par s'éteindre[88].

Ce principe n'est pas mauvais en soi, mais il y en a un autre, directement lié au Mal et que Baader ne distingue pas toujours clairement — du moins me semble-t-il — du premier. Baader évoque ce principe lié au Mal dans un écrit paru l'année même de sa mort, en 1841, consacré à la nécessité d'une révision des sciences. Il note que Satan, esprit d'erreur ou d'errance *(Irrgeist)*, n'est pas présenté par l'Écriture comme une créature alors que Lucifer en est une. Boehme non plus ne voit pas en lui une créature, bien qu'il se manifeste *dans* et *par* la créature qu'est Lucifer, c'est-à-dire par « l'entrée » de la volonté de Lucifer dans le principe d'égoïté de la Nature, principe qui est et doit rester sans volonté, impersonnel, mais qui, *avec* et *dans* Lucifer, a acquis une personnalité et une spiritualité — un « être pour soi » — usurpées. Ce principe est condamné à n'effectuer que des tentatives « tantaliques », ses efforts restent vains malgré les dégâts qu'ils causent. L'*Irrgeist* est un *Ungeist* (un « non esprit ») car il correspond à une « non-âme » et à un « non-corps ». Le principe d'égoïté de la Nature, qui devait se limiter à une action sur soi correspondant au commencement de la « Vie de Nature » *(Naturleben)* — que Boehme appelle aussi le « Ver de Vie » —, fut pris, par la faute de Lucifer, d'un vouloir-être-pour-soi, du désir d'obtenir une personnalité et une spiritualité qui ne lui revenaient pas. Il devint alors un dragon qui tend à engloutir les créatures, à les retenir prisonnières, ou à se nourrir d'elles comme un ver solitaire.

Si l'on transpose cette idée au plan sophiologique, cela vaut aussi *suo modo* pour l'*Idea* ou *Sophia* par opposition à Moria. Car Moria, nous dit Baader — qui au demeurant ne fait guère intervenir ce nom dans ses écrits —, n'est pas d'abord en soi un esprit personnel, une créature ; elle le devient quand la créature met en elle sa volonté. On voit aussitôt l'erreur de l'école hégélienne qui confond l'*Idea* divine avec Dieu, ou la met avant Dieu, alors que Dieu se manifeste *avec* son *Idea*. Cette école parle de Dieu comme d'un être « étant en soi » et qui ne devient « être pour soi » que par le passage à travers les créatures, alors que ce n'est pas de Dieu lui-même qu'il faut dire cela mais de Sophia *et de Moria*. A cette nuance près que si Sophia n'est pas personnelle devant Dieu — n'est pas une quatrième personne —, elle participe pourtant à la personnalité divine, elle la représente, « tandis que Satan ou Moria ne peuvent aboutir qu'à une personnification naturelle fausse et mensongère ». De même l'*Irrgeist*, Satan, surgi dans la créature, ne mérite pas d'être appelé vie parasite, mais vie usurpée ; car le poison, le mensonge, le fantomatique, l'élément négateur, de l'esprit de maladie et de l'*Irrgeist*, s'ils détruisent bien la corporéité normale, ne créent pas de « corps de maladie ». L'homme peut faire naître en lui, engendrer Sophia ou Satan, mais dans le second cas il ne s'agit pas d'une propagation par génération *(Fortpflanzung)* car il n'y a que Sophia pour engendrer en nous, et pour transformer, la volonté de l'âme. Cette puissance d'enfantement de Sophia en Adam, celui-ci l'a perdue par sa faute *(verscherzt)* et la femme terrestre ne saurait la remplacer : elle ne peut être retrouvée en chaque homme que grâce au Christ[89].

On peut regretter que Baader ne donne pas plus de détails sur Moria. Nous venons de voir qu'elle n'est pas par elle-même une créature personnelle, mais son apparition a ici quelque chose d'un peu insolite — à moins qu'il ne s'agisse simplement d'une manière de parler de Satan au féminin. Sans doute peut-on voir là une réminiscence de certaines théories théosophiques sur l'aspect nocturne du monde divin. Toute image suppose un miroir, ce que Baader sait bien, mais si comme l'indique Platon ce miroir s'identifie au divin, c'est qu'il y a dans le divin lui même quelque chose de noir qui le rend susceptible de me réfléchir ; d'où la coexistence ambiguë, dans l'absolu — note pertinemment Jean-François Marquet dans un article sur Robert Fludd —, d'une Sagesse blanche et d'une Sagesse noire ! Nous avons vu que, chez Boehme, ce double aspect de la Sophia n'existe pas. Dans sa lecture de l'arbre séphirotique, Fludd — cité une seule fois par Baader dans les *Œuvres complètes*, et à propos d'autre chose — oppose Bina (principe d'antipathie et de clôture sur soi, force attractive) à Hokma (force répulsive et centrifuge). Bina apparaît alors dangereusement semblable à Lucifer ; c'est la lumière latente de la terre, qui attire à soi la lumière libre et manifeste du ciel, ou Hokma. Mais c'est la même Sagesse qui est à l'œuvre dans les deux sephirot, libre dans l'une et liée dans l'autre. Entre les deux, un troisième terme va lier la création, et ce sera l'Ame du Monde proprement dite[90]. Fludd se montre-t-il ici plus proche que Baader de la symbolique souhaitée par Carl Gustav Jung ? Le psychologue de Zurich voyait sur ce point, dans les enseignements chrétiens officiels, une lacune ; il tentait de montrer (*cf.* par exemple *Aïon*, 1951) que la doctrine selon laquelle le Mal est seulement l'atténuation du Bien *(privatio boni)* ne correspond, dans la mesure où elle exclut la force mauvaise, qu'à une moitié de l'archétype — l'autre moitié apparaissant dans le symbole de l'Antéchrist. C'est le lieu de rappeler que si, selon Baader, le Mal n'a pas de réalité ontologique (au sens dualiste du terme), la notion de *Ténèbres* chez Boehme est plus ambiguë ; car chez lui c'est l'enfer lui-même qui est à la racine de la Nature.

Adam a trahi sa chaste fiancée Sophia

L'Adam originel possédait, selon l'interprétation théosophique et très traditionnelle du mythe, des pouvoirs prodigieux : son rôle était de mener à résipiscence les anges déchus. Malgré son état pitoyable l'humanité actuelle conserve encore quelque chose de ses prérogatives originelles. Baader, citant Joseph de Maistre, parle de « ce degré d'exaltation qui élève l'homme au-dessus de lui-même et le met en état de produire de grandes choses », et il interprète cela comme la personnalisation de l'*Idea dans* et *par* l'homme, selon un processus que seul le sacrifice de notre fausse autonomie *(Selbstheit)*, de notre égoïté *(Ichheit)*, rend possible. Baader remarque au passage que la génération physique, c'est-à-dire l'accouplement de l'homme et de la femme, s'accompagne d'une sorte d'extase[91].

Sophia était l'auxiliaire *(adjutor)* de l'homme primitif qui, ni mâle ni femelle, aurait dû, grâce à son lien avec elle — lien qui ne pouvait donc pas être de nature « sexuelle » —, confirmer en soi l'androgynéité et tuer dès le départ une sexualisation — le *posse mas et foemina fieri* — encore potentielle. Boehme, lui, n'allait pas jusqu'à dire que Sophia est l'auxiliaire d'Adam, tant il la concevait comme *Bild* (corps, image) même de Dieu. Pour Baader cette même Sophia, si nous savons nous tourner intérieurement vers elle, nous fait participer aujourd'hui, hommes et femmes, au moins intérieurement, à la nature androgyne et angélique[92]. Maintenant comme avant la chute de l'homme, Dieu projette son image *(Idea)* dans la créature, apportant à celle-ci le flot des eaux supérieures douces et apaisantes qui lui permettent de ne pas s'abîmer dans la « Vie de Nature » ou « Vie de Racine ». Boehme appelle « Vie de Couronne » la vie de l'Esprit dans la créature, par analogie avec la « Couronne » des plantes. Comme celle-ci, la créature devient libre à l'égard de la Nature (sans être dépourvue de Nature), elle n'est plus de la même manière tributaire de sa « Vie de Racine ». La créature qui ne s'est pas encore assuré sa parenté divine l'obtient par son véritable mariage avec la fille de Zeus, qui est Pallas — synonyme d'*Idea* ! On sait que ce nom cité ici par Baader est un de ceux de Minerve, mais aussi celui du compagnon d'Énée, et sans doute peut-on rapprocher cette homonymie de l'ambiguïté sexuelle de la Sophia telle qu'elle apparaît chez Gichtel, Grignon de Montfort, ou même dans l'équivalence Pallas = Phallos chère aux mythologues romantiques — comme le rappelait récemment Jean-François Marquet[93].

Boehme préfère parler de Vierge plutôt que de mariage, car l'*Idea* est et reste intouchable et inaccessible à l'homme comme Vierge, à la femme comme jeune homme. En tant qu'*Idea* cette Vierge est de plus haute naissance que l'être humain, elle est féminine pour l'homme et masculine pour la femme, sans être pour autant femme pour l'homme, ni homme pour la femme ! C'est pourquoi son approche, et plus encore son inhabitation dans l'homme, fait s'éloigner et éteint la masculinité de l'homme en tant que désir de la femme, et la féminité de la femme en tant que désir de l'homme. L'image *(Bildniss)* où cette *Idea* réside seule et qui est une créature véritable et immortelle, ne peut donc qu'être androgyne, comme le fut aussi Adam en tant qu'homme originel créé *dans* et *pour* l'image de Dieu. Il ne faut donc pas confondre l'*Idea* comme esprit (ou figure) incréé avec l'image de la créature qui lui fut donnée et associée *(zugeschaffen)*, car à la chute d'Adam la Vierge Idea s'éloigna, l'image substantielle *(wesenhaft)* pâlit. Adam a « perdu par sa faute et par débauche » (dans le monde des sens) *(verscherzt, verbuhlt)* cette parenté divine, c'est pourquoi il est devenu un enfant du courroux ou de la « Vie de Nature » embrasée. Mais le Verbe réintroduisit l'âme de Marie dans l'*Idea* ou Vierge qui s'était éloignée, si bien que nous pouvons, dans cette âme et avec son aide, réaliser le processus de restauration et d'incarnation de l'*Idea* comme image de Dieu. Le nom de Vierge donné par Boehme à l'*Idea* ou Sophia comme image du Dieu en trois personnes réfute donc toutes les idées naturalistes et panthéistes qui confondent la vie de l'esprit de la créature avec sa vie naturelle ou avec la vie spirituelle de Dieu. On sait que le mot Vierge apparaît aussi dans *Apocalypse* XIV, 4. Cette notion est indispensable pour comprendre comment la créature intelligente peut se tenir devant Dieu et participer à Sa nature divine, voire supporter Sa majesté, sans devenir elle-même Dieu, c'est-à-dire sans pénétrer dans le dénaire divin, le Saint des Saints. Platon avait déjà tenté de donner une réponse au problème de la créature spirituelle libre, qui se trouve entre la Nature et la vie divine, au-dessous de celle-ci, et au-dessus de celle-là, et il avait bien vu que l'*Idea* sert d'intermédiaire. Mais c'est Boehme qui a vraiment résolu ce problème. Baader lui décerne le nom de Philosophe par excellence, parce que sa philosophie, comme ce mot l'indique, provient de l'amour de la divine Sophia, renvoie à elle et vit en elle. Il a bien vu en quoi consiste le rôle de milieu, de centre, dévolu à Sophia ou *Idea*, incréée, qui est insufflée *(eingesprochen)* à la créature intelligente et qui demeure en celle-ci pour la maintenir dans un rapport effectif avec Dieu en même temps que pour assurer la liaison avec la Nature non intelligente[94].

La créature a pour destination de passer de l'indétermination à la détermination, de sorte que ce soit l'*Idea* qui domine et le Principe de Nature qui serve. Or, ce passage se fait par le *medium* du choix, donc de la tentation[95]. Adam, après Lucifer, fit un mauvais usage de sa liberté. Dieu avait, selon la *Genèse*, soufflé sur l'homme pour lui conférer une âme vivante ou « esprit de lumière », à ne pas confondre avec l'âme naturelle qui, elle, n'a pas été insufflée, mais créée avec le corps[96]. En chutant, Adam perdit cet esprit de lumière et il surgit en lui un autre esprit, un « non-esprit » *(Ungeist)*, que Paracelse et Boehme appellent *Evestrum* ; c'est un spectre *(Spectrum)* sans forme *(unförmlich)* qui ne ressemble pas du tout à l'image de Dieu ou *Idea*. On voit que Baader donne ici au mot *evestrum* un sens négatif, contrairement à l'usage qu'il en fait ailleurs *(cf. supra)*. L'esprit de lumière devait servir d'auxiliaire à l'homme pour opérer et engendrer en lui-même, comme pour lui donner le statut de créature *(creatürlich)*, la *Schechina*, qui correspond à l'incarnation de la parole de Dieu dans l'homme, donc à la consolidation de toute la création. Cet esprit de lumière provient directement de la Sophia considérée comme être spirituel et glorieux directement sorti du Ternaire divin[97].

Armé de cet esprit de lumière, Adam était androgyne, homme et femme en un seul corps. Sa partie « féminine » n'était pas la Vierge céleste mais celle-ci pouvait habiter en Adam, qui pouvait et devait « fixer » en lui cette image virginale de Dieu. Pour cela il lui fallait réussir à mêler indissolublement et de façon effective ce qu'il avait de féminin et de masculin, car ce mélange harmonieux n'existait pas encore. Le féminin et le masculin en Adam se trouvaient dans un relatif équilibre *(Temperatur)*, une union potentielle. On peut donc dire que Sophia était la fiancée d'Adam, qui devait s'unir à lui, se « fixer » en lui. Mais ce n'est pas ce qui se produisit, et quand la Vierge s'éloigna de lui à cause du péché rapporté par la *Genèse*, et dont la partie féminine d'Adam fut la première responsable, Adam fut scindé en deux, et la femme fut formée alors à partir de l'aspect féminin, aspect déjà « infecté » *(infiziert)* d'Adam, et non pas à partir de la Vierge. Ève sortant d'Adam, cela ne signifie pas qu'il y ait eu engendrement ni naissance car Adam lui-même ne resta pas ce qu'il était ; on peut dire qu'il sortit changé d'Ève autant qu'elle sortit de lui. Cette chute, que la Tradition attribue souvent à l'attrait de la Nature auquel Adam succomba — ou, d'une certaine manière, à l'attrait du sensible —, s'explique en partie, selon Boehme et Baader, par l'Esprit du Monde — celui des étoiles et des éléments — qui convoitait la Vierge céleste en Adam et qui incita Adam à se laisser séduire par lui, à projeter en lui sa nature *(inqualiren)*. C'est pourquoi les deux « teintures », la masculine et la féminine, se décomposèrent, la qualité masculine dégénéra en feu de colère, et pour éviter à celle-ci d'augmenter il lui fut opposé la qualité féminine qui avait dégénéré en eau. Feu de colère, et eau... L'homme voit aussi son péché comme objectivé dans la femme, celle-ci voit le sien dans l'homme. Mais c'est par elle que la restauration aura lieu : déjà EVA est devenue AVE[98].

Baader dit encore qu'Adam n'a pas voulu « faire entrer » en Sophia son âme ou son « esprit de volonté », qu'il ne s'est pas « engendré » avec elle pour faire une seule créature, si bien qu'au moment de la chute la substance qui était dans l'homme pâlit et retourna dans le silence non créaturel[99]. Tandis que Lucifer a voulu, en quelque sorte, « s'emparer » de l'*Idea* pour créer lui-même, et la séparer de Dieu, Adam, qui devait la manifester, la faire passer à l'état de créature, lui fut infidèle et se détourna d'elle[100]. D'organe de Dieu qu'il était, l'homme devint son instrument[101]. Alors qu'au-dessus de lui il ne devait y avoir que Dieu, il y eut tout l'univers matériel sous le poids duquel, comme Atlas, il allait succomber sans qu'un Hercule vînt l'aider. Le sentiment de la lourdeur du monde *(Weltschwere)*, c'est ce qui apparaît parfois à Baader comme le véritable « non-moi »[102]. Au fond, la chute correspond à un déplacement des principes, qui se mettent à occuper des positions anormales. Un schéma que l'on retrouve plusieurs fois témoigne de l'importance de la spatialité dans l'imaginaire baaderien. Dieu est milieu, ou centre. Son image était l'homme qui lui aussi devait rester un milieu. Or, dans le domaine spirituel il y a partout une double tendance, centrifuge et centripète, ce qui ne signifie pas tendance « hors du centre » ou « vers le centre », mais tendance à passer respectivement « au-dessus du centre » *(überfliegen)* et « au-dessous » de lui — Baader dit encore, à propos de cette dernière, qu'elle consiste à quitter le milieu pour se laisser tomber sous lui (« *der Mitte zu entsinken* »). Il s'agit de ne céder à aucune des deux, mais de les vaincre ; si l'homme n'y parvient pas, il ne peut réaliser la manifestation de l'*Idea* divine qui aspire à devenir créature en lui. La tendance vers le haut correspond à une fausse autonomie, la seconde à une non moins anormale absence d'autonomie *(Selbheit, Selbstlosigkeit)*. La première se caractérise par une sorte d'exaltation, l'autre par une soumission à ce qui est corporel *(Lebhaftigkeit, Leibhaftigkeit)*. L'homme a succombé, et il succombe encore, aux deux tentations, mais principalement à la seconde. « *Medium tenuere beati !* ». Baader ne considère pas ces deux tendances comme une simple donnée naturelle, mais leur attribue une volonté propre ; en tant que principes elles cherchent à combattre l'homme à travers l'homme. C'est pourquoi en luttant contre elles nous ne défendons pas seulement nous-mêmes mais aussi l'*Idea*. Il va jusqu'à dire que l'*Idea* est en ce sens le *focus* de toute poésie romantique et chevaleresque, l'homme étant le chevalier qui doit déposer aux pieds de la Vierge — Sophia, l'*Idea* — les deux ennemis qu'il a vaincus [103]. Voilà une belle définition de la chevalerie spirituelle !

La tendance centrifuge, dit-il encore, correspond aussi à l'orgueil *(Hoffart)*, qu'il faut remplacer par la noblesse *(Erhabenheit)*. La tendance centripète correspond à la bassesse et à la sensualité, l'humilité doit lui faire place. Noblesse et humilité doivent s'unir pour manifester l'androgyne divin. L'Écriture représente sous la forme d'un serpent cette double puissance hostile à l'image virginale car ce n'est pas l'orgueil seul ou le despotisme, ni la bassesse et la sensualité seules ou l'esclavage, qui font le serpent, mais la réunion de ces deux tendances ou extrémités. C'est pourquoi Boehme dit que le ver (l'orgueil centrifuge) et l'Esprit du Monde (le monde extérieur des sens) ont voulu se soumettre la Vierge (le « milieu » divin) en l'enveloppant, en s'enroulant autour d'elle. Par Lucifer le ver est devenu créature *(creatürlich)*, par Adam l'Esprit du Monde l'est devenu aussi [104]. Lucifer a voulu s'écarter de son lieu propre en s'élançant trop haut au-dessus de lui, Adam, a quitté le sien en descendant trop bas. Il faut donc savoir que tout lieu *(locus)* — « région », habitation *(Behausung)* — doit servir à engendrer quelque chose, ne peut-être vraiment « fondé », rendu vivant, que par une *Idea* à qui ils permettent de devenir créature en eux, comme un enfant dans le ventre de sa mère. Baader appelle *Schechina* la forme ou figure spirituelle en tant qu'habitation ; en cela il est fidèle à l'étymologie du mot biblique *Schechina* qui signifie « demeure » et qui a fait l'objet de maintes spéculations kabbalistiques. La créature qui quitte ce principe natif, et dont par conséquent la *Schechina* s'éloigne, se sent exilée, de même que l'homme actuel souffre du fait qu'Adam ait laissé partir Sophia[105]. Pour avoir quitté son lieu natal, Adam est comme un fer qui, retiré du feu, devient noir et opaque. La *Schechina* est le sanctuaire où se déroule le processus d'engendrement du corps et de l'amour, où se transforme éternellement le courroux divin en énergie d'amour constructrice et formatrice. L'homme et la création elle-même doivent devenir *Schechina*, substance lumineuse dans laquelle Dieu peut résider et s'épancher, se manifester comme lumière.

La création elle-même, en effet ! Baader y insiste. Car la matière n'est pas une création du Mal, contrairement à ce que pensaient beaucoup de gnostiques. Boehme, Saint-Martin et Baader distinguent deux matières : a) la matière ou substance (*Wesen*, que Saint-Martin a tort de traduire par « essence ») céleste, qui est le seul élément pur ; b) la matière grossière à quatre éléments. C'est la Nature tout entière, qui doit participer à la Nature divine (*cf. Romains*, VIII, 19-22), mais indirectement car seul l'homme peut y participer directement grâce à l'inhabitation de Dieu en lui, s'il veut bien servir à Dieu de *Schechina* ; Dieu n'habite directement que dans sa *Schechina* qui, elle-même — et non pas Dieu en tant qu'Esprit —, doit devenir créature *(creatürlich)* dans la créature (pour Boehme, c'est plutôt le Verbe, qui devient créature). Il ne faut pas dissocier cette notion de *Schechina* de l'idée d'une *physis*, car l'Écriture en décrit la puissance et la majesté tantôt comme une lumière réjouissante et resplendissante, tantôt comme un éclair ou un éclat igné aveuglant, dévorant, insupportable à la créature. C'est à bon droit qu'on l'appelle le Temple de Dieu, car quand le Christ déclare qu'il veut habiter en nous, cette habitation est la *Schechina*. Aussi bien tout le Nouveau Testament repose-t-il sur les notions de « demeurer dans », « inhabiter » ; et la Sagesse, dans le livre de Salomon, parle d'une construction à sept colonnes[106].

Le retour de Sophia dans le monde

Nous voyons se dessiner les péripéties du drame. Adam s'est détourné de Dieu en ne faisant pas entrer sa volonté dans l'*Idea* que Dieu avait placée auprès de lui, et en omettant de se lier à elle pour ne faire qu'une créature. L'*Idea* le quitta, et du même coup pâlit la substance céleste dont il avait été doté. Au-dessus de l'homme il n'y a que Dieu, mais l'un et l'autre ne pouvaient, ni ne peuvent être en rapports directs. Un être supérieur *A* ne saurait entrer en union réelle avec un être *a* qu'il a produit, et se maintenir dans cette union, que si *a* se trouve « subsumé », introduit *(eingerückt)*, dans un « modèle » *(Vorbild, Vorsatz)* dans lequel *A* a fait sa demeure. C'est ce modèle qui sert de médiateur entre les deux. Si Adam voulait se tenir directement devant Dieu, il ne pouvait donc le faire qu'en se fixant de façon stable dans l'*Idea* (Sophia) ou « modèle » de Dieu. Or, elle a fui, ce qui revient à dire que l'*Idea* est retournée à son état de non-créature, parce qu'Adam a sombré dans la seule « créaturalité ». Dès lors leur réunion ne pouvait être effectuée ni par l'*Idea* ni par l'homme, mais par l'entrée du Verbe créateur lui-même au sein de cette *Idea*, événement qui ne s'était jamais produit mais qui seul pouvait provoquer le réveil de la copie pâlie de l'*Idea* en l'homme. En d'autres termes, pour retrouver en lui, vivante et corporelle, l'image de Dieu, il fallait un acte divin nouveau, plus « profond » que celui de la création et par lequel le Verbe créateur ou principe de Lumière qui réside éternellement dans le Ternaire attirât de nouveau vers l'*Idea* l'élément qui était déjà devenu créature *(creatürlich)* en l'homme mais qui avait pâli en se séparant d'elle. C'est ainsi que le Verbe se fit créature, qu'il devint à la fois Éros et Héros, à la fois époux et « garçon d'honneur » en mariant l'*Idea* à la créature. Cet acte d'amour, de sauvetage et de restauration, est un miracle encore plus important que celui de la création ; car à l'occasion de celle-ci le Verbe n'était pas descendu dans la substance, tandis que par cet acte d'amour l'homme fut « fixé » directement devant Dieu, comme image de Dieu par excellence, et du même coup le reste de la création étant atteint, on pouvait dès lors envisager son achèvement. Au mot « fixation » — encore un terme spatial —, Baader associe celui de « Jésus, axe de tout »[107]. C'est le Christ qui nous a rendu cet esprit de lumière quand il s'est revêtu de notre âme naturelle ; c'est Lui qui nous a rendu la Vierge céleste, « la femme de notre jeunesse », à laquelle nous avons été infidèles, Sophia, servante du Verbe et inséparable de lui, qui ne se confond pas avec lui et qui ne devient personnalité active qu'en fonction de la volonté de la créature[108].

En 1833, Baader publie une sorte d'article intitulé *D'une manifestation permanente et universelle des esprits*, qui contient de fort belles pages dans lesquelles il développe certaines idées intéressantes qu'impliquent les points de vue théosophiques présentés plus haut. On dit que c'est l'éloignement de l'aimée, rappelle-t-il, qui a inspiré les premiers poètes et les premiers artistes ; de même, Sophia, qui par notre faute s'est éloignée, est digne de nous inspirer. Elle se montre parfois à nous sous forme d'idéal (comme l'indique son autre nom, Idea) ou nous apparaît, pour ainsi dire, sous forme de

« revenant », telle une image pâlie de Dieu, tel un esprit qui nous a quittés. Lorsque dans la nuit de notre vie terrestre elle vient luire de nouveau comme un astre céleste, même si elle semble habiter un lointain et une hauteur inaccessibles, il ne faut pas la regarder comme un fantôme, mais comme une apparition de l'Esprit. Ce mot « Esprit » se rapporte à son état encore incorporel *(unleibhaft)* mais qui tend vers la corporéité *(Leibhaftigkeit)*. Cette apparition est un libre don qui nous est fait d'en haut et que nous n'avons point mérité ; c'est aussi pour nous une tâche (Baader rapproche ici le don, *Gabe*, du devoir à accomplir, *Aufgabe)*. Celle-ci consiste à travailler activement à la confection de sa robe de mariée — c'est-à-dire de son corps, ou de sa périphérie —, autrement dit à favoriser sa descente en nous et son habitation auprès de nous. Car le centre se réalise en habitant dans la périphérie, ou plutôt l'un et l'autre n'acquièrent qu'ensemble une réalité concrète. Une périphérie achevée attire, tel un cercle magique, le centre en elle-même. Notre action dans le temps ne devrait pas avoir d'autre but que de restaurer ce rapport en saisissant *(fassen)* dans notre œil et dans notre cœur cette étoile matutinale, mais chaque coup d'aiguille que nous donnons en préparant ce voile ou cette robe de mariée nous est douloureux : chaque fois nous devons percer de la même aiguille — ou découdre — la « robe de mensonge » dont la destruction doit nécessairement accompagner la confection de la robe de lumière. « *Destructio unius generatio alterius* » ! Baader entend bien « confection », non pas « restauration », parce que si l'image de Dieu dans laquelle et pour laquelle nous avons été créés avait été déjà corporellement « fixée » par l'homme, elle n'aurait pu subir la décorporisation et n'aurait donc pas besoin d'être restaurée. L'homme n'a pas incarné Sophia *(Leibhaftwerdung)*, il a fallu pour cela l'incarnation du Verbe. Il s'ensuit que seul est chrétien celui dans lequel cette formation *(Gestaltung, Inbildung)* de Sophia a commencé, ou, comme dit l'Apôtre, celui dans lequel le Christ a commencé à prendre forme. Baader étend d'ailleurs hardiment cette vue à l'art, et à la physique considérée non seulement comme une science mais aussi comme un art. Son ami Johann Wilhelm Ritter n'avait-il pas intitulé un de ses fameux écrits : *De la physique considérée comme un art* (1806) ?

Et Baader de citer ici le beau passage de Saint-Martin sur Sophia et le soleil :

> Oui, Soleil sacré, c'est nous qui sommes la première cause de ton inquiétude et de ton agitation. Ton œil impatient ne cesse de parcourir successivement toutes les régions de la nature. Tu te lèves chaque jour pour chaque homme ; tu te lèves joyeux dans l'espé-

> rance qu'ils vont te rendre cette épouse chérie ou l'éternelle Sophie dont tu es privé. Tu remplis ton cours journalier en le demandant à toute la terre avec des paroles ardentes où se peignent des désirs dévorants. Mais le soir tu te couches dans l'affliction et dans les larmes, parce que tu as en vain cherché ton épouse ; tu l'as en vain demandée à l'homme ; il ne te l'a point rendue et il te laisse séjourner encore dans les lieux stériles et les demeures de la prostitution *(Le Ministère de l'Homme-Esprit*, p. 56).

Baader ajoute que Saint-Martin nous montre ici le triple ministère de l'homme, qui comme Apprenti doit soulager les maux de la Nature, comme Compagnon ceux de l'âme de la créature, et qui, comme Maître, devient digne de participer aux souffrances de l'amour ou du cœur divins. Il y a dans la Nature extérieure, et dans son aspect négatif qui est l'Esprit du Monde, une pulsion qui les oblige à réaliser leur « intégration » par l'homme et à travers lui, si bien que l'histoire du comte de Gabalis racontée par l'abbé Montfaucon de Villars renferme une vérité plus profonde qu'on ne le pense généralement : les « esprits élémentaires » évoqués dans cette fiction, qui par nature ont une âme mortelle, la rendent immortelle en se mariant avec des êtres humains, ce qui rappelle le premier ministère de l'homme, celui d'Apprenti. Boehme a expliqué *(De tribus Principiis*, 14, 32) que la Vierge résidait, avant la chute, dans ce qu'il y a d'éternel en l'homme, c'est pourquoi l'Esprit du Monde cherche la Vierge en nous pour s'infiltrer *(sich inqualiren)* avec elle, vivre en elle, être éternel et enfin libéré de la vanité. Le monde en question, c'est le *spiritus mundi immundi*, dont on a vu que les schellingiens le prenaient pour le Saint-Esprit et que Baader le comparait à une bourrasque persistant quelque temps après un orage. Mais d'une manière générale c'est la Nature extérieure tout entière qui désire ardemment que l'*Idea* vive en elle ; aussi cherche-t-elle à se faire la périphérie de l'*Idea*, mais sans y parvenir car la chair et le sang terrestres ne peuvent hériter du Royaume de Dieu ; les jours succédant aux jours, les générations aux générations, sont l'image d'une soif insatisfaite et toujours renaissante. Et pourtant, l'*Idea* utilise tout cela d'une manière indirecte en vue de sa propre réalisation : tout ce qui se crée ou se forme dans le temps passe comme un son fugitif ou échappe vite à notre regard, mais ne disparaît pas pour autant car tout cela se trouve détourné du flot temporel, conservé sous forme de figure *(Gebilde, Figur)*, comme imprimé à l'encre sympathique dans tous les éléments et toutes les régions de l'univers, pour se révéler au feu du jugement dernier lorsque apparaîtra le tableau d'ensemble de l'action temporelle exercée par chacun de nous, tableau qui nous entourera et se présentera entouré de gloire, auréolé, ou à la manière d'un cercle de feu. Selon cette perspective il faut admettre que la reproduction n'a pas pour but de maintenir les espèces dans le temps, mais ne dure que tant que les créatures n'ont pas fini d'exercer l'action pour laquelle elles sont faites et qui « tombe hors du temps ».

Baader termine cette belle envolée romantique en rappelant à l'artiste sa vocation. Tout poète, tout artiste ne doit jamais perdre la nostalgie de réaliser ou d'incarner l'*Idea* en s'affrontant, avec douleur ou même colère, à une matière rebelle. Aussi bien y a-t-il trois sortes d'artistes. Les premiers considèrent leur art comme un passe-temps ; ils s'y livrent ainsi que d'autres vont à l'église ou au théâtre. Les seconds connaissent les douleurs de l'enfantement ; ils travaillent à la robe de mariée de la Sophia céleste. Les troisièmes enfin tissent le voile noir d'Hécate, car ce n'est point l'art frivole qui s'oppose directement à l'art religieux, mais l'infernal et le démoniaque[109].

Sophia et les amants

De même qu'il y a plusieurs manières de concevoir l'art, il y en a plusieurs de comprendre l'amour de l'homme et de la femme. Dans un article de 1834 consacré à l'influence négative que les idées matérialistes et rationalistes exercent sur la physique et la poésie « supérieures » ainsi que sur les arts plastiques, Baader expose ses idées sur les rapports de Sophia avec l'amour humain ; il complète ainsi les réflexions qui constituent les *Éléments de philosophie érotique* et les *Quarante propositions pour une érotique religieuse*, parus respectivement en 1828 et 1831[110]. En matière d'amour la Vierge céleste est notre auxiliaire, comme constellation supérieure, « idéal de formation » ou *nisus formativus* ; elle est une lumière qui « luit pour tout être humain qui vient en ce monde » et elle aspire à lier ensemble une âme d'homme et une âme de femme, à poser ainsi le fondement d'un véritable amour. Le choix du mot « *nisus* » n'est pas fortuit chez Baader puisqu'il exprime l'action de « s'appuyer » en même temps que de « faire un effort » — un effort d'accouchement, en quelque sorte. Les couples ne sont pas conscients de cette action, aussi bien est-ce l'amour qui les trouve, et non pas eux qui le trouvent, mais c'est la raison pour laquelle on dit que l'amour ou le mariage est un sacrement contracté dans le ciel. Au début il y a généralement une attirance, que Baader appelle « phantasmagorie sidérique », par la magie de laquelle chacun des deux amants voit l'autre plus beau, plus aimable, plus parfait, qu'il ne l'est en réalité. Malgré le caractère trouble de ses manifestations, cette phantasmagorie est suivie par l'apparition de l'auxiliaire — la Vierge —, qui apparaît à l'homme sous forme de l'aimée, et vice versa — bien qu'elle ne soit elle-même ni l'un ni l'autre. L'idolâtrie dont l'amour sexuel est l'objet s'explique par le « regard argenté », ou plutôt « l'éclair d'argent[111] » *(Silberblick, Blick* ayant plutôt ici le sens de *Blitz)* de la Vierge, regard seulement fugitif s'il n'est pas « fixé » comme il pourrait et devrait l'être. « Fixation » qui ne signifie pas « fusion », même dans les meilleurs des cas ; la Vierge céleste se mélange aussi peu avec la créature que le fer incandescent plongé dans le feu se mêle au feu lui-même. L'apparition de la phantasmagorie sidérique doit être interprétée comme un appel, une vocation *(Ruf)*, en vue d'un amour qu'il s'agira de prendre au sérieux comme un travail *(Beruf)*. L'amour est tout à la fois don *(Gabe)* et tâche *(Aufgabe)* ; l'impureté, l'infidélité, le manque de compréhension empêchent les amants de « fixer » ce que la Vierge leur fait ainsi entrevoir. Si bien que la plupart des gens sont comme des singes qui profiteraient d'un feu allumé par des hommes (en tant qu'êtres supérieurs) mais qui ne sauraient pas l'entretenir !

Le but de l'amour n'est autre que la « restauration solidaire », c'est-à-dire l'incarnation, dans les deux amants, de l'image de Dieu devenue pour nous un esprit sans corps. Le sens supérieur de l'amour sexuel — distinct de l'instinct de reproduction — est d'aider l'homme et la femme à se compléter intérieurement en vue de former une image humaine totale, l'image originelle de Dieu. En amour, le déplaisir ou l'épreuve *(Unlust)*, la croix, ne sont pas séparables du plaisir parce que cette nouvelle construction *(Gebilde)* n'est pas possible sans la destruction de l'ancienne, et que la masculinité et la féminité abstraites, non sacrifiées à l'amour et qui en tant que telles sont égoïstes *(selbsüchtig)* et s'opposent à l'amour, sont cette croix même que les amants ont à porter et à supporter l'un pour l'autre pendant la durée de leur vie. Les poètes et dramaturges sentimentaux ou naïfs qui apothéosent la masculinité et la féminité ne font que chanter la bête en l'homme. Il faudrait pouvoir représenter ce processus de régénération d'une façon dramatique en montrant deux amants qui en parcourraient les différentes étapes, notamment celle du combat avec l'adversaire ou Anteros — car si le diable est l'ennemi de l'amour et du mariage, c'est qu'il est celui de la renaissance, ou de l'image divine en soi, en nous — l'ennemi de Sophia. Représenter ainsi reviendrait à dire sur l'amour des choses plus vraies et plus poétiques que ce que nous ont donné jusqu'ici tous les poètes, même les meilleurs d'entre eux[112]. Regrettons que Baader n'ait pas eu des dons de dramaturge, et retenons que Sophia pourrait être le personnage principal d'un drame qui reste à écrire ! Sans doute suffirait-il d'adapter un peu librement la mythologie classique ; à la suite de Joseph de Maistre, notre théosophe fait remarquer qu'Hercule (comme « esprit igné ») ne peut escalader l'Olympe et y épouser Hébé qu'après avoir consumé par le feu, sur le mont Oeta, tout ce qu'il avait d'humain[113]. A défaut d'œuvre théâtrale, on sait que Baader s'est essayé à la poésie ; lui-même cite volontiers deux vers, malheureusement intraduisibles, dont il est l'auteur et dont il serait difficile de nier la beauté, alliée à la précision de pensée :

Die ird'sche Jungfrauschaft stirbt in des Mannes Umfangen
Die himmlische ensteht im himmlischen Empfangen[114].
(La virginité terrestre expire dans l'étreinte virile,
La virginité céleste naît dans l'accueil céleste.)

Nombreux sont les rapprochements et les développements que Baader emprunte à Boehme, mais son originalité est indéniable. Pour s'en convaincre on pourra comparer les idées contenues dans cet exposé avec celles de Boehme telles que Pierre Deghaye, par exemple, les présente[115]. Il ne s'agit pas tant, en théosophie, d'inventer que de retrouver, de découvrir que de réveiller — de reconduire le texte révélé à son sens originel inépuisable, toujours à reprendre, toujours à rejouer, comme une partition permettant de multiples interprétations. Boehme était plus visionnaire, bien sûr, tandis que la démarche de Baader, cet autre herméneute, est plus intellectuelle, mais se prête mieux aussi aux exigences de l'époque et du milieu où elle prit naissance et fut reçue. Baader possède une grande culture scientifique et philosophique qu'il mêle à toute une symbolique traditionnelle, à la fois antique et paracelsienne, d'où résulte un ensemble inimitable, personnel, mais conforme à une tradition. Son imaginaire projette dans le mythe, en vue de la représentation qu'il cherche à donner de celui-ci, des structures spatiales sans que jamais le géométrisme ne s'impose de façon abstraite ; c'est toujours au contraire le concret, le charnel, qui s'impose, avec une prédilection pour les images évoquant le fondement, la saisie, le germe, l'enfantement, le miroir.

Le théosophe de Munich, ce « *Boehmius redivivus* », a donc apporté une contribution non négligeable à la sophiologie occidentale, et partant de l'histoire de l'Ame du Monde, même si cette seconde notion apparaît surtout dans ses premiers écrits pour se fondre ensuite dans un discours sophiologique. On saisit mieux à travers Baader, comme Yves Dauge l'avait déjà remarqué pour Virgile, que l'Ame du Monde, ensemble de forces d'un intense dynamisme, est par excellence *artifex* car au-dessus de tout par son « esprit » et au-dedans de tout par son « cœur » ; transcendance et immanence à la fois, elle est aussi omniprésence puisqu'elle est vraiment le « lieu de la dialectique » entre esprit et matière, idées divines et réalités terrestres, métahistoire et histoire. Rien d'étonnant à ce qu'elle n'ait pas été représentée seulement par Vénus, mais aussi par Mercure, le dieu messager, gardien des seuils, médiateur entre la terre et l'Olympe, guide des âmes humaines, qui incarne la mobilité du Verbe en garantissant l'alliance entre tous les plans de l'Être. Principe d'échange et de dialectique, lui aussi véhicule des Idées archétypes à travers l'espace et le temps [116].

On ne rappellera jamais assez qu'il ne s'agit pas du tout, dans de tels contextes, d'une identité de l'Ame du Monde et de l'âme de l'homme, contrairement à l'idée si répandue en Orient. L'Ame du Monde est lien organique ou substantiel entre le Monde et Dieu, de même que notre âme est intermédiaire entre notre corps et notre esprit. L'Ame du Monde récuse donc l'acosmisme oriental, elle s'intègre au christianisme sans que la Nature en sorte divinisée pour autant, et elle se montre rebelle à tout panthéisme — contrairement à ce qu'une théologie officielle et méfiante a parfois cru pouvoir ou devoir affirmer —, puisque, au contraire de Spinoza ou du zen japonais qui assimilent Dieu à la Nature ou au Tout, elle est *intermédiaire* [117].

Si l'Ame du Monde, à l'instar d'Eros mais sur un autre plan, apparaît donc comme l'intermédiaire par excellence entre le monde des corps et celui des âmes, Sophia est au niveau mésocosmique l'intermédiaire entre le monde des âmes et le monde absolu — de même que sur un autre plan c'est l'Ange qui assume un rôle semblable. Ame du Monde et Sophia sont redécouvertes dans les périodes où l'imagination — l'*imaginatio vera* selon Paracelse, la créatrice ! — se voit conférer le statut de faculté essentielle de la nature humaine, comme on le constate avec le baroque et le romantisme germaniques. Car il faut bien convenir que la philosophie occidentale a presque toujours répugné, malgré Aristote, à insérer entre l'univers de la perception et celui de l'intellect un monde intermédiaire, ce qui a eu pour conséquence d'escamoter l'image, à moins que ce ne soit le refus de celle-ci qui fût responsable de la disparition de ces mondes intermédiaires. Henry Corbin a bien montré à plusieurs reprises que l'influence d'Averroës supplantant celle d'Avicenne — celui-ci croyait encore aux « intellects agents » qui étaient comme l'âme de chaque astre — fut responsable du refus du magistère ecclésiastique d'admettre l'existence d'un intermédiaire psychique entre le monde et la surnature ou les idées, et les natures humaine et matérielle [118].

Henry Corbin avait compris qu'en cosmologie c'est la sophianité qui garantit la présence divine à ce monde ; il avait rappelé aussi l'existence, en l'homme, d'une sophianité garantissant d'ores et déjà notre double appartenance. Dans les suggestions qu'il écrivait le 5 août 1978, peu avant sa disparition, en vue de fournir à ses collègues et auditeurs les principaux éléments de réflexion devant servir au colloque « Le Combat pour l'Ame du Monde — Urgence de la sophiologie », il notait la parenté de l'Ame du Monde et de Sophia en rappelant que chaque âme particulière est envers son *okkêma* particulier — son « char » subtil, comme avait dit Proclus — dans le même rapport que l'Ame divine du Monde avec le corps divin. Ainsi se trouvent fondés le lieu et la spécificité du niveau ou du moment — du lieu — « d'une médiation déterminant un monde *médian* à la fois corporel et spirituel »[119], monde de l'*imaginal* auprès duquel aucun dualisme ne saurait plus subsister. Urgence de la sophiologie, en effet ! si l'on veut que Dieu ne soit plus l'exclu du monde — car de l'exil apparent on a vite conclu au décès —, et que l'homme ne soit plus ni enlisé ni étranger dans cet univers, ni livré ou offert en victime non expiatoire aux manipulations de masse ou à d'autres, plus dangereuses parce que plus subtiles.

NOTES

1. Jean-Louis Vieillard-Baron : « La victoire de l'âme du monde sur le panthéisme », p. 60, *in : Le Combat pour l'Ame du Monde : urgence de la sophiologie*, Cahiers de l'U.S.J.J., Paris, Berg International, 1980.

2. Il s'agit de Jean Zafiropulo ; *cf.* l'ouvrage qu'il a décrit avec la collaboration de Catherine Monod : *Sensorium Dei dans l'hermétisme et la science*, Paris, Les Belles Lettres, 1976. Le passage cité se trouve pp. 14-17.

3. *Ibid.*, p. 34 (Aristote, *Du Ciel*, I, 279 a 18 sq.).

4. Jean-Louis Vieillard-Baron, *op. cit.*, p. 68. Remarque de Werner Beierwaltes : « Negati affirmatio : Welt als Metapher », *in : Jean Scot Erigène et l'histoire de la philosophie*, C.N.R.S., Colloques Internationaux, Laon, 7-12 juillet 1975, Paris, 1977.

5. *Cf. supra*, note 2.

6. Jean Zafiropulo, *op. cit.*, p. 129.

7. *Ibid.*, p. 161.

8. Jean-Louis Vieillard-Baron : *Platon et l'Idéalisme allemand (1770-1830)*, Paris : Beauchesne, Bibliothèque des Archives de Philosophie, 28, p. 150. Dans cet ouvrage, le chapitre intitulé *Le Cosmos et son Ame* est consacré à Cudworth, Herder, Maïmon, Meiners, Heinse, Schelling et Böckh ; Hegel est étudié dans les chapitres suivants.

9. *Ueber die Bildung der Weltseele im Timäos des Platon, in : Studien* de Daub et Creuzer, t. III, p. 1-98, Francfort et Heidelberg, 1807. Voir l'étude que Jean-Louis Vieillard-Baron consacre à cet ouvrage, *in : Platon et l'Idéalisme allemand, op. cit.*, p. 201-206.

10. *Ansichten von der Nachtseite der Naturwissenschaft*, Dresde, 1808 (rééd. photomécanique : Wissenschatfliche Buchgesellschaft, Darmstadt, 1967). Voir l'étude que lui consacre Vieillard-Baron, *in Platon et l'Idéalisme allemand, op. cit.*,

p. 198-201. Voir aussi de Schubert, *La Symbolique du rêve*, traduit et présenté par Patrick Valette, Paris, Albin Michel, Collection « Bibliothèque de l'Hermétisme », 1982 (éd. originale : *Symbolik des Traumes*, 1814).

11. J.-L. Vieillard-Baron : *Platon, op. cit.*, p. 200 s.

12. *Ibid.*, 204 ss. Traité XI d'Hermès Trismégiste : *cf. Corpus Hermeticum*, Paris, Les Belles Lettres, 1960, t. I (éd. Nock et Festugière), p. 148 s. (surtout § 3 et 4) : « La Sagesse *(Sophia)* de Dieu, quelle est-elle ? — C'est le bien et le beau et la béatitude et la vertu totale de l'Éternité. L'Éternité donc fait du monde un ordre, en introduisant l'immortalité et la durée dans la matière. [...] Dieu est dans l'intellect, l'intellect est dans l'âme, l'âme est dans la matière. [...] Et tout ce grand corps, dans lequel se trouvent contenus tous les corps, une âme pleine de l'intellect de Dieu le remplit à l'intérieur. [...] Dieu n'est pas inactif, autrement tout l'univers aussi serait inactif : car tout est plein de Dieu », etc.

13. *Cf.* notamment *Sämtliche Werke*, t. X, p. 26, VII, p. 66-67, et l'index *in* XVI, pp. 248. Et mon article : « F. von Baader und die okzidentale Esoterik », pp. 221-241 in : *Die Philosophie, Theologie und Gnosis F. von Baaders*, hg. von P. Koslovski, Vienne : Passagen 1992.

14. J.-L. Vieillard-Baron : *Platon..., op. cit.*, p. 205.

15. J.-L. Vieillard-Baron : « La victoire de l'Ame du Monde... », article cité, p. 70.

16. Versets cités d'après la traduction dite œcuménique. *Cf.* surtout, outre la *Sagesse de Salomon* : Baruch, III ; Job, XXVIII ; *Proverbes*, VIII et IX. Et pour le N.T. : I *Cor.*, II, VI-X.

17. Gilbert Durand, « La Vierge Marie et l'Ame du Monde », *in Le Combat pour l'Ame du Monde (op. cit. supra*, note 1), p. 162.

18. *Cf.* Yves Dauge. « L'Ame du Monde dans l'Énéide », in *Le Combat pour l'Ame du Monde (op. cit. supra*, note 1), pp. 203 à 232. La liturgie latine applique à la Vierge Marie les textes de *Proverbes*, VIII, 12-13.

19. Alexandre Koyré : *La Philosophie de Jacob Boehme*, Paris, Vrin, 1929 (rééd. photomécanique 1978). Pierre Deghaye : « La Sophia chez Boehme » pp. 145-194 in : *Sophia et l'Ame du Monde*, Paris, Albin Michel, coll. « Cahiers de l'Hermétisme », 1983.

20. Pour plus de détails, *cf.* Antoine Faivre : *Kirchberger et l'Illuminisme du* XVIIIe *siècle*, La Haye, Nijhoff (Archives internationales d'histoire des idées, n° 16), 1965, pp. 159-185. Du même : *Eckartshausen et la théosophie chrétienne*, Paris, Klincksieck, 1969, pp. 252-260. Sur Gichtel, *cf.* Bernard Gorceix : *Johann Georg Gichtel, théosophe d'Amsterdam*, Paris, L'Age d'Homme, 1975 (coll. « Delphica »). Sur la Sophia, *cf.* en outre Henry Corbin : « La Sophia éternelle », *in La Revue de culture européenne*, Paris, 1953, n° 5. Pavel Florensky : *La Colonne et le fondement de la Vérité ;* Serge Boulgakov : *Du Verbe incarné*, Paris, Aubier, 1942, et *The Wisdom of God, a brief Summary of Sophiology*, Londres, 1937 ; *Le Paraclet* (traduits par C. Andronikov), Paris, 1946. *Cf.* aussi les œuvres de Vladimir Soloviev. De Nicolas Berdiaev (textes non traduits pour la plupart ; consulter, en français, la remarquable préface au *Mysterium Magnum* de J. Boehme, Paris, Aubier, 1946. Et naturellement consulter l'ouvrage cité *supra*, note 1.

21. *Cf. supra*, note 1.

22. Sur Werner, *cf. infra*, l'article dans le pré-ouvrage. Pour une bio-bibliographie concernant Baader, *cf. supra*, premier article de ce recueil, notes 4 et 5.

23. *Vom Wärmestoff, seiner Vertheilung, Bindung und Entbindung, vorzüglich beim Brennen der Körper.* In *Sämtliche Werke*, t. III, p. 1 à 180, Leipzig, 1852 (rééd. Aachen, Scientia Verlag, 1963).

24. *Ibid.*, 24 s, 31, 40. *Cf.*, sur cet ouvrage, Roger Ayrault : *La Genèse du romantisme allemand*, Paris : Aubier, t. I, 1961, pp. 315-329 ; et surtout Eugène

Susini : *Franz von Baader et le Romantisme mystique*, Paris, Vrin, 1942, t. II, pp. 57-76.

25. Cité par Ayrault, *op. cit.*, p. 316.

26. *Ibid.*, p. 317 s.

27. Baader, *Sämtliche Werke*, t. III, p. 30 (dans les notes suivantes, la référence à ces œuvres complètes sera indiquée seulement par le numéro du tome et de la page).

28. IV, 402 *(Ueber den Paulinischen Begriff des Versehenseins*, 1837). Le mot « fluxion » *(Fluxion)* est évidemment employé ici, non pas au sens médical, mais au sens mathématique : la « méthode des fluxions », due à Newton, consiste à considérer toute grandeur finie comme engendrée par un mouvement ou flux continuel.

29. *Cf.* Jean Zafiropulo, *op. cit.*, *supra*, note 2, p. 135.

30. III, 226 *(Beiträge zur Elementarphysiologie*, 1797).

31. XIV, 94 *(Vorlesungen über Societätsphilosophie*, 1831-1832). Ce que Boehme appelle « *Himmel* » (ciel) est le ciel au plus haut niveau, ou élément pur ; il emploie aussi ce mot pour parler du niveau inférieur, celui de l'Astral (i.e. des quatre éléments, unité brisée), mais il fait toujours la différence (que Baader ne semble pas faire).

32. IX, 54 *(Vorlesungen über spekulative Dogmatik*, 1828). Idée paracelsienne, en effet.

33. X, 11 s *(Ueber den biblischen Begriff von Geist und Wasser*, 1830).

34. IV, 402 s *(Ueber den Paulinischen Begriff des Versehenseins*, 1837). Sur la voyante de Prevorst, *cf.* Justinus Kerner : *Die Seherin von Prevorst*, 1829, où sont consignées les expériences somnambuliques et médiumniques de ce sujet.

35. Le terme « *Nervengeist* » semble propre au vocabulaire de Kerner dans son livre sur les expériences de la voyante de Prevorst *(cf.* note précédente).

36. II, 250 *(Bemerkungen bei der Lesung der Geschichte Besessener*, 1835) ; XIV, 94 *(Vorlesungen über Societätsphilosophie*, 1831-1832) ; II, 171 *(Fermenta Cognitionis*, 1822-1824). In XIV, 94, Baader écrit « *innewohnt* » à propos de la plante, et « *beiwohnt* » à propos de l'animal ; mais cela semble un *lapsus calami* et mieux vaut s'en tenir au texte des *Fermenta Cognitionis* (II, 171).

37. IV, 54 *(Vorlesungen über spekulative Dogmatik*, 1836).

38. XIV, 94 (référence *supra* note 36).

39. Ce remarquable ouvrage a paru en traduction française (cf. *infra*, p. 171, n. 4).

40. I, 266 *(Fermenta Cognitionis*, 1822-1824).

41. I, 279 s *(Vorlesungen über religiöse Philosophie*, 1827).

42. *Cf.* « Ténèbre, éclair et lumière chez Franz von Baader », dans le présent ouvrage. Rappelons les célèbres vers de Goethe : « Wär'nicht das Auge sonnenhaft/, Die Sonne könnt'es nie erblicken ; /Läg nicht in uns des Gottes eig'ne Kraft, /Wie könnt'uns Göttliches entzücken ? » (Si ton œil n'était pas solaire, il ne pourrait apercevoir le soleil ; s'il n'y avait pas en nous de l'énergie qui est à Dieu, comment le divin pourrait-il nous ravir ? »).

43. I, 279 s *(cf. supra*, note 41).

44. I, 169 *(Vorlesungen über religiöse Philosophie*, 1827).

45. IV, 20 *(Vierzig Sätze aus einer religiösen Erotik*, 1831).

46. II, 288 *(Fermenta Cognitionis*, 1822-1824). Ailleurs *(ibid.*, 260 et 267) il parle de l'*Idea formatrix* dans un autre sens, comme de ce qui émane de l'imagination des êtres naturels et qui n'est pas immortel ou doué de raison *(verständig)* ; cf. aussi X, 230 *(Der morgenländische und abendländische Katholicismus)*.

47. II, 288 *(Fermenta Cognitionis*, 1822-1824).

48. X, 11 s *(Ueber den biblischen Begriff von Geist und Wasser*, 1830). « *Sich fassen* », terme boehméen que Saint-Martin traduit toujours par « se saisir » ; il s'agit bien davantage de « se fixer ». Le dictionnaire de Grimm donne par exemple l'expression : « *sich in Eis fassen* ».

49. III, 357, 379 *(Vorlesungen über J. Boehme's Theologumena*, 1847).

50. XIII, 65 *(Aus Privatvorlesungen über Jacob Boehme's Lehre*, 1829).

51. II, 305 *(Fermenta Cognitionis*, 1822-1824).

52. III, 308 *(Vorlesungen über J. Boehme's Theologumena*, 1847).

53. Jean-François Marquet : « Sophia céleste et Sophia terrestre », *in op. cit. supra*, note 1, p. 83.

54. *Ibid.*, p. 79.

55. IX, 181 ss *(Vorlesungen über spekulative Dogmatik*, 1828). XII, 483 (notes sur J. Boehme).

56. VIII, 113 *(Vorlesungen über spekulative Dogmatik*, 1828).

57. XIII, 359 s *(Ueber J. Boehme's Lehre).*

58. I, 186 *(Vorlesungen über religiöse Philosophie*, 1827).

59. III, 378 ss *(Vorlesungen über J. Boehme's Theologumena*, 1847).

60. *Cf.* : « Ténèbre, Éclair et Lumière chez Franz von Baader », dans le présent ouvrage.

61. VIII, 86 *(Vorlesungen über spekulative Dogmatik*, 1828). II, 410 *(Fermenta Cognitionis*, 1825).

62. VIII, 78 *(Vorlesungen über spekulative Dogmatik*, 1826).

63. Verset bien connu de la *Table d'Émeraude* (« *Et vis ejus* [filii microcosmi] *integra est, si conversa fuerit in terram* »).

64. IV, 297 ss *(Ueber den Begriff der Unsterblichkeit*, 1835) ; IX, 24 *(Vorlesungen über spekulative Dogmatik*, 1836).

65. III, 394 ss *(Vorlesungen über Boehme's Theologumena*, 1847).

66. II, 247 *(Fermenta Cognitionis*, 1822-1824).

67. II, 427 s *(Ibid.).*

68. XV, 446 à 449 (Baader à Stransky, 27-VI-1928).

69. I, 299 s *(Vorlesungen über religiöse Philosophie*, 1826-1827).

70. XV, 463 s (Baader à S., 22-V-1830).

71. III, 394 ss *(Vorlesungen über J. Boehme's Theologumena*, 1847).

72. XII, 164 *(Aus Privatvorlesungen über J. Boehme's Lehre*, 1829).

73. XIII, 65 *(ibid.).*

74. XII, 276 s (notes sur Saint-Martin).

75. III, 327 *(Rüge einiger Irrthümer*, 1834).

76. IX, 303 s *(Revision der Philosopheme der Hegelschen Schule*, 1839).

77. IV, 393 *(Ueber den paulinischen Begriff des Versehenseins des Menschen*, 1837).

78. IV, 311 *(Ueber die Incompetenz unserer dermaligen Philosophie*, 1837).

79. XIII, 86 *(Aus Privatvorlesungen über J. Böhme's Lehre*, 1829).

80. XV, 632 (lettre de Baader à Stransky, 1839).

81. VIII, 91 *(Vorlesungen über spekulative Dogmatik*, 1828).

82. IX, 111 *(ibid.*, 1836).

83. IV, 402 s *(Ueber den Paulinischen Begriff des Versehenseins*, 1837).

84. *Cf.* par exemple IX, 95 *(Vorlesungen über spekulative Dogmatik).* Consulter également « Franz von Baader et les philosophes de la Nature » dans le présent ouvrage.

85. IX, 302 ss *(Revision der Philosopheme der Hegelsch'en Schule*, 1839).

86. XIV, 119 *(Elementarbegriffe über die Zeit*, 1831-1832).

87. XIV, 112, 159 ss *(ibid.).*

88. IX, 267 *(Vorlesungen über spekulative Dogmatik)* ; I, 217 *(Ueber eine bleibende und universelle Geistererscheinung*, 1832) ; II, 159 *(Fermenta Cognitionis*, 1822-1824).

89. X, 268 ss *(Ueber die Nothwendigkeit Revision der Wissenschaften*, 1841).

90. Analyse de Jean-François Marquet : « Sophia céleste et Sophia terrestre », *in Le Combat pour l'Ame du Monde, op. cit. supra*, note 1, pp. 81 et 87 ss.

91. II, 209 *(Fermenta Cognitionis*, 1822-1824).

92. X, 129 *(Der morgenländische und abendländische Katholicismus*, 1841). XIII, 184 ss *(Aus Privatvorlesungen über J. Boehme's Lehre*, 1829).

93. Jean-François Marquet : *cf.* article cité *supra*, note 51, p. 85.

94. VIII, 92 *(Vorlesungen über spekulative Dogmatik*, 1828).

95. XIV, 147-152 *(Elementarbegriffe über die Zeit*, 1831-1832).

96. Cf. aussi *infra*, p. 150.

97. IV, 351 ss *(Ueber den Paulinischen Begriff des Versehenseins*, 1837). Sur l'*Evestrum*, *cf.* aussi II, 104 *(Fermenta Cognitionis)*.

98. III, 302 *(Ueber den verderblichen Einfluss, welche die rationalistisch-materialistischen Vorstellungen [...] noch ausüben*, 1834) ; X, 12 *(Ueber den biblischen Begriff von Geist und Wasser*, 1830) ; *cf.* aussi VII, 13 et 27 *(Sur l'Eucharistie*, 1815).

99. IV, 335 s *(Ueber den christlichen Begriff Unsterblichkeit*, 1835).

100. XV, 449 (Baader à Stransky, 27 juin 1838).

101. IX, 179 *(Vorlesungen über spekulative Dogmatik)*.

102. II, 492 *(Bemerkungen über einige antireligiöse Philosopheme*, 1824).

103. VIII, 176 *(Vorlesungen über spekulative Dogmatik*, 1828).

104. XIV, 15 *(Elementarbegriffe über die Zeit*, 1831-1832).

105. IV, 371 *(Ueber den Paulinischen Begriff des Menschen*, 1837).

106. II, 43, 46, note *(Ueber den Blitz als Vater des Lichts*, 1815). *Cf.* aussi IV, 344 ss *(Ueber den Paulinischen Begriff des Versehenseins*, 1837).

107. VII, 290 s *(Vorlesungen über eine künftige Theorie des Opfers*, 1836) ; IX, 24 *(Vorlesungen über spekulative Dogmatik*, 1836) ; IV, 280 ss *(Ueber den Begriff der Unsterblichkeit*, 1835).

108. IV, 351 ss *(Ueber den Paulinischen Begriff des Versehenseins*, 1837).

109. IV, 213 à 220 *(Ueber eine bleibende und universelle Geistererscheinung*, 1833). Ritter avait en effet intitulé un de ses essais *Die Physik als Kunst (De la physique considérée comme un art*, 1806).

110. *Ueber den verderblichen Einfluss, welche die rationalistisch-materialistischen Vorstellungen* [...] *noch ausüben*, 1834 (III, 287 à 310) ; *Sätze aus der erotischen Philosophie*, 1828 (IV, 163 à 178) ; *Vierzig Sätze aus einer religiösen Erotik*, 183 s (IV, 179 à 208).

111. II, 224 *(Fermenta Cognitionis*, 1822-1824). « *Silberblick* », ou « *Silberblitz* », terme emprunté au vocabulaire minier.

112. III, 303 à 310 *(Ueber den verderblichen Einfluss, welche die rationalistisch-materialistischen Vorstellungen* [...] *noch ausüben*, 1834). *Cf.* aussi IV, 177 *(Sätze aus der erotischen Philosophie*, 1828).

113. II, 225 *(Fermenta Cognitionis*, 1822-1824). J. de Maistre, *Soirées de Saint-Pétersbourg*, II, 447.

114. II, 224 *(Fermenta Cognitionis*, 1822-1824). Cité aussi, notamment, *in* III, 302.

115. « La Sagesse dans l'œuvre de Jacob Boehme », article cité *supra*, note 19.

116. *Cf.* Yves Dauge, article cité *supra*, note 18, pp. 204 et 209. *Énéide*, I, 297 sqq ; IV, 238 sqq.

117. *Cf.* J.-L. Vieillard-Baron. « La victoire de l'âme... », article cité *supra*, note 1, pp. 66 s.

118. *Cf. ibid.*, pp. 66 s, et Antoine Faivre, « L'imagination créatrice : fonction magique et fondement mythique de l'image », *in Revue d'Allemagne*, Strasbourg, avril-juin 1981, pp. 355-390. *Cf.* aussi Gilbert Durand, article cité *supra*, note 17, p. 138 ; il écrit à ce propos : « Ce sont les hiérarchies ecclésiastiques qui oblitèrent les hiérarchies célestes » !

119. Henry Corbin, « Suggestions pour la session 1979 », *in Le Combat pour l'Ame du Monde*, *op. cit.*, supra, note 1, pp. 13 s.

Ténèbre, éclair et lumière chez Franz von Baader

L'essor pris en Allemagne par la théosophie à partir du début du XVIIe siècle a certes été rendu possible par les œuvres de quelques spirituels comme Valentin Weigel, mais il doit beaucoup au climat protestant un siècle après la Réforme. La théosophie germanique se présente ainsi en partie comme une réaction contre un exotérisme devenu, aux yeux de nombreux fidèles, quelque peu desséchant ; les œuvres de Jacob Böhme et les premiers écrits « rosicruciens » sont contemporains ; plus tard, Johann Georg Gichtel, au XVIIIe siècle Friedrich Christoph Oetinger, pour ne citer que de grand noms [1], continuent cette tradition en l'enrichissant à leur manière, mais peu de catholiques la représentent. Il est dès lors remarquable que le plus important théosophe allemand au XIXe siècle, Franz von Baader, soit un catholique [2]. Au demeurant, on sait que les points de dogme sur lesquels reposent les différences entre les confessions ne constituent pas le domaine de prédilection des théosophes [3]. Il ne semble pas tellement surprenant qu'on ait pu appeler Baader le « *Bœhmius redivivus* » ; de fait, ses livres se présentent en grande partie comme un commentaire, ou plutôt une herméneutique, de ceux de Böhme.

Vouloir n'évoquer qu'un aspect de leur pensée oblige pourtant à parler de tout le reste, d'où la difficulté d'un exposé systématique qui se voudrait limité à un thème. Mais partant du principe que le risque mérite d'être couru, ne serait-ce qu'afin de contribuer à faire mieux connaître un grand philosophe scandaleusement méconnu faute de traductions [4], on tentera d'aborder ici la théosophie baadérienne par l'un de ses thèmes de prédilection, développé au long de l'œuvre dans des textes qui ne sont guère de nature à rebuter les familiers des écrits de Böhme ou de Saint-Martin, tant le penseur munichois est redevable à l'un comme à l'autre. Il s'agit à vrai dire moins d'un thème que d'une image, ou d'un groupe d'images autour desquelles s'organise une réflexion étendue aux grands espaces mythiques d'où elles ont pris naissance et auxquels sans cesse elles retournent, chargées de l'expérience et de l'apport d'une imagination créatrice ou re-créatrice, c'est-à-dire d'une véritable herméneutique. Ces images seraient, respectivement mais conjointement, les ténèbres, l'éclair et la lumière, corollairement le feu. La lumière est un des thèmes de prédilection de la *Naturphilosophie* romantique. Baader étant à mes yeux le plus grand *Naturphilosoph*, il m'est apparu que la « lumière » baadérienne pourrait ensuite servir au lecteur de guide, ou d'élément de comparaison, pour l'étude de ce même thème chez des auteurs voisins. La plupart d'entre eux sont fascinés par le récit du début de la *Genèse* où l'on assiste à la création de la lumière originelle, puis des luminaires du quatrième jour ; toute théosophie consistant pour une bonne part en une amplification du récit scripturaire, ces passages-là n'ont pas manqué d'inspirer particulièrement les théosophes.

Roue d'Ixion et éclair

Ixion et Orphée

Fidèle à l'enseignement de Böhme, Baader rappelle que la source ténébreuse est le premier principe ontologique et il rapproche *Qual* (tourment) de *Quelle* (source) pour évoquer l'idée d'une douleur originelle ou du moins une percée difficile à partir d'une région obscure et profonde[5]. Le second principe est la forme lumineuse qu'évoque déjà l'image de la source car le jaillissement de la lumière est d'autant plus libérateur que le combat dans les ténèbres a été plus violent. La lumière sort des ténèbres comme un enfant du ventre de sa mère. L'expansion de cette lumière est le Saint-Esprit[6]. Dans la lumière réside le royaume de Dieu, l'amour ; dans les ténèbres la colère de Dieu ; dans le feu qui fait sortir la lumière des ténèbres réside la force de Dieu. Mais c'est un seul et même être divin qui se manifeste éternellement dans la région supérieure sous forme de lumière bienfaisante, et dans la région inférieure sous forme d'éclair terrifiant[7]. Ainsi nous voyons se dégager trois grandes images : la ténèbre, le feu, la lumière. Le feu désire la lumière pour s'accomplir, pour recevoir, tout en brûlant, douceur et réalité *(Wesen)*, car livré à lui-même il n'est que dévorant ; la lumière désire le feu sans lequel elle reste privée de force et de vie ; lumière et feu désirent tous deux la ténèbre, qui leur sert de racine. Feu et lumière constituent la substance divine mais c'est dans la ténèbre que le feu s'alimente ; la ténèbre est engloutie dans la lumière et sert à sa manifestation. L'arbre de vie, qui attire vers soi la ténèbre du bas et la lumière du haut, est un feu[8] — comme d'ailleurs tout arbre, toute plante. A l'exemple de Böhme et déjà de Paracelse, Baader fait « correspondre » le feu au Père, la lumière au Fils, l'air au Saint-Esprit. Le Père est alors divinité « ésotérique », chaos divin non substantifié *(natura creans non creata*, ou encore *Ensoph)* qui se manifeste dans la lumière, ou Fils *(natura creata et creans)*[9]. La théosophie indienne connaît elle aussi, remarque le théosophe munichois, un ternaire comparable feu (forme), air (principe de sensibilité), lumière (intelligence)[10].

Ne manquant jamais de récuser tout dualisme ontologique, Baader rappelle volontiers que le principe de ténèbres, loin d'être mauvais en soi, constitue la base même de la « vie de nature » *(Naturleben)* et du ternaire de lumière[11]. C'est ainsi que la page de titre de l'opuscule *De l'éclair, père de la lumière* porte un dessin que

l'auteur explique en précisant qu'il s'agit d'un résumé symbolique de l'enseignement bœhméen concernant les sept « formes de nature » *(Naturgestalten)*. De fait, dans ce texte comme en d'autres passages de son œuvre, il s'explique volontiers à ce sujet en se référant presque toujours à Böhme. Le théosophe de Gœrlitz et celui de Munich posent en effet, au sein même de la nature divine, un processus théogonique qui permet à la déité originelle et « sans fond » (le *Ungrund)* de passer de l'état de non-manifestation à celui de manifestation, à une forme d'existence, et de là à celui de divinité créatrice. Les sept jours, et le jaillissement de la lumière originelle, décrits au début de la *Genèse*, ont inspiré au discours prophétique de Böhme la description de ce passage du *Ungrund* à l'existence et à la création. Ni lumière ni ténèbres, le *Ungrund* est en dehors de toute nature (un peu comme la *Sige* des gnostiques valentiniens) tant qu'il ne s'est pas donné une base, un fondement *(Grund)*. On ne vient à l'être ou à l'existence qu'en passant par une base (idée que retiendra la philosophie de Hegel). Böhme « imagine » ainsi sept « Esprits-Sources » *(Quellgeister)* ou « forces vitales » (pour lui comme pour Paracelse, la vie est au fond et à l'origine de tout), constitutives et constitutrices du corps divin, productrices de l'univers et de ses créatures. Par leur action l'unité confuse du *salliter* (le *limbus* protoplasmique et indifférencié, le chaos ou germe originel de *Genèse*, I, 2) se transforme, se développe, se constitue, sans cesser d'être multiple, dans l'unité synthétique et organique du *corps* divin. Autrement dit, les Esprits-Sources sont là pour former la base de la vie organique qui, en Dieu et dans les créatures, permet à la vie originelle de se réaliser. Préexistant à toute manifestation physique ou psychique, ils ne sont eux-mêmes ni l'un ni l'autre et se présentent sous la forme d'un système cyclique.

Les trois premiers Esprits-Sources (mais le mot « premier » n'indique pas une chronologie) constituent un ternaire placé sous le signe de la colère : l'*Acre* (« *das Herbe* » ; condensation, coagulation, dureté, froid, solidité), la *Douceur* (« *das Süsse* » ; c'est l'Âcre surmonté, la fluidité), et l'*Amertume* (« *das Bittre* », ou angoisse — *Angst* —, source de mouvement). Le quatrième Esprit-Source sert de transition ; « engendré » entre les trois premiers et les trois derniers, il est déjà révélation ; c'est l'*éclair (Blitz)*, symbole de la colère de Dieu, appelé aussi « Chaleur » *(Hitze)* ou « Feu » *(Feuer)*, source de vie. Les trois derniers sont l'*Amour (Liebe)* ou *Lumière (Licht)*, le *Son (Schall* ; en lui tout retentit et résonne ; c'est le chant des anges, des couleurs), et l'*Esprit de Nature (Naturgeist*, qui est la nature, le corps, des six Esprits-Sources précédents ; il est de couleur bleue). Ils sont, tous les sept, organisés en rythme cyclique en ce sens qu'on peut envisager l'ensemble, pour ainsi dire, de haut en bas et de bas en haut, comme partant du corps que la vie consume pour engendrer l'esprit, ou comme partant de l'esprit que se donne un corps pour s'y incarner et le consumer par le feu de la vie. Cette multiplicité de points de vue permet de faire dans la nature divine, comme le remarquait Alexandre Koyré, une série de « coupes anatomiques » diverses. Cela explique en partie le caractère instable des concepts chez Böhme, mais aussi les extraordinaires possibilités figuratives et opérationnelles auxquelles cette polysémie sémantique donne lieu.

Baader reste pour l'essentiel fidèle à se schéma dynamique qu'il applique lui aussi à la vie divine et à la nature. Parlant de la nature, il emploie volontiers l'expression « Formes de Nature » *(Naturgestalten)* — qui correspondent donc aux Esprits-Sources de Böhme — pour désigner les constituants de ce septénaire. Les trois premières constituent le Centre de Nature *(Naturzentrum)*, c'est le ternaire de ténèbres, un mouvement inquiet où règnent à la fois la force expansive et la force compressive ; comme ni l'une ni l'autre ne s'y trouvent unies, mais opposées ou juxtaposées, leur dualisme engendre incessamment une rotation, « Roue de Nature » *(Naturrad)* ou *Roue d'Angoisse (Angstrad)*. C'est le ternaire du mouvement inquiet, de la faim dévorante, le Serpent de Nature *(Naturwurm)*. La quatrième Forme de Nature, ou *Feu*, joue le même rôle séparateur que chez Böhme ; elle fait passer du premier ternaire au second (aux trois autres Formes de Nature) ou, si l'on préfère, elle transforme celui-là en celui-ci, elle actualise le « ternaire positif de lumière » — ou Centre de Vie *(Centrum des Lebens)*, mouvement calme, plénitude active, engendrement — dans lequel la complication *(Verwicklung)* se trouve comme suspendue *(aufgehoben)* sans être supprimée. Il s'agit d'actualiser ce second ternaire dans toutes les régions de la vie. La théosophie de Baader et celle de Böhme expliquent ainsi comment le Feu engloutissant le désir vorace se transforme en une lumière qui donne le vrai désir et le symbolise. Les ténèbres sont alors enfouies dans la lumière, bien qu'elles puissent toujours se réactualiser quand un désordre se produit, comme ce fut le cas avec la prévarication de Lucifer. A la base de tout être il y a donc un double Centre, celui de Nature et celui de Vie ; la fermeture du premier est la condition de l'ouverture de l'autre, parce qu'une occulation est toujours la condition d'une manifestation. La vie, écrit Baader, porte sa racine au-dessous, sa couronne au-dessus. Le premier Centre correspond par exemple au désir qu'à chaque être de rester ou de persévérer en soi, le second à celui de s'étendre, de sortir de soi.

Si nous ajoutons à cela la théorie des trois Principes selon Böhme, le dessin de Baader s'éclaire davantage. Disons succinctement que le premier Principe s'exprime dans le courroux de Dieu *(Angstfeuer*, force originelle éruptive) ; que le second est l'engendrement du Fils par le Père, la transformation du feu courroux en un monde de lumière et d'amour (l'*Ungrund* se saisit en *Grund)* ; et que le troisième contient le *Fiat*, ou Verbe créateur responsable de la création. Au sein même de celle-ci on retrouve ces trois mêmes Principes, car ils en sont le fondement ; d'où l'utilité et la nécessité de regarder la nature la plus concrète pour y déchiffrer les signatures divines. On voit donc que dans la figure de l'opuscule sur l'éclair, les six angles des deux triangles inscrits représentent, selon Baader, les six premiers Esprits-Sources ou la naissance intérieure et « sidérique » de l'âme (premier Principe) ; que le cercle lui-même représente le septième Esprit-Source, ou Esprit de Nature (corps, naissance extérieure — troisième Principe) ; et le centre du cercle, la naissance « la plus intérieure » (second Principe). On aperçoit aussi que, livrée à elle-même, la nature éternelle (le premier ternaire) peut seulement se comprimer, s'épaissir, se contracter, tourner en rond ; elle est ternaire, certes, mais aussi dualisme car la troisième Forme de Nature (l'Angoisse) n'unit pas vraiment les deux premières mais les tient seulement ensemble, forces compressive et expansive engendrant un mouvement de rotation. C'est seulement, écrit Baader, grâce à l'intervention de la quatrième Forme de Nature, le Feu, que cette opposition stérile est transmuée en ciel, que le Père tient, que le Fils rassemble, que tous deux sont vraiment Un dans l'Esprit. Ténèbres et lumière sortent, autrement dit, du Centre de Nature que l'éclair fait éclater. Le feu sépare, et unit, la lumière et les ténèbres [12].

Baader ressent le moment — non vraiment temporel, sauf peut-être dans ses manifestations historiques ou psychologiques les plus quotidiennes — d'attente, de tension, de souffrance, comme une *fermentation*, seule image en mesure de faire comprendre sa théorie du feu qui pose en effet à la base du vivant l'existence d'une combustion sombre, d'une chaleur, d'une effervescence nécessaire à l'éclosion de toute vie [13] car la nature entière se caractérise par une inflammabilité générale : « *Ignis ubique latet !* ». En vrai théosophe et selon une étymologie fantaisiste mais plus évocatrice qu'un froid constat philologique, il rapproche *Gährung* (fermentation) de *Gier, Begierde* (désir) et de *gyratio* [14]. La fermentation, chaleur enfouie dans la nature, est donc en même temps désir au fond des êtres et des choses, et rotation. En 1813, avant la première édition de l'essai sur l'éclair père de la lumière, il avait reproché aux physiciens de son temps de n'avoir pas compris que pour rendre compte de l'aspect dynamique de l'univers il est indispensable de concevoir l'existence d'un antagonisme fondamental entre une attraction — qui est désir — et une expansion, et d'admettre que cet antagonisme engendre une rotation [15], c'est-à-dire une fermentation responsable de l'apparition incessante de la vie. Le vivant ne résulte pas d'une élaboration lente, d'une sédimentation paisible, puisque cette fermentation, faite d'antagonismes, est toute tension ; il éclate d'un coup, comme l'étincelle ; la création procède toujours par jaillissements brusques. Le feu ne jaillit pas de la pierre grâce à un effort patient, mais brusquement sous un choc. Ainsi la fermentation exerce une action « révolutionnaire » en tant qu'elle fait échec à la mort grâce à des conflits qui se résolvent en jaillissements brusques ou éclairs [16].

Seul l'éclair permet de sortir du cercle de fermentation, lui-même nécessaire à l'éclosion de la vie. Inversement, un éclair apparaît seulement lorsque ce cercle existe quelque part. A vrai dire, celui-ci est partout présent, au moins en puissance. Le théosophe l'appelle « cercle de vie », « centre de nature », « roue d'angoisse », ou encore « roue de nature et de naissance », « roue de nature et d'angoisse ». Générateur de vie et de lumière — grâce à l'éclair —, il n'est pas moins cercle vicieux — *circulus vitiosus*, disait déjà Böhme —, stérile et destructeur tant que l'éclair ne le fait pas éclater. Toute créature, une fois qu'elle existe et bien que son existence même s'origine dans le « centre de nature », est livrée à des roues d'angoisse où elle risque de « s'abîmer » *(Abymation)*[17], c'est-à-dire de tomber dans un vortex mortel, consumant, sans fond, que Baader aime désigner sous le nom de roue d'Ixion. On sait que selon la mythologie grecque Ixion, reconnu coupable d'avoir voulu violer Héra, épouse de Zeus, fut attaché à une roue enflammée qui tournoyait en l'air. Baader désigne ainsi cette chaleur et cette inquiétude, ce tourment *(Qual)* dont il retrouve la présence dans les tourments de l'âme et qu'il appelle aussi « *angustia* » (resserrement). Psychologiquement, cela est ressenti comme l'impossibilité à la fois de rester en un lieu, de s'y tenir, et de ne pouvoir bouger. Contradiction douloureuse, rotation autodévorante, tel apparaît le « cercle de vie », la terrible « roue d'angoisse » à la racine de toute vie dans la nature et dans la créature. Angoisse de mort et angoisse de naissance à la fois ! Jacob Böhme appelle « centrifugalité » cette volonté permanente, toujours au moins potentielle, chez la créature, de sortir du « centre » qui lui a été fixé, mais sans y parvenir vraiment car ses efforts orgueilleux n'aboutissent jamais qu'à la crucifier sur cette roue d'Ixion, si bien qu'au lieu de s'élever elle tombe « sous » la majesté divine et reste prisonnière[18].

Les infusoires *(Rädertierchen)*, fantastiques Protées, sont la marque visible de ce chaos non fixé, irrationnel et trouble, à l'œuvre au fond de la nature[19] ; comme autant de petites roues d'Ixion ils présentent une image juste et douloureuse de l'être cherchant à échapper à lui-même, qui tout en ne pouvant demeurer en place reste tout de même dans l'impossibilité de se déplacer[20]. Anti-atomiste convaincu, Baader voit aussi dans les atomes des « différentiels » dépourvus de substance, des êtres immatériels parce que « placés sous la matière » *(untermateriell)*, en « fluxion » permanente et comme désireux de recevoir un « intégrateur », la lumière, seule dispensatrice de forme permanente et vraie[21] ; ici comme en plus d'un endroit de son œuvre, il se montre en avance sur les connaissances scientifiques de son temps ; les passages consacrés aux atomes ne seraient pas contredits par la microphysique d'aujourd'hui... Sur le plan philosophique on peut considérer ce mouvement circulaire *(gyratio)* ou angoisse infernale manifestée dans la nature élémentaire, comme la manifestation d'un effort douloureux pour passer à l'être[22]. Toute vie est danse sur un volcan.

Au mythe d'Ixion, Baader opposait dès 1813, dans l'opuscule déjà cité, celui d'Orphée qui « arrêta la roue d'Ixion[23] ». Orphée est donc le génie bienfaisant qui apaise la rotation douloureuse[24]. La créature, explique-t-il dans l'essai sur l'éclair, est incapable de trouver par elle-même son achèvement, sa plénitude ou sa transfiguration. La nature attend tout de la Grâce. Une créature dans laquelle s'allume la roue d'Ixion, autrement dit dans laquelle le serpent ténébreux de la vie est devenu volonté, se révèle incapable de parvenir à elle seule à l'achèvement de son « processus de naissance » ; il lui faut l'assistance d'un Dieu qui ne se contente pas de la toucher mais qui s'introduit lui-même, de l'extérieur, dans cette roue comme un Orphée. Voilà, note Baader, qui va à l'encontre des morales et des « systèmes d'autonomie » du XIXe siècle ! Dès qu'une créature est produite, « posée », sa dualité ou contradiction interne est donnée du même coup ; il faut alors faire appel à son Dieu qui seul pourra résoudre la contradiction. Le culte rendu à la divinité coïncide avec le soin que nous prenons de notre propre vie. Ce qui est « inné » n'est point cependant l'actualisation inévitable de cette inflammation mais plutôt sa potentialité que la créature peut, si elle le veut vraiment, détruire pour toujours avec l'aide de Dieu, de même qu'elle conserve la possibilité d'extirper l'inflammation réelle déjà déclarée par sa faute. Si Dieu ne témoignait pas de son existence comme Sauveur, Il ne serait pas Dieu[25].

Dix ans après la publication de cet essai, Baader invoque dans le même sens le passage biblique : « Je vis Satan tomber du ciel comme un éclair[26] », pour indiquer de la même façon qu'afin de faire sauter le cercle magique et ténébreux qui maintient prisonnier son esprit, l'homme — mais cela est vrai aussi à d'autres niveaux de la nature — n'a besoin de rien moins que de la puissance de l'éclair ; il rappelle à ce propos ce beau passage tiré d'une œuvre de Saint-Martin :

> Ceux qui auront eu l'occasion de considérer et de connaître les formes fondamentales de la nature, n'ignorent pas que le *ver* ne fait que représenter la *racine* (ver radical), et nous peignent l'avilissement que cette nature a éprouvé, et les efforts qu'elle fait, mais en vain, pour se délivrer de son angoisse en *circulant* continuellement[27].

L'éclair et ses visages

Une « imagination » au sens magique du terme, associée ici par Baader à la Foi[28] doit être capable, si l'homme sait l'utiliser, de transpercer ce *centrum* ; nous recouvrons ainsi notre liberté en même temps que celle-ci nous aide à accomplir cet acte énergique et difficile. La volonté libre, nécessaire au départ, est aussi la récompense finale. On voit intervenir ici la notion paracelsienne d'*imagination*[29], mot dans lequel Baader retrouve « magie », « *Magnet* » (aimant). La volonté, si elle est assez forte, « attire » cette liberté, l'arrache en quelque sorte au « centre de nature » qui lui aussi contient déjà en puissance quelque chose de cette liberté qu'il s'efforce de retenir. Dès lors, si elle réussit à percer le « centre de nature », la liberté le traverse comme un éclair privant aussitôt de sa puissance cette *matrix* ténébreuse qui devient du même coup corps lumineux supérieur ! En chutant, Adam perdit cette faculté. Il n'a fallu rien moins que le Nouvel Adam ressuscité d'entre les morts pour faire de nous les nouveaux enfants de Dieu. C'est néanmoins la violence, toujours, que subit le royaume de Dieu[30] ; nous ne pouvons y accéder qu'en transperçant, en transformant, notre « ver », non pas en procédant « tout doucement ». Voilà pourquoi le sommeil magnétique, qui intéresse tant Baader mais qui est une « voie douce », ne saurait être ici d'une grande utilité[31]. L'éclair de feu jaillissant au cœur de la roue de naissance — du « centre de nature » — pour la transpercer peut être représenté par une croix entourée d'un cercle, image qui figure la seconde étape de toute naissance de vie *(Lebensgeburt)*[32]. La troisième étape sera la conséquence de cette manifestation de l'éclair, c'est-à-dire l'apparition de la lumière. Mais Baader s'attarde volontiers sur la notion d'éclair.

L'éclair apparaît comme ce qui fait sauter le « centre de nature » et sépare le lumineux de l'obscur. Il l'appelle aussi « feu ». La triple signature ténèbre-feu-lumière, présente dans la divinité, se reproduit partout dans la nature. Il s'agit de savoir découvrir autour de nous que dans le feu ténébreux ou racine ignée — « centre de nature » — quelque chose d'entravé tend d'abord vers une libération ou une libre manifestation, lutte jusqu'à faire violemment irruption dans l'éclair qui lui-même va faire irruption dans ce feu ténébreux, et trouve seulement alors dans la lumière — ou en tant que lumière — sa révélation dans la liberté, de façon, cette fois, calme et silencieuse. Les analogies ne manquent pas : *« Ecclesia pressa, militans, triumphans »* ; ou, chez Dante : enfer, purgatoire, paradis. Mais ce qui selon Baader manque à la physique comme à la métaphysique, c'est d'avoir montré en l'éclair le Père direct de la lumière ; il engendre celle-ci à partir des ténèbres comme il peut aussi l'éteindre de nouveau ; la nature en offre le spectacle avec les premiers mouvements de l'embryon — j'ajouterais : avec le spasme de l'orgasme — et les convulsions de l'animal à l'agonie.

Baader n'entend pas revendiquer la découverte de l'éclair père de la lumière ; il ne cesse au contraire de rappeler que Jacob Böhme a beaucoup insisté sur cette notion et serait en Allemagne, voire au monde, le premier Philosophe de la Nature à avoir saisi l'importance de ce moment de transition qu'est l'éclair. On lui doit d'avoir prouvé cette loi aussi importante en physique qu'en morale ou en religion : Toute vie (la vie originelle de la divinité, comme celle de la créature, qui est une copie de la première), pour trouver son accomplissement doit naître deux fois ; autrement dit, tout processus de naissance doit parcourir deux étapes qui se présentent nécessairement à la créature comme deux « régions » particulières, distinctes, de son être. Toute vie qui en est encore au premier stade doit « briser sa première mère » pour accéder au second, à la vraie naissance, parfaite et éternelle[33]. La fadeur des morales modernes, dit Baader, est de faire abstraction de cette « douleur de naissance » dans la vie morale, c'est-à-dire de la croix[34] (« décussation »). Jacob Böhme a bien vu aussi la double action du feu ou de l'éclair : dans les trois premières formes *(Gestalten)* il se manifeste sous forme d'éclair ou de « regard » *(Blitz, Blick)* insaisissable, aveuglant, consumant, mais aux trois autres formes il confère sa puissance, et nous avons vu que toute vie apparaît et disparaît dans l'éclair, les convulsions. Ce qui entoure l'expansion calme et libre de la lumière appelle sur soi l'éclair vengeur, comme le suggère l'image du chérubin tenant l'épée flamboyante à l'entrée du paradis. Pas de lumière sans éclair, pas d'éclair sans ténèbre. L'éclair est le Seigneur absolu de la nature[35].

Par « éclair » Baader entend bien ce que Böhme essayait de faire comprendre dans sa langue baroque et imagée. Il ne s'agit pas seulement d'une lumière qui se produit momentanément pour s'éteindre aussitôt, mais d'une « coruscation » qui, sans nécessairement s'accompagner de phénomène lumineux visible, est toujours explosion, ébranlement vif et pénétrant — *Schrack*. Baader reprend ce mot de Böhme, si évocateur mais impossible à traduire, qui suggère une explosion en même temps qu'une peur subite *(Schrecken)* et qu'un bondissement *(Heuschrecke*, « sauterelle », vient de ce sens originel de *« Schrecken »)*. Visible ou non, l'éclair est donc ce qui, bruyamment ou silencieusement, précède toute apparition de lumière et résulte du contact de deux principes opposés dont l'un comprime l'autre ou se subordonne à lui[36]. La région élevée ne se manifeste d'abord à la région inférieure que sous forme de linéaments vagues, de couleurs sans contours précis, de sons dépourvus de signification définie[37]. Il est instructif d'observer la nature apparente car elle porte la marque de ce qui est derrière les choses. Prenons la peine de regarder sous quelle forme se présente le feu obscur dans sa manifestation la plus concrète : il est oscillant, la flamme réelle fait penser au combat. La « signature » de la lumière, quant à elle, est rayonnement, point seulement pénétration ; comme silencieuse, elle donne l'impression d'établir sa demeure à l'intérieur des choses. On dirait que Baader a contemplé plus d'une fois la flamme d'une chandelle, et on n'est pas surpris que Gaston Bachelard ait fait une place à notre théosophe dans *La Flamme d'une chandelle* :

> La flamme bruit, la flamme geint. La flamme est un être qui souffre. De sombres murmures sortent de cette géhenne. Toute petite douleur est le signe de la douleur du monde. Un rêveur qui a lu les livres de Franz von Baader retrouve, en miniature et en sourdine, dans les cris de sa chandelle, les éclats de l'éclair. Il entend le bruit de l'être qui brûle, ce Schrack qu'Eugène Susini nous dit intraduisible de l'allemand en français. Il est curieux de constater que ce qu'il y a de plus intraduisible d'une langue à une autre ce soient les phénomènes du son et de la sonorité[38].

La « signature » de l'éclair se présente encore différemment, en dents de scie, « saccadée » *(zackig* ; « par saccades », écrit Baader en français), ce qui correspond à la pénétration fracassante, souvent bruyante. L'éclair combine les oscillations et la ligne droite car il se propage directement mais par lignes brisées. Selon Van Marum[39] l'éclair a toujours trois dents, de même que les branches des plantes et les vaisseaux sanguins vont par groupes de trois. Quand le feu divin descend dans quelque chose, il s'allume en triangle[40]. L'éclair peut donc se manifester dans l'obscurité, sans illumination, parce qu'il est comme un lion sommeillant ou à l'affût *(« Ignis ubique latet »).* Mais il est terrifiant *(cf.* le jeu de mots que permet *Schrack),* ébranle les hommes jusqu'au fond d'eux-mêmes quand il les surprend en éclatant dans le ciel sous sa forme sensible lors des orages, et effraye au moins autant les animaux.

« Per ignem ad lucem »

La réalité de l'éclair plonge dans les profondeurs ontologiques. Il est, rappelle Baader, l'acte de l'*Ungrund* originel supprimant *(aufhebend)* le fondement qu'il s'est donné au départ ; se libérant ainsi, l'*Ungrund* pénètre profondément en soi-même, se donne un second fondement — et s'éclaire[41]. L'essai sur l'éclair père de la lumière précise que dans la fermentation obscure et ignée des profondeurs ontologiques, théogoniques et cosmologiques, on sent indéniablement monter un conflit ou une opposition (angoisse infernale de la naissance, *Gier* ou *gyratio* terrible, sur le plan naturel) qui se tend et se détend tour à tour, et que Böhme appelle « lien éternel de la nature » *(ewiger Naturband)* ; il se fait lui-même incessamment, n'est point mauvais en soi puisqu'il n'a pas d'autre artisan que la volonté éternelle de Dieu de se manifester. Pour nous qui vivons dans le temps, ce conflit douloureux se termine bien ou mal. Nous le voyons atteindre son acmé à un certain point temporel de la tension, lorsque la tendance à la liberté — ou celle qui consiste à

« luire », c'est-à-dire à pénétrer de force dans la communauté cosmique, dans l'universalité — finit dans le meilleur des cas par épuiser l'opposition jusque-là paralysante, à la vaincre ; la créature continue alors de porter en elle la force intégrale de cette opposition comme un butin de victoire. Il est remarquable que Baader n'envisage pas que cette force vive ait disparu au cours de la lutte, se soit anéantie ; au contraire elle est toujours là, utilisable, transformée en acquis positif. Victoire qui est une percée, percée qui est d'éclair *(Durchblitzen)*, éclatement d'une angoisse ayant atteint son sommet. Bien entendu cet acmé peut aboutir au résultat inverse, à l'*abymation* dans les ténèbres. L'éclair est donc un « portier » en ce sens que c'est lui qui ouvre et qui ferme. Il ouvre la région supérieure à ceux qui s'abandonnent à l'assimilation cosmique — abandon non passif, on l'a vu —, mais repousse et bannit le rebelle dans les ténèbres inférieures. C'est pourquoi l'éclair de feu ouvre « en soi » (sous soi) le monde ténébreux, mais « hors de soi » le monde de lumière.

Baader trouve surprenant que personne n'ait noté jusqu'ici — il serait donc le premier à le faire — que surmonter l'opposition ou l'épuiser revient, dans la mesure où la naissance de vie et de lumière est réussie, à une transmutation *(Umwandlung)* de cette opposition même, à son appropriation, ou encore à ce que les physiologues appellent une « assimilation ». Le dualisme de la haine destructrice se transmue en une dualité — je dirais : une dualitude — faite d'amour créateur et « nourrissant ». Ici, comme souvent, Baader se sert volontiers de termes empruntés à la physique et à la chimie. Pour s'expliquer davantage, il ajoute en effet dans l'essai sur l'éclair père de la lumière, que l'activité ou énergie « refermante » (condensatrice, intensive) parvenue à son plus haut point de tension (la *Ichheit*, ou « individualité » au sens plutôt négatif du terme, allumée et exacerbée, l'engourdissement spirituel le plus grand, la plus profonde enténébration) se transforme aussitôt en une « dépotentialisation » si cette énergie de la *Ichheit* est sacrifiée (« créditée ») à la région de liberté ouverte par l'éclair. Autrement dit, l'acmé est favorable au plus formidable revirement dont la créature soit capable car elle est le « moment » où il s'agit de surmonter une résistance en la faisant céder[42]. L'énergie de l'égoïsme, celle d'un gaz ou d'un ténébreux *Naturgeist*, se transforme en « substance » *(Wesen)*, en *prima materia* qui sert à l'éclair — au *Feuergeist*, « esprit de feu » — d'enveloppe ou de corps dans lequel cet éclair ne manifeste plus la puissance destructrice (« consumante »), coléreuse, insaisissable, du seigneur absolu qui « nie » tout ce qui est au-dessous de lui, mais se manifeste au contraire comme une lumière qui se donne, et donne, à saisir. « De celui qui mange est sorti ce qui se mange, du fort est sorti le doux », rappelle Baader en citant l'énigme de

Samson[43] (*Juges*, XIV, 14 s). Lumière formatrice et nourricière, en quelque sorte. Lumière réconciliée et adoucie. L'éclair, ou Père, a dès lors trouvé un lieu qu'il désire, où il prend corps, où enfin satisfait il demeure. Stabilité, « compréhension » *(Bestand, Verstand)* de la lumière, par opposition à l'instabilité de l'éclair qui ne saisit rien et qui ne trouve ni ne garde son fondement[44] *(Grund)*.

La lumière, fille de l'éclair, est donc bien distincte de lui, pourtant elle continue toujours à porter en elle les énergies potentielles de cet éclair tout-puissant et destructeur qui place ou déplace tout en lui, sous lui, vers les ténèbres ; car jaillie des ténèbres et de l'éclair, elle n'est pas exempte d'un retour possible de l'éclair vengeur qui peut surgir à nouveau en elle si le processus transmutatoire n'a pas été vraiment mené à son terme. Il suffit pour cela que ce processus — qui engendre le « Fils » — se trouve troublé, entravé, arrêté. Ainsi, la raison est une lumière qui sort des ténèbres et peut y retomber ; la lumière de ces « pyromanes meurtriers » que sont les philosophes des « Lumières » n'est qu'un incendie ! Et l'amour, qui est don de soi, sort du désir égoïste mais peut y retomber[45]. Dans les meilleurs des cas la puissance irascible et destructrice devient formatrice et ce processus mystérieux qui a lieu dans le sanctuaire inaccessible de la Schechina engendre l'amour et le corps *(liebe- und leibgebärend)*.

L'éclair consume donc tout être, tout fondement, dans lequel il ne se transforme pas en lumière (Baader dit aussi : dans lequel il ne peut « s'exprimer librement »). Mais l'éclair a ce qu'on pourrait appeler des intentions précises ; il se « prépare » invisiblement une demeure dans ces êtres et dans ces fondements. Baader ne semble pas très précis sur ce point, mais il semble que l'éclair préexiste, en quelque sorte, à son actualisation brusque. Ainsi le Père en nous n'entend que le Fils, n'exauce que le Fils ; la prière qui est dans le Fils entend celle qui, en nous, est pour le Fils[46]. Ici intervient encore le rôle magique et créateur de l'imagination, au sens défini plus haut[47]. Il s'agit de se préparer par elle à accueillir ce qui attend de pouvoir habiter en nous. Car ce dans quoi j'imagine — ou désire —, ou ce que je « laisse imaginer » en moi, je le propage en moi, je l'y forme, l'y engendre. La faculté qu'a l'âme d'engendrer des images est faculté du désir *(Bildgebärvermögen der Seele ist Begehrungsvermögen)*. Parce que l'homme est de nature « centrale », cosmique, solaire, il ne doit, dans tous les actes de sa volonté, avoir que l'idée de Dieu, de même que les choses qui se meuvent sur la terre ne voient que la terre, comme le montre la pesanteur. Nous ne devons donc laisser s'engendrer en nous aucune image particulière en dehors de l'image originelle (celle du Fils nous en tient lieu) ; à elle seule nous devons rattacher toutes les autres images particulières qui se forment dans notre esprit. Assimilant ici l'image du feu à celle de la lumière, Baader conclut l'essai sur l'éclair père de la lumière par ces vers intitulés *Per ignem ad lucem* ; il n'en cite pas la source, mais ils sont tirés de *Hortulus Sacer*, recueil de poèmes mystico-alchimiques de Douzetemps publiés dans le livre du même auteur, intitulé le *Mystère de la Croix* (1732) :

> Non alia ad Lucem ducit via ; perge per Ignem,
> Quo te ducit « amans » ; hoc duce tutus eris.
> Nam Lucis Pater est Ignis ; sed quidquid in Igne
> Deperdes, Ingens hoc reputato Lucrum[48].

« *Per ignem ad lucem* ». Vers la lumière, par l'éclair. La lumière est comprise ici comme le principe expansif par excellence qui ne devient manifeste, personnel, qu'après l'occultation de cet éclair[49] et qui dès lors forme, façonne, la nature[50] *(Bildner der Natur)*. La lumière ne sort de son silence, de son indifférence, ne se manifeste comme éclatante, attirante et engendrante, que si l'éclair tient suspendu le « principe de nature » en l'empêchant de s'actualiser ; il peut aussi le replonger dans le silence ou même l'éteindre, et il en va de même avec le son et avec toute sensation. La théorie gœthéenne des couleurs est juste en ce qu'elle ne considère pas les ténèbres — le « principe de nature » ténébreux — comme mauvais en soi, mais au lieu de parler de leur séparation *(Geschiedenheit)* d'avec la lumière Goethe aurait, selon Baader, dû parler de différenciation *(Unterschiedenheit)* et dire que celle-ci s'opère grâce au feu. L'action conjuguée de la lumière et des ténèbres ne s'exerce que par lui ; accord « photogène », par opposition au « scotogène » ou signe que cette action conjuguée n'a pas eu lieu. Pour Baader les ténèbres ne sont donc pas mauvaises en soi. De même, le Mal n'a pas de réalité ontologique ; il ne provient que d'un « déplacement », d'un manque d'harmonie dialectique entre ténèbres et lumière[51]. Au fond, le Mal s'actualise — c'est-à-dire que les ténèbres deviennent en quelque sorte autonomes — dès lors que l'éclair, ou feu, ne parvient pas à jouer son rôle libérateur et créateur.

Univers et fondement

Création de l'Univers et du Temps

Baader emploie souvent en effet « feu » pour « éclair » lorsqu'il fait moins allusion à son aspect instantané de détonateur — à l'éclair que nous voyons dans le ciel un jour d'orage — qu'à son rôle de séparateur ou de transmetteur, d'intermédiaire actif. Le théosophe peut ainsi, en changeant d'image, donner libre cours à des réflexions qui amplifient la notion d'éclair en l'enrichissant de significations parallèles et complémentaires. Nature et « surnature » font naître, dans leur conjonction, le feu ; la surnature « allume » *(entzündet)* la nature en la pénétrant et s'allume en même temps. Allumer, c'est « ouvrir »[52]. Mais il souligne volontiers la fonction séparatrice du feu, celle de « justice », en citant le *Mysterium Magnum* de Böhme[53] où l'on voit le rôle actif et universel attribué au feu : « Le feu fait pousser une petite branche, en fait un grand arbre, le consume et en fait de nouveau une seule chose. » Il s'agit donc bien d'une notion dépassant la fonction attribuée jusqu'à présent à l'éclair et qui développe celle-ci jusqu'à en faire un principe universel. « L'allumage » brusque, précise-t-il[54], peut être momentané et n'est pas le feu-principe ; celui-ci naît autrement que « *per generationem aequivocam* » ; le feu sensible est seulement la manifestation d'un feu général caché se manifestant dans chacun des trois principes — au sens böhméen —, mais de façon différente dans chacun des trois. Cette universalité du feu nous est déjà apparue avec la formule « *Ignis ubique latet* » et avec la physique baadérienne du désir. « Le désir comblé, donc apaisé ou feu qui a trouvé son fondement, est lumière » — écrit-il en 1813[55].

La vie naît dans la substance ignée bien qu'elle ne puisse y demeurer tout à fait sous peine d'être détruite. Le feu est vraiment le premier élément qui entre dans le processus de toute substantification ou corporisation, donc de toute vie, car aucune force coagulante ne peut agir sans lui. Il préside à l'apparition de tout ce qui est concret, tangible. Il en va de même de la corporisation éternelle, car ce qui est vrai de la nature apparente vaut aussi pour le monde surnaturel et pour notre devenir spirituel. Paralysé, le feu cesse d'être générateur et devient vengeur, destructeur[56], mais paradoxalement il doit également être contenu. La nature et la créature maintiennent donc leur existence entre une certaine actualisation, et une certaine potentialisation, du feu. Hors de ces limites la création, et surtout la créature, perdent leur ancrage. Celle-ci se voit dépouillée du principe qui la maintient comme telle *(Bestand et*

Verstand), elle cherche à prendre forme sans y parvenir, comme les infusoires déjà évoqués. La pensée de l'homme peut prendre les formes de la fausse imagination — la *Phantasei* de Paracelse, par opposition à l'*imaginatio vera*. Le spiritualisme pur, désincarné, est un exemple de déviation de ce genre, car perdre son corps revient à être dévoré par les flammes *(Entleibung = Entzündung)*.

C'est pourquoi le monde matériel a été créé, après la chute de Lucifer devenu Satan ; il s'agissait pour Dieu d'entraver l'inflammation générale en faisant naître un univers destiné à servir de *matrix*, d'atelier, à une nouvelle corporisation *(Beleibung)* appelée à être éternelle. Dieu tient le feu prisonnier pour que la création ne s'enflamme pas tout entière. Il y a donc une « ténèbre invisible », mais le feu, quoique généralement caché à nos regards, reste le principe de toute corporisation et de toute naissance[57].

Baader rappelle aussi, en commentant un texte de Saint-Martin, qu'un incendie *(Brand)* a commencé à se manifester, à « sortir » *(auskommen)* « avec le temps » — c'est-à-dire avec le commencement du temps, par quoi il faut entendre : depuis la chute. L'incendie ne cessera qu'avec le feu qui consumera tout l'univers au jugement dernier. Les « Philosophes de la Nature » (Schelling est directement visé) ont bien tort de prendre cet incendie « pour la vie naturelle et éternelle[58] ». Dans un étonnant essai consacré tout entier au temps et écrit directement en français, Baader oppose le temps « apparent » au temps « vrai » pour affirmer que la réaction du premier contre le second ne peut éclater mais seulement se manifester sans une forme négative, passive, c'est-à-dire en occultant, en ne laissant point se manifester le temps vrai qui est présence réelle. Cette action ou réaction négative, nous l'avons rencontrée plus haut à propos du cercle vicieux et de la roue d'angoisse. Le feu qui « cherche à s'ouvrir » dans le temps apparent, à y « faire son explosion », n'est point générateur ni nourrissant mais destructeur, et « l'inflammabilité » de ce feu, nommé par l'Écriture « le ver rongeur qui jamais ne meurt », fait le danger mais par là aussi le sérieux de chaque vie créée ou émanée. L'image du serpent s'impose d'autant mieux à l'imagination que le temps apparent est « périphérique ». Il se manifeste sous forme de mouvement, « périphérique » lui aussi parce que la puissance qui « réalise » ou « pose » le centre, et la puissance opposée qui tend à annuler ce centre ne sont ni l'une ni l'autre en mesure de faire valoir exclusivement leur action. C'est pourtant le repos du centre — son « posement » — qui permet le mouvement libre de la périphérie, « parce que tout mouvement ne part que de l'Immuable », de même que le non-repos de ce centre — son « ouverture » ou sa disparition — arrête le mouvement libre de la périphérie, effectuant ainsi une « géhenne ». Il existe un troisième état : le mouvement de la périphérie n'est ni appuyé par son centre interne ni arrêté par l'ouverture de son autre centre, mais part d'un centre extérieur à l'être[59].

Le monde extérieur n'est *« que tel »*, il est dépourvu d'intérieur, « il lui manque le remplissement et le soutien intérieur (vanité ou vide faisant le *mutisme* de ce monde) ». Si l'homme s'abandonne à ce monde externe, celui-ci le laisse vide, « le vide même toujours plus, comme un (e) vraie sangsue (ou s'il était permis de faire usage d'un nouveau mot : comme un vrai *cœur-sue*) ». Nous sommes ici-bas sous la puissance d'un être « qui ne cesse de manger notre corps et boire notre sang (âme) ». Juste le contraire de la communion vraie ou béatifique ! Ne nous identifions pas à ce monde externe dont la nature est vaine, vide, intérieurement nulle ; ne tombons pas dans l'erreur des Philosophes de la Nature (c'est Schelling qui, ici encore, est visé[60]). L'être créé — l'animal — « pèse », il lui manque la parole, c'est un « miroir nul » (point un « miroir réfractaire » car son obscurité est non pas active mais passive). L'être émané au contraire — l'homme —, dans son état originel, ne pèse pas car il est destiné « à une communication directe et *entière* avec Dieu », son action est parole. Le souffle vivifiant donné à Adam selon la *Genèse* « ne fut pas une création, mais une émanation, qui aurait dû soutenir et soulever tout le reste créé de cet homme — et par lui toute la créature ; cf. *Romains* VIII, 19 — dans la ligne des êtres incréés ». Il ne faut donc pas suivre l'exemple des « philosophes modernes » qui confondent pesanteur et attraction, distinction qui nous donne la raison de la clairvoyance de *l'amour*, et la raison de l'aveuglement de chaque *passion*. « Car celui qui est entraîné par sa passion se trouve, comme dit le Christ, dans les ténèbres et ne sait pas où il va[61]. »

Prière, liberté et électricité

La théosophie baaderienne ne se présente pas comme une mystique spéculative détachée du concret. Elle est une *Naturphilosophie* qui fait appel à la science chaque fois qu'elle le peut et l'on ne s'étonne pas de la grande admiration que Baader porte à Johann Wilhelm Ritter dont les expériences sur le galvanisme et l'électricité constituent un des aspects les plus spécifiques de la « science romantique[62] ». Baader fut vite séduit par ce physicien d'Iéna, esprit instable mais génial, ami intime de Novalis et voué comme celui-ci à une mort précoce. Tous trois physiciens et métaphysiciens à la fois, ils ne séparent pas leurs réflexions cosmogoniques ou théogoniques d'observations fondées sur la science de leur époque. Rien d'étonnant donc à ce que Baader retrouve l'éclair à tous les niveaux. Dans un écrit de 1813 il fait une allusion, implicite mais transparente, à Ritter en parlant de la « physique considérée comme art » — titre, précisément, d'un texte de Ritter[63]. Il note dans le même écrit qu'en dirigeant l'extrémité d'un corps électrique dans une direction donnée, à l'intérieur d'un système électrique, on obtient un résultat différent de celui qu'on aurait obtenu si on avait choisi une autre direction. De même, si on oriente d'une certaine façon le foyer d'une loupe on enflammera tel objet et non pas tel autre. Cela s'applique à l'homme, qui doit orienter le foyer de ses énergies, c'est-à-dire son désir et son amour, vers le « courant de vie » central et divin[64].

La tension électrique, note-t-il en 1818 dans son essai sur la notion de temps, ne peut s'expliquer que par un déplacement ou dérangement des pôles (ce que les physiciens, ajoute-t-il, ont tendance à oublier), et cette tension aboutit à un choc, une étincelle ou un éclair ; observation de nature à « prophétiser » que le désordre universel finira aussi par un éclair exécuteur du jugement, ou du remplacement universel des pôles[65]. Dans son article sur le sentiment d'admiration et de respect, en 1804, il évoquait déjà l'électricité à propos de l'épée flamboyante du chérubin gardien du paradis. Arme qui est extérieurement feu, éclair dévorant, et intérieurement lumière de joie et de bénédiction, car l'homme a le choix, il doit « trancher » *(Scheidung)*, entre l'élévation par admiration ou respect et l'abaissement moral. Les esprits bas n'aiment pas Dieu. A l'approche des valeurs d'admiration et de respect il se produit dans notre cœur ce que les physiciens, à propos de l'électricité et du magnétisme, appellent « excitation » *(Erregung)* par « répartition » *(Vertheilung)*, notion qui a d'ailleurs contribué à « réveiller » en Allemagne la *Naturphilosophie*. Il y a une polarité du cœur, ou un « scheidage », s'il est permis d'employer ce mot français technique d'origine allemande qui sert à désigner le triage du minerai et qui correspond assez bien à ce que Baader entend par *Scheidung*. L'idée est que nous ne pouvons nous passer des influences d'en-haut — contrairement, dit Baader, à ce que semble penser Kant —, et que si nous leur résistons nous devenons les victimes de l'aspect igné et dévorant de l'épée flamboyante. La vie physique sur la terre est éveillée et entretenue par le soleil physique qui trie, sépare *(scheidet)*, et par là même crée la polarité. Ce scheidage se manifeste sous forme de chaleur dès le premier combat propre à toute vie, de même que la vie psychique de l'homme se développe sous l'influence d'un soleil qui ouvre cette vie à la richesse infinie de ses possibilités créatrices. L'homme sans Dieu est semblable à une terre sans soleil[66]. Ainsi Ritter a remarqué, note Baader en 1820, que la sphère d'action d'une classe d'êtres, même inorganiques, peut développer, si elle est mise en rapport avec une classe plus haute, des possibilités insoupçonnées qui ne seraient jamais manifestées sans ce rapprochement. Un plan supérieur anime un plan inférieur, comme on le voit dans les rapports entre les lunes et leurs planètes, entre l'animal et la nature intelligente, le minéral et le végétal, le végétal et le règne animal, l'animal et la créature intelligente, celle-ci et la nature divine[67] !

Plus tard, en 1834, Baader précise davantage encore l'homologie de l'électricité et de la vie naturelle ou surnaturelle. Un corps non « électrique » — non chargé d'électricité —, placé dans la sphère d'action d'un corps électrique, deviendra lui-même électrique tant qu'il demeurera dans celle-ci. Mais pour devenir lui-même un corps électrique, c'est-à-dire chargé d'électricité d'une manière autonome *(selbständig)*, il faut que cette électricité lui ait été non pas seulement communiquée *(mitgetheilt)* mais attribuée, en quelque sorte « distribuée » *(ertheilt)*, ce qui ne peut se faire qu'en passant par le choc de l'étincelle. En jouant sur la parenté des deux mots *mittheilen* (communiquer) et *ertheilen* (donner, distribuer, conférer), Baader pose la distinction de leur sens aux niveaux les plus différents. L'extase ou la maladie infectieuse ne sont pas communiquées mais données, conférées. Encore faut-il que, chez l'homme, il y ait collaboration *(Mitwirkung)* volontaire ; ainsi, la prière est à la fois don *(Gabe)* de Dieu et tâche *(Aufgabe)* de l'homme. Il faut être réceptif et collaborer, si l'on veut recevoir. Baader emploie le mot « infecter », ou « contaminer » *(infizieren)*, dans un sens positif, quand il dit que l'élément contaminant agit pour notre plus grand bien, par exemple dans la prière. Mais si j'exerce une influence spirituelle sur quelqu'un au point de le « contaminer », cela ne signifie pas que je lui communique l'Esprit, qui de toute façon est partout et ne m'appartient pas en propre. Un médicament, une amulette, un monument sacré, ne sont que des « ouvertures » à un agent qui passe à travers eux, comme Paracelse et Justinus Kerner l'ont déjà expliqué. La femme mariée n'a pas de nom de famille à elle car elle est dépourvue de personnalité propre *(eigene Persönlichkeit)*. De même, Dieu a mis Son nom dans son Fils, celui-ci l'a mis dans l'homme[68].

A la même époque, dans ses cours de dogmatique spéculative, Baader rapproche liberté et électricité, « car toutes les lois fondamentales de la vie se retrouvent dans toutes les régions » accessibles à notre connaissance. L'étincelle positive tient « lié » son contraire négatif, l'étincelle négative tient « lié » son contraire positif. Il peut y avoir aussi un équilibre entre les deux étincelles. D'un point de vue à la fois physique et métaphysique cela signifie que l'Esprit, ou l'*Idea*, pôle positif, doit régner et que le « principe de nature » ou *Naturgrund*, pôle négatif, doit servir. Comme le suggérait plus haut l'image de l'épée flamboyante, la vie de l'homme passe par le fil étroit du choix et de la tentation. A notre naissance nous tendons vers le mal, à cause du péché originel. Or, quand un corps où le positif domine s'approche d'un corps où domine le négatif, le positif qui était lié dans ce corps à dominante négative se trouve délié, libéré, et s'oppose au négatif pour produire l'étincelle positive qui va lier l'étincelle négative. De même, si le bon agent s'approche du mauvais, il a tendance à libérer de cet agent mauvais le bien qui s'y trouvait lié et il donne ainsi à la créature la possibilité de puiser en elle-même une volonté nouvelle. Libération, certes, mais qui est seulement une suspension du fond mauvais de volonté car celui-ci reste toujours présent à l'état potentiel. Au moment où l'agent divin, directement ou par l'intermédiaire de quelqu'un qui le porte en lui, s'approche de notre pôle négatif, la possibilité de libération de notre positivité correspond en nous à un état d'indécision mais par là même de liberté. Cette indécision et cette liberté s'accompagnent de souffrance. Il faut souffrir pour lier l'action négative. Le Sauveur a souffert, qui a pris sur Lui notre faute, et nous devons souffrir pour assumer positivement cet acte de rachat qui crée notre liberté et qui nous confronte à elle. Le christianisme a découvert le mystère de la souffrance par l'amour[69].

Baader dira encore en 1837 qu'il faut distinguer entre deux électricités, la positive (sidérique et active), et la négative, comme l'a bien remarqué Procop Divisch[70], différence de même nature que celle, déjà notée par Paracelse et Jacob Böhme, qui existe entre une imagination sidérique ou active et une imagination élémentaire ou réactive, entre un désir actif et une nostalgie passive. G.H. von Schubert a distingué justement la lumière rayonnante de la phosphorescente ; la lumière du soleil n'est pas de même nature que celle de la lune ; le principe électrique des nerfs est d'une autre nature que celui du système ganglionnaire, les ganglions de notre corps étant ici comparables à l'astre nocturne, contrairement à ce que pense Kieser qui les compare à la terre[71].

Le « Fondement » et les deux visages du Feu

Ces considérations sur la périphérie, la pure extériorité du monde créé par opposition à l'intériorité propre aux êtres émanés, la pesanteur et l'électricité, témoignent toutes de la nécessité, selon Baader, de surmonter quelque chose pour échapper à un danger, à un enfermement, et du fait que cette victoire s'inscrit dans un scénario dramatique où le feu joue un rôle essentiel. A ces divers éléments il convient d'en ajouter un autre qui constitue une idée clef de la pensée baaderienne, grâce auquel les images préférées du théosophe, notamment celles de l'éclair et de la lumière, s'intègrent dans un système d'autant plus dynamique et cohérent. Il s'agit de la notion de *fondement*, à laquelle il a été fait allusion plus haut, notamment à propos de l'*Ungrund* bœhméen qui se pose un *Grund*, un fondement. Baader explique par exemple que tout feu brûlant à partir d'une matière ténébreuse (et il semble que selon lui toute matière nourrissant le feu soit ténébreuse) soumet *(subjicirt)* celle-ci, s'en sert comme d'un *fondement*. Inversement ce feu se soumet à un élément supérieur à lui-même, qu'il ne parvient pas à saisir mais qu'il fait monter comme lumière au-dessus de lui[72]. Ainsi le feu sensible, concret, n'est pas seulement un symbole. Voir dans le processus igné de la physique un simple déplacement matériel revient à méconnaître la *Aufhebung* de la matière qui s'élève pour se rapprocher de l'esprit ; car la matière, tant qu'elle ne s'est pas transmuée, n'est rien d'autre qu'une faim ignée qui se trouve fixée, maintenue et comme étourdie *(betäubt)*. Elle est un rien qu'on empêche de disparaître, un fantôme de l'être véritable[73].

Pour parler de fondement Baader emploie généralement le mot *Begründung*, que dans son essai en français sur le temps il traduit par « acte de fondement »[74] ou de « position ». L'acte de *Begründung* est double : subordination (par exemple, à Dieu) ou « dépression », et « élévation » (au-dessus de la simple nature)[75]. La *Begründung* comporte trois éléments constitutifs : un contenant, un contenu, un tiers qui les unit (ou un supérieur — intérieur —, un intermédiaire, un inférieur — extérieur)[76]. Si un être l'emporte sur quelque chose (à l'extérieur, et plus généralement en lui-même), il se trouve « soutenu » par cette chose vaincue qu'il continue à porter en soi, à contenir, à retenir, au-dessous de lui[77]. Le *Ungrund* (« non-fond ») est la racine, le fondement *(Grund)* est le tronc, la hauteur est la couronne de l'arbre ; on voit que le *Grund* n'est pas la racine et que donner un fondement *(begründen)* n'est pas donner une racine mais faire naître un tronc ! D'ailleurs un être n'est « fondé », ne trouve son existence véritable qu'une fois empli et contenu par son principe générateur (son père et sa mère). *Pater in filio, filius in matre*, écrit Baader[78].

Ce qui doit agir et grandir en moi doit d'abord s'y fixer, s'y insérer *(sich fassen)*, s'y fonder *(gründen)*, mais ne peut le faire que si je lui livre ma volonté, si je m'y introduis, si je m'ouvre ou m'abandonne volontairement à lui. S'ouvrir à quelque chose est un acte de descente *(Untergehen)* par lequel on accepte de devenir soi-même fondement *(Sichzugrundlassen)*. En échange, la chose fondatrice *(das Gründende)* à laquelle un être s'est ouvert prend possession, comme d'une « base », de cet être qui a accepté de devenir fondement ; elle monte alors, s'épanouit *(aufgeht)*, à l'intérieur de lui, l'élève en soi ou vers soi, le tire vers elle comme on tire un corps vers soi. Le péché de la créature est de se vouloir soi-même, donc de ne pas s'ouvrir à Dieu. Se vouloir soi-même est le contraire de l'amour. Accepter de devenir soi-même fondement de quelque chose, et pour cela s'abandonner en se transformant radicalement *(das Zerlassende)*, suppose qu'on abandonne son « droit naturel », qu'on accepte d'être fondu dans le feu, d'être « assimilé ». « *Coquor dum destituor, digeror dum transformor, unior dum conformor*[79]. »

L'acte indispensable qui consiste à se fonder (la *Gründung*) suppose retrait en soi-même, rassemblement, effort, tension[80]. La volonté doit entrer et se « *aufheben* » dans le *Grund* — le centre, la base, le cercle — comme dans un *Beweggrund*[81] pour pouvoir agir. Tout, et notre raison *(Vernunft)* elle-même, a besoin d'un *Grund* sûr pour se mouvoir librement[82]. Le magicien, pour commencer ses opérations, trace un cercle et s'y place. La physique enseigne qu'il n'est pas de mouvement sans appui. Aussi le point n'est-il pas cette chose comprimée qu'on veut généralement y voir, mais au contraire ubiquité. *Anima est, sentit et agit, ubi (quamdiu) amat (vult)* ; la vraie « localité » de l'âme et sa durée ne sont pas dans son affect lui-même. La volonté dirigée vers quelque chose de bon, quand elle a atteint son but, ne supprime pas pour autant la tentation mauvaise ; l'ayant subordonnée, elle « repose » sur celle-ci comme sur un fondement. Cela revient à dire que le fait de surmonter une pulsion naturelle n'exclut pas définitivement cette pulsion ni ne la détruit en tant qu'énergie « plastique » susceptible de jouer un rôle positif, mais que la faculté formatrice de notre volonté subordonne cette pulsion à un principe différent. Au demeurant c'est toujours entre trois possibilités que notre volonté doit trancher quand nous hésitons ; elle en choisit une qu'elle tend à « élever » au-dessus des deux autres[83].

Dans son opuscule consacré à l'idée chrétienne d'immortalité (1835), le théosophe explique, grâce à un de ces jeux étymologiques dont il a le secret, que le mot hébreu « *bara* » (créer) a donné en allemand le suffixe « *bar* » qu'on retrouve dans « *offenbar* » (évident, manifesté), « *gebären* » (mettre au monde), « *Gebärde* » (mouvement, comportement). Cette racine n'impliquerait donc pas une simple « fondation » mais une « mise en lumière » *(Inslichtsetzen)*, une découverte en même temps qu'un soulèvement ou que l'arrachement à une profondeur insondable. On pourrait, affirme-t-il, montrer dans différentes racines linguistiques cette identité du concept de lumière *(Licht)* et de légèreté *(leicht)*, de ténèbres et de pesanteur. Une énergie dérange une résistance, la force, la fait céder, lui confère une expansion *(Lichtwerden = Leichtwerden).* « *Licht* » est encore rapproché de *Liebe* : « *Lichte Liebe !* » La notion de fondement, ou de fondation, est inséparable de celle de substantification, de corporisation, en même temps d'élévation [84]. D'où l'opposition, comme on va le voir, entre ce feu-là et la force décorporisante du feu vide de lumière. Cette fondation est repos mais point passivité ; l'essai sur l'éclair père de la lumière précise qu'une énergie trouve son repos dans un développement libre qui est à la fois expression et action, c'est-à-dire qu'elle « se fonde » *(Sichbegründen),* se trouve un fondement, condition sans laquelle elle ne pourrait s'exprimer *(Sichaussprechen).* Nous avons affaire à un quaternaire. Par exemple : ce qui parle, le fondement de la parole, la parole elle-même, et ce qui est exprimé ; tétrade qu'il ne faut pas représenter par un carré mais par un triangle avec un point au milieu. Loin de supprimer le ternaire, ce quaternaire le *fonde* plutôt ! Il faut saisir éclair et lumière à travers lui et les comprendre tous deux comme une unité, tout de même que l'agneau porte en lui le cœur du lion et le lion le cœur de l'agneau [85]. Unité dramatique ; c'est seulement dans la lumière ou en tant que telle que le feu parvient à l'accomplissement de son évolution et se fonde, se « réconcilie [86] ».

Le feu est en même temps séparation et choix. Ainsi la région d'amour et de lumière est inaccessible au profane, inviolable, tout ce qui s'approche d'elle de façon troublante ou blessante ne fait que rallumer contre soi et en soi-même l'épée de feu du paradis, vengeresse et séparatrice ; le criminel a alors le destin mérité de Uzza, foudroyé pour avoir indûment touché l'Arche (*2 Samuel* VI, 6-7). Au premier moment de sa « naissance de vie » — au moment de l'éclair — la créature se trouve entre l'avant et l'après, entre un moment évolutif et un moment révolutif ; elle peut, à travers la mort assimilatrice que permet le feu, s'abandonner à la région de lumière, la fonder en soi, lui donner forme, la faire éclore — ou retourner dans la puissance du Moi autonome et orgueilleux *(Ichheit)* de l'esprit igné qui récuse la lumière et se ferme par là l'entrée ou le passage dans le second moment de sa « naissance de vie » [87]. Mais toujours le fondement *(Grund)* s'arrache sur le fond d'un abîme *(Abgrund)* qu'il « ferme » et « viole » [88]. Baader dit encore que la lumière est le fondement *(Grund)* ou le « milieu » du feu (songeons au tronc de l'arbre). Certes, dans l'acte de fécondation, l'homme cherche son fondement dans la femme et celle-ci dans l'homme [89], mais surtout l'homme — esprit, feu, noblesse ou élévation *(Erhabenheit)* — et la femme — nature, eau, humilité — s'unissent dans le principe terre ou mercure [90].

Il s'agit donc de trouver un médiateur, un troisième terme, qui s'actualise par une *Begrundüng*, donc sur le fond d'une subordination. Le *Feuersterben* dont parlait Böhme (c'est-à-dire « mort par le feu ») est la condition de toute naissance de vie ; la vie est de nature ignée, certes, mais il s'agit d'éteindre un feu par un autre. L'or devient vraiment solide, libéré de toute inflammation destructrice, une fois purifié par le feu qui brûle et qui tue tout ce qui en lui n'est pas or[91]. Böhme a bien montré — et ces développements captivent Baader — que le feu est racine ignée et cause de la nature, que l'Esprit est dans et sur cette nature, et que la fondation *(Begründung)* incessante de l'esprit de lumière, sa substantiation ou sa réalisation, s'opère par une inflammation et une soumission permanentes de la nature *(divise et impera !)* ; celle-ci doit donc, normalement, rester contenue, demeurer « secrètement manifestée » comme nuit divine éternellement engloutie dans la lumière (« *als die göttliche ewig im Lichte verschlungene Nacht* ») et non pas se manifester dans une autonomie totale et usurpée. Quand l'apôtre Jean parle d'une nuit sans ténèbre ou d'un jour éternel qu'il ne confond pas avec la nuit, c'est de cette nature qu'il s'agit ; elle ne se reflète pas sur elle-même, se maintient dans la région libre et lumineuse et peut donc produire ses fruits, réaliser ses merveilles.

« L'angoisse de naissance » — le feu au fond de cette nature ou nuit — reste contenue, comme engloutie dans une « joie de naissance » tant que rien ne vient freiner ce processus d'engendrement. Celui-ci est particulièrement exposé au déséquilibre dans la créature, car là plus facilement qu'ailleurs le « sauvage feu de nature » peut « sortir » ; il suffit que le médiateur ou « milieu » disparaisse, et un feu destructeur vient consumer la créature. Baader emploie en ce sens le verbe « *verbrennen* », « brûler », au sens de « brûler en détruisant ». Si par exemple j'ouvre à la région divine le souffle igné qui est en moi (si j'ouvre mon « cœur naturel » — *Naturgemüth* — à cette région) je sens aussitôt descendre en moi les eaux célestes et rafraîchissantes de douceur et d'humilité : elles « substantifient » mon âme, me libèrent du feu d'angoisse[92]. Mais quand le feu qui engendre la lumière s'éteint par manque de nourriture, de combustible *(Speisung)*, il y a en moi une autonomie fausse ou *vita propria* et je sens s'élever le feu du courroux, de même que la maladie corporelle est généralement la conséquence de la *vita propria* — donc fausse — d'un organe. C'est pourquoi il faut distinguer avec Böhme deux notions : mettre au monde, et créer, de même que production « immanente » et « émanante ».

La lumière qui doit régner est une lumière silencieuse *(stilles Licht)* ; on peut certes l'appeler « ténèbre » mais seulement dans la mesure où elle n'est pas manifestée ; il ne faut pas la confondre avec l'autre ténèbre, qui arrête ou freine la lumière. Quand Hegel dit que l'*Idea* ou le dieu ésotérique entre dans la nature pour s'y perdre *(Aufhebung)* et retourner ensuite dans l'Esprit, ce philosophe perd de vue l'unité du processus[93]. Il faut considérer la *Aufhebung* dont parle Hegel plutôt comme une pénétration dans la nature et dans la créature et comme quelque chose qui passerait à travers elles tout en y faisant sa demeure *(Durchdringung* et *Durchwohnung)*. Par exemple, si mon corps devenait énergie pure *(Kraftleib)* les corps terrestres se réduiraient pour moi à leur apparence *(Scheinleiber)* — ils seraient *aufgehoben* pour moi ! — et mon corps subtil disparaîtrait pour eux. C'est ainsi qu'il faut comprendre Böhme expliquant que la lumière traverse le feu en y demeurant *(durchwohnt)* et que l'Esprit fait de même avec la nature. Lumière et esprit « s'enrichissent » du fait de ce passage. Le feu trouve sa *Aufhebung* dans la lumière car il est traversé par elle, qui y demeure. Hegel remarque pertinemment qu'il faut considérer les choses en leur milieu, non point au début ni à la fin, si on veut les comprendre ; de même, c'est quand elle est en fusion qu'on peut transformer une barre d'acier à coups de marteau[94].

Il y a donc deux puissances ignées. Celle du « feu empli de lumière » *(lichterfülltes Feuer)* ; venue des profondeurs originelles (de l'*Ungrund*) cette puissance élève, pose, crée, substantifie, corporise. Et celle du feu vide de lumière *(lichtleeres Feuer)*, qui détruit, fait mourir, ouvre une béance sans fond *(Ungründigkeit)*, nie, supprime *(aufhebt)*, décorporise. Dans toutes les régions de la vie, dit curieusement Baader, le photogène est en même temps l'hydrogène, et le scotogène est en même temps le pyrogène. De même les astronomes devraient savoir que le soleil est à la fois le principe corporisant, formateur, et le poseur et le porteur de fondement, pour les planètes tournant autour de lui ; ils devraient donc s'abstenir d'enseigner que si cet astre régnait seul il ferait aussitôt tomber sur lui, en lui, toutes les planètes et dès lors les détruirait[95]. Baader veut dire que le mouvement des planètes ne repose pas sur une fausse autonomie, une *vita propria* ; elles obéissent au soleil, tirent de cette subordination leur mouvement et leur vie. Cette façon de considérer le système solaire nous permet d'évoquer de nouveau l'image du centre et de la périphérie. Le vrai centre n'est pas enfermé géométriquement dans une périphérie mais il est liberté (il est non pas *peripherielos* mais *peripheriefrei)*. Il en va de même du feu ; il y a un feu tourné en soi, fermé sur soi *(Brennen)*, mais dans le bon sens du terme car il brûle et éclaire. Sa disparition suscite l'apparition du feu qui dévore, consume *(Verbrennen)*, ne trouve plus à l'intérieur de lui-même sa nourriture ni son fondement ; ce second feu est une faim, un désir tourné vers l'extérieur.

La vie spirituelle, divine et éternelle, est évidemment *Brennen*.

Baader fait remarquer que tous les écrits de Böhme sont autant de tentatives d'expliquer le paradoxe de la double affirmation biblique : « Dieu est lumière », et « Dieu est un feu dévorant » ; le théosophe de Goerlitz n'a pas perdu de vue en effet la négativité de cette lumière divine car une lumière, pour se maintenir comme telle contre un feu qui tend à arrêter par *Aufhebung* le processus, doit elle-même se manifester aussi comme consumante *(aufhebend, verbrennend*[96]). Parce que Böhme a compris le *Brennen* comme immanent, il a compris aussi l'identité ou la réciprocité du feu consumant *(Verbrennen)* et de ce qui éteint le feu *(löschen)* — autrement dit, ce qui rend inséparables la consumation et la nourriture. Parmi les Allemands il est le premier à avoir eu comme Moïse (I *Moïse,* III, 2-3) le courage de regarder d'un peu près ce grand visage du feu ardent *(brennend)* mais point consumant *(verbrennend).* La théorie bœhméenne du feu, de la lumière et de la vie, enseigne que la vraie vie éternelle repose dans son propre mouvement, se meut dans son propre repos — ce qui va à l'encontre des théories relatives à un espace et à un temps abstraits. Le mouvement calme — en soi, et fondé hors de soi — s'oppose au mouvement abyssal qui a perdu son fondement. *Motus in loco (natali) placidus, extra locum turbidus*[97]. On comprend donc mieux l'image du buisson ardent si l'on sait que la positivité de la lumière est inséparable de la négativité du feu — comme la puissance assimilatrice l'est de la puissance réparatrice, de même que l'animal détruit les aliments qui lui servent à croître ; il y a dans le Père un éternel feu de naissance lumineuse par lequel il s'engendre lui-même dans son Fils ou comme son Fils qui est lumière[98].

L'image du buisson ardent suggère suffisamment l'idée d'un feu qui brûle sans s'auto-consumer, donc dégagé de la négativité d'une pesanteur ténébreuse, pour que nous rencontrions sans surprise, dans l'imaginaire baaderien, l'évocation de l'air. Cet élément, écrit-il dans une note sur Saint-Martin, est libre à l'égard du feu et de la lumière *(feuerfrei, lichtfrei),* mais tous trois sont une seule et même réalité *(Wesen)* en ce sens qu'aucun ne peut subsister sans l'autre, leur différence fondant leur unité[99]. Un beau poème de Baader, publié dans les *Aphorismes de philosophie religieuse,* précise ces rapports :

Feu et Air

Le feu est le lien des éléments,
Le feu est nulle part, il est partout,
Il crée, anéantit sans fin,
Le feu mène dans le cercle de Tout.
Et le corps éthérique du feu,

Et la femme de l'esprit de la flamme,
Et le parfum de la fleur ignée
N'est autre que l'air ;
Airs qui donnent naissance à l'éclair,
Et qui nourrissent les enfants de la flamme.
Afin de s'enrouler en cercles,
Le feu doit s'associer à l'air,
A cela seulement le feu aspire,
A s'étendre jusqu'à l'éther,
Pour découvrir l'origine,
Et dans une saisie de soi-même se sonder
L'être doit s'enflammer [100].

Matière lumineuse, œil et occultation

« Amor descendendo elevat »

Le verbe *löschen* (éteindre) suggère l'image de l'eau ; absente du buisson ardent, elle est partout présente dans la nature car elle apparaît avec la lumière qui est désir comblé ou feu « fondé [101] ». Baader rappelle que Böhme distingue, dans le processus lumineux, la production de l'huile et celle de l'eau, la première étant le « corps » de la seconde car elle la protège contre le feu dévorant [102]. Mais l'une et l'autre semblent faire double emploi quand il parle, à leur propos, de l'apaisement du feu. Ainsi, la volonté de manifestation *(Offenbarungswille)*, qui est en nous, s'exprime en deux temps, d'abord par un désir ténébreux, puis immédiatement par le besoin d'un libérateur — d'une lumière —, si bien qu'on ne peut comprendre la naissance ténébreuse sans la naissance lumineuse *(Lichtgeburt)*, et vice versa, ou celle de la nature sans celle du Verbe parlant ; on voit dès lors dans quelle mesure on peut parler d'une colère de Dieu et comment a lieu l'adoucissement (la réconciliation : « *Sohn* » est dans « *Versöhnung* ») de cette colère. Le sang, ou photogène, versé et déversé dans le feu, l'accomplit *(erfüllen)* et l'apaise. La loi ou la justice est, selon l'Écriture, ignée ; seul l'amour qui l'accomplit l'adoucit et la rend productive : « *Oleum igni satisfacit et ignis satisfactus emittit spiritum luminis et gaudii* [103]. »

Dans toute région de la vie l'apparition de lumière coïncide avec la production d'eau. La région supérieure lumineuse, quand elle descend pour se donner, devient « huile » et par là même s'élève en toute lumière, gloire et majesté [104]. Si la lumière achève ou apaise le feu, si elle est « du désir achevé, ou du feu qui a trouvé son fondement », il faut comprendre aussi cela comme l'amour sortant du désir et de la détresse *(Not)* qui oppressent le cœur ; l'amour sort de l'angoisse comme la vertu de l'état de péché[105]. « Rien, dit Saint-Martin, n'éclaire autant l'esprit que les larmes du cœur. Il n'attend que celles-ci pour se montrer. » Remarque, ajoute Baader, qui s'appuie sur le grand fondement général de la production de l'eau et de la lumière ; elles ne peuvent se montrer là où il y a coagulation. *Beati qui lugent*[106] *!* Si le feu est le principe subjectif de la nature, écrit encore Baader, s'il en est « l'intérieur » (masculin), l'eau en est le principe objectif, « extérieur » (féminin), et la lumière le concept de l'un et de l'autre[107]. L'esprit « suppose » le feu, le feu « suppose » l'eau[108].

Baader se sert de fort belles images pour parler de la complémentarité du feu et de l'eau sur le plan de la vie intellectuelle et affective. S'agit-il vraiment d'images ? Pour lui il n'y a guère de sens figurés, il faut tout prendre au sens propre. Il y a une analogie de la lumière avec la pensée, du sentiment avec la chaleur obscure. La tête est l'organe de la lumière, le cœur celui du sentiment[109]. Il explique ainsi que la lumière, liée dans la tête au froid, doit descendre dans le cœur pour y briser la geôle ténébreuse, de même qu'un ange de lumière descendit comme un éclair dans le tombeau du Christ pour en faire sauter l'entrée. Un long travail sur soi-même est nécessaire pour y parvenir. Les ténèbres et le froid — comme la haine — doivent et peuvent se dissoudre en eau. La nature apparente nous montre le froid lumineux et la chaleur sombre essayant de s'unir, car dans le ciel lumineux l'eau se manifestera, comme des larmes, sous forme de nuages ou de pluie, de même l'eau s'élèvera pour se régénérer en participant au corps du feu lumineux. Cette loi de la coïncidence de la production de l'eau avec la naissance de lumière et de chaleur peut s'appliquer à tous les domaines de la vie. C'est pourquoi Saint-Martin a écrit aussi que la prière est ce qui relie notre cœur à notre esprit. On pourrait trouver ajoute Baader, de nombreuses applications de ce principe en chimie[110] !

Mais il se montre davantage préoccupé par les fausses théories visant à séparer connaissance et amour[111]. Pour devenir l'un et l'autre véritables il leur faut passer par leur mariage ou « concrétude ». Le verre se laisse traverser par les rayons de lumière mais point par ceux de la chaleur ; la lumière qu'il nous livre n'est donc pas entière mais irréelle. D'autres lumières, sur le plan spirituel, sont semblables au feu lié dans les ténèbres, qui est une incandescence dévorante. Enseignement qui se trouve déjà, rappelle-t-il, dans la *Theologia Deutsch*. La science ne saurait être froide ou, dirions-nous aujourd'hui, désintéressée ; Saint-Martin a raison de dire qu'elle « n'est pas une occupation oisive, mais un combat[112] ».

Dans son Journal Baader écrit, à l'âge de vingt et un ans, avec des accents fort lyriques dignes de Werther : « Ô si mon âme était la parfaite réplique de la divinité, de la lumière, du soleil qui éclaire et réchauffe tout autour de lui ! » Il s'écrie : « *Aehnlichwerdung !* » et ajoute le lendemain que les sentiments qu'il éprouve ne sont plus des pensées brûlant les fibres de son cerveau mais qu'une lumière rassemblée dans un foyer devient une douce chaleur s'écoulant doucement à travers tout son être[113]. Plus tard, en 1794 ou 1795, il s'en prend à Rousseau affirmant que l'homme cesse de sentir quand il commence à raisonner. Idée fausse dont la conséquence fut d'édifier un système de morale et de religion pour la tête, un autre pour le cœur ; c'est ne pas voir que la vraie lumière concentrée brûle elle-même plus que la chaleur obscure *(calor obscurus)*[114].

Le feu a donc faim de lumière, il trouve en elle son achèvement ; pourtant il ne s'associe pas avec elle mais avec la *semence* de la lumière, semence qui est aussi la nourriture de la lumière et qui réclame le feu afin que tous deux — feu et semence — engendrent la lumière.

Soit un triangle dont les trois pointes seront respectivement *a, b* et *c (c* étant le sommet) ; *c* engendre en *a* et en *b* le désir *(Verlangen)*, c'est pourquoi *a* et *b* s'attirent en s'assistant mutuellement pour constituer tous deux une base dans laquelle *c* va descendre. C'est dans ce sens que Platon parle de l'amour de ce qui m'aide à engendrer le Beau. La base de *c* était donc répartie en *a* et en *b*. L'amour, c'est l'enfant qui demeure dans les parents et qui les fait naître de nouveau[115].

Le ternaire suggéré par ce triangle est au fond un quaternaire. Baader rappelle souvent cette phrase de Saint-Martin : « Quand on est à trois, on est à quatre », et il évoque la croix à propos du feu (« *per ignem = per crucem* ») ; elle représente la *tetras* (Père — décussation), comme le suggère le hiéroglyphe 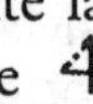 ou 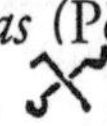 . La créature humaine, qui à l'aube de sa vie plonge ses racines dans la nature éternelle grâce à laquelle elle se tient dans le Père, ne peut compter qu'à partir de 4 — nombre central, séparateur, soit vers l'unité, soit vers le zéro, c'est-à-dire en avant ou en arrière. Ce nombre originel qui est le nôtre annonce notre position primitive et notre fonction d'intermédiaire entre l'univers et Dieu[116]. L'homme, et à travers lui la création tout entière, doit devenir matière lumineuse, substance dans laquelle Dieu puisse habiter, se répandre comme si elle était son propre corps et se révéler lui-même comme Lumière. Dieu agit d'abord comme feu consumant mais cela permet à la substance lumineuse de n'être plus sujette à la combustion,

1· ·0
· ·
·4·

ou de devenir ce qu'elle est originellement, splendeur de la Schechina dans laquelle Dieu établit sa demeure.

La lumière est la substance *(Wesen)* divine, écrit Hahn, ou le corps céleste pur et indestructible qui parcourt et pénètre comme une odeur notre corps terrestre et notre âme *(Amictus lumine sicut vestimento,* dit le psaume [117]). Hahn indique comment l'homme peut prendre au principe ténébreux de la terre des éléments nécessaires à cette substance lumineuse car, lors de la chute, donc de la « précipitation » de la substance du monde *(Weltstoff),* ces éléments ont été engloutis eux aussi, mais on peut encore les extraire [118]. Substance lumineuse, image de lumière, qui reste enfouie également dans l'homme et qui était la nôtre dans l'état d'innocence ! La chute l'a refoulée, point supprimée, aussi peut-elle renaître et se développer au détriment de l'image ténébreuse ou « d'animal-esprit » (par opposition à « homme-esprit », terme saint-martinien). Le processus de cette renaissance commence par une « conception » *(Empfängnisakt),* au sens d'un engendrement dans un ventre féminin, se continue par un développement successif temporel, pour aboutir à la naissance proprement dite. L'image de la lumière ainsi formée *(Lichtgebilde)* sort alors de ses parents comme une plante s'élève dans la libre région lumineuse en tirant à elle les énergies de la terre obscure qui servent à lui assurer sa corporisation *(Beleibung).* Comme le dit Böhme, la mort — la ténèbre — doit céder le corps *(Leib)* à la vie [119].

Cette *prima materia* ou vraie substance lumineuse *(Lichtstoff)* n'apparaît que grâce à la conjonction permanente de la rigueur de la nature avec une liberté située hors de cette nature [120]. Baader pense que cette substance peut prendre une forme tangible, concrète ; il suggère même qu'on pourrait la fabriquer. Le passage de *L'éclair, père de la lumière* où cette possibilité se trouve évoquée est l'un de ceux qui témoignent le plus du goût, généralement peu avoué, de Baader pour l'alchimie opérative. Baader, il est vrai, est essentiellement un spéculatif. La science ne parvient pas, explique-t-il, à fabriquer cette matière car elle se refuse à voir que la substance *(Wesen)* des choses qui nous entourent est seulement le résidu, le *caput mortuum* d'une énergie qui s'est épuisée au moment où ce *Wesen* a pris naissance. La « nouvelle physique dynamique » ignore le processus de dépotentialisation par le feu et se révèle incapable de produire une substance soumise aux énergies qu'elle emploie [121]. Sans connaissance de cette *prima materia,* écrit Baader à G.-H. von Schubert, en 1815, on ne saurait avancer dans le domaine de la théosophie et de la physiosophie [122]. Mais on peut du moins, dit-il implicitement, la produire dans l'invisible par nos actes. Car le but, et le sens, de la vie temporelle est de faire en sorte de créer cette substance dont la fonction sera de participer à la région de lumière et d'amour. Il nous incombe d'être à la fois les bâtisseurs et les matériaux de ce temple et corps de Dieu, de cet édifice à la construction duquel la création tout entière se présente comme un ensemble de loges de Maçons bâtisseurs n'ayant jusqu'à présent construit que l'échafaudage[123]. Depuis le modèle montré à Moïse sur le Mont Sinaï, en passant par l'Arche d'Alliance, la Loge et le Temple de Salomon, jusqu'à la Jérusalem céleste annoncée dans l'*Apocalypse*, l'histoire humaine a connu une succession de grands symboles dans lesquels les « Frères bâtisseurs » lisent à juste titre une signification commune qui perce également à travers les mystères et les privilèges des constructeurs des églises gothiques. Le Franc-Maçon aperçoit en effet dans le Temple de Salomon le symbole de la construction éternelle et immobile de la maison — du corps — de Dieu commencée dans le Christ[124].

L'idée de verticalité que suggérait l'image de la plante fait l'objet d'un autre développement chez Baader lorsqu'il affirme que l'homme, moins que toute autre créature, peut se permettre d'abstraire la créature de son créateur. L'anthropos est en effet par essence médiateur entre le créateur et toute autre créature. Tel le maçon qui construit un mur, il doit toujours tenir compte de ce vecteur de verticalité[125]. La prière sera alors son fil à plomb. *Sursum corda !* En priant nous ne confrontons pas seulement notre volonté et notre action partielles, limitées, à la volonté et à l'action centrales, universelles, mais conformément à notre mission de prêtrise et à notre dignité nous mettons notre volonté et action en contact réel, efficace, avec la volonté et l'action centrales, universelles ; nous les branchons à ce courant de forces divines, de la même façon qu'un aliment non encore assimilé entre en contact avec l'énergie vitale de l'organisme au moment où il pénètre dans l'estomac. C'est ainsi qu'on voit les amis de Dieu, s'ils doivent prendre une grave décision, « plonger dans la mort » le problème à résoudre, c'est-à-dire offrir leur individualité en sacrifice pour que la lumière d'en haut les éclaire en purifiant leur jugement[126]. Toute révélation rayonnant en ligne droite échappe en effet à l'influence perturbatrice de divers éléments du milieu qu'elle vient informer. Ce qui se révèle dans ce milieu conserve alors son caractère « hyperphysique », impassif, spirituel, central, intérieur — termes pratiquement synonymes pour Baader. Le milieu informé, qui est comparable ici à la base d'un triangle ou à un cercle périphérique, se trouve transfiguré par ce « centre animant » libre par rapport à celle-ci sans être pour autant détaché d'elle — et vice versa. C'est pourquoi on peut dire *(cf. supra)* que le centre habite la périphérie *(innewohnt)*, la parcourt *(durchwohnt)*, mais sans être entravé par elle. Dieu se rendant sensible à sa créature, y demeurant et la traversant, est une puissance à la fois saisissable *(fasslich)* et non saisissable [127].

Bien entendu il ne s'agit pas seulement de révélation mais de transformation ; l'amour qui descend s'incorpore dans ce qui est plus bas que lui, et l'élève. *Amor descendendo elevat.* Tout ce qui se manifeste devient lumineux. Révéler quelque chose à partir du centre c'est le mettre en communauté cosmique ou le confronter au Tout [128]. Dans un écrit de 1820 consacré à des réflexions sur la « théorie de la formation et du fondement de la vie », Baader nomme ce centre de lumière « *centrum gravitatis* » et rappelle qu'il est principe de vie, puissance créatrice car c'est vers lui que tend, et sur lui que se fonde, toute pulsion formatrice *(Bildungstrieb)*. Ainsi, une fois que notre œil s'est ouvert à la région spirituelle, c'est-à-dire quand le soleil a pris forme dans une créature, celle-ci s'élève dans la lumière. De même toute plante est « corps de soleil » *(Sonnenleib)* ; cet astre semble dire à toutes les créatures : « Sans moi vous ne pouvez rien ! » Et Baader de se demander au passage pourquoi les rationalistes protestant contre la croyance en un seul Christ ne prétendent pas protester également contre le fait qu'il existe un seul soleil [129].

« Si l'œil n'était pas solaire... »

Un seul soleil, donc, comme il y a un seul Christ. Un seul astre dispensateur de lumière vivifiante, mais d'innombrables copies, répliques, ou organes « analogues » : ainsi, l'œil. Baader cite volontiers ces vers de Goethe qui figurent dans l'introduction à la *Théorie des couleurs :*

> Si l'œil n'était pas solaire,
> Il ne pourrait jamais apercevoir le soleil ;
> S'il n'y avait pas en nous la force propre de Dieu,
> Comment le divin pourrait-il nous ravir [130] ?

En effet, Baader part du principe que la lumière dans laquelle nous voyons n'est pas elle-même aveugle et ténébreuse. Le verbe dans lequel l'homme parle n'est pas par lui même muet et sourd [131]. C'est dire au fond que lumière et verbe préexistent à leur actualisation en nous ou par nous, ou encore que la conscience ne se détache pas sur un milieu mort. Je ne vois que dans un voir donné a priori avant moi. Notre œil voit parce qu'il est empli de lumière, mais cette lumière elle-même est un œil qui voit, et je participe à ce voir de la lumière en y maintenant mon œil. Seul ce qui éclaire voit, seul ce qui émet des sons entend. Aussi est-ce à bon droit qu'on a appelé le soleil « l'œil du monde ».

Toutes les théories sur la lumière, ou sur la conscience et le savoir, prétendant expliquer la vue ou le savoir de la créature *per generationem aequivocam*, c'est-à-dire à partir de l'*ego* et non de Dieu, sont fausses car elles nient que la créature ne peut fonder sa connaissance et sa volonté que dans une connaissance et dans une volonté étrangères à celles de la créature [132]. On n'explique pas la lumière par l'œil et vice versa. Logiciens et opticiens font fausse route, qui s'obstinent à parler d'une lumière elle-même aveugle et qui pourtant fait voir, ou veulent rendre compte de la lumière et des sons par l'émanation de rayons, la vibration, l'ondulation, etc., ou encore ne conçoivent la conscience qu'à partir d'une « sortie » *(Heraustreten)* d'elle-même, comme si en tant que conscience elle pouvait commencer par quelque chose d'inconscient ! A procéder ainsi, au lieu de trouver des principes on ne trouve que des ruines *(destruct)*. Il faut relire les *Psaumes* (Celui qui a planté l'oreille, ne devrait-il pas entendre ? Celui qui a formé l'œil, ne devrait-il pas voir ?). Hegel appelle la lumière le « sujet » de la nature, c'est-à-dire la nature venue à elle-même, « associée à elle-même » au moyen de son produit (le soleil) et se possédant, se saisissant dans sa propre plénitude, de même que Goethe nomme l'œil « solaire » *(sonnenkraft)*, l'oreille *lufthaft*. Cela ne veut pas dire seulement que la lumière — substance lumineuse de la nature — est elle-même un voir, ou une vision « architectonique », mais que celui qui voit est en même temps celui qui produit l'image.

Ici intervient encore la théorie théosophique de l'imagination car ce que nous imaginons, ajoute Baader, n'est pas distinct de nous. On peut d'autre part compléter la proposition de Hegel en ajoutant que si la nature s'associe à elle-même, elle le fait en produisant des sons ou un verbe qu'on peut bien appeler la lumière intérieure, de même que la lumière est le verbe extérieur. *Loquere ut videam te.* Le Christ ne « croyait » pas, il regardait, contemplait *(schaute)* ; aussi ne pouvons-nous croire qu'en lui, il est le « contemplant » *(Schauenden)*, la Lumière du Monde [133]. Autrement dit il s'agirait moins de croyance que de certitude car celle-ci doit être fondée à l'intérieur *et* à l'extérieur. Il y a identité ou inséparabilité du don externe et du don interne, de la lumière de l'intérieur et de l'extérieur [134]. La lumière est donc conçue ici comme « intelligence architectonique, puissance régulatrice et constitutrice de ce qui voit et de ce qui est visible, du sujet et de l'objet [135] ».

Baader n'a évidemment pas le monopole de cette idée, non plus que Goethe. Platon écrivait déjà dans *La République* : « L'œil est, je pense, de tous les organes des sens, celui qui ressemble le plus au soleil[136]. » On a pu relever des formules semblables chez des contemporains de Baader. Schelling dit dans *L'Ame du Monde* que « l'essence lumineuse, c'est le regard projeté par la vie dans le centre partout présent de la nature ». Pour Novalis « la lumière est le véhicule de la communauté de l'univers [...] Elle est le symbole de la réflexion authentique. De la sorte, la lumière est, par analogie, l'action par laquelle la matière se touche elle-même ». Citons encore Goethe s'adressant à Schopenhauer. « Quoi donc ? La lumière n'existerait que dans la mesure où vous la verriez ! Non, bien au contraire, c'est vous qui ne seriez pas là, si la lumière ne vous voyait pas ! » L'opération de la nature est saisie ici comme une sorte de perception que nous pouvons nous-mêmes atteindre en la faisant coïncider avec notre propre expérience perceptive[137].

Ce ne serait donc pas grâce à nos catégories a priori mais à l'unité d'essence du moi et du monde, que nous pouvons percevoir la réalité du sensible et saisir le divin. Cette harmonie préétablie entre le moi et le monde n'est évidemment pas tout à fait celle de Leibniz[138]. La phrase de Platon rend mieux compte de cette unité d'essence que sa forme, également grecque, simplifiée et plus connue : « Le même n'est connu que par le même. » Heidegger traduit par : « Ce qui se dit à nous ne devient perceptible que par notre réponse. Notre perception est elle-même une réponse » ; il ajoute que nous n'avons pas jusqu'ici « suffisamment examiné ce qui constitue l'élément solaire de l'œil, ni le point de notre être où réside la force même de Dieu, ni la façon dont les deux se tiennent et nous dirigent vers un être plus profondément pensé de l'homme[139] ».

Baader et Goethe

Si la lumière est elle-même un œil qui voit, elle se détache cependant sur une obscurité, suppose une « occultation ». Il ne faut pas confondre la luminosité *(Lichtsein)* et l'absolument manifesté *(absolut Offenbarsein)*. Ainsi l'Écriture parle de la lumière de Dieu comme de ce qui l'entoure (sa gloire, ou Schechina) ; c'est dire que Dieu se revêt de cet atour lumineux et pourtant opaque à travers lequel aucune créature ne peut regarder, et cela signifie qu'une occultation est toujours liée à une manifestation, non seulement au plan divin mais aussi dans tous les domaines de la vie. Pour la même raison le soleil maintient chaque planète à la distance qui lui convient[140]. Baader note à ce propos en 1837 que Goethe a eu raison, dans sa *Théorie des Couleurs*, d'attirer l'attention sur la négativité sous-tendant la positivité de toute manifestation[141]. Les nombres se développent comme des membres de la Monade originelle par le truchement d'une naissance dans laquelle ils trouvent leurs bases respectives, leur vie propre, écrit-il à Stransky en 1838. La Monade engendre, et ce faisant elle s'occulte. En engendrant à partir d'elle-même *(von sich)* elle « manifeste », acte de lumière qui suppose un engendrement en elle-même *(in sich)*, une fécondation à l'abri de la lumière. Ce qui fait dire à Goethe :

> Et ainsi, même dans la paix éternelle
> Les ténèbres restent séparées de la lumière.

Mais Goethe n'a pas remarqué que cette séparation est rendue possible par l'intermédiaire du feu, chérubin et gardien de la lumière. Nous avons vu comment pour Baader le feu monte de la racine de ténèbres (scotogène) pour donner force à l'élément lumineux (photogène) ; le feu doit « briser sa mère », sinon il allume la ténèbre, le scotogène [142]. On connaît l'horreur de Goethe pour le feu, renforcée par l'influence que les théories « neptuniennes » de A.G. Werner ont exercée sur lui [143]. En 1839 Baader reconnaît encore à la *Théorie des couleurs* le mérite d'enseigner que les ténèbres, ou le principe obscur de la nature en tant que principe distinct de la lumière, sont bonnes en soi. Mais il trouve que Goethe aurait dû prouver par le feu cette distinction et montrer que sans elle les ténèbres et la lumière ne sauraient être unies dans leur action. Surtout, puisqu'il nie avec juste raison que le principe des ténèbres soit mauvais, pourquoi n'admet-il pas aussi que le mal est la conséquence d'un rapport anormal du principe de nature avec celui de lumière, ou de la vie éthique avec la vie physique ? De là à nier le diable — et Dieu — il n'y a qu'un pas... [144] D'autre part, comme Goethe l'affirme bien, lumière et ténèbres ne sont en paix que séparées ; mais il ne voit pas que la distinction *(Scheidung)* par le feu sert à unir, car celui-ci donne à la liberté l'énergie obtenue par la suppression des ténèbres, si bien que la nature sert à la manifestation de la liberté [145]. Baader fait remarquer aussi à propos du même auteur, que Méphistophélès ment à Faust en lui disant que la lumière passe seulement sur les corps pour disparaître un jour avec eux, et qu'il se garde bien d'avouer être lui-même cette ombre passagère sur les corps [146].

Au demeurant, Baader n'a pas développé, comme l'a fait Goethe, une théorie des couleurs [147], mais ce qu'il dit de la réfraction rappelle la critique gœthéenne de l'atomisme newtonien. Les physiciens, écrit le théosophe en 1828, se font une fausse idée de la réfraction en expliquant l'image par le fait qu'un rayon matériel tombant sur une surface est renvoyé ailleurs. Quand un rayon lumineux, après avoir parcouru un certain trajet, est renvoyé sous forme de couleur, il faut considérer ce reflet comme un engendrement *(Erzeugung)*. On peut dire que « la nature entière est le *prisme* du rayon divin de lumière ». Les noces du ciel et de la terre produisent le « *Reflex* » du soleil, de même que l'Esprit et la nature, par leur mariage dans l'homme, « manifestent » Dieu [148]. Et il note en marge de son exemplaire du *Tableau naturel* de Saint-Martin que le découpage de la lumière en couleurs différentes est la manière qu'utilise la lumière pour se rendre saisissable, de même qu'aucun son, aucun mot, ne sont concevables sans une certaine « figuration de son » *(Klangfiguration)* de celui qui les émet[149]. Ce qui revient à dire que les formes et les structures sont l'expression d'un sens. Le théosophe aurait récusé le structuralisme formaliste d'aujourd'hui !

Un lecteur habitué davantage à des philosophies systématiques qui réduisent la part des images en prévilégiant le sens propre par rapport au sens figuré, trouvera la pensée de Baader plus poétique que rationnelle, plus évocatrice que conceptuelle. Elle ressortit en effet au discours théosophique, à la raison hermésienne, qui valent bien les autres discours et l'autre raison, pour ce qui est de la cohérence ; mais l'une de leurs caractéristiques est de ne pas rechercher à tout prix *un* sens « propre » — qui se révèle souvent insignifiant ou anodin, quel que soit le domaine — ou du moins d'admettre qu'il ne peut jamais se révéler en tant que tel dans la mesure où il reste, par nature, caché sous le voile du mythe des origines. Une fois celui-ci posé comme objet de croyance, le sens figuré ne renvoie qu'à lui-même. Par exemple on pourrait voir, dans cette strophe dont Baader orne un de ses essais, uniquement un trait de psychologie amoureuse :

> La lumière et l'amour s'enflamment
> Là où la rigueur et la douceur se rencontrent.
> La colère et les ténèbres se mettent à brûler
> Là où la douceur et les ténèbres se séparent [150].

Mais réduire ces vers à un unique niveau d'interprétation reviendrait à les trahir, car Baader prend au sérieux le mythe judéo-chrétien, qui reste pour lui le fondement premier et dernier de toute « explication » [151]. Il rappelle à l'occasion que le mot « Testament » signifie « témoignage » et qu'il s'agissait pour les prophètes et les apôtres de témoigner « d'une dramaturgie divine vivante » [152]. A une époque où il devient vital pour le christianisme d'affermir et de marquer plus que jamais sa spécificité, l'œuvre de Baader se révèle d'une singulière actualité sur le plan religieux, et elle apparaît actuelle aussi en tant qu'épistémologie — ce dont il n'a été fait mention ici que brièvement. Elle répond, enfin, à une interrogation moderne sur l'angoisse. Peu de temps avant sa mort, Gabriel Marcel me disait regretter de n'avoir connu mieux, ni plus tôt, Baader — et Schelling. On voit ce qui chez ces auteurs peut intéresser un philosophe de l'existence. Marcel connaissait Böhme pour qui toute vie naît de, et finit dans, l'angoisse, donc ne subsiste que par sa permanente suspension *(Aufhebung)*[153]. Mais nos théosophes restent nécessairement éloignés de l'angoisse existentielle au sens kierkegaardien dans la mesure où ils exorcisent la notion de péché en lui conférant un statut ontologique pour mieux l'immerger dans un discours où elle joue le rôle de partenaire au sein d'une dramaturgie anthropocosmique. Un rôle parmi d'autres, le dernier mot revenant à la lumière — une lumière non pas statique ni *otiosa*, mais dynamique, active, dialectique, créatrice, à tous les niveaux de la nature et de la surnature. D'étroits liens de parenté unissent les personnages de ce drame ; parmi ceux-ci la ténèbre, l'éclair et la lumière tiennent le devant de la scène. Baader n'est pas le seul à avoir, par ses nombreux opuscules et mélanges d'aphorismes et d'apophtegmes, distribué ces rôles en scénarios toujours semblables et toujours recommencés, à l'époque de cette *Naturphilosophie* allemande si riche en intuitions métaphysiques et scientifiques sur laquelle le présent travail contribuera peut-être à inspirer de nouvelles recherches.

NOTES

1. *Cf.* Bernard Gorceix, *La Mystique de Valentin Weigel (1553-1588) et les origines de la théosophie allemande*. Université de Lille III. Service de reproduction des thèses, 1972. Et du même auteur : *Johann Georg Gichtel, théosophe d'Amsterdam*. Paris : L'Age d'Homme, 1975 ; *Flambée et agonie. Mystiques du* XVII*e* *siècle allemand*. Paris : Présence, 1977.

2. Pour une brève présentation bio-bibliographique de Baader, *cf.* le précédant article, « Ame du Monde et divine Sophia », note 22.

3. Sur ce point, *cf.* Antoine Faivre, *L'Esotérisme au* XVIII*e* *siècle en France et en Allemagne*. Paris : Seghers, 1974, introduction.

4. Le court texte *Les Enseignements secrets de Martinès de Pasqually*. Paris : 1899 (« précédés d'une notice sur le Martinézisme et le Martinisme »), rééd. Paris : Robert Dumas, 1976, était à peu près

tout ce qui avait été traduit et ce choix n'était pas particulièrement heureux — jusqu'à la parution de *Fermenta Cognitionis* dans une excellente traduction d'Eugène Susini (Paris : Albin Michel, collection « Bibliothèque de l'Hermétisme », 1985).

5. XIII, 368s *(Anhang über Böhmes Lehre* ; vers 1829). *Qual* et *Quelle* sont également rapprochés de *Qualität* et de *Wallen.*

6. *Ibid.*, 368s.

7. I. 8, notes *(Ueber Kant's Deduktion der praktischen Vernunft,* 1809). Susini, I, 312.

8. II, 31ss *(Ueber den Blitz als Vater des Lichts,* 1815). Baader cite Böhme : *Wider Tilken,* II, 142 ; I, 163 ; *Gnadenwahl,* c 3, 17s.

9. XIII, 109 *(Privatvorlesungen über J. Böhme,* 1829). Baader se réfère à Scot Erigène et ajoute à propos de la création *(creatürliche Offenbarung)* qu'elle est *creata non creans* ; toutefois il ne rappelle pas le quatrième terme de Scot Erigène *(natura nec creans nec creata).*

10. I. 299 *(Vorlesungen über religiöse Philosophie,* 1827).

11. II, 34 *(Ueber den Blitz als Vater des Lichts),* 1815.

12. *Ibid.*, 32s.

13. II, 39 *(Ueber den Blitz als Vater des Lichts),* 1815.

14. V, 16, note *(Ueber die Begründung der Ethik durch die Physik),* 1813.

15. *Ueber die Begründung der Ethik durch die Physik* (1813) ; *cf.* Susini, I, 316.

16. VII, 316 *(Vorlesungen über eine künftige Theorie des Opfers),* 1836. *Cf.* aussi Susini, I, 160.

17. II, 101 *(Sätze aus der Bildungs- und Begründungslehre des Lebens),* 1818. II, 53 *(Sur la notion du tems,* 1818). III, 326, 338 *(Ruge einiger Irrthümer),* 1834. Les termes employés sont : *Naturcentrum, Lebenszirkel, Naturangstrad, Angstnaturrad.*

18. II, 45ss *(Ueber den Blitz als Vater des Lichts),* 1815). Sur l'*angustia, cf.* aussi II, 302 et 406 s *(Fermenta Cognitionis,* 1822/25).

19 II, 407 (1825).

20. II, 32s *(Ueber den Blitz als Vater des Lichts,* 1815). Susini, I, 319. Eschenmayer, que cite Baader, a interprété lui aussi les infusoires dans ce sens.

21. IV, 254 *(Bemerkungen bei der Lesung Besessener neuerer Zeit,* 1835).

22. *Cf.* aussi Susini, I, 320.

23. V, 33, note 1 *(Ueber die Begründung der Ethik durch die Physik,* 1813).

24. II, 33 *(Ueber den Blitz als Vater des Lichts,* 1815).

25. *Ibid.*, 33.

26. Il s'agit évidemment de *Luc,* X, 17-18 : « Les 72 disciples revinrent dans la joie, disant : *"Seigneur, même les démons nous sont soumis en ton nom."* Jésus leur dit : *"Je voyais Satan tomber du ciel comme l'éclair."* »

27. II, 422s *(Fermenta Cognitionis,* 1825). Et Louis-Claude de Saint-Martin, *Le Ministère de l'Homme-Esprit.* Paris, 1802, p. 353. Les *Fermenta Cognitionis* viennent d'être traduits en français par Eugène Susini *(cf. supra,* note 4).

28 « Eine Imagination oder eine erst magische Fassung (Willensschöpfung oder Glauben) » *(Ibid.*, 422s, et *Ueber den Blitz als Vater des Lichts,* 1815).

29. Sur la notion d'imagination chez Baader, *cf.* Antoine Faivre, « L'image créatrice (fonction magique et fondement mythique) », p. 355-390 in : *Revue d'Allemagne* (Mélanges dédiés à Eugène Susini). Strasbourg. 1981, t. III, m. 2.

30. Baader fait sans doute allusion ici à *Matthieu,* XI, 12 : « Depuis les jours de Jean le Baptiste jusqu'à présent, le royaume des cieux est assailli avec violence ; ce sont des violents qui l'arrachent. »

31. II, 422s *(Fermenta Cognitionis,* 1825).

32. II, 101s *(Sätze aus der Bildungs- und Begründungslehre des Menschen,* 1820).

33. II, 35s *(Ueber den Blitz als Vater des Lichts,* 1815).

34. *Ibid.*, 35s II, 302 *(Fermenta Cognitionis,* 1822/25).

35. IX, 245s *(Vorlesungen über spekulative Dogmatik,* 1838).

36. I, 6, note 2 *(Ueber Kant's Deduktion der praktischen Vernunft*, 1796). Susini, I, 312. *Ueber den Blitz als Vater des Lichts*, 1815.

37. Baader cite ici Saint-Martin, *Des Erreurs et de la Vérité*. Edimbourg (Lyon), p. 156. Rééd. (reprint) Hildesheim : Olms, 1976.

38. Gaston Bachelard, *La Flamme d'une chandelle*. Paris : P.U.F., éd. de 1962, p. 41s. Référence à Susini, I, 321.

39. II, 31s *(Ueber den Blitz als Vater des Lichts*, 1815). Martinus Van Marum est l'auteur de *Abhandlung über das Elektrisieren*, 1778 (traduit du néerlandais ; éd. originale 1776).

40. II, 31s *(Ueber den Blitz als Vater des Lichts*, 1815). A propos du triangle de feu divin, Baader se réfère à Böhme, *Mysterium Magnum*, IV, 2 : « Lorsque l'éclair ou frayeur jaillit, cela se produit en un point et forme dans le regard un triangle (Ψ) ou une croix (+) et c'est la véritable signification du caractère (⊢ʗ) : lequel est d'abord l'acuité de toutes choses et le Dieu *révélé* dans la Trinité. Le triangle indique le Dieu *abscons*, Verbe ou intuition divine qui est triple dans sa naissance éternelle et incommencée et pourtant unique dans sa révélation [...], triangle que les fils des hommes doivent bien noter, car la vie s'enflamme aussi en triangle, et cela signifie la sainte Trinité » (trad. française de S. Jankélévitch, *Mysterium Magnum*. Paris : Aubier, 1945, t. I, p. 70s).

41. II, 239 *(Fermenta Cognitionis*, 1822/24).

42. II, 39s *(Ueber den Blitz als Vater des Lichts*, 1815). *Weichen* (céder) est rapproché ici de *Gewicht* (poids). La gravitation s'effectue vers la région de lumière, dans la fluidité.

43. *Ibid.*, 15.

44. *Ibid.*, 40s. On voit que si les ordres, au sens pascalien, sont différents, il y a presque toujours entre eux passages et transformations possibles. Baader suggère, dans le même essai, l'idée qu'esprit et matière sont des notions relatives : il ne peut y avoir de matière *(Materia, Wesen)* que par rapport à un esprit, et celui-ci ne peut se manifester comme tel que par rapport à une matière, si bien que l'un et l'autre ne subsistent que par leur conjonction. On voit combien Baader, là encore, est notre contemporain.

45. V, 17 *(Ueber die Begründung der Ethik durch die Physik*, 1813). X, 215, note *(Aus einem Sendschreiben*, 1840). « *Das Licht unserer Aufklärer ist kein anderes, als welches der Weltbrand von sich wirft, den diese Mordbrenner angezündet haben* » (V, 249, *Sozialphilosophische Aphorismen*, 1828/40).

46. II, 43s *(Ueber den Blitz als Vater des Lichts*, 1815) : « *So muss man sagen, dass der Vater in uns nur den Sohn hört und erhört, und unser Gebet kann nur um dieses Gebet* (des Sohns) *in uns sein ! Denn nur Gottes Wesen besteht in Gottes Feuer, nur des Sohn (und was im Sohne) im Vater !* » Baader cite ensuite un texte de Maître Eckhart (Tauler, *Predigten*, Bâle, 1522, p. 245) et de Tauler *(Predigten*, Kölner Ausgabe, 1543, p. 93).

47. *Cf. supra*, notes 28 et 29.

48. « Aucune autre voie ne conduit à la Lumière ; va jusqu'au bout à travers le Feu. / Là où dans l'amour il te mène ; sous ce guide tu seras protégé. / Car le Père de la Lumière est le Feu ; mais quoique tu perdes dans le Feu, / c'est un grand gain qui te sera ainsi octroyé ! » (II, 46, *Ueber den Blitz als Vater des Lichts*, 1815). Baader a pris quelques libertés orthographiques et de ponctuation ; le texte latin exact est : « *Per ignem, ad Lucem. / Non alia ad lucem ducit via : Perge per ignem. / Quo te ducit Amans : hoc duce, tutus eris. / Nam lucis pater est ignis : sed quidquid in igne / Deperdes, ingens hoc deputato lucrum.* » Douzetemps, *Le Mystère de la Croix, affligeante et consolante, mortifiante et vivifiante, humiliante et triomphante, de Jésus-Christ, et de ses membres*. Homburg vor der Höhe : G. Meinhard, 1732. Cité ici d'après l'édition de 1860 (Edimbourg et Londres : Williams and Norgate), publiée en *reprint* en 1975 (Milan :

Arché). *Cf.* ma note consacrée à cet ouvrage, *in* « De Saint-Martin à Baader : le "Magikon" de Kleuker » *(Études germaniques.* Paris, Didier, avril 1968, rééd. *in* : A. Faivre, *Mystiques, Théosophes et Illuminés au Siècle des Lumières.* Hildesheim : Olms, 1976, p. 11). Le poème *Per ignem, ad lucem* se trouve p. 278 de l'éd. de 1860 (Arché, 1975).

49. III, 326 *(Rüge einiger Irrthümer,* 1834). L'attraction, dit ici Baader, a trois « formes » *(Gestalten) in conamine.* L'éclair qui transperce le *Angstnaturrad* est la quatrième *Gestalt* du *Fons naturae* de Pythagore ; les platoniciens l'ont désignée par la croix dans le cercle. Il ne faut pas confondre cet éclair dans le premier moment de son état originel *(Urstand)* avec la lumière entendue ici comme le principe vraiment expansif.

50. *Ibid.*, 326.

51. IX, 318s *(Revision der Philosopheme der Hegelschen Schule,* 1836). Le Mal, dit Baader à ce propos, n'est ni créateur ni créature, contrairement à ce que pensaient les manichéens, dont il faudrait réfuter « scientifiquement » les idées ! Le Mal ne naît et ne persiste que par suite d'une « désordination », d'un « dérangement », d'un déplacement *(Versetztheit).* Ce qui est la loi, ce qui est « posé » *(das Gesetzte),* suppose une « *Location* », si bien que déplacer les principes constitutifs d'un être revient à déplacer sa « région » *(ibid.*, p. 318).

52. XIII, 257 *(Erläuternde Anmerkungen zu Jacob Böhme) : « Das Feuer entsteht in der Cojonction der Natur und Uebernatur ; diese in der Natur eindringend, entzündet selbe und hiemit zugleich sich selbst. Entzünden ist Aufschliessen. »*

53. II, 277s *(Fermenta Cognitionis,* 1822/24). *Mysterium Magnum,* X, 40 « Le feu en est l'artisan = de la multiplication de toute chose à partir de l'Un, et de la réduction de la multiplicité à l'unité, il pousse d'une petite force un rameau hors de la terre et le développe en un grand arbre avec beaucoup de branches et de fruits et puis de nouveau le consume, et il le retransforme en une chose qui n'est que cette cendre et cette terre dont il était issu : C'est ainsi également que toutes choses de cette terre se résorbent en ce dont elles proviennent » (sur cette traduction, *cf. supra,* note 40). Baader ajoute cette idée, intéressante pour comprendre sa pensée, que par conséquent : a) le monothéisme au sens étroit du terme (l'erreur des monothélèthes, mahométans, sociniens, etc.) repose sur un concept abstrait, vide et mort ; b) que la vie de la créature peu être mise en danger ou rendue malade *(gekränkt)* de deux façons : par la confusion (le mélange) et par l'abstraction (la séparation) de ses principes ; mais que c) chaque maladie *(Kränkung)* de ce genre est due à l'action de ces deux causes *en même temps,* remarque qui s'applique aussi à cette maladie de la vie éternelle qu'on appelle péché (II, 278 ; *Fermenta Cognitonis,* 1822/24).

54. XII, 242, II. 240 *(Fermenta Cognitionis,* 1822/24).

55. « *Die erfüllte, somit gestillte Begierde oder das begründete Feuer ist Licht* », V, 16 *(Uber die Begründung der Ethik durch die Physik,* 1813).

56. II, 356s *(Fermenta Cognitionis,* 1835).

57. II, 416s *(Fermenta Cognitionis,* 1822/24).

58. XII, 254.

59. II, 52s *(Sur la notion du tems,* 1818).

60. *Ibid.*, 65.

61. *Ibid.*, 66.

62. Johann Wilhelm Ritter (1776-1810) a découvert les rayons ultra-violets, construit le premier accumulateur et s'est consacré à des spéculations mysticophilosophiques *(cf.* surtout *Fragmente aus dem Nachlass eines jungen Physikers. Ein Taschenbuch für Freunde der Natur.* Heidelberg : 1810. Rééd. anastatique Heidelberg : L. Schneider, 1969). Sur lui, *cf.* mon article dans le présent ouvrage. Sur sa correspondance avec Baader, cf. XV, 192ss, et E. Susini, *Commentaires aux Lettres inédites, op. cit.*, II, 123 ss.

63. J. W. Ritter, *Die Physik als Kunst. Ein Versuch, die Tendenz der Physik aus ihrer Geschichte zu deuten.* Munich : J. Lindauer, 1806. Texte dans lequel il est beaucoup question de la lumière (cf. *infra*, pp. 267-304, sur Ritter et le thème de la lumière). Baader, II, 19 *(Gedanken aus dem grossen Zusammenhange des Lebens,* 1813).

64. *Ibid.*, p. 19.

65. II, 67, 93 *(Sur la notion du tems,* 1818).

66. I, 28ss *(Ueber den Affect der Bewunderung und der Ehrfurcht,* 1804).

67. II, 111 *(Sätze aus der Bildungs- und Begründungslehre des Lebens,* 1820). *Cf.* aussi J.A.L. Richter, *Betrachtungen über den animalischen Magnetismus* (1817, p. 42, cité par Baader in *ibid.*). Références et rapprochements déjà présentés dans mon article « Franz von Baader et les Philosophes de la Nature », *cf.* dans le présent ouvrage.

68. IV, 235s *(Alle Menschen sind [...] Anthropophagen,* 1834).

69. VIII, 167ss *(Vorlesungen über spekulative Dogmatik,* 1828/38).

70. Sur lui, *cf.* mon article « Magia Naturalis 1765, Théosophie de la lumière et de l'électricité dans la Naturphilosophie préromantique », publié dans le présent ouvrage.

71. IV, 309 *(Uber die Incompetenz unserer dermaligen Philosophie zur Erklärung der Erscheinungen aus dem Nachtgebiete der Natur,* 1837). Sur Kieser et les arguments que lui oppose Baader, cf. A. Faivre, *F. von Baader et les Philosophies de la Nature,* dans le présent ouvrage.

72. II, 226 *(Fermenta Cognitionis,* 1822/24).

73. III, 423 *(Vorlesungen über Jacob Böhmes Theologumena und Philosopheme,* 1847).

74. II, 67, note 2 *(Sur la notion du tems,* 1818).

75. *Ibid.*, 67. Baader réfère à *Matthieu,* XXIII, 12 (« quiconque s'élèvera sera abaissé, et quiconque s'abaissera sera élevé »). Il ajoute : « L'être qui n'a pas fait l'usage légitime de cette puissance offerte à lui dès son origine pour contenir dans son intérieur ce qui devrait être et rester contenu, a donc *ouvert* ce qui devrait rester fermé pour lui et s'est *fermé* ce qu'il devrait rester ouvert pour lui. » L'histoire d'un être est celle de fermetures et enfoncements successifs ; ce qui fait à un moment donné le pivot ou le dessus doit en faire ultérieurement le dessous ou la base *(ibid.,* 67s).

76. II, 106 *(Sätze aus der Bildungs- und Begründungslehre des Lebens,* 1820).

77. II, 67s *(Sur la notion du tems,* 1818).

78. X, 305. II, 106 *(Sätze aus der Bildungs- und Bergründungslehre des Lebens,* 1820).

79. II, 19 *(Gedanken aus dem grossen Zusammenhang des Lebens,* 1813).

80. V, II, 500s *(Ueber die Begründung der Ethik durch die Physik,* 1813).

81. II, 500s *(Ueber die sich so nennende rationelle Theologie in Deutschland,* 1833). « Beweggrund » : jeu de mots, puisque cela signifie généralement « motif », « raison d'agir », et étymologiquement « fondement pour le mouvement ».

82. V. 136 *(Recension der Schrift « Essai sur l'indifférence » par La Mennais,* 1818).

83. II, 501s *(Ueber die sich so nennende rationelle Theologie in Deutschland,* 1833).

84. IV, 279 *(Ueber den christlichen Begriff der Unsterblichkeit,* 1835). Il revient plusieurs fois sur la comparaison entre « *licht* » et « *leicht* » (*cf.* notamment IV, 337, *Ueber den Paulinischen Begriff des Versehenseins des Menschen,* 1837). II, 240 *(Fermenta Cognitionis,* 1822/24). X, 271 *(Ueber die Notwendigkeit einer Revision der Wissenschaft,* 1841). IX, 23 *(Vorlesungen über spekulative Dogmatik,* 1835).

85. II, 43s *(Ueber den Blitz als Vater des Lichts,* 1815). Johann Menge (cité ici), auteur de *Beiträge zur Erkenntniss des göttlichen Werkes, Wortes und Ebenbildes,* 1er vol. 4 cahiers. Lübeck, 1822 ; et de *Winke für die Würdigung der Mineralogie*

als Grundlage aller Sachkenntniss. Hanau, 1819.

86. IX, 14, note *(Vorlesungen über spekulative Dogmatik,* 1836) : « *Nur im Licht oder als Licht gewinnt das Feuer seine völlige Evolution, Begründtheit und sufficientia (Versöhnung), wie es ausser dem Licht aus sich selber gekommen ist, und die Verhaltung dieser Evolution erweckt darum den Blitz. Eben so sind es die edelsten Metalle, welche in ihrer Verhaltung (als Schlaggold und Schlagsilber) die heftigsten detonations hervorbringen.* »

87. II, 44s *(Ueber den Blitz als Vater des Lichts,* 1815). Permettons-nous un rapprochement avec la *Tainiriya Upanishad* (publiée et traduite par Em. Lesimple) : « Le feu est l'élément antérieur, / Le Soleil est l'élément ultérieur, / Les eaux sont la jonction des deux, / L'éclair est le mode de jonction » (p. 16). (Renseignement aimablement communiqué par Georges Brunon.)

88. X, 305 *(Religionsphilosophische Aphorismen).*

89. III, 178-184 *(Vorlesungen über spekulative Dogmatik,* 1828/38).

90. II, 106s *(Sätze aus der Bildungs- und Begründungslehre des Lebens,* 1820).

91. X, 270 *(Ueber die Nothwendigkeit einer Revision der Wissenschaft,* 1841).

92. II, 406s *(Fermenta Cognitionis,* 1824).

93. XIII, 101 *(Aus Privatvorlesungen über J. Böhmes Lehre,* 1829).

94. II, 297s *(Fermenta Cognitionis,* 1822/24). Passage de Böhme référé : *Menschwerdung Christi,* II, Th. 5, 2 *(Werke,* VI, 261).

95. X, 23s *(Ueber die Vernünftigkeit der drei Fundamentaldoctrinen des Christentums,* 1839). Baader écrit sur le « feu extérieur » : « *Alles äussere Feuer ist eine Krankheit und ein Monstrum in der Natur. — Was man Licht nennt, ist eine Geistesgestalt, die alle andern in sich aufnimmt* » (XII, 489).

96. II, 390s *(Fermenta Cognitionis,* 1825). « *Das Licht ist um das Feuer reicher geworden im Durchgang* » (XII, 416). II, 390s *(Fermenta Cognitionis,* 1825). Baader écrit encore, à propos d'un texte de Saint-Martin (XII, 488) : « *Das Licht ist das Feuerfreie, weil das seine Entzündlichkeit Getilgthabende. Man könnte darum das Licht das Verbrannte nennen ; es ist aber das die Verbrennlichkeit Verbrennende und das Verbrannte zu unterscheiden.* »

97. XII, 396 (note sur Saint-Martin).

98. VII, 176ss *(Ueber den Begriff des [...] endlichen Geistes,* 1829). Baader cite à ce propos *Le Mystère de la Croix,* de Douzetemps *(cf. supra,* note 48).

99. XII, 487.

100. X, 303s *(Religionsphilosophische Aphorismen.* Aphorismus 12) : « *Feuer und Luft. / Feuer ist Band der Elemente, / Feuer ist nirgends, überall, / Schafft, zernichtet ohne Ende, / Feuer führt im Kreis das All. / Und des Feuers Aetherleib, / Und des Flammengeistes Weib, / Und der Feuerblume Duft / Ist nichts anders als die Luft ; / Lüfte, die den Blitz gebären, / Die die Flammenkinder nähren / Um im Kreisen sich zu winden, / Muss sich Feuer mit Luft verbinden, / Das allein ist Feuers Sehnen, / Und sich fassend zu ergründen, / Muss das Wesen sich entzünden.* »

101. V, 16 *(Ueber die Begründung der Ethik durch die Physik,* 1813).

102. II, 356s *(Fermenta Cognitionis,* 1835).

103. X, 312 *(Religionsphilosophische Aphorismen* ; Aphorismus 19 : *Das stille und laute Sein).*

104. II, 42 *(Ueber den Blitz als Vater des Lichts,* 1815).

105. V, 16, 19 *(Ueber die Begründung der Ethik durch die Physik,* 1813). Susini, I, 138.

106. X, 5s *(Ueber den biblischen Begriff von Geist und Wasser* 1830).

107. II, 390 *(Fermenta Cognitionis,* 1825).

108. « *Der Geist setzt das Feuer, das Feuer den Geist voraus* » (XII, 476).

109. XI, 284ss *(Tagebuch* : son Journal de 1792).

110. X, 4ss *(Ueber den biblischen Begriff von Geist und Wasser,* 1830). Baa-

der cite Johannes Menge *(Beiträge zur Erkenntniss des göttlichen Werks)* à propos de la lumière de la tête, qui doit descendre dans le cœur (cf. *supra*, note 85).

111. *Cf.* mon article : « Foi et connaissance chez Franz von Baader et dans la gnose moderne », p. 137-156 *in : Accès de l'Ésotérisme occidental*, Paris, Gallimard, 1986 (réédition 1995).

112. IX, 11 *(Vorlesungen über spekulative Dogmatik*, 1836).

113. XI, 25 *(Tagebuch*, 22 avril 1786).

114. XI, 434 *(Ibid.*, 1794 ou 1795).

115. XII, 266 (note sur Saint-Martin).

116. II, 46 *(Ueber den Blitz als Vater des Lichts*, 1815). Sur ce nombre 4 placé entre 1 et 0 (symbole très saint-martinien), *cf.* mon article « Un théosophe postkantien : Thomas Lechleitner », *in : Revue de l'histoire des religions.* Paris : P.U.F., avril 1968 (rééd. *in : Mystiques, théosophes et illuminés au Siècle des Lumières.* Berlin : Olms, 1976, p. 55s).

117. *Ibid.*, 46. Ici, Baader cite Hahn, comme il le fait à plusieurs reprises entre 1815 et 1820. Il s'agit de Philipp Matthäus Hahn (1739-1790) ; sur lui, *cf.* bibliographie *in* : E. Susini, *Notes et Commentaires, op. cit.*. *(cf. supra*, note 2), t. II, index des noms.

118. II, 46 *(Ueber den Blitz als Vater des Lichts*, 1815). Baader cite ici Scleus, *Theosophische Schriften*, p. 714. Et Jacob Böhme, *Morgenröthe im Aufgang* c. 10. 24. Scleus est Bartholomäus Scleus, auteur de *Theosophische Schrifften : oder eine allgemeine und geheime, jedoch Einfältige und teutsche Theologia*, écrit en 1596, publié en 1686. *Cf.* A.-J. Bruckner, *A Bibliographical Catalogue*, 1971, p. 474-476. Orthographié aussi : Sclei.

119. II, 346s *(Fermenta Cognitionis*, 1824).

120. II, 41 *(Ueber den Blitz als Vater des Lichts*, 1815). Baader fait remarquer que les développements consacrés par « H.P. Voigt » à la matière lumineuse masculine et féminine sont plus importants qu'on a pu le penser. Il s'agit peut-être de Johanne Heinrich Voigt, professeur à Iéna, auteur de *Allgemeine Witterungslehre oder Entwickelung des physischen Zustandes unserer Atmosphäre.* Rudolstadt, 1808.

121. II, 41 *(Ueber den Blitz als Vater des Lichts*, 1815). Selon Oetinger, cette *materia prima*, que Baader appelle « 1° », est l'unité indéterminée, et « 7° » l'unité déterminée, car 7 est « l'exposant » *(Exponent)* de toute organisation, du développement de toutes les 7 « qualités » dans l'infini. L'individualité supprimée ou élevée *(aufgehoben)*, abandonnée *(aufgegeben)*, devient généralité ou substance.

122. XV, 256 (Baader à G.H. von Schubert, 2 janvier 1815).

123. II, 42 *(Ueber den Blitz als Vater des Lichts*, 1815). Baader réfère ici à *Éphésiens*, I, 22 : « Oui, il a tout mis sous ses pieds et il l'a donné, au sommet de tout, pour tête à l'Église qui est son corps, la plénitude de Celui que Dieu remplit lui-même totalement » ; et à *Ephésiens*, II, 21-22 : « C'est en lui que toute construction s'ajuste et s'élève pour former un temple saint dans le Seigneur. C'est en lui que, vous aussi, vous êtes ensemble intégrés à la construction pour devenir une demeure de Dieu par l'Esprit. »

124. II, 42 *(Ueber den Blitz als Vater des Lichts*, 1815).

125. *Ibid.*, 35. Baader réfère ici à *Jean*, III, 21 : « Celui qui fait la vérité vient à la lumière pour que ses œuvres soient manifestées, elles qui ont été accomplies en Dieu. »

126. *Ibid.*, 35.

127. *Ibid.*, 38.

128. *Ibid.*, 43. Baader réfère ici à *Aurora*, de Böhme, X, 38.

129. II, 108 *(Sätze aus der Bildungs- und Begründungslehre des Lebens*, 1820). IV, 279 *(Ueber den christlichen Begriff der Unsterblichkeit*, 1835).

130. Goethe, *Traité des Couleurs.* Textes choisis et présentés par Paul-Henri Bideau. Paris : Triades, 1980, p. 80. *« Wär nicht das Auge sonnenhaft / Die Sonne könnt es nie erblicken ; / Läg nicht in uns des Gottes eig'ne Kraft / Wie könnt' uns Göttliches entzücken ? »*

131. IV, 207 *(Ueber eine Behauptung Swedenborgs*, 1832) ; II, 507ss *(Ueber die sich so nennende rationelle Theologie in Deutschland*, 1833) : la lumière est « *Eingerücktwerden und Teilhaftwerden eines schon vorhandenen Sehens* ». *Cf.* aussi II, 375 *(Fermenta cognitionis*, 1835).

132. IX, 266 *(Vorlesungen über spekulative Dogmatik*, 1836. XII, 253 (à propos du *Nouvel Homme*, de Saint-Martin, 1. 26-32).

133. VIII, 241s *(Vorlesungen über spekulative Dogmatik*, Vorlesung IX, 1830). VI, 106s *(Ueber den Evolutionismus und Revolutionismus*, 1834). L'allusion aux *Psaumes* et aux *Proverbes* est de Franz Hoffmann, l'ami et éditeur de Baader *(cf.* p. 107, note) ; *Psaume* 94, 9 et *Proverbes* XX, 12.

134. « *Identität [...] des einscheinenden und des anscheinenden Lichtes* » VIII, 342 *(Vorlesungen über spekulative Dogmatik*, 1833).

135. « *Licht : architektonischer Verstand, regulative und constitutive Macht für den Sehenden und das Sichtbare, Subject und Object* ». V. 9 *(Ueber die Begründung der Ethik durch die Physik*, 1813).

136. Livre VI, 508 b.

137. Citations in Pierre Hadot, « L'apport du Néoplatonisme à la Philosophie de la Nature en Occident ». In : *Eranos Jahrbuch 1970 (Tagung* 1968), cf. p. 116s. 126 Cf. aussi mon article « De la figure divine à la figure concrète, ou la transparition par le miroir », in *Images et Valeurs*, ouvrage collectif, Paris, Archè, 1994.

138. *Cf.* « Franz von Baader et les Philosophes de la Nature ». Dans le présent ouvrage.

139. Martin Heidegger, *Der Satz vom Grund* (*Le Principe de la raison.* Paris : Gallimard, 1962, p. 175) ; déjà cité par François Léger, *La Pensée de Georg Simmel* (Contribution à l'histoire des idées en Allemagne au début du XXe siècle), thèse inédite (Université de Paris-IV), 1979, p. 700.

140. IV, 389 *(Sendschreiben an Hoffmann*, 1837).

141. II, 466 *(Betrachtungen über einige antireligiöse Philosopheme unserer Zeit*, 1824).

142. « *Und so bleibt auch im ewigen Frieden / Die Finsternis vom Licht geschieden.* » Lettre à Stranky publiée par E. Susini, *in : Lettres inédites.* Paris : P.U.F. 1967, p. 329s. J'ai déjà relevé ces passages : Cf. « Franz von Baader et les Philosophes de la Nature », dans le présent ouvrage.

143. *Cf.* « Entre l'Aufklärung et le romantisme : A.G. Werner ou la géognosie », dans le présent ouvrage.

144. IX, 319 *(Révision der Philosopheme der Hegel'schen Schule*, 1839).

145. XV. 564s (lettre à Franz Hoffmann, 1837).

146. II, 398s *(Fermenta Cognitionis*, 1825) ; cf. aussi IX, 17s *(Vorlesungen über spekulative Dogmatik*, 1836).

147. *Cf.* toutefois la note de IX, 302, à propos de Hegel *(Revision der Philosopheme der Hegel'schen Schule*, 1839).

148. VIII, 82 *(Vorlesungen über spekulative Dogmatik*, 1828).

149. XII, 189.

150. « *Licht und Liebe sich entzünden / Wo sich Streng' und Milde finden / Zorn und Finsterniss entbrennen / Wo sich Streng und Milde trennen* » (II, 300 *Fermenta Cognitionis*, 1822/25).

151. Pour une interprétation théosophique (donc, rendant compte du mythe) de ces vers, *cf. supra*, sous-chapitre intitulé *Ixion et Orphée*, références note 8.

152. XII, 192 (« *Das alte und neue Testament ist also, was schon der Name sagt, eine geschichtlich testirte, lebendige göttliche Dramaturgie* ») ; *cf.* II *Pierre*, III, 10).

153. II, 300 *(Fermenta Cognitionis*, 1822/25).

Livre II

PHILOSOPHES DE LA NATURE DANS LE PRÉROMANTISME ET LE ROMANTISME

Magia naturalis (1765) : théologie de la lumière et de l'électricité dans la *Naturphilosophie* préromantique

En 1765 paraissait à Tübingen un ouvrage collectif en allemand intitulé « Magie naturelle », tout entier consacré à la lumière et à l'électricité ; selon le titre, le propos se situe dans la perspective d'une Philosophie de la Nature. Il s'agit, pour l'essentiel, d'une interprétation théologique, ou mieux théosophique, des passages de la *Genèse* concernant la lumière. Le titre complet porte le nom de deux auteurs bien qu'il s'agisse de quatre articles signés par quatre auteurs différents — nous verrons qu'en fait il y eut en tout cinq collaborateurs — et constitue à lui seul tout un programme : *La théorie de l'électricité météorologique, par Prokop Divisch, docteur en théologie et curé de Prendiz près de Znaïm en Moravie, ouvrage attendu depuis longtemps et qu'il a appelé lui-même « Magie naturelle ». Avec un appendice sur l'utilisation des fondements de l'électricité en chimie. Imprimé avec le concours et par les soins du surintendant de Wurtemberg à Herrenberg, Fridr. Christoph Oetinger. Tubingen, chez Joh. Heinr. Phil. Schramm. 1765*[1]. Dans les développements qui suivent, nous appellerons *Magia naturalis* ce livre, qui a déjà fait l'objet d'une étude d'Ernst Benz dans son excellent travail paru en 1970 et consacré à la « théologie de l'électricité[2] », où il traite aussi de F.A. Mesmer, Benjamin Franklin, Lafayette, c'est-à-dire du courant mesmérien à la fin du XVIIIe siècle. Il m'a semblé utile de procéder à un nouvel examen, plus systématique et analytique, de cet ouvrage écrit en 1755 et publié en 1765, tout en renvoyant le lecteur intéressé par le contexte de l'époque au très bon travail de synthèse réalisé par Ernst Benz.

Prokop Divisch (1698-1765), curé morave comme le titre l'indique, moine de l'ordre des prémontrés de Bruck, mais également professeur de physique, reste surtout pour l'historien des sciences et des techniques l'inventeur du paratonnerre — qu'il découvrit sans doute indépendamment de Benjamin Franklin. François 1er, l'époux de Marie-Thérèse, l'a invité en 1755 à présenter ses expériences « électriques » devant la Cour. Il a érigé son premier paratonnerre dans sa propre paroisse en 1756 mais les paysans moraves, indignés de voir leur curé détourner artificiellement les éclairs et soupçonnant cette invention d'avoir attiré les foudres du ciel sous la forme d'une sécheresse survenue la même année, sont nuitamment venus détruire l'engin[3]. Johan Ludwig Fricker (1729-1766), l'auteur du second article — exposé personnel et systématique des vues présentées dans le premier par Divisch — est pasteur en Wurtemberg et élève de Œtinger à Tübingen. Fricker, qui connaît bien Divisch pour l'avoir fréquenté en Moravie, n'a lui-même pratiquement rien publié à part cet article, mais Œtinger a intégré une partie de ses écrits dans ses propres œuvres. Après la publication de *Magia naturalis* et grâce à elle, Œtinger fut nommé prélat de Murrhard sur ordre personnel du duc de Wurtemberg, lui-même alchimiste et passionné par ces théories sur la lumière et l'électricité[4]. Friedrich Christoph Œtinger (1702-1782), le « Mage du Sud », reste le principal théosophe allemand du XVIIIe siècle ; les œuvres de ce grand théologien luthérien font heureusement l'objet, actuellement, d'une réédition complète[5]. *Magia naturalis* se termine par la contribution d'un quatrième signataire, Wendelin Ammersins, consacrée à l'électricité du bois ; pages purement techniques qui s'écartent assez des problèmes philosophiques faisant l'objet du reste de l'ouvrage et qui ne nous retiendront pas ici[6]. Mais un autre collaborateur dont le nom n'apparaît ni dans le titre ni dans la table des matières a apporté sa contribution comme conseiller et traducteur (l'article de Divisch était écrit en latin) : Gottlieb Friedrich Rösler (1740-1790), qui après avoir étudié la théologie à Tübingen allait être nommé diacre à Lauffen-sur-le Neckar en 1765 puis professeur de physique et de mathématiques à Stuttgart jusqu'en 1783. Peu avant la publication de *Magia naturalis*, Rösler a écrit un petit ouvrage dont le contenu montre clairement qu'il connaissait celle-ci et qu'elle l'a même incité à écrire son propre traité sur la lumière ; il s'intitule : *Commentatio Exegeticophysica, qua De Luce Primigenia Genes. 1. 3. disserit T. F. Rueslerus*, et précède d'un an environ la publication de *Magia naturalis*[7]. Il s'agit d'une interprétation « électrophysique » de la lumière du premier jour *(Genèse* I, 3) ; dans ce texte se mêlent quantité de considérations philosophiques, physiques, théologiques, théosophiques. Dans le présent ouvrage j'en donne la traduction intégrale.

Les idées de ces auteurs s'inscrivent dans l'histoire du magnétisme ; il n'y a presque rien, en ce domaine, qu'on ne puisse retrouver chez Paracelse, mais après lui deux autres auteurs jalonnent cette histoire : Gockel et Kircher. Rudolf Gockel (ou Golenius), astrologue, chiromancien et kabbaliste, est aussi professeur de physique à Marbourg ; il y publie en 1609 un *Tractatus de magnetica curatione vulnerum* contenant déjà bon nombre d'idées reprises ensuite par Œtinger, puis Mesmer, et les philosophes de la Nature, où il établit des rapports de connexion et de cohésion entre toutes les choses visibles de notre univers. Le second auteur de ce siècle dont l'œuvre exprime l'une des premières tentatives hardies et systématiques d'une interprétation cosmologique et théologique des phénomènes de l'électricité et du feu naturel partout répandu est le célèbre jésuite Athanase Kircher, auteur de nombreux ouvrages bien connus mais dont *Magnes sive de arte magnetica* (Rome, 1651) va le plus loin dans ce sens [8]. Il semble qu'il faille attendre longtemps avant que l'on se passionne à nouveau pour ces problèmes ; mais au XVIIIe siècle la science expérimentale va contribuer à un regain d'intérêt : parmi les auteurs qui citent Œtinger et Rösler dans leurs écrits, on relève les noms de Johann Heinrich Winkler [9], Joh. Friedr. Hartmann [10], Joh. Friedr. Mayer [11], Benjamin Franklin [12], ainsi que d'Augustin Balthasar, auteur d'un curieux ouvrage consacré à « l'électricité spirituelle » et intitulé *Sacra Pentecostalia* (1745) où il interprète électriquement les langues de feu de la Pentecôte [13]. L'écrit de Rösler avait été précédé en 1759 par une étude de Johann Kies consacrée à une interprétation électrique des processus macroscopiques [14]. Peu d'années après la publication de *Magia naturalis*, Johan Gottfried Taust présentera au lycée de Halle ses réflexions sur « les traces de la toute-puissance et de la Sagesse divine dans les éléments de l'électricité [15] ». Il serait intéressant de suivre cette histoire jusqu'à l'époque contemporaine. Friedrich Zöllner, préoccupé de « physique transcendantale », lecteur de Œtinger et de Fricker, est un jalon important, un siècle après ceux-ci [16].

Magia naturalis est dédié par Divisch à l'empereur François Ier dont la bienveillance éclairée a encouragé l'auteur. La préface de Oetinger, qui suit la dédicace, rappelle qu'on connaissait les théories de Divisch par les journaux et que celui-ci s'est livré à des expériences à Vienne, devant l'Impératrice. L'éditeur ayant refusé de publier ce livre en latin, il a fallu le traduire, avec l'aide de Fricker et de Rösler. « Je livre cet ouvrage à tous ceux qui aiment relier la théologie à la physique [17] », écrit Œtinger, car le théologien qu'est Divisch a su éclairer, à l'aide de l'électricité, mainte parole de l'Écriture. Là où l'Esprit-Saint nous invite à contempler ses œuvres, Il ne manque pas de nous donner des indications en peu de mots, mais nous laisse ensuite le soin d'interpréter ces mots en regardant les œuvres divines. Il importe de continuer à travailler dans ce sens et de ne point procéder comme tant de savants qui estiment superflu de découvrir, dans les indications que contiennent les œuvres de Dieu, des choses inconnues jusqu'ici. Espérons donc que la Sagesse divine continuera à nous éclairer. La vérité revêt maintes formes *(Proverbes* XXII, 12 : « Le regard de Yahvé protège la science, mais il confond les discours du menteur »). On ne manquera pas de jalouser Divisch, qui s'est révélé ici un novateur. Mais on saura ne pas tenir compte des « philosophes mécaniques » qui rient des paroles de Moïse *(Deutéronome* XXXIII, 13 : « Moïse dit sur Joseph : Son pays est béni de Jahvé. À lui le meilleur de la rosée des cieux et de l'abîme souterrain »), car celles-ci restent le fondement de l'électricité et de la chimie supérieure.

Il serait erroné de voir, affirme Divisch au début de son traité, dans la lumière dont il est question au premier jour *(Genèse* I, 3 : « Dieu dit : *Que la lumière soit !* et la lumière fut ») une sorte de soleil encore imparfait. Le dernier verset (v. 31) de ce premier chapitre suffirait à persuader du contraire : « Dieu vit tout ce qu'il avait fait : cela était très bon. » On sait que le soleil et tous les luminaires placés au firmament du ciel pour éclairer la terre *(Genèse* I, 14-19) sont l'œuvre du quatrième jour ; cela signifie-t-il que la lumière du premier jour ait disparu avec la création de celle du quatrième jour ? Non pas. Elle reste moins apparente que celle du soleil mais existe toujours et n'est rien d'autre que le « feu naturel » (p. 1-2). Celui-ci se manifeste couramment sous nos yeux, encore faut-il en connaître la nature ; c'est lui « l'Esprit » de toutes les choses créées, il les fait jaillir à la vie, les génère (par *Entspriessung)*, les maintient en vie (p. 3). C'est dans ce même esprit que Rösler interprète les deux lumières — la première et la seconde[18].

Divisch se réfère à l'œuvre du deuxième jour pour préciser d'emblée sa pensée : « Dieu dit : *Qu'il y ait un firmament au milieu des eaux et qu'il sépare les eaux d'avec les eaux* et il en fut ainsi. Dieu fit le firmament, qui sépara les eaux qui sont sous le firmament d'avec les eaux qui sont au-dessus du firmament, et Dieu appela le firmament *ciel.* » On sait que la « voûte » apparente du ciel était considérée chez les anciens Sémites comme une coupole solide retenant les eaux supérieures ; par ses ouvertures ruissellera le déluge *(Genèse* VII, 11). Divisch conserve le mot « firmament » mais semble préférer celui, plus concret, de « *Veste* ». Les eaux du haut, dit-il, ne sont pas entièrement et définitivement confinées dans le ciel car Dieu a créé toutes choses pour l'utilité de l'homme ! Quand il fait sec sur la terre ces eaux du haut agissent sur elle par « attraction électrique » pour calmer sa soif et produire la végétation (p. 3).

Il semble donc que selon Divisch une action réciproque s'exerce entre les eaux du haut et le « feu naturel » correspondant à la lumière du premier jour. En ce début d'exposé il ne précise pas encore la nature de cette polarité mais s'attache davantage à dégager les caractéristiques et les propriétés du « feu naturel ». Dieu a imprimé, insufflé *(eingedrukt)*, ce feu partout dans la nature, c'est-à-dire dans les éléments simples et dans les « mixtes ». On peut voir en lui une âme ou un esprit, la substance la plus subtile, la plus rapide, la plus pénétrante, un phénomène universel dont Divisch dit qu'il se manifeste visiblement *per vim elasticam.* Là où ce feu, ou esprit, de Nature *(Naturgeist)* fait défaut, tout s'affaiblit et devient incapable d'opérer par soi-même ; féru de références bibliques, Divisch renvoie ici à *Zacharie* (XIV, 12-15) décrivant la plaie dont Yahvé frappera tous les peuples qui auront combattu contre Jérusalem : il est annoncé dans ce passage que « leur chair se décomposera alors qu'ils tiendront sur leurs pieds ; leurs yeux pourriront dans leurs orbites ; leur langue pourrira dans leur bouche. Pareille sera la plaie des chevaux, mulets, chameaux et ânes, et de toutes les bêtes qui se trouveront dans ce camp. » Autrement dit, en retirant le feu naturel *(auferendo ignem)*, Dieu sévit (p. 4s). Nous verrons que Fricker et Œtinger attachent également une grande importance à ce passage de *Zacharie.*

Soucieux de se rattacher à une tradition philosophique, Divisch rappelle que « les anciens sages » connaissaient cet « esprit de Nature » *(Naturgeist)* appelé aussi *ignis elementaris, ignis electricus, Archaeus* et *Spiritus Mundi* (esprit, ou âme, du monde). Mais ils n'en avaient qu'une connaissance obscure faute d'avoir reconnu la nécessité des « expériences électriques » pour connaître à fond ce domaine. Il appartenait donc aux chercheurs en cette seconde moitié du dix-huitième siècle de préciser avec certitude en quoi consiste ce *phaenomenon naturae sublunaris universale* (p. 5). C'est en effet par le moyen de l'expérimentation que Dieu manifeste maintenant les mystères de la Nature restés cachés : on peut en prendre aujourd'hui une mesure plus sûre et les expliquer plus exactement, bien qu'on en reste encore aux controverses. Divisch vise ici les tenants de la « substance éthérique » : les philosophes modernes, rappelle-t-il, disent que ce « feu de nature » n'est qu'une substance d'air, ce qui est oublier les quatre éléments, n'en garder que trois en confondant le feu et l'air, et du même coup ne pas tenir compte du feu du premier jour. Divisch ne se réfère pas ici à Aristote mais à l'Écriture, qui enseigne l'existence des quatre éléments ; mais c'est évidemment à la tradition alchimique qu'il fait implicitement allusion (p. 6).

Il entend « expliquer » de deux façons ce *phaenomenon universale* qu'est la lumière du premier jour : comme un « feu élémentaire » qui règne au cœur de tous les éléments naturels simples et de tous les mixtes ; et comme un « feu électrique » qui règne dans l'air ainsi que dans quelques mixtes seulement. On trouve le feu élémentaire dans la terre et dans l'eau ; dans l'air — sous forme d'éclairs — en cas d'orage, mais aussi dans l'eau quand on y voit monter des émanations vaporeuses. Il appelle *ignem elementarem* cette propriété magnétique et passive que possède un corps d'être attiré *(virtus attrahabilis)* ; l'eau la possède donc, mais point le zinc, ni le laiton, l'argent, l'or, sur lesquels l'aimant ne peut rien. Il existe dans l'air une force attractive expliquant les vapeurs et les orages : en hiver les nuages descendent, en été ils montent et causent ces orages car ils électrisent les eaux célestes. La force attractive dort quand il fait froid, se réveille avec la chaleur de l'été[19]. Feu élémentaire et feu électrique sont responsables de toute « *generatio, alteratio, corruptio, actio* » dans la nature, la condition de cette action étant la présence d'une substance active et d'une substance passive : pierre *(activum)* et acier *(passivum)*, frottés l'un contre l'autre, produisent l'étincelle. Les *activa*, ou *electrica*, de la pierre et les *passiva*, ou *elementaria*, de l'acier, correspondent d'une part à l'*activitas* ou *electricitas*, c'est-à-dire à la qualité du feu électrique, et d'autre part à la *passivitas* ou *electrisabilitas*, c'est-à-dire à la qualité du feu élémentaire. Le feu naturel, qui n'est pas l'éther mais la lumière créée du premier jour, s'appellera donc feu électrique dans le sujet électrique, et feu élémentaire quand on l'associe au sujet électrisable. Adam et Eve sont de même nature selon l'humanité mais différents selon la personne ; de même le feu élémentaire et le feu électrique sont de même nature (ils sont le feu naturel) mais le premier est féminin, le second masculin (p. 13-14). Un sujet électrisable ne peut produire une étincelle que si on le frotte avec un corps électrique, une femme ne peut enfanter que si un homme la féconde (p. 15).

La comparaison de l'électricité avec la nature humaine fournit à Divisch d'autres rapprochements analogiques et scripturaires. Adam, créé d'abord à partir d'une motte de terre (cf. *Genèse* II, 7), a reçu dès ce moment une âme vivante semblable à celle de chaque animal, puisque le limon de la terre contient et contenait nécessairement de la lumière créée le premier jour ; mais il a ensuite reçu de Dieu le *spiraculum vitae*, c'est-à-dire un esprit vivifiant, et alors seulement l'âme spirituelle vivante lui fut insufflée. La première vie vient de la terre, l'autre du ciel ; ces deux âmes luttent en nous, comme le rappelle l'apôtre Paul *(Galates*, V, 17). Nous avons donc une âme terrestre, différente de notre âme spirituelle et immortelle *(forma hominis vivificans*, première *forma vivens* ou *informans)* qu'Adam ne reçut qu'après et qui nous rend supérieurs aux anges mêmes (p. 28 s). L'âme naturelle ou terrestre consiste dans le feu de nature (p. 30), c'est-à-dire dans la lumière élémentaire et électrique, mais pas dans l'éther. Les péripatéticiens ont cru, comme Divisch reconnaît y avoir cru jadis, que notre vie existe et se maintient grâce à notre esprit : idée irrecevable maintenant que la « science électrique » permet de construire nos connaissances sur du vrai et du solide. Il n'existe donc pas un esprit qui serait « corporel par degrés » (p. 33 s).

Nous avons vu que l'électricité est polaire. Dans un corps vivant il y a des parties « électriques », d'autres parties sont « électrisables », afin que s'accomplisse l'électrisation naturelle de la vie. Cette action peut être trop forte ou trop faible ; ainsi s'expliquent bon nombre de maladies (p. 34). Pour la génération, la terre et l'eau sont passives, le feu et l'air actifs, car les premiers accueillent la semence électrique tandis que le feu et la chaleur permettront les opérations, rendront la vie possible. L'action du feu naturel s'exerce selon « l'attente » d'un « sujet »[20]. Si le sujet est de chair, le feu naturel se comporte comme une âme vivante ; s'il est pierre, métal, etc., le feu naturel se comporte comme phénomène nécessaire aux efforts propres à ce sujet ; il est principe vivant de croissance *(principium vegetandi)* pour les sujets que le créateur a destinés à croître (p. 38). Si on électrise un bocal contenant une terre où on a semé des grains de salade (de lentilles, par exemple), ils poussent plus vite. Divisch se vante d'avoir rendu la santé à des paralytiques en les électrisant : preuve que le feu naturel a la propriété de débloquer les parties du corps et de fortifier la sève nerveuse. Certains médicaments sont « électriques », d'autres « élémentaires », distinction dont les médecins devraient approfondir la signification. Mais l'âme spirituelle n'est pour rien dans ce processus thérapeutique ! (p. 39-41).

Le feu naturel possède un agréable goût de soufre, c'est pourquoi on peut l'appeler aussi « baume de la Nature » ; sans lui elle serait sèche et dépourvue de grâce[21]. C'est que l'électrisation naturelle s'exerce dans le macrocosme et dans le microcosme, l'homme restant l'objet principal de la Nature, mais sans oublier les minéraux. Divisch distingue dans l'homme une triple électrisation : dans les yeux, dans la gorge et dans les veines. La première se manifeste par le clignement, ou par les phénomènes électriques qu'on perçoit en se frottant l'œil ; la seconde, lorsque l'air, en tant que corps électrique, en sortant des poumons subit une friction chauffante ; enfin le frottement du sang révèle les *minima electrica* en fortifiant les parties électrisables, notamment le fluide nerveux. Divisch a inventé un « baromètre électrique » ; quand après avoir fait monter le mercure à l'aide d'une pompe il le laisse redescendre, on peut apercevoir, s'il fait noir, de beaux phénomènes lumineux dans la partie abandonnée par le mercure parce que celui ci, en descendant, frotte le verre et actualise ainsi les *minima electrica* (p. 45-47).

Divisch entend répondre ensuite à ceux qui lui ont reproché d'exercer illégalement la médecine. Il est en effet interdit au prêtre de faire concurrence au médecin. La cure électrique, explique-t-il, n'est pas une médecine qu'on trouve dans les pharmacies, donc il n'y a pas concurrence malhonnête sur le plan financier ; et si elle ne réussit pas, au moins ne fait-elle pas de mal. Et puis, le Christ n'a-t-il pas dit : « Allez, et guérissez partout les malades » ? Divisch s'abrite derrière l'autorité peu contestable du baron van Swieten, « médecin personnel de Sa Majesté impériale romaine et apostolique » et commentateur de Boerhaave[22]. Swieten a confirmé à Divisch que l'interdiction faite aux prêtres d'exercer la médecine ne pouvait s'appliquer à l'électrisation ; il a lui-même reconnu dans une lettre à l'auteur qu'il n'y a pas lieu de s'étonner que la cure électrique guérisse les uns et pas les autres, car elle se contente de rendre mobile l'immobile, de décomposer l'épais, de dissoudre ce qui est devenu trop compact — d'où le grand nombre de cas où l'organisme se présente de telle manière que ce traitement ne peut agir. Il faut d'abord, admet Divisch voir le médecin, qui ensuite seulement pourra prescrire l'électrisation[23].

Passant à des considérations sur la météorologie, Divisch fait allusion à *Ezéchiel* I, 4 (« Je regardai : c'était un vent de tempête, soufflant du nord, un gros nuage environné d'une lueur, un feu d'où jaillissaient des éclairs, et au centre comme l'éclat du vermeil, au milieu du feu ») et écrit que le prophète s'est montré ici bon connaisseur de la nature (p. 54). Le feu électrique ou plutôt naturel n'est autre, on l'a vu, que la lumière créée au premier jour, lumière qui, après la création du soleil, a été répartie et comme imprimée (« *ausgetheilet und eingedrückt* ») aux éléments et aux mixtes *pro generatione et corruptione*, phénomène général s'étant déroulé dans toute la nature sublunaire. Mais puisque des penseurs modernes confondent le feu électrique avec l'air libre ou éther, Divisch entend les réfuter en s'appuyant sur l'Écriture et sur le baromètre. L'Écriture enseigne que le feu a été créé le premier jour, l'air et l'éther le second jour, donc ils ne sont pas de même nature. Quant aux expériences avec les baromètres, il affirme qu'elles permettent de distinguer nettement l'éther de l'électricité ou lumière naturelle (p. 55-57). Ces spéculations débouchent sur une explication des pluies et des orages. Divisch rappelle qu'il a déjà envoyé en 1754 une relation de ses expériences et théories pour que le Directeur de l'Académie de Berlin, Euler, l'examinât, mais il n'a pas reçu de réponse bien que des journaux de différents pays aient parlé d'elles (p. 61-67).

Fricker, dans l'introduction du texte qu'il a rédigé pour le joindre à l'étude de Divisch, le félicite de ne s'être pas contenté de faire de l'électricité une simple science mathématique mais d'avoir poursuivi le but, plus élevé, de compléter la « philosophie » elle-même[24]. Les Anciens, sans même parler d'électricité, savaient que les créatures et les êtres corporels naturels possèdent en eux-mêmes un certain feu. Il convient de chercher ce feu dans la substance *(Wesen)* première que le Verbe de Dieu a suscitée — Verbe par lequel tout se maintient encore — à partir du chaos informe. Le créateur a fait de ce feu une substance animante douée de formes et de vertus *(Tugenden)* : c'est la lumière du premier jour (p. 73), qui dans sa lutte contre les ténèbres était comme concentrée ; pour avoir apparemment moins de force que le soleil créé plus tard, elle est douée de qualités plus subtiles, plus « générales », plus pures, car c'est elle qui se rapproche le plus des natures spirituelles. Son élasticité pouvait causer une forte luminosité, son mouvement rapide était capable d'ébranler les parties les plus intimes de la matière du chaos, si bien que dès le premier jour tout en fut pénétré et que les ténèbres furent repoussées. Cette lumière s'allume et luit dans les ténèbres, enfermée dans toutes choses elle a tendance à s'unir aux corps (p. 73 s).

Mais où est-elle allée le quatrième jour, au moment de la création du soleil et des étoiles ? Là où ce feu de nature *(Naturfeuer)*, élément presque spirituel, fait défaut, c'est la paralysie ou la mort, comme le montrent les cures électriques de Divisch — et Fricker ne manque pas de citer ici, à son tour, Zacharie (XIV, 12). Que ce feu électrique soit assimilé à l'éther comme le veut Euler, voilà ce qui — Fricker y insiste — ne saurait convenir à Divisch ; sans doute est-ce là ce que David, *Psaume* CL, nomme « *Rakia üssô* près de Dieu ». Euler l'Ancien[25] a étudié le mouvement de la lumière éthérique et des couleurs selon les règles mathématiques du son et des notes de musique ; ses expériences montrent que l'éther reçoit la lumière, la propage comme son véhicule, et que la lumière créée le premier jour et dissipée dans les éléments correspond à quelque chose de spirituel et de subtil. Swedenborg fait d'ailleurs de l'éther le troisième élément, l'air n'occupant que la quatrième place et la seconde revenant à la force magnétique, plus subtile que les autres (p. 74-76).

Fricker entreprend ensuite de préciser l'enseignement de Divisch à partir de ses propres idées et connaissances. Il y a, explique-t-il, deux sortes de corps et de matières, dans la nature. Lorsqu'on frotte ou échauffe certains d'entre eux, il se produit des effets électriques. D'autres, soumis au même traitement, ne produisent pas cet effet mais on constate qu'ils exercent une action forte et rapide dès qu'ils sont mis en contact avec ceux de la première catégorie. Les premiers sont dits électriques, les seconds électrisables. Il existe une catégorie intermédiaire, par exemple le bois mouillé. Les métaux, l'eau, la terre ressortissent à la première ; l'air, le soufre, la résine, le verre, à la seconde. L'effet électrique le plus remarquable est l'attirance rapide de corpuscules légers (feuilles d'or, limaille, etc.) qui se trouvent parfois loin du corps frotté *(electro)* mais n'en sont pas moins attirés par lui. Les effets les plus rapides peuvent se produire par communication avec des corps froids, par frottement avec des corps naturellement chauds. On peut donc appeler « feu électrique » un feu naturel *(Naturfeuer)* froid qui se répand, comme l'expérience le montre, sous forme d'un « courant blanc » — il y a quelque chose de liquide, note Fricker, dans le mot « courant » —, mais ce courant est en même temps un feu (p. 76-79). Et on appellera « élémentaire » le feu suscité par les frottements électriques dans les corps électrisables, qu'il s'agisse de communication ou de contact intérieur (p. 80).

Fricker, plus que Divisch, met l'accent sur la notion de polarité. Il existe fondamentalement deux sortes de corps, car Dieu a créé le ciel et la terre, c'est-à-dire quelque chose de vif, céleste, léger, et quelque chose de plus grossier et de plus lourd. Le grossier et lourd, c'est évidemment l'eau et la terre, tandis que le feu, ou lumière du premier jour et air du jour suivant, représente les éléments supérieurs de la nature céleste qui anime le ciel et la terre (p. 80). Il existe aussi une polarité de type actif-passif constituée par l'électricité des corps électrisables et le feu des corps électriques excité par la friction : ce « double feu » caché dans la nature est à l'origine de toute vie ; l'attirance qui se manifeste soudain, comme avec l'aimant, de même que la lumière qui apparaît tout à coup comme l'étincelle sont toutes deux produites à partir de l'invisible par le choc du feu actif et du feu passif (p. 82 s).

Toutes les substances *(Wesen)* corporelles renferment pour ainsi dire des « énergies spirituelles » *(geistliche Kräfte)* qu'il est possible d'exciter, en quelque sorte d'extraire, et qui ont la propriété de communiquer entre elles comme de se communiquer à d'autres corps (p. 85). Ces toutes petites particules ignées, ou atomes, renfermées dans chaque corps portent en elles la propriété, la forme, la « formation générale », du grand corps dont elles font partie et dans lequel elles trouvent leur repos. Dans les corps électriques elles sont chaudes, sèches, ignées, actives, dans les corps électrisables elles sont froides, humides, ignées, passives. Si, par le moyen d'un canal adéquat, les premières s'unissent aux secondes, alors c'est déjà un début de vie.

Si on excite le feu électrique par frottement et qu'on le mêle au feu élémentaire, sa trop grande volatilité est liée, délimitée, le feu actif et le feu passif luttent ensemble. Cette lutte peut prendre la forme d'un mouvement alternatif *(motus alternus)* de type systole-diastole, quand ils sont légers et proches l'un de l'autre par leur nature ; il ne s'agit de rien d'autre que du mouvement tourbillonnaire *(Vortex)* ou courant circulaire responsable de la vie. Le feu actif et le feu passif réagissent si vite l'un sur l'autre qu'à l'intérieur du sujet lui-même les éléments actifs deviennent passifs, et vice versa, jusqu'à ce que, de la rencontre de deux corps contenant chacun l'un des deux feux, un éclair jaillisse et que le tout se résorbe pour engendrer quelque chose de nouveau. On a affaire alors à une naissance ignée et lumineuse, à partir de « l'angoisse » ; par le moyen d'une percée, d'une irruption *(Durchbruch)*, une « image séminale » s'est élancée, écoulée, à travers un canal pour devenir un être capable de grandir, de prendre racine. Fricker dit encore qu'au commencement de toute vie deux forces contraires s'engloutissent au cours d'un combat dont le centre est le siège observable d'un tremblement et d'une oscillation. La force de l'élasticité, le rapprochement de sujets différents constituent une lutte d'où surgit une lumière à partir des ténèbres, lumière qu'on voit briller et brûler tandis que les énergies accumulées se dissolvent tout à coup du fait de leur élasticité, se suppriment en s'équilibrant (p. 88).

Ces belles pages d'où l'influence de Böhme ne semble pas absente terminent l'exposé théorique de Fricker qui passe ensuite à des considérations anthropologiques dans un passage intitulé *De la double vie de l'homme (Von dem zweyfachen Leben des Menschen)*. Fricker donne raison à Divisch d'avoir rejeté l'opinion d'Aristote et des péripatéticiens qui associent l'âme raisonnable à la vie sensitive et végétative en ne voyant entre les deux qu'une différence de degré. L'Écriture et la science nouvelle montrent au contraire que la vie naturelle et végétative consiste seulement dans le mouvement du feu naturel électrique, certes répandu dans le corps, mais point de même nature que la haute lumière de l'intelligence et de la raison. La première — naturelle et végétative — se développe par électrisation progressive due à une friction subtile, d'où la thérapeutique par électrisation (p. 89 s). Et Fricker de citer *L'Ecclésiaste* III, 19-20 (« De fait, le sort de l'homme et celui de la brute est le même : l'un meurt, l'autre aussi ; ils ont le même souffle tous les deux [...] tous deux vont au même endroit ; tous deux viennent de la poussière, tous deux retournent à la poussière »). En effet, nos auteurs ne se lassent pas de le répéter : avant même que Dieu eût soufflé sur le morceau de terre destiné à devenir un homme, Adam avait déjà reçu l'esprit de nature. Le souffle de Dieu a donné l'esprit supérieur à un morceau de terre qui possédait déjà l'esprit de nature. L'expression « nouvel Adam » n'a pas un sens seulement moral mais physique (p. 91). La vie pensante et parlante elle-même peut n'être que de nature électrique dans la mesure où elle n'est pas régie par la lumière ou l'esprit supérieurs. Hippocrate, et le prédicateur Salomon enseignent qu'il y a trois fluides subtils en l'homme : solaire, lunaire, astral. De même on peut dire avec les « adeptes » — la tradition alchimique — qu'il y a : a) un feu « intellectif », volatil, formateur, capable de « distinguer » rapidement les choses et de se mêler facilement à tout ; b) un feu puissant, violent, dominateur, qui se manifeste rapidement à partir de rien ; c) un feu « sensitif », semi-corporel, qui touche de l'extérieur, aimable et attirant *(reizend-lieblich)* (p. 92 s). Mais on ne sait pas dans quelle mesure l'esprit du haut agit sur le psychique, sur la vie animale[26].

La dernière partie du traité de Fricker est consacrée à « l'électricité météorologique ». C'est un fait digne de réflexion, estime-t-il, que les vivants ou chérubins dont Ezéchiel parle aux chapitres I et X ne se reposent jamais *(cf.* aussi *Apoc.*, IV), surgissent d'un éclair de feu tout brillant appelé « *chasmal* », dans un tourbillon au milieu d'un gros nuage entouré d'une lueur. Des traducteurs ont donné à cet éclat « le plus intérieur », à cette source la plus pure qui est celle de tous les êtres vivants, animés et organisés, le nom de *Species electri* ; sans doute faut-il en conclure que le feu électrique représente vraiment le principe subtil et igné, la source de vie des choses et qu'il exerce son action particulière dans les nuages, les orages et les éclairs (p. 100). Ce passage de l'exposé de Fricker reflète selon toute évidence[27] la discussion qui avait eu lieu peu avant entre Divish et Œtinger et dont une correspondance en latin, échangée entre les deux hommes, nous révèle l'essentiel. Excellent spécialiste des théories de la Kabbale relatives aux sephiroth, reflets, émanations ou énergies de Dieu, Œtinger s'était exprimé à ce sujet, le 27 février 1755 :

> A propos des questions III et IV je vois que tu n'admets aucune connexion de l'âme avec le feu électrique. Ce n'est certes pas moi qui ferais passer la nature avant la théologie ou l'Écriture. Mais c'est cette Écriture elle-même, surtout *Ezéchiel* I, qui m'incite à relier analogiquement la nature de l'âme aux phénomènes électriques. Je laisse de côté Hippocrate dont les principes sont puisés dans la Tradition ; je ramène à une seule chose les quatre *zoa* d'*Ezéchiel* et de l'*Apocalypse* qui sont complètement immatériels (veux-tu que je te le démontre ?). L'éclair naît d'abord dans le tourbillon du vent, l'éclair est concentré dans une intense fulguration appelée *Chasmal.* De ce *Chasmal* surgissent quatre *zoa* [= animaux], âmes, intelligences ; ces *zoa* eux-mêmes sont décrits intérieurement pleins d'yeux, et Ezéchiel décrit des yeux disposés autour des roues [X, 12] tandis que dans l'*Apocalypse* [IV, 6] ils sont intérieurs et constituent les

roues de ces vivants. C'est pourquoi, si ces idées ne m'étaient pas fournies par la sainte Écriture je ne serais pas assez téméraire pour les imaginer. Personne n'a vu Dieu de face, c'est-à-dire dans sa vie cachée par les créatures ; mais c'est de l'arrière, c'est-à-dire dans sa manifestation extérieure, que Moïse l'a vu ainsi que 70 Anciens et prophètes. C'est pourquoi j'observe contre Leibniz que l'âme n'est pas une coruscation de la divinité, n'est pas une monade, comme si elle participait à l'essence divine, mais elle est constituée librement par Dieu, *in fieri*, à l'image de Dieu. Le feu électrique, et autre chose qui pourrait être analogue, m'a semblé jusqu'ici être le véhicule de l'âme, mais ce n'est pas l'âme elle-même[28].

Dans *Theologia ex idea vitae deducta*, en 1765, il donne encore son opinion sur le « *Chasmal* » pour réfuter l'idée leibnizienne selon laquelle l'âme serait une monade :

Dieu n'a pas de degrés, mais la gloire a des degrés et des modes qu'il se pose à lui-même en vue de se communiquer et de se manifester. En effet, ou bien Dieu et le monde ne sont qu'une même substance dans laquelle les créatures sont des modes, ou bien Dieu se donne lui-même des modes en manifestant sa gloire, gloire qu'il communique aux créatures non pas comme s'il la sortait de sa propre essence, mais qu'il tire de l'abondance de sa liberté pour la communiquer en d'infinis degrés. Ainsi il ne faut pas dire avec Leibniz que les monades sont des coruscations de la divinité. Car les puissances des sept esprits sont envoyées librement par Dieu et non par la nécessité de son existence [= la puissance septénaire n'est pas une conséquence nécessaire de la puissance de Dieu]. La gloire de Dieu est primitive et dérivée. Primitive en Dieu et dans le trône, dérivée dans les roues [de la vision d'Ezéchiel] et les êtres vivants et dans toute la vie de Dieu. Toutes ces choses sont dites par Ezéchiel faire partie de la gloire de Dieu : les puissances primitives, et la *prima materia* qui naît dans le nuage et dans le feu et passe par la suprême coruscation du *Chasmal* où les intelligences et les animaux trouvent leur origine ; comme si cela ne venait pas de l'essence de Dieu, mais de ses puissances originelles qui imposent leurs lois aux principes de l'être et du devenir[29].

Fricker, dans son article, passe ensuite à des considérations plus concrètes ; les gouttes d'eau se maintiennent en l'air si elles sont attirées par une force d'en haut — phénomène qu'il rapproche de l'origine des marées (p. 101). Reprenant avec quelques détails les considérations de Divisch sur la météorologie, il félicite son collègue de ne pas s'être contenté de faire descendre la foudre sur des barres de fer, ce qui n'est pas sans danger, mais d'avoir fait en sorte que la foudre, au lieu de frapper, se dissipe, s'éteigne par simple « exhalation ». Mieux étudier la lutte du feu actif et du feu passif, conclut Fricker, ne serait pas seulement pouvoir expliquer plus complètement la vie naturelle : cela augmenterait la connaissance que nous avons des êtres spirituels, voire célestes, qui nous concernent de si près (p. 106).

Œtinger place le mot « alchimie » dans le titre même de sa contribution à l'ouvrage collectif présenté ici ; l'électricité, rappelle-t-il d'entrée de jeu, nous permet de comprendre ce que renferme le sein de la nature et sans doute une vie se cache-t-elle dans chaque corps[30]. Démocrite — le prédécesseur de Newton — et Baglivi — le grand médecin romain[31] — sont parvenus à cette conclusion (le second surtout) qu'on ne saurait séparer vie et matière, et que dès la première naissance des atomes les parties spirituelles se sont incorporées dans la matière. Œtinger, de même que Divisch et Fricker, envisage — en s'appuyant sur *Zacharie* (XIV, 12) — le retrait, par la vertu d'une opération magique, de cette énergie vitale électrique originelle ; toutefois ce n'est pas tant dans l'ouvrage étudié ici qu'il s'exprime à ce sujet, mais dans un autre écrit[32], ainsi que dans la lettre à Divisch déjà citée. Voici le passage de cette lettre du 27 février 1755 :

> Qui, à part toi, expliquera cela, toi qui de nous deux possèdes l'idée la plus profonde de la Magie des choses cachées ? « Magie » vient de l'arabe « Magasch », qui signifie « ascension ». Tu es donc celui qui possède les arcanes de l'ascension, c'est-à-dire de la magie. Il y a des mages du bien, il y en a du mal. Tu es, toi un mage de l'Orient, non pas un charlatan égyptien digne du supplice de la fourche. Mais qu'est-ce donc que tu emploies, hormis *(praeter)* les arts électriques, pour être capable de repousser quelqu'un qui sait arrêter le feu électrique et pour être capable de le forcer à reculer en dansant jusqu'à la porte ? N'est-ce pas la force réglée de l'imagination, par laquelle tu envoies une force immatérielle et comprimes dans l'autre des sphères électriques ? Enseigne-moi, et je t'en remercierai comme le disciple remercie son maître. Il est certain que de nos jours la magie se fait connaître de nouveau aux hommes pieux, de même que jadis elle a péri à cause de l'idolâtrie. Qu'est-ce qui se donne à voir dans *Zacharie*, sinon une opération magique par laquelle les pieux sages tiendront en bride les adversaires de Dieu ? Je donne ici le texte d'après l'hébreu : *Zach.* XIV, 12. Et voici la plaie dont le Seigneur frappera tous les peuples qui auront combattu contre Jérusalem : il fera se liquéfier leur chair — en écartant le feu *(auferendo ignem)* — alors que chacun se tiendra debout sur ses pieds [*suit le reste du passage de* Zacharie][33].

L'idée est que les impies se verront retirer le feu électrique de leur corps, leurs yeux se décomposeront instantanément dans leurs orbites et leur langue dans leur bouche. D'autre part, les eaux supérieures se sont trouvées primitivement cachées dans la matière chaotique ; ce n'est pas le cas de l'esprit de l'homme, qui n'a pas été plongé initialement dans le chaos originel puisqu'il est une émanation divine[34]. Les substances *(Wesen)* les plus subtiles se sont trouvées jadis mêlées aux plus grossières, ce dont « l'irritabilité » de la matière reste pour nous la preuve permanente. Si la matière n'était pas pleine d'esprit, elle ne serait pas irritable, il n'en sortirait pas d'étincelles électriques[35].

Semblablement, les quatre éléments étaient au début dans une même racine ; mais le feu et l'air sont devenus actifs, l'eau et la terre passifs, sans qu'il y ait pour autant séparation absolue : tous conservent quelque chose de leur ancienne origine commune, sinon rien ne pourrait croître, les choses du bas ne seraient pas attirées par celles du haut. Les *Schamajim*, ou eaux mêlées de Feu, au-dessous du ciel[36], sont toujours prêtes à descendre à travers l'espace aérien par l'intermédiaire du soleil, de la lune et des étoiles, avec des propriétés nouvelles, grâce au sel. Qu'est ce sel ? Une humidité qui ne mouille pas, qui est spirituelle, mais aussi une huile ; c'est le commencement de ce qui peut exister de plus pur comme élément mercuriel (p. 110 s). Œtinger affirme avoir vu naître du sel directement à partir du mercure ; il a constaté que ce sel possède la vertu magnétique d'être attiré par le feu qui lui permet de changer de forme. Toutes les naissances à l'intérieur des trois règnes proviennent du sel universel renfermant les trois principes (Sel, Soufre et Mercure). Le sel vulgaire lui-même renferme le plus doux sel[37] ; l'eau courante elle-même possède quelque chose des forces magnétiques des eaux supérieures et le soleil contient un pouvoir d'aimantation, capable d'attirer celles-ci à lui[38] : elles éveillent les énergies solaires, celles de la lune les refroidissent et les coagulent pour les transformer en sel. Ainsi, à lire Moïse on comprend mieux la chimie qu'à lire Becher[39] ; le *Deutéronome* (XXXIII, 13-16) enseigne que le pays de Joseph est béni par le *maegaed*, l'odeur huileuse et épicée du ciel, par la rosée et la profondeur au-dessous de nous, par le *maegaed tebhot schaemaesch*, ou huile des rejetons du soleil et par le *maegaed gaeraesch jerachim*, huile douce rejetée de la lune, par le *rosch*, origine des chambres de l'Orient, par la douce odeur d'huile des colonnes de l'éternité, de la terre, de sa plénitude[40]. Le soleil et la lune « spécifient » dans ces sels, bien que ceux-ci proviennent des chambres de l'Orient et des collines de l'éternité — c'est-à-dire des eaux supérieures, du *scheme kaedam* ou sources éternelles du ciel qui sont le véhicule de Dieu (le psaume LVIII, V. 34, appelle Dieu « le chevaucheur des cieux »). Ainsi les influences supérieures sont salines mais douces, dans notre air elles se mêlent à des éléments terrestres grossiers pour s'enfoncer dans les trois règnes, là où le bien et le mal s'opposent (p. 109-113).

Entre le haut et le bas s'effectue donc un mouvement circulaire, comme l'enseigne *Proverbes* III, 19-20[41]. Ce haut et ce bas s'interpénètrent. Œtinger emploie l'expression « terre céleste » pour faire comprendre que les énergies dont il parle sont à la fois éthériques ou spirituelles et liées à la matière. Cluver et Swedenborg[42], dont il sollicite l'autorité, prouvent que tout est organisé de telle manière que le subtil s'unisse à l'épais, comme on le voit avec l'exemple de l'aimant ou de l'électricité. Pour subtiles que soient les forces du haut, comme elles sont terre céleste elles peuvent devenir terre ; c'est pourquoi Hermès dit : « *Vis ejus integra est, si versa fuerit in terram* » — verset bien connu de la *Table d'Emeraude* (Œtinger citait ces textes traditionnels plus volontiers que ceux des physiciens de son temps). Revenons à Moïse, dit-il encore ; débarrassons-nous, comme Geber et Lulle, des termes responsables de disputes inutiles. Tous deux ont eu le mérite de déduire l'origine des métaux à partir de deux sortes de « vapeurs contraires » ; de même, Hermès dit avec Moïse : « Le vent a porté dans son ventre les premiers commencements ; le père est le soleil, la mère est la lune[43]. » Baldwin, dans *Aurum aureae*, s'approche le plus de l'idée de l'origine des métaux à partir de l'air et du feu électrique — mais c'est Virgile qui le premier a parlé de « Aurum aureae[44] ». Il faudrait, pense Œtinger, multiplier les expériences à base d'eau de pluie ou de neige car elle contient du feu électrique ; on verrait que celui-ci, attiré magnétiquement, est la vraie origine des métaux, la véritable clef de la chimie[45]. Il est déjà en mesure d'affirmer à propos des métaux qu'il existe deux lumières principales, la blanche et la rouge ; l'argent est l'effet de la première, l'or de la seconde *(Apocalypse* IV mentionne des couleurs blanches et rouges à propos de la divinité elle-même). Les métaux consistent en mercure et en soufre ; or, qu'est le mercure sinon un arsenic fluide, qu'est le soufre sinon une substance rouge non inflammable ? Quand on retire aux métaux leur soufre, c'est-à-dire leur substance huileuse, ils deviennent du mercure ; mais on a du mal à les recomposer car cela revient à imiter la nature, et nous ne savons pas comment agit le feu électrique et élémentaire dont toute la nature a besoin pour faire naître les métaux[46]. Colonna[47] écrit que de nombreuses pierres croissent comme des arbres, puis comme des arbres qui meurent durcissent quand l'éther ou feu électrique ne s'incorpore pas assez à la matière terrestre. Le même auteur raconte que sa servante, passant avec lui devant des petits rochers près de Fontainebleau, fit la remarque que ceux-ci grandissent et se nourrissent, prennent racine à la manière des arbres ; elle ajouta que dans son pays on tirait parfois des pierres du fond des rivières pour les placer au ras de l'eau et qu'au bout de quatre ou cinq ans on voyait des nouvelles pierres qui avaient poussé à côté des premières (p. 119-124). Le feu électrique, et toute lumière ne se déplacent pas en ligne droite à partir du soleil mais en ligne courbe, ce que P. Pardies a bien montré[48] ; cela permet au feu électrique de se fixer et de faire naître les pierres précieuses et transparentes (p. 124).

Le feu électrique dont il s'agit se trouve donc « en accord », dit Œtinger, avec celui d'Hermès, d'Arnauld de Villeneuve, de Lulle, du *Rosaire*, de Sendivogius. Si cet élément masculin s'associe au feu élémentaire (élément féminin), il produit un sel qui se transforme en deux soufres métalliques, l'un chaud et l'autre froid. Moïse — entendons : l'auteur de la *Table d'Emeraude* — a donc raison de dire qu'il faut le concours du soleil et de la lune pour préparer la teinture. A Jacob Böhme revient le mérite d'avoir compris cela bien mieux qu'avant lui Platon, Confucius et même Lulle[49]. L'alchimie traditionnelle a beaucoup à nous apprendre, notamment pour ce qui concerne le « sel parfait[50] » qui, Œtinger l'a constaté plusieurs fois, porte en lui la figure d'innombrables soleils et étoiles et représente la matière électrique la plus noble. Il y a une analogie entre l'or, le sel originel et le feu électrique, ou plutôt ces trois substances possèdent un *spiritus rectoris* analogue (l'or n'est fait que de petites étoiles[51]). Ainsi rien ne remplace l'expérience, la chose vue, dûment constatée ; les livres ne sont qu'une occasion de réfléchir. Le pèlerin en Christ ne méprisera pas la chimie : *l'Apocalypse* de Jean en est comme la propédeutique, d'ailleurs elle en procède en partie[52]. Étudier l'électricité et la chimie sans le Christ, c'est se priver de connaître les racines et les vertus de la vérité[53] car sans lui on risque, comme tant de chercheurs, de déduire tout principe d'un faux principe unique, qu'il s'agisse de l'élasticité, de l'électricité elle-même ou de toute idée « unilatérale » ; mais dans le Christ se trouvent renfermés les trésors de la Sagesse et de la connaissance la plus cachée des forces et énergies ; elles sont révélées en Lui à l'intelligence de l'homme de foi qui sait les rassembler, les synthétiser *(Zusammenfassung)*. La fréquentation des Écritures rendra plus apte à comprendre à la fois Démocrite, Artefius, Geber, Lulle mais aussi Newton, Lascaris, Pot, Becher (p. 134). Quant à l'alchimie il faut comprendre qu'elle peut ce que la chimie serait impuissante à réaliser seule ; par exemple, s'il est vrai que le feu électrique imprègne tout, on ne peut le « délier » que par l'alchimie (ce que déjà Démocrite avait bien vu). Geber, Lulle, l'auteur du *Rosaire*, Sendivogius, Grassanus, Bernhardt[54], Grasseus ainsi que les trois Philalèthes[55] ont accompli ce Grand Œuvre, ce processus propre à l'alchimie[56].

La Bible et l'alchimie, voilà donc les deux précieux auxiliaires du vrai chimiste. Dieu a donné aux universités une méthode pour étudier l'origine de l'électricité et des métaux : le livre de Job, chapitre XXXVIII, contient une règle permettant de faire dériver les principes les uns des autres. Le verset 12 rappelle que Dieu a donné des lois à la double lumière *Boker* et *Schahar*, celle du matin et celle du soir ; par là il ne faut pas entendre seulement l'aube et le crépuscule mais un principe à l'œuvre dans toute la nature (« As-tu, une fois dans ta vie, commandé au matin, assigné l'aurore à son poste ? ») ; quand ces lois auront changé, la terre entière revêtira un autre visage (alors l'aurore, dit le verset 14, change la terre « en argile de sceau et la teint comme un vêtement[57] »). La mort et les portes de la mort dont il est question au verset 17 (« Les portes de la mort te furent-elles montrées, as-tu vu les portiers du pays de l'Ombre ? ») s'opposent à ces deux lumières. Dieu dirige les effets qui résultent de ces principes, comme la neige et la grêle, le vent d'Orient, la pluie et la rosée, la glace et la gelée blanche, en utilisant du chaud et du froid. L'action des astres chauds et des astres froids, celle des deux pôles, du zodiaque entier, font partie des lois du ciel qui exercent aussi leur gouvernement sur la terre[58]. Ce chapitre XXXVIII enseigne également que le tonnerre et les éclairs reçoivent leurs ordres de Dieu ; que la Sagesse et l'imagination *(Einbildungskraft)* de Dieu ont pénétré les lieux les plus cachés et les plus profonds de la matière et qu'un ordre commun régit à la fois les atomes de l'air et des eaux du haut, et la poussière de notre terre[59]. Les instincts animaux eux-mêmes[60] sont le résultat de cette énergie subtile répandue dans le sein de la matière[61].

Grâce à l'électricité et à l'irritabilité nous sommes en mesure de comprendre que l'esprit raisonnable, l'âme électrique, et le corps sont choses différentes. La convoitise des yeux ou de la chair, l'orgueil, la colère, sont autant de manifestations âcres, âpres, amères, « sulfureuses », du feu électrique, explique alors Œtinger dans un étonnant passage que j'ai tenu à présenter ici pour son intérêt anthropologique et son aspect fantastique *(cf. infra*, « Textes »). Esprit, âme et corps ne sont pas juxtaposés comme le voulait la théorie de l'harmonie préétablie mais imbriqués les uns dans les autres. Ce corps subtil qu'est l'esprit vital, le *pneuma*, pour Aristote, Divisch l'appelle « âme électrique » (p. 166 s). Le véritable esprit en est distinct. Œtinger lui aussi considère l'âme humaine comme stratifiée, hiérarchisée, feuilletée, et il rejoint en cela les tenants de l'anthropologie ésotérique traditionnelle en même temps qu'il anticipe évidemment sur les découvertes de la psychanalyse. En désaccord avec la monadologie leibnizienne selon laquelle une monade est un *punctum indivisibile*[62], il considère l'âme, élément de cette hiérarchie, comme elle-même complexe. Dans son *Diction-*

naire biblique et emblématique (article « *Seele* », *âme)*, il s'en explique de la façon suivante :

> C'est un ensemble de différentes énergies et essences, qui au commencement sont rudes, ignées et volatiles, qui dans leur processus d'évolution deviennent douces, aimables et fixes. Les monades doivent naître instantanément, mais l'âme naît par moments successifs. Son point final ou *terminus ad quem* est une substance pure, corporelle et spirituelle *(geist-leiblich)* [...] L'âme est un feu qui court à l'intérieur de lui-même dans un sens giratoire et qui grandit sous l'action de la lumière supérieure du Verbe [...] D'après toute l'analogie de l'Écriture l'âme est un feu [...] Jean Baptiste dit que Jésus nous baptisera de l'Esprit-Saint et du Feu : il s'agit de quelque chose qui s'ajoute à l'âme. Le Saint Esprit, dans la mesure où il baptise l'âme de feu, est un feu saint et véritable ; et l'âme doit élever ce feu de l'âme à un état supérieur ; sinon il n'y aurait pas de rapport entre l'âme et le feu de l'Esprit [...] l'âme est vraiment un feu qui ne se consume pas, *cf. Ezéchiel* I, 10[63].

Œtinger se livre ensuite à diverses considérations sur la notion de corps et d'esprit chez Aristote et chez Platon, pour conclure en rappelant que c'est seulement dans le Christ que la philosophie finira par trouver sa véritable forme ; tous les systèmes se fonderont alors en une unique *sympatheia*, qui devra beaucoup aux sciences. Tout sera compris comme il convient, car il n'y a rien de caché qui ne doive être un jour révélé (p. 168). Œtinger termine par une profession de foi qui fait figure de justification. Pourquoi, demande-t-il en effet, le théologien qu'il est lui-même étudie-t-il la chimie et l'alchimie ? C'est parce que la Bible ne présente pas seulement des allégories mais d'innombrables « emblèmes » tirés des créatures et de la nature des choses. Œtinger rappelle qu'il publie en cette même année 1765 *Theologia ex idea vitae deducta* ; on peut s'étonner d'autant moins, estime-t-il, de le voir s'intéresser à une « *theologia emblematica* » ; sans chimie supérieure, personne ne peut expliquer les emblèmes de l'Écriture. Les véritables perspectives ouvertes maintenant à la « physique de l'Écriture » ne reposent ni sur les lois du mouvement, ni sur des théorèmes mécaniques, aérométriques, hydrostatiques... mais sur l'observation de phénomènes observables pour chacun, tels que la naissance des animaux, des végétaux et des minéraux, ou la purification des sels. Le but de la nature est le sel régénéré (p. 169-170).

Outre les points de convergence entre la tradition hermésienne et *Magia naturalis*, signalés plus haut par les auteurs de ce travail collectif de 1765, il serait possible d'en dégager plusieurs autres.

Ainsi, le feu électrique animant la vie physique, susceptible d'être éteint à tout moment par une magie sacrée ou par Dieu lui-même (*Zacharie*, XIV, 12-15), rappelle évidemment l'*axe feu central* de Martines de Pasqually qui enseignait en France, à la même époque, sa théosophie[64] ; il existe d'autre part entre l'alchimie et les spéculations de Fricker et d'Œtinger plus de rapports précis que ces auteurs eux-mêmes ne le suggèrent. On pourrait se demander aussi dans quelle mesure *Magia naturalis* se rattache à la pansophie allemande du XVIIe siècle, de type rosicrucien et paracelsien ; il apparaîtrait que nous avons affaire, en cette seconde moitié du XVIIIe siècle, à une magie qui n'est plus seulement intuition, connaissance des forces cachées de la Nature, mais qui déjà se présente comme un art de domestiquer ces forces, de les soumettre à une technique, en quelque sorte de les dominer. Il n'y a pas seulement, dans ce livre, une exaltation du sentiment de la vie, tendance au demeurant latente et diffuse qui s'épanouira bientôt à travers le *Sturm und Drang*, puis, sous une forme différente, à travers le Romantisme allemand ; on y sent tout autant, malgré la position qu'affiche la sagesse œtingerienne, un parti pris volontariste, un désir d'agir par des pouvoirs qui, grâce à un certain type de connaissance, donnent prise sur les choses et sur les êtres. Il me paraît significatif qu'aucun de nos auteurs n'ait trouvé opportun de citer certain passage du *Livre des Rois*, que selon toute évidence ils connaissaient. On y voit (I *Rois*, XIX, 11-12) Yahvé se manifester à Elie ; il ne le fait ni dans l'ouragan qui fend les montagnes et brise les rochers, ni dans le tremblement de terre, ni dans le feu, mais dans la brise légère qui souffle après que ces phénomènes se soient manifestés.

Il faut reconnaître cependant que la différence est marquée, chez ces auteurs, entre un feu magique ressortissant au discontinu, et un feu sacré qui serait plutôt celui de la connaissance — et de la Grâce. Il appartiendra à Valentin Tomberg notre contemporain de méditer sur les arcanes du Tarot de Marseille, de préciser davantage cette différence dans un ouvrage qui est un des plus beaux et un des plus profonds livres d'hermétisme chrétien jamais écrits[65]. Les occultistes de l'École d'Eliphas Lévi, rappelle cet auteur, considéreront le Serpent comme le « grand agent magique » par excellence, et méditeront moins sur la « Vierge », qui est le grand principe de la Magie sacrée. Ils s'intéresseront donc surtout à l'aspect psychique et mental du principe de l'électricité, qu'ils appelleront « agent psychique astral », afin d'étendre le domaine de la science au monde psychique et mental et de mettre au service de la science, de la volonté humaine, non seulement l'énergie de l'électricité et du magnétisme mais aussi le grand « agent magique ». Ils élaboreront ainsi une « science moderne » des matériaux bruts des traditions et expériences occultes. Le principe du Serpent, qui est celui de l'enroulement, correspond à une « cristallisation » s'effectuant par friction, c'est-à-dire, comme le résume l'auteur de ces méditations, « par l'énergie électrique produite par la lutte du *oui* et du *non* dans l'homme » ; il permet à l'homme de résister à la mort et lui confère de grands pouvoirs corporels et mentaux, mais se distingue du principe de la Vierge, qui est celui du « rayonnement », c'est-à-dire de la « décristallisation complète de l'être humain et de sa transformation en *soleil*, en centre de rayonnement » (« Alors les justes resplendiront comme le soleil dans le Royaume du Père » ; *Matthieu*, XIII, 43).

Il reste aussi que, pour Divisch, Fricker, Œtinger et Rösler, le rapport entre conscience religieuse et conscience scientifique est devenu une dialectique riche de tensions fécondes. Ce qui, finalement, les caractérise, c'est que leur herméneutique de l'Ancien et du Nouveau Testament suppose, chez les auteurs de ces textes, de ce *sacer codex*, une connaissance implicite de la *physica sacra* et de l'*alchimia sacra*, postulat qui leur permet de trouver dans les versets bibliques une « confirmation » — au sens scientifique et religieux ! — des découvertes les plus modernes de la physique, de la chimie, de la médecine. Telle est sans doute la « vraie » *Aufklärung*, celle des grands harmonisateurs dont Leibniz fut le premier porte-parole impératif et éloquent à l'aube de l'*Aufklärung*, même si nos auteurs ne se sont pas déclarés absolument en accord avec lui sur tous les points. Telle est sans doute la démarche dont notre époque ressent de plus en plus le besoin pour sortir des impasses d'une épistémologie à caractère schizophrénique. Le colloque qui s'est tenu à Cordoue en 1979, dont les actes ont paru sous le titre *Science et Conscience*[66], s'inscrit dans cette tradition-là, jamais vraiment oubliée et plus que jamais actuelle.

NOTES

1. *Procopii Divisch Theologiae Doctoris et Pastoris zu Prendiz bey Znaim in Mähren längst verlangte Theorie von der meteorologischen Electricite, welche Er selbst Magiam naturalem benahmet. Samt einem Anhang vom Gebrauch der electrischen Gründe zur Chemie, zum Druck befördert durch Vorsorge des Würtembergischen Superintendenten in Herrenberg Fridr. Christoph Oetinger. Tübingen, drukts und verlegts Joh. Heinz. Phil. Sehramm. An. 1765.* In 8°, 180 p. Dédicace, préface de Oetinger, et table : 10 p. Article de P. Divisch, p. 1-68. Article de Fricker : p. 69-106. Article de Oetinger, p. 107-170. Article de W. Ammersin, p. 170-180. Deuxième édition en 1768 (le nom de Oetinger manque sur la page de titre, sans doute en raison de ses difficultés avec la censure). Deux éditions tchèques (1899 et

1948). Recension de Friedrich Nicolai in : *Allgemeine Deutsche Bibliothek*, Bd. 12, St. 1, 1770 (cf. p. 305-316). Divisch est aussi l'auteur de *Alpha et Omega, seu principium, et finis duobus tractatibus, nempe de Deo uno, ac beatitudine.* Vienne : 1735 ; pour plus de détails, *cf.* Friedrich Christoph Oetinger, *Die Lehrtafel der Prinzessin Antonia*, hrsg. von Reinhard Breymayer und Friedrich Häussermann, Berlin-New York : W. de Gruyter, 1977, t. I (texte) et II (notes), particulièrement II, 431 ss (et index des noms). Et Josef Haubelt, *Zĭvot a dílo václava Prokopa Diviše*, Okresni Muzeum ve Vysokèm Myte, 1982 (ouvrage bien documenté).

2. *Theologie der Elektrizität. Zur Begegnung und Auseinandersetzung von Theologie und Naturwissenschaft im 17. und 18. Jahrhundert.* Mayence : Akademie der Wissenschaften und der Literatur, Abhandlungen der geistes- und sozialwissenschaftlichen Klasse, Jahrgang 1970, n° 12 (in Kommission bei F. Steiner Verlag, Wiesbaden). 98 p. (689-782).

3. *Ibid.* ; et *Lehrtafel, op. cit.*, index des noms.

4. Sur Fricker, cf. *ibid.* ; Benz, *op. cit.* ; Karl C.E. Ehmann, *J.L. Fricker, ein Lebensbild aus der Kirchengeschichte des 18. Jhdts.*, Tubingen, 1864. Et Richard Haug, « J.L. Fricker », pp. 341-342 in *Deutsches Pfarrerblatt*, hg. vom Verband der Evangelischen Pfarrervereine in Deutschland, 1. Heft, juin 1979, 79e année.

5. Réédition avec d'abondantes notes et de précieux commentaires. Deux volumes ont déjà paru, consacrés aux écrits groupés autour du traité de Oetinger : *Die Lehrtafel der Prinzessin Antonia* (cf. *supra*, note 1 ; dans la suite du présent article, je me référerai à cet ouvrage de façon abrégée : *Lehrtafel*). Sur Oetinger, on consultera en français les articles de E. Benz et Pierre Deghaye, in *Kabbalistes chrétiens*, Paris : Albin Michel, collection « Cahiers de l'Hermétisme », 1978.

6. W. Ammersin (1710-1755), Franciscain de Lucerne ; cf. *Lehrtafel* (II, 450). Auteur de *De Electricitate propria Lignorum.* Lucerne 1754.

7. *Commentatio Exegeticophysica, qua De Luce Primigenia Genes. 1. 3. disserit Theophilus Friedericus Roeslerus, A.A.L.L. et Philosoph. Magister, S. Minist. Candidatus, et Sereniss. Ducis Wurtemb. Stipendiarus.* Tübingen : P. Schramm, 1764. II + 30 p, in 4°. Publié *infra*, dans le présent ouvrage. Un exemplaire de ce texte se trouve à la Landesbibliothek de Stuttgart (cote : Theol. Diss. 5670). *Cf.* aussi *Neues Hamburgisches Magazin.* Leipzig : 1769 (Bd. 6, p. 289-309), août 1768 (St. 34) : *Schreiben von der Elektrizität an die Königliche Gesellschaft der Wissenschaften in Göttingen von G.F. Rösler* ; et *Lehrtafel*, II, 439.

8. *Cf.* E. Benz. *Op. cit.*, p. 8 ss, 10-14.

9. « *Quem* (écrit Rösler) *inter germanos Electricorum Patrem vocaveris et quem semper honor, nomenque suum laudesque manebunt* » (*cf. ibid.*, p. 42).

10. *Ähnlichkeit der Elektrischen Kraft mit den erschroecklichen Lufterscheinungen*, Hanovre 1759 ; *Vom Nordlicht* (16 IX 1759, *Hamburgisches Magazin* 24., Bd. 2, St. N. IV, p. 157-160). *Cf.* E. Benz. *Op. cit.*, p. 42.

11. *Chymische Versuche zu näherer Erkaenntnuss des ungelöschten Kalchs, aus der Elastisch — und Elektrischen Materie.* Hanovre et Francfort, 1764. *Cf.* E. Benz. *Op. cit.*, p. 42.

12. *Ibid.*, p. 43 : Rösler connaissait les *Gesammelte Briefe* publiées en 1749.

13. Augustin Balthasar, professeur à l'Université de Greifswald, cité par Rösler ; sur lui, *cf.* les travaux de Theodor Pyl (1875) cités *in : Lehrtafel* (II, 449). Titre de l'ouvrage de Balthasar : *Sacra Pentecostalia rite ac pie celebranda civibus academicis indicit et in hunc usum pias quasdam meditationes de electrisatione spirituali cum iisdem communicat.* Greifswald : P. Struckiano, 1745.

14. *De cometis et arcenda exinde electricitate ad explicandum systema mundanum a nonnullis advocata* (cité par E. Benz. *Op. cit.*, p. 43).

15. *Spuren der göttlichen Allmacht und Weisheit in dem Elemente der Elektricität mit deren Untersuchung.* Halle : F.A. Grunert, 1773 *(cf. Lehrtafel,* p. 450).

16. *Cf.* bibliographie in *Lehrtafel,* p. 450 s.

17. « *Ich übergebe also das Werk allen denen, welche die Theologie mit der Physic zu verbinden Belieben haben.* »

18. « *Atque istis iam praemissis, num plane absonum sit, judicabis, si Lucem istam primigeniam, ipsum voces ignem Electricum. ib. p. 27 : Non invitâ sane rei natura Theologo his naturae arcanis in tento adorandus atque eo clarior occurit,* ὁ θεὸς ὁ εἰπὼν ἐκ σὸτους φῶς λάμΨαι, *2.* Cor. IV. 6. *Pretiosam lucem, a qua creandi a qua denominandi fecit initium Deus ! Donat iam sui admirationem, sui cognitionis primam et naturalem lucem luce Solis : dedit initio, quum fieri res inciperent, Hexaemeri primo die, luce primogenia, alia, quam Solis, Luce ; quae, si Sol magnifice, magnificentius prodiit, sicut sponsus e conclavi suo sive e loco, quo haerebat hactenus detentus, (neque, ut exhilarans omnia sponsus, antea unquam cernebatur) et gavisus est, sicut heros, ad currendum viam, (ad monstrandum sese ubi opus fuerit).* Psalm XIX.6. » (Cité par E. Benz. *Op. cit.*, p. 49).

19. Divisch évoque ici le déroulement d'une complexe opération de laboratoire.

20. P. 37 : « *Ebendarum, weil das natürliche Feuer ein allgemeines Principium ist, thut es eine solche Wirckung, wie das Subjectum in sua specie erfordert* ».

21. P. 44 : goût « *balsamisch, mit welchem die Elementa einbalsamirt, die Mixta lebhaft gemacht, und die Natur in ihrer Würde erhalten wird, und billig Balsamum naturae genannt werden kan, als ohne welcher die Erde trocken und ohne Zierde wäre* ».

22. Gerard Van Swieten (1700-1772), né à Leyde, élève de Boerhaave, nommé à l'université de Vienne par Marie-Thérèse (dont il devint le médecin personnel) : cf. *Lehrtafel,* index des noms (notamment sur la correspondance avec Divisch).

23. P. 49-51, et *Lehrtafel* (II, 574).

24. « *Der Herr Divisch ist also weit davon entfernt, die Electricität in eine mathematische Wissenschaft zu bringen : Es ist ihm um einen höhern Zweck zu thun, die Philosophie selbst besser zu ergänzen. Hierzu ist genug, dass das electrische und in allen Dingen verborgene Feuer das allergemeinste, und gleichsam erste Phänomenon der ganzen Natur ist, woraus alle ihre Bewegung Veränderung u. d. g. entspringt* » (p. 72).

25. « *Der Verstand, oder die mit den Vorempfindungen zusammengeordnete Vernunft, ist höheren Ursprungs, als das sinnliche, denkende und redende Leben in den subtilen und innern Theilen des Leibs, insofern es nicht von jenem Licht oder Geist regiert wird* » (p. 92). Johann Albrecht Euler (1734-1800) est le fils de Leonhard Euler (1707-1783). Sur la correspondance de Leonhard Euler avec Divisch et Fricker, *cf. Lehrtafel,* II, 434 s.

26. « *Ich meyne weder Herr Divisch, noch irgend ein Mensch könne bestimmen, wie weit das verständliche in das sinnlich wachsthumliche würde* » (p. 95).

27. Ainsi que E. Benz l'a fait remarquer *(op. cit.*, p. 51).

28. « *ad quaest : III. IV. nullam connexionem animae cum igne electrico admittere Te video. Ego sane non is sum, qui naturam praefero Theologiae vel Scripturae, Sed ex ipsa Scriptura Sacra imprimis Cap. Imo Ezechielis ad naturam animae analogicam Phaenomenis electricis collige. Mitro Hippocratem, qui ex traditione hausit principia sua ; Ad unum redigo quatuor* ζωα *Ezechielitica et Apocalyptica, quae sunt omnino immaterialia, demonstrari velis. primum in turbine aquilonari nascifulgorem, fulgorem concentrari in intensissimam coruscationem, Chasmal, appellitatam, Ex hoc Chasmal emergere quatuor* ζωα, *animas, intelligentias, ipsa haec* ζωα *depingi interius plena oculis, oculos in Ezechiele rotis circumpositos describi, in Apocalypsi autem interiora, animantium illas rotas constituere. Igitur nisi mihi hi conceptus a S. Scr[iptura] subministrarentur tam*

audax haud essem in fingendo. Deum nemo vidit ab ante h[oc] e[st] in vita sua a creaturis abdita, sed a retro, h[oc] e[st] in manifestatione sui ad extra vidit Moses, 70 Seniores et Prophetae, Ego contra Leibnitium tueor, animam non esse coruscationem divinitatis, non esse monadem, velut participatione Divinae Essentiae sed libere a Deo in fieri ad imaginem Dei constitutam. Ignis electricus, et si quid aliud est analogum mihi hactenus visum fuit vehiculum animae, non ipsa anima » (cité in : Lehrtafel, II, p. 447).

29. « *Deus non habet gradus, gloria habet gradus et modos, quos ipse sibi ponit, ut possit esse communicativus et manifestativus sui. Aut enim Deus et mundus una substanta est, in qua creaturae sunt modi, aut modos sibi ipse dat in manifestatione gloriae, quam creaturae non quasi ab essentia sua, sed ex abundantia libertatis communicat infinitis gradibus. Ita non opus est, dicere cum Leibnitio, monades esse coruscationes divinitatis : nam potentiae septem spirituum libere a Deo emittuntur non necessitate existentiae. Gloria Dei est primitiva et derivativa : primitiva in Deo et throno, derivativa in rotis et animalibus et in tota Dei vita. Dicuntur ab Ezechiele singula ad gloriam Dei pertinere, potentiae primitivae, prima materia, quae et nube et igne nascitur et in Chasmal coruscantissimum transit, unde intelligentiae et animae ortum habent, non quasi ex essentia, sed ex originariis Dei potentiis, quae regulas ponunt principiis essendi et fiendi* » (cité par E. Benz. *Op. cit.*, p. 52) .

30. « *Man möchte wohl setzen, die Erde sey eine Mutter der allersubtilsten und dünnesten Wesenheiten, und das Leben liege ruhender Weise in jedem Körper* » (p. 107) .

31. Giorgio Baglivi (1668-1707), auteur de *Opera Omnia medico-practica et anatomica.* Anvers, 1715. Oetinger lui a consacré une certaine place dans *Lehrtafel* (*op. cit.*, I, 154), le trouvant trop matérialiste et lui opposant Böhme (*cf.* notes in *Lehrtafel*, II, 251 s).

32. *Die güldene Zeit*, 1759. In *Sämmtl. Schriften* hsg. v. K. Chr. Ehmann, t. VI, Stuttgart, 1864, p. 23. Cité par E. Benz, *op. cit.*, p. 85 s.

33. Cf. *supra* note 28 (lettre du 27 fév. 1753) : « *Quis praeter Te id explicabit, qui penitiorem ideam possides absconditorum Magiae ? Magia ab Arabico Magasch quod dicit accensionem, denominatur. Tu igitur is es qui arcana accensionis h[oc] e[st] Magiae possides. Magi sunt Vel boni vel mali. Tu Magus ab oriente es, non Praestigiator Aegyptius, furca dignus. Sed quodnam est illud, quod praeter artificia electrica adhibes, ut peritum in sistendo igne electrico abigere et ad saltandum retro ad portam coercere possis ? Estne vis imaginationis regulata, qua virtutem immateriatam emittis et Sphaeras electricas opprimis in altero ? Doce me et gratias agam Tibi discipulus magistro. Certe nostris temporibus Magia piis rursus innotescet, ut olim periit illa Scientia propter idolatriam. Quid est illud, quod in Zacharia exstat nisi magica operatio, queis pii Sapientes adversarios Dei coercebunt. Dabo versionem ex Ebraeo Textu : Zach. XIV. 12. Et haec erit plaga, qua percutiet Dominus omnes populos, qui militaverunt adversus Jerusalem liquefaciendo (tabefaciendo) carnem ejus (auferendo ignem) dum ipse stat super pedes suos et oculi ejus liquefient super foraminibus suis et lingua ejus liquescet in ore eorum. Et erit in die illa, erit contritio Domine magna in eis, et apprehendet (hostis) aliquis manum Socii sui (pii) et evanescet (torpida manebit) manus ejus (apprehendentis hostis) super manum Sodalis sui v. 15. Et sic erit plaga, equi, muli, cameli, et asini. v. 20. In die illa erit super tintinnabula equi Sanctitas Domini.* » (Cité *in : Lehrtafel*, II, 448).

34. *Cf.* le *Biblisches und Emblematisches Wörterbuch* de Oetinger (sous-titre : *dem Tellerischen Wörterbuch und anderer falschen Schrifterklärungen entgegen gesetzt*, 1776, reprint 1969), article *Leben*, p. 401 ; bien que fait de poussière, le premier homme possédait une âme cachée, précisément parce qu'il était fait de terre ; il était plein de « feu électrique » ; pour cette raison, Paul dit que le psychique ou

l'âme vient en premier, le spirituel en second lieu.

35. P. 108. Suivent des considérations, à propos de l'enseignement de Crusius, sur les rapports entre l'électricité et le fluide nerveux, sur irritabilité et sensibilité : Haller a montré que le cerveau, la moelle, la peau, l'estomac, les intestins, la langue sont sensibles, tandis que le cœur, le diaphragme, les parties génitales sont irritables. Mais pour Oetinger la cause de la sensibilité et de l'irritabilité se trouve dans les énergies originelles des sept esprits de Dieu ; la nature se définit comme la somme des énergies du principe de vie (p. 109).

36. « *Schamajim* », ou « *Aeschmajim* » : le feu aqueux, ou l'eau ignée, notion courante en alchimie et dans la tradition théosophique. Cf. par exemple G. Scholem. « Ein verschollener jüdischer Mystiker der Aufklärungszeit : E.-J. Hirschfeld », *in : Yearbook VIII of the Leo Baeck Institute.* Londres, 1962, p. 247 à 278. Cf. aussi le célèbre *Opus magocabbalisticum et theosophicum* de Georg von Welling (1735). Les eaux au-dessus du ciel sont une allusion non seulement à *Genèse* I, 7, mais aussi au Psaume 148, v. 4 : « Louez [Yahvé], cieux des cieux, et les eaux de dessus les cieux ! »

37. Oetinger cite ici *Marc*, IX, 50 : « C'est une bonne chose que le sel ; mais si le sel devient insipide, avec quoi l'assaisonnerez-vous ? Ayez du sel en vous-mêmes et vivez en paix les uns avec les autres. »

38. Kraft, « 1er Diss. de atmosphera salis », montre comment le soleil organise tous ces feux pour en faire une sorte d'aimant, rapporte Oetinger.

39. Johann Joachim Becher, auteur de *Chymischer Rätseldeuter* (Francfort, 1690), *Chymisches Laboratorium* (Francfort, 1680), *Oedipus chimicus* (Amsterdam, 1664), *Physica subterranea* (Leipzig, 1703) ; *cf. Lehrtafel*, index des noms.

40. *Deutéron.*, XXXIII, 13-16 : « Il dit sur Joseph : Son pays est béni de Jahvé, à lui le meilleur de la rosée des cieux et de l'abîme souterrain, le meilleur de ce que fait croître le soleil, de ce qui pousse à chaque lunaison, les prémices des montagnes antiques, le meilleur des collines d'autrefois, le meilleur de la terre et de ce qu'elle produit, la faveur de celui qui habite le Buisson. »

41. « Yahvé, par la Sagesse, a fondé la terre. Il a établi les cieux par l'Intelligence. C'est par sa science que furent creusés les abîmes, que les nues distillent la rosée. »

42. Detlev Cluver (vers 1645-1708), mathématicien et astronome, a souvent retenu l'attention de Oetinger ; il est l'auteur de *Observationes philosophicae* (Brême, 1718), *Geologia* (Hambourg, 1700), *Philosophia divina* (Hambourg, 1992), *Quadratura circuli* (Leipzig, 1686). *Cf. Lehrtafel*, index des noms.

43. On voit qu'il s'agit d'une variante de la *Table d'Emeraude* ; sur celle-ci, *cf.* Julius Ruska, *Tabula Smaragdina. Ein Beitrag zur Geschichte der hermetischen Literatur.* Heidelberg : C. Winter, 1926. Oetinger ajoute des remarques de Sendivogius concernant un rapprochement entre les semences et les trois principes, puis critique Becher, Stahl et Runkel.

44. Cf. *Enéide*, VI, v. 136 et 204.

45. Becher montre comment on peut créer des commencements métalliques à partir de l'air, de l'eau, de la terre. Runkel, dit Oetinger, s'est beaucoup occupé de connaître la nature du feu et de la lumière *(cf. Contra spiritum vini sine acido)* : là où quelque chose brille et donne de la lumière, il doit y avoir selon Runkel deux contraires, la chaleur et le froid, ou *acidum et urinosum* (pp. 114-118).

46. Oetinger mentionne à ce propos les explications de Venette qui parle des pierres qui grandissent grâce à l'apport de certaines eaux (Nicolas Venette, auteur du célèbre *Tableau de l'amour conjugal*, a écrit également, en effet, un *Traité des pierres qui s'engendrent dans les terres et les animaux*, Paris, 1701).

47. Il s'agit de Francesco Maria Pompeo Colonna, auteur de *Les Principes de la*

Nature ou de la génération des choses (Paris, 1731), livre auquel Oetinger fait allusion ici en renvoyant à la p. 271. Colonna est également l'auteur de : *Abrégé de la doctrine de Paracelse et de ses archidoxes* (Paris, 1724), *Histoire naturelle de l'Univers* (Paris, 1734), *Les Principes de la Nature, suivant les opinions des anciens philosophes* (Paris, 1725), *Les Secrets les plus cachés de la philosophie des Anciens* (Paris, 1722), *Vade-mecum philosophique* (livre d'alchimie ; Paris, 1791).

48. Dans son discours *Contra Cartesium*, sur le mouvement local.

49. P. 125-127. Oetinger se réfère à *De signatura rerum*, c. 6, 15 à 17. L'auteur de *Aulae lucis* se moque de Böhme, mais c'est une chose de montrer les premiers signes de la lumière de Dieu, c'en est une autre de travailler concrètement. Toeltius, avec son livre *Caelum reseratum*, indique presque toutes les voies. (J.G. Toeltius, ou Teolten, *Caelum reseratum chymicum, oder philosophischer Tractat, worinne nicht allein die Materien und Handgriffe, woraus und wie der Lapis Philosophorum in der Vor- und Nachwelt zu bereiten, sondern*, etc. ; Francfort, 1737).

50. Tel qu'il est décrit par Geber, et par le *Rosarium Philosophorum*, « le livre le plus accessible au chercheur », dit Oetinger.

51. P. 128. Note du lecteur sur l'exemplaire de Tübingen : « *Vide Theatrum Chym. neue Sammlung 2 Th.* p. 133-4. » Oetinger décrit une expérience montrant que l'or est fait de petites étoiles et conclut : « *Aus diesem ist klar, was ein geistlicher Leib für ein zartes Wesen seyn könnte* » (p. 130).

52. « *Aus Büchern nimmt man nur Anlass zum Nachdenken. [...] Gottesherrlichkeit in Christo muss man zum Zweck haben, und sich als ein Pilgrim hier aufführen, und die Stadt Gottes, und was darinn ist, durch die Chemie bewundern. Denn Johannes ist zur Chemie präparirt gewesen, als er seine Offenbarung geschrieben* » (p. 132).

53. « *Wer die Electricität und Chemie ausser Christo studirt, der kommt niemal zu den Wurzeln und Potentien der Wahrheit* » (p. 133). Oetinger expose ensuite (p. 135-151) les principes de la vraie chimie selon le pharmacien londonien Robert Dossie (*Institutes of experimental chemistry : being an essay towards reducing the branch of natural philosophy to a regular system* (Londres, 1759). La référence à cet ouvrage, peu claire, a été complétée par les « Herausgeber » de la *Lehrtafel* (II, 431 et s).

54. Johann Christian Bernhardt, auteur de *Chymische Versuche und Erfahrungen*, Leipzig, 1755.

55. Les alchimistes George Starkey et Thomas Vaughan avaient pris le surnom de Philalèthe.

56. P. 151 et s. Ce processus peut se résumer ainsi, ajoute Oetinger : « *Unter meinem grauen Rock ist ein grüner Unterzug, poliere den mit Feuerstein, Eisenrost, und roth figirten Adler so kanst du Silber in Gold verwandeln.* »

57. Note manuscrite du lecteur de l'exemplaire de Tübingen : « *Wahrscheinlich ist Boker und Schahar das Electrische und Elementarische Feuer. Tod und des Todes sind jenen Feuern entgegengesetzt und sind schrökliche kalte Feuer des Abgrunds. Daher heißt es Zacharie Cap.* 14, 6-7 *daß der Tag des Herrn mit Kälte und Frost seinen Anfang nehme, und zur Abendzeit werde es Licht werden* » (p. 153).

58. Versets 31-33 : « Peux-tu nouer les liens des Pléiades, desserrer les cordes d'Orion, amener l'Étoile du matin en sa saison, conduire l'Ourse avec ses petits ? Connais-tu les lois des Cieux, appliques-tu leur charte sur terre ? »

59. Versets 36-38 : « Qui a mis dans l'ibis la sagesse, donné au coq l'intelligence ? Qui dénombre les nuages avec compétence et incline les outres des cieux, tandis que la terre se coule en une masse et que collent ensemble les glèbes ? »

60. Verset 39 : « Chasses-tu pour la lionne une proie, apaises-tu l'appétit des lionceaux ? »

61. P. 154 *Cf.* p. 155-165, considérations sur le feu de la flamme, et expériences diverses.

62. *Cf.* note 28 *supra*, lettre à Divisch.

63. Oetinger. *Biblisches und emblematisches Wörterbuch, op. cit.*, p. 555 et s.

64. *Cf.* Antoine Faivre. « Le Ternaire alchimique et l'Axe feu central dans la tradition martinésiste », p. 613-627 *in : Mélanges offerts à Henry Corbin.* Téhéran : Imperial Academy of Philosophy, 1977 (t. IX de *Wisdom of Persia*). Ce texte se trouve également dans *Les Conférences des Elus-Cohens de Lyon (1775-1776) : aux sources du Rite Ecossais Rectifié*, Braine-le-Comte (Belgique) : Ed. du Baucens, 1975.

65. *Méditations sur les Arcanes Majeures du Tarot* (Anonyme). Paris : éd. Aubier, 1980. *Cf.* p. 351 et s et 424 et s (arcanes XI et XIII, *La Force* et *La Mort*).

66. *Science et Conscience :* actes du colloque de Cordoue. Paris : éd. Stock, 1980.

Note additionnelle : *Bibliographie récente sur Oetinger.*

On consultera avec profit, outre les travaux de R. Breymayer (cf. *supra*, note 1), ceux de Pierre Deghaye : « La Philosophie sacrée d'Oetinger », pp. 233-280 *in*: *Kabbalistes chrétiens*, Paris, Albin Michel, coll. « Cahiers de l'Hermétisme », 1979 ; « Gnose et Science ; Boehme, Oetinger et Galilée », pp. 55-70 *in* : *Les Yeux de chair et les Yeux de feu : La Science et la Gnose*, Paris, Berg International, coll. « Cahiers de l'U.S.J.J. », nr. 5, 1979 ; « La théosophie de Fr.C. Oetinger », pp. 147-161 *in*: *Les Études philosophiques*, nr. 2 *(Romantisme allemand)*, Paris, P.U.F. 1983 ; « Realiter und idealiter : zum Symbolbegriff bei Fr. C. Oetinger », pp. 66-69 *in : Pietismus und Neuzeit*, t. 10, Göttingen, Vandenhoeck & Ruprecht, 1984 ; « La mystique protestante : Oetinger », pp. 481-510 *in* : *Le Siècle des Lumières et la Bible*, éd. par Y. Belaval et D. Bourel, Paris, Beauchesne, 1986. Dans *Kabbalistes chrétiens* (cf. *supra*, même note), consulter aussi Ernst Benz, « La Kabbale chrétienne en Allemagne » (pp. 89-148). Signalons enfin (mais cette bibliographie est seulement indicative) : Gerhard Wehr, *Fr.C. Oetinger (Theosoph, Alchymist, Kabbalist)*, Freiburg-im-Br., Aurum, 1978. *Zum Himmelreich gelehrt : Fr.C. Oetinger* (catalogue très documenté de l'exposition de novembre 1982 à Stuttgart), Wüttembergische Landesbibliothek Stuttgart, 1982. Rainer Piepmeier, *Aporien des Lebensbegriffs seit Oetinger* ; Freiburg/Munich ; Karl Alber, 1978. Ernst Benz, « Die Naturtheologie Fr.C. Oetingers », pp. 256-277 *in*: *Epochen der Naturmystik* (Hg. A. Faivre & R.C. Zimmermann), Berlin, Erich Schmidt, 1979. Bernard Gorceix, « La "Renaissance" de Fr.C. Oetinger », pp. 66-68 *in* : *Études germaniques*, janv.-mars 1979, Paris, Didier.

FRIEDRICH CHRISTOPH ŒTINGER

Extraits de *Magia naturalis* et du *Dictionnaire biblique et emblématique*

Traduit de l'allemand et présenté par A. Faivre

I

Extrait de « Magia naturalis » texte de Œtinger, pages 164-165

Nous éprouvons de la façon la plus claire l'effet du feu électrique dans tous nos affects (Affecte), *particulièrement dans l'amour. Aussi toute jeune personne doit-elle penser, lorsque dans la colère ou en amour il lui arrive de laisser passer* (übergehen) *le feu électrique selon les mouvements ordinaires* [de l'âme] (in motus consuetudinarios) *qu'il lui sera difficile ensuite de conserver la liberté si elle ne prend garde de se défendre immédiatement par une réflexion sérieuse. Or, les sublimes énergies du Christ et du monde à venir, mises en mouvement par la foi des chrétiens, permettent seules de remporter la victoire sur ces incendies chaotiques* (irregulaire). *Télémaque nous met en garde contre ce feu, en son septième livre, de même que Salomon dans son septième chapitre (v. 5-23. Conf. C. 6, 27-28).*

Dans la mesure, en effet, où la convoitise des yeux ou de la chair, ou encore l'orgueil, s'emparent de ton esprit, il monte en même temps en toi des pensées qui emplissent ton imagination (Vorstellungskraft) ; *alors le discours de l'âme excite ses énergies à former des images et des désirs, il fournit au feu électrique une mèche inflammable qui se présente sous la forme, soit d'une flatteuse délectation, soit d'une excitation violente et amère. Quant à la manière dont nos pensées développées en discours trient dans le feu électrique, pour les disperser dans le sang, les éléments qui ont quelque chose d'amer, d'âpre et d'hostile, nous ne saurions nous l'expliquer pour l'instant. Contentons-nous de dire que ce contre quoi, dans ta colère, tu t'insurges, tu en mets en mouvement la « qualité »* (Qualität) *à l'intérieur de toi-même ; alors la roue de nature s'enflamme, que le feu invisible ne cesse de faire tourner, et il en résulte un choc électrique semblable à l'éclair* (fulminatorisch) ; *nous le ressentons d'autant moins dans notre âme qu'il est plus sensible dans le corps, mais du corps il marque de son sceau tous les muscles, toutes les membranes. Si donc tu ne brises pas l'image dont l'action se porte dans le feu, c'est une nécessité de la physique que tu sois alors contraint d'agir en fonction de ce feu électrique ainsi excité et que tu ailles là où il t'entraînera. Mais tu as la possibilité de briser l'image en méditant sur les conséquences ou en t'élevant à quelque considération d'ordre supérieur. Alors, au plus profond de toi, c'est comme si tu éteignais le feu de l'enfer avec l'eau de la vie. Car Jacques dit que la roue de la nature, quand elle est sans lumière, est allumée par l'enfer, c'est-à-dire par les principes âcres, âpres, sulfureux* (Principiis acribus, austeris, sulfureis.).

Note : Les notions de « qualité », d'éclair, de « roue de nature », sont d'inspiration bœhméenne. On se reportera à l'article, notamment pour ce qui concerne l'éclair, la roue de nature ou d'angoisse : « Ténèbre, éclair et lumière chez Franz von Baader », *cf.* première sous-section : « La roue d'Ixion ». Il serait intéressant de relever, chez ces auteurs, tous les passages où sont rapprochés — explicitement ou non — les mots *Blitz* et *Blick* (regard). Ce texte de Œtinger traite, au fond, du danger du coup de foudre *(Liebe auf den ersten Blick,* « amour au premier regard »). Il y a danger parce qu'il y a deux feux, dont l'un est impur.

En son *Dictionnaire biblique et emblématique (cf. supra,* note 34), Œtinger, à l'article « Pensées » *(Gedanken,* p. 238) fait allusion, dans un contexte assez semblable, à *Hébreux* IV, 12 : « Vivante, en effet, est la parole de Dieu, énergique et plus tranchante qu'aucun glaive à double tranchant. Elle pénètre jusqu'au point de division de l'âme et de l'esprit, des articulations et des moelles. Elle passe au crible les mouvements et les pensées du cœur. »

II

Extraits du « Dictionnaire biblique et emblématique » de Œtinger

Certains articles de ce *Dictionnaire* de Œtinger (1776, réédition Hildesheim, G. Olms, 1969) concernent directement le thème principal de *Magia naturalis* et contribuent à l'éclairer. Je présente ici une traduction des plus remarquables de ces articles.

Lumière (Phos) (p. 411 s)

La lumière ne semble pas être créée mais seulement manifestée (geoffenbaret). *Certes, il a fallu qu'elle fît irruption hors des ténèbres, de même que tout ce qui est nommé avec le nom de Dieu a été formé d'abord de façon chaotique* (irregulair), *c'est-à-dire ténébreuse, et seulement après a été fait de façon organisée* (regulaire) *et, finalement, organique. Isaïe 43, 7, texte fondamental* [« tous ceux qui portent mon nom et que j'ai créés pour ma gloire, que j'ai formés et qui sont mon œuvre «]. *Il reste vrai pourtant que la lumière du premier jour, avant le soleil, est davantage manifestée et née que créée ; car l'impératif divin a fait sortir la lumière du chaos* : « Que la lumière soit, et la lumière fut. » *La splendeur de Dieu est la lumière originelle, Jésus-Christ est le reflet* (Abglanz) *de cette lumière dont sortent tous les reflets des sept esprits. La lumière du soleil est quelque chose de splendide, elle est créée* (kreatürlich) *mais a pourtant quelque chose de divin. Sur la vitesse de la lumière, lire Nieuwentiit,* Weltbeschauung, *p. 611. Pardies prouve que la lumière s'écoule du soleil selon des parcours circulaires, opinion qui ne convient pas à d'autres sages de ce monde. Ce n'est que là-bas que nous comprendrons les propriétés de la lumière. Ici, marchons dans la lumière.*

Lumière (p. 752-757)

La lumière n'a à l'origine pas d'autre naissance que celle de la manifestation (Offenbarung) ; *car elle n'est pas « faite » mais « découverte »* (entdeckt) *et elle est à proprement parler la vie de chaque chose, elle est ce qui agit dans toutes les choses particulières prises individuellement. Sa réunion à la première matière s'est accomplie par une contraction* (Contract) *générale ; avant qu'aucune chose particulière ne fût faite, la matière de celle-ci était une substance mince* (dünn) *et passive mais propre à contenir la lumière ; il faut considérer la flamme comme une fumée.*

Après la fécondation elle devint par condensation une humidité cristalline, onctueuse et ignée, de nature hermaphrodite, ce qu'il faut entendre comme une chose double, en considérant un double centre, le céleste et le terrestre. Du centre terrestre sort la Vénus terrestre qui est ignée et de sexe masculin, et le Mercure terrestre qui est aqueux et de sexe féminin. Chacun des deux s'oppose à l'autre.

Du centre céleste sortent deux images (Bildnisse, imagines) *vivantes, une lumière blanche et une rouge ; la blanche se pose dans l'eau, la rouge entre dans la terre. Dès que la matière ressent la chaleur, la lumière blanche s'élèvera elle-même au-dessus de l'eau et nagera alors dans son vêtement splendide comme le ciel. C'est une blancheur qui se laisse coaguler et qui grâce à une chaleur qui lui est propre est durcie pour devenir pierres et métaux. C'est une blancheur fabriquée par la nature et non pas tirée de la main des hommes. Les Sages l'appellent* Lac Virginis *dans lequel l'or fond comme la glace dans de l'eau chaude.*

*La nature ne distille pas en dehors du corps comme les chimistes. Elle tire l'eau de la terre et la laisse retourner sur cette même terre ; il arrive donc que par l'intermédiaire d'*imbibitiones *circulaires et venues au temps propice elle se mette à générer (dans l'œuvre philosophique de David ce sont les pierres appelées* Imbibitiones, Miluim, Abneh Puch, *I* Chr. *30, 2* [= 29, 2] *texte fondamental).*

Vous devez savoir d'autre part qu'elle prépare son humidité avant d'en imbiber le corps. Sa manière de procéder est, sur ce point, bien connue, elle se présente à tout le monde d'une façon manifeste et si les hommes n'étaient pas aveugles je n'aurais pas besoin d'en parler beaucoup. Elle transforme, comme nous le voyons, son eau en nuages et par ce moyen étend le corps au point de soumettre toutes les parties de celui-ci à un purgatoire spirituel du vent et du feu, qui examine tout ; car son vent passe rapidement à travers les nuages et les rend clairs, puis son ciel y entre avec son feu et fixe ce vent pour en faire une substance saphirique pure.

Pour ce qui concerne maintenant les pierres minérales comme l'antimoine, le bismuth, l'orpiment, le mispickel et autres pierres minérales, leurs signatures ne sont pas apparentes comme pour les végétaux. Il faut utiliser des procédés tout différents que les Sages seuls comprennent. Ce n'est pas le lieu ici d'en parler. Ce qui est certain, c'est que de chacun on peut tirer du blanc et du rouge.

Pour en dire quand même quelques mots, l'opération principale se présente de la manière suivante :

I. Prenez du vitriol, retirez-en les impuretés extérieures, ce qui se fait progressivement en vous servant de substances, en dissolvant, et en veillant à ce qu'il conserve ce qu'on cherche en lui, c'est-à-dire la verte ou quinte essence, l'énergie et l'âme.

II. Transformez cet extérieur du vitriol (purifié extérieurement) en l'intérieur, c'est-à-dire faites que ce qui est caché apparaisse et que cela soit recouvert ; le secret caché des Sages consiste en cela. Procédez ici comme au début. Alors, grâce au degré correct du feu, une pierre rouge sortira d'une blanche.

III. Versez sur ce vitriol transformé du vinaigre de vin, de bonne qualité et distillé, qui dissout ce vitriol en lui faisant perdre ce qu'il a d'impur ; impuretés qu'il possédait encore quand il était blanc et qu'il ne voulait pas céder tant que son intérieur n'était pas tourné vers l'extérieur.

*IV. Distillez l'*Oleum Benedictum *en le séparant de cette poudre rouge de vitriol, ou séparez la terre feuilletée et blanche ou femme blanche, la lune des Sages, de son rouge.*

V. Réunissez l'huile avec son sel.

VI. Faites-en, par la régénération physique, un corps blanc glorifié ou pierre, regenereteur vitriolus physica.

De la lumière, Dieu dit (Job 38, 24) : « Par quel chemin la lumière se divise-t-elle, et le vent d'orient se répand-il sur la terre ? » *La lumière semble être une chose simple, mais elle est répartie d'innombrables façons. Elle est le dernier fondement de tous les corps. Nous devons attribuer cela au Verbe, à la Vie, à la lumière originelle (Jean I). Sa lumière luit dans les ténèbres et les ténèbres ne la comprennent pas. Dieu demande encore à Job : [38, 19-20*] « Où est le chemin qui conduit au séjour de la lumière ? Et les ténèbres, où ont-elles leur demeure ? Peux-tu les saisir à leur limite, et connaître les sentiers de leur habitation ? » *A toutes ces questions les Sages ne répondent pas, mais ils devraient s'appliquer d'abord à cela avant de passer à des choses de l'art inconnues. Il demande encore : [38, 12]* « Depuis que tu existes, as-tu commandé au matin ? As-tu montré sa place à l'aurore, pour qu'elle saisisse les extrémités de la terre, et que les méchants en soient secoués ? ». *Le sceau qui est imprimé actuellement sur la terre sert indifféremment aux gens pieux et aux méchants ; il se transformera quand la terre prendra une nouvelle forme ; alors la lumière et l'aurore se présenteront à moi dans un nouveau vêtement.*

Toutes ces questions ne trouveront leur réponse que dans les derniers temps, lorsque l'intelligence intelligente (verständliche Verstand) *la plus légère et la plus belle de la vraie science de la Nature se manifestera à tous les hommes avec tous ses emblèmes. Pour l'instant, nous devons nous contenter des paroles de l'Écriture sainte — paroles que nous comprenons à moitié — et nous préparer, avec le mystère de Dieu et du Christ, à des choses supérieures ! Car il s'écoulera des éternités d'éter-*

nités avant que nous ayons connaissance des choses que les sages de ce monde veulent savoir d'une façon trop prématurée. Job (cf. 26, 10) comprenait déjà mieux cela que nous, car il dit : « Il a tracé un cercle à la surface des eaux » *(Proverbes, 8, 27)* Bechyko chug al Pene Tehom *jusqu'à l'achèvement de la lumière avec les ténèbres. Quelqu'un devrait écrire un catéchisme de la Nature dans lequel seraient abordés les passages les plus importants [de l'Écriture] et les questions divines, car ce ne sont pas les aspects les plus particuliers des choses qui nous font perdre de vue le tout — comme Struensee l'a proposé à HKD. Münter.*

La lumière est aussi la vraie image de Jésus-Christ, car Il est la lumière du monde (Jean, 8, 12). Celui qui se tourne vers lui reçoit la lumière de la vie, et celui qui a cette lumière de la vie comprendra facilement, et autant que cela lui est nécessaire, les symboles de l'Écriture sainte ; car ce sont les œuvres de Dieu qui font connaître les choses invisibles de Dieu (Romains I), si bien que ceux qui sont de l'école de la querelle n'ont pas d'excuses (II Corinthiens, 4, 6). [« Car le Dieu qui a dit : que la lumière brille au milieu des ténèbres, c'est lui-même qui a brillé dans nos cœurs pour faire resplendir la connaissance de sa gloire qui rayonne sur le visage du Christ. »] *La sagesse de la rue vient au-devant des hommes de lumière, ils ont sous les yeux des symboles dont elle leur fournit l'enseignement.*

Feu (Pyr) (p. 203-205)

C'est un mot capital de l'Écriture, parce que Dieu lui-même est apparu à Moïse dans le Feu et parce que le Saint-Esprit est lui-même Feu et qu'à la Pentecôte Il s'est posé en figures de feu sur les apôtres.

Le Feu est en partie d'origine éternelle et en partie il est temporel. Bacon de Vérulam prouve que le Feu ne sort pas en forme pointue mais ronde et que c'est l'air qui lui donne cette forme pointue. Le Feu est quelque chose de spirituel vers l'intérieur parce que chaque partie redevient un tout, propriété qui n'appartient à aucune matière. Il peut s'éteindre extérieurement, mais intérieurement il se dirige vers sa totalité éternelle. Il faut du bois au Feu élémentaire mais point au Feu électrique. Voir le petit livre de Divisch que j'ai publié : La Théorie de l'électricité météorologique, attendue depuis longtemps, *p. 85, par. 20. Toutes les substances* (Wesen) *corporelles ont en elles des énergies spirituelles qu'on peut exciter pour les en faire sortir* (ausfliessen). *Tout corps renferme les particules* (Theile) *ignées les plus petites, et celles-ci possèdent la configuration du grand corps [dont elles font partie]. Dans les particules électriques il y a des particules chaudes, sèches et ignées, tandis que dans les particules électrisables il y a des particules froides, humides, ou alors ignées, passives. Dès que celles-là se trouvent réunies à celles-ci dans la barre électrisable par l'intermédiaire du courant des émanations électriques qu'on fait passer dans cette barre, il se produit d'abord un commencement de vie, ou un feu dont l'élasticité agit au loin ; placé à quelque distance du corps, ce feu y entre et en sort, il peut le faire bouger extérieurement sans contact corporel et on peut l'affaiblir. Il n'est pas, d'autre part, spécialement nécessaire de connaître la nature interne du Feu pour ce qui concerne l'Écriture Sainte, à moins qu'il ne s'agisse de ceux qui, comme Jean, peuvent faire des pierres précieuses, ou ceux qui, tel Abraham Eleazar, peuvent en tant que Grands Prêtres fabriquer le Urim et le Tumim. Il leur suffit que Jésus confirme l'annonce que Dieu est Lumière, au sens non seulement moral mais aussi physique, et que nous devions être baptisés de l'Esprit Saint comme d'un Feu ou être salés de sel — qui est un Feu potentiel. Ceci suffit : Dieu est Feu ; mon âme est Feu ; la Nature est Feu.*

Éclair et tonnerre. Astrapae, Brontae (p. 77-79)

Apparaît dans Apocalypse 4, 5 [« Du trône sortaient des éclairs, des voix et des tonnerres. Sept lampes ardentes brûlaient devant le trône, ce sont les sept esprits de Dieu »] ; *8, 5* [« L'ange alors prit l'encensoir, il le remplit du feu de l'autel et le jeta sur la terre : et ce furent des tonnerres, des voix, des éclairs et un tremblement de terre »]. *L'éclair naît de deux substances* (Wesen) *opposées dans le courant électrique, et cela se produit aussi dans le ciel. Jésus dit, Luc, 10, 18* : « J'ai vu Satan tomber du ciel comme un éclair. » *Il n'a pu voir cela comme simple être humain, aussi n'est-ce pas à nous d'expliquer ce passage. Et pour ce qui concerne l'éclair en soi, il lui faut deux forces liées par Dieu en actions opposées, deux espèces de substances* (Wesen). *Les unes sont obscures, passives, elles attirent le Feu, et c'est ce que tend à signifier l'expression :* « La terre était informe et vide ; il y avait des ténèbres à la surface de l'abîme » *[Genèse, 1,2]. Cette forme attractive qui engloutit tout est le feu de fourneau* (Küchenfeuer), *qui porte pourtant en lui comme une sorte d'esprit, quelque chose d'indescriptible. L'autre espèce a davantage en elle d'énergie volatile, ignée, organisatrice* (webend), *c'est le feu électrique, ce que tendent à signifier les paroles* : « Dieu dit : *Que la Lumière soit !* » *[Genèse, 1, 3]. Ces deux feux, se mêlant l'un à l'autre, circulent en rotation. Alors la volatilité élastique est liée, le feu actif et le feu passif s'équilibrent l'un l'autre ; c'est pourquoi, quand des corps légers s'approchent l'un de l'autre, il se produit un échange d'énergie attractive et d'énergie répulsive. On appelle, d'autre part, systole et diastole le début de la vie ; près du centre ou du point-source, en effet, l'élément actif transperce l'élément passif par explosion, puis s'unit pour la traversée de l'éclair* (so daß sich näher bei dem Centro oder Quell-Punkt das active durchs passive mit einer Entzündung durchschlägt und zur Durchblitzung sich vereinigt). *Une résolution totale* (total Resolution) *s'effectue par éclair et choc* (Schlag). *Cela passe par un combat ; une naissance a lieu alors à partir de contraires, percée grâce à laquelle une image séminale s'élance, s'écoule, se trouve élevée à l'état de substance* (Wesen), *qui grandit, dont la racine est dans le centre, et qui se meut suivant une certaine périphérie. C'est ce que Dieu a montré à Ezechiel : de la lumière jaillit du nuage obscur* [Ézéchiel, 1,4 : « Une grosse nuée, et une gerbe de feu, qui répandait de tous côtés une lumière éclatante »]. *Cette lumière était poussée par deux forces contraires à effectuer sur elle-même un mouvement de rotation* — Esch mitlakachat — *à partir duquel se manifestait l'énergie* (Kraft) *qui lançait des éclairs et qui a donc aussi son siège dans les énergies spirituelles, cf. Ezéchiel, 1, 13-14* [« L'aspect de ces animaux ressemblait à des charbons de feu ardents, c'était comme l'aspect des flambeaux, et ce feu circulait entre les animaux ; il jetait une lumière éclatante, et il en sortait des éclairs. Et les animaux couraient et revenaient comme la foudre »]. *Cela aussi, M. Teller le prendra un peu trop matériellement en y voyant un jeu de mots juif.*

Note : Œtinger prend soin de faire suivre le titre de cet article par les mots « *Astrapae* » et « *Brontae* ». Astrapé, ou « l'Éclair », est un tableau d'Apelle (*cf.* Pline, *Naturalis historia*, 35, par. 96) ; c'est aussi un des chevaux du Soleil (*cf.* Julius Hyginus, *Fabulae*, 133). La *brontae* est une pierre qu'on croyait tombée avec le tonnerre. Enfin, Brontes est l'un des cyclopes (*cf.* Virgile, *Enéide*, 8, 425).

Le sous-titre du *Dictionnaire biblique et emblématique* est, rappelons-le (*cf. supra*, note 34) : *Pour réfuter le « Dictionnaire » de Teller ainsi que d'autres explications erronées de l'Écriture.* Wilhelm Abraham Teller avait publié en effet un *Wörterbuch des Neuen Testaments zur Erklärung der christlichen Lehre.* Berlin, 1772 (nombreuses rééd.).

Eclair et Tonnerre (p. 734)

Ce sont, en partie, des images de la majesté de Dieu, et en partie, des images des menaces et punitions évangéliques : Romains, 1, 18 [« En effet, la colère de Dieu se révèle du haut du ciel contre toute impiété et toute injustice des hommes »], *Psaume 18, 8-17* [« La terre fut ébranlée et trembla, les fondements des montagnes frémirent, et ils furent ébranlés, parce que l'Éternel était irrité. Il s'élevait de la fumée dans ses narines, et un feu dévorant sortait de sa bouche : il en jaillissait des charbons embrasés. Il abaissa les cieux, et il descendit : il y avait une épaisse nuée sous ses pieds. Il était monté sur un chérubin, et il volait. Il planait sur les ailes du vent. Il faisait des ténèbres sa retraite, sa tente autour de lui. Il était enveloppé des eaux obscures et de sombres nuages. De la splendeur qui le précédait s'échappaient les nuées, lançant de la grêle et des charbons de feu. L'Eternel tonna dans les cieux, le Très-Haut fit retentir sa voix avec la grêle et les charbons de feu ; il lança ses flèches et dispersa mes ennemis, il multiplia les coups de la foudre et les mit en déroute. Le lit des eaux apparut. Les fondements du monde furent découverts. Par ta menace, ô Eternel ! Par le bruit du souffle de tes narines ; Il étendit sa main d'en haut, il me saisit, il me retira des grandes eaux. Il me délivra de mon adversaire puissant, des mes ennemis qui étaient plus forts que moi »]. *Dans ce psaume ce ne sont pas de simples images mais des manifestations de la révélation de Dieu. II Thessaloniciens 1, 5-10* [le Seigneur « viendra du ciel avec les anges de sa puissance, dans un feu flamboyant, pour tirer vengeance de ceux qui ne connaissent pas Dieu » (7-8)]. *Psaume 97, 4* [« Les éclairs de l'Eternel illuminent le monde, la terre le voit et tremble »]. *Job 37, 4-5* [« Puis éclate un rugissement : Dieu tonne de sa voix majestueuse ; il ne retient plus l'éclair, dès que sa voix retentit. Dieu tonne avec sa voix d'une manière merveilleuse ; il fait de grandes choses que nous ne comprenons pas »]. *Psaume 39. Matthieu 26, 13* [sic pour *31, 13 :* « Quand le Fils de l'homme viendra dans la gloire, accompagné de tous les anges, alors il siégera sur son trône de gloire »]. *Apocalypse 10, 3-4* [« Quand l'ange eut crié, les sept tonnerres firent retentir leurs voix »].

Du trône de Dieu, Apocalypse 4, 5 [« Du trône sortaient des éclairs, des voix et des tonnerres. Sept lampes ardentes brûlaient devant le trône, ce sont les sept esprits de Dieu »], *sortaient des éclairs, du tonnerre, des voix, pas seulement figurativement* (im Bild) *mais en réalité* (im Wesen), *même si on fait l'objection imbécile qu'il n'y a pas de salpêtre et de soufre dans le ciel. Le salpêtre céleste est chose assurée : Aie du sel en toi, ou bien tu feras l'expérience de celui de l'enfer.*

Feu (p. 736 s)

Dieu est un feu dévorant et « il est terrible de tomber aux mains du Dieu vivant » : *Hébreux 10, 31 ; et 12, 29* [« Car notre Dieu est un feu dévorant »]. *Pourtant, Dieu est aussi un feu qui ne consume pas mais qui nourrit. II* Moïse [= Exode], *3, 2* [« L'ange de l'Éternel lui apparut dans une flamme de feu, au milieu d'un buisson. Moïse regarda ; et voici, le buisson était tout en feu, et le buisson ne se consumait point »]. *Feu avec lequel Jésus baptise ; Matthieu, 3, 11* [« Lui, Il vous baptisera dans l'Esprit Saint et le Feu »] ; *Luc, 3, 16* [idem]. *Il y a donc plusieurs sortes de feu. A la prêtrise d'Élie, Dieu a donné tous les feux des enfants d'Israël ; I Samuel, 2, 28* [« J'ai donné à la maison de ton père tous les sacrifices consumés par le feu et offerts par les enfants d'Israël »]. *Il faudrait donc posséder la science du Urim et du Tumim pour expliquer les symboles du feu. Cela permettrait d'éclairer de nombreux symboles de l'Écriture Sainte. Parce que, en effet, toute l'œuvre de Jésus revient à baptiser de l'Esprit Saint et de Feu, et puisque lui-même fut auparavant baptisé de ce baptême, là-dedans réside nécessairement le fondement de toute science véritable. Chacun doit être salé de feu. Nous en ferons donc tous l'expérience, mais mieux vaut avoir dès maintenant le sel en nous, ce qui nous libérera de bien des tribulations* (Disputiren).

GOTTLIEB FRIEDRICH RÖSLER

Commentaire exégético-physique sur la lumière primordiale de Genèse I, 3 (1764)

Introduction

Le texte présenté ici, publié en 1764 à Tübingen et que mon collègue Pierre Hadot a bien voulu traduire du latin, fait partie des écrits consacrés en Allemagne à la « théologie de l'électricité », dans la seconde moitié du dix-huitième siècle. L'auteur, Gottlieb Friedrich Rösler (1740-1790), après avoir fait des études de théologie à Tübingen, fut nommé diacre à Lauffen-sur-le-Neckar, en 1765 ; il fut ensuite jusqu'en 1783, professeur de physique et de mathématiques à Stuttgart. Il faisait partie, dans les années soixante et soixante-dix, du groupe de penseurs et d'amis qui, rassemblés autour de Friedrich Christoph Oetinger[1] (1702-1782), cherchaient à interpréter à la fois la science de leur temps et la Bible en les renvoyant l'une à l'autre et voulaient montrer qu'il n'y a pas de contradiction entre elles. Les Écritures renferment des enseignements vérifiables par la science, celle-ci permet une meilleure compréhension de la Révélation. Nous avons donc affaire à une forme particulière d'exégèse, ou plutôt, vu l'importance de l'enjeu, à une véritable herméneutique.

Ainsi que je l'ai rappelé dans le précédent article[2], Rösler avait, avant de rédiger ce texte, eu sous les yeux le manuscrit latin d'un travail de Prokop Divisch, *La Théorie de l'électricité météorologique [...], ouvrage attendu depuis longtemps et qu'il a appelé lui-même « Magia naturalis »* — publié sous ce titre en 1765 seulement, en traduction allemande, accompagné de textes de Johann Ludwig Fricker et de Friedrich Christoph Oetinger. C'est Rösler qui a traduit en allemand ce livre de Divisch, et selon toute vraisemblance il a également servi de conseiller pour sa publication sous la forme d'un ouvrage collectif où se trouvent non seulement le texte de Divisch mais aussi ceux de Fricker et d'Oetinger. Le texte présenté ici a donc été rédigé par Rösler entre le moment où il a pris connaissance du manuscrit de *Magia naturalis* et la publication de celui-ci, ce que confirme la date figurant sur la page de titre du texte de Rösler : 1764.

Cette première page contient les indications suivantes : *Commentatio/exegetico-physica, /qua/ DE/LUCE PRIMIGENIA/Genes. 1. 3./disserit/ Theophilus Fridericus Rœslerus, /AA. LL. et Philosoph. Magister, S. Minist. Candidatus, / et Sereniss. ducis wurtemb. stipendiarius./ Tubingæ,/ Prelo Schrammiano./ Anno MDCCLXIV.* L'ouvrage comporte 28 pages numérotées, suivies d'un texte laudatif (p. 28 à 30) adressé à l'auteur, signé Johann Friedrich Cotta et intitulé : *Clarissimo doctissimoque dissertationis huius auctori Sal. Plur. Dic. Io. Frid. Cotta S. Th. D. et P.P.* Le texte de Rösler est divisé en XV petits chapitres de longueur à peu près égale, les notes sont présentées en bas de page. Le format est 14 x 20 cm. Ernst Benz, dans son travail consacré à la « théologie de l'électricité »[3], l'avait déjà situé dans le contexte du courant œtingerien de la seconde moitié du XVIIIe siècle, mais malgré des recherches infructueuses quoique nombreuses dans les bibliothèques allemandes je n'étais pas parvenu à en trouver un exemplaire. Or, la publication des œuvres d'Oetinger par les soins de R. Breymayer et F. Häussermann[4] contient, parmi d'autres précieuses références, celle-ci, qui concerne le texte de Rösler : Landesbibliothek Stuttgart, cote : Theol. Diss. 5670. Je remercie cette bibliothèque d'avoir bien voulu me faire parvenir ce texte.

Il aurait, certes, été souhaitable de publier ici, en même temps que le texte de Rösler, un certain nombre d'autres traités de la même époque consacrés au même sujet. La place nous manque pour cela. Il serait souhaitable cependant que l'on redécouvre et édite, sous forme de corpus, deux auteurs au moins parmi ceux que Rösler cite ici. Au chapitre XV il cite le *Colloquium de lucis primigeniae causis*, de Johann Philipp Treuner (cf. *infra*, bibliographie des ouvrages cités par Rösler), dont un exemplaire se trouve à la Bibliothèque Nationale de Paris (cote : 536. f. 4 [18]). Au chapitre XVI il cite l'ouvrage d'Augustin von Balthasar sur l'interprétation « électrique » des langues de feu de la Pentecôte (cf. *infra, ibid.)* , dont un exemplaire se trouve dans la même bibliothèque (cote : D² 3848). Outre ces deux livres, d'inspiration si semblable à celle du milieu œtingerien ou röslerien, le corpus dont on peut souhaiter l'apparition pourrait contenir aussi certains des écrits cités par Rösler et présentés dans la bibliographie ci-dessous.

Je n'ai pas cru devoir donner de précisions pour ce qui concerne les auteurs fort connus, comme Leibniz ou Linné ; au demeurant, le lecteur remarquera que cette bibliographie, qu'il trouvera *infra*, après les notes de cette introduction, est partiellement incomplète en ce sens que je n'ai pas identifié tous les auteurs cités par Rösler.

Rösler ne prétend pas démythifier le mythe. En posant que le mystère en soi reste caché, il justifie son propos de lever un coin du voile. Les temps lui semblent mûrs pour cela, en cette période de l'*Aufklärung* qui depuis Leibniz cherchait à harmoniser la foi et la raison. Rösler, Divisch, Oetinger, sont eux aussi des « harmonisateurs » ; mais si l'*Aufklärung* allemande et son pendant français dit « Philosophie des Lumières » (ou l'*Enlightenment* anglais) défendaient l'idée d'un progrès continu de l'humanité, d'un perfectionnement progressif, nos théosophes physiciens ne conçoivent en fait d'évolution que celle des révélations successives dans l'âme — et dans la connaissance —, dans l'histoire d'une raison comprise comme *Vernunft* plutôt que comme simple entendement *(Verstand)*. L'Esprit, qui souffle où il veut, ne se manifeste pas seulement dans le discours des prophètes ; à l'époque de Frédéric II nos auteurs le voient vivifier une science moderne qui commence à susciter l'émerveillement. Une providence est à l'œuvre dans l'histoire des sciences, et c'est maintenant Dieu lui-même qui permet aux hommes de faire de vrais progrès en physique car celle-ci nous rapprochera enfin d'une vérité spirituelle. C'est l'idée traditionnelle de Révélation continue, mais cette Révélation passe maintenant par le laboratoire du chimiste, la table du physicien, quelques années plus tard par le galvanisme de Johann Wilhelm Ritter ; la *Naturphilosophie* romantique est déjà là où elle vient de plonger ses racines. Imagine-t-on l'œuvre du futur Schelling sans la génération précédente des Rösler, des Oetinger, des Divisch ?

Une *Naturphilosophie* plus que teintée de théosophie prend ainsi ses distances vis-à-vis de toute science et de toute épistémologie schizomorphes ; elle trouve sa justification dans une double affirmation. C'est d'abord le principe que Baader, après Saint-Martin, ne se lassera pas de rappeler : « La science n'est pas une occupation oisive mais un combat. » Entendons : un combat philosophique — au sens hermésien du mot. L'adversaire, bien repéré, s'appelle Holbach, Voltaire, La Mettrie, ou même — ici — d'Alembert. En Allemagne, où l'irréligion est beaucoup moins répandue mais où la menace prend des formes d'autant plus subtiles — celle, notamment, de la perte de la dimension symbolique, et déjà, de la « démythologisation » —, l'ennemi, pour Oetinger, s'appelle Wilhelm Abraham Teller[5]. Le second principe est qu'il existe une harmonie préétablie entre l'enseignement de la Bible et les lois de la Nature, celles-ci éclairant celle-là et réciproquement. D'où la difficulté, pour l'herméneute, de tenir un discours nécessairement clair et voilé, scientifique et symbolique, démystifiant et remythisant. La connaissance que préconisent ces penseurs n'est pas une science prétendant rendre compte du pourquoi de toute chose grâce à la seule méthode expérimentale, au seul *Verstand*. Sur ce point, la *Critique de la Raison pure*, parue peu après, en 1781, ne prétendra pas leur donner tort. A défaut, donc, de comprendre les mystères en eux-mêmes, nous dit déjà Rösler — Kant parlera des noumènes —, étudions au moins leurs rapports avec la nature naturée, et les rapports de celle-ci avec les textes bibliques.

Il paraît à tout le moins significatif, et il semble instructif pour notre époque, que Rösler se débarrasse rapidement de l'interprétation « allégorique », c'est-à-dire démythologisante, de *Genèse* I, 3. Il ne prend même pas la peine de la réfuter ! Car pour lui le récit mythique est le premier et en même temps le dernier niveau d'explication. Il faut partir du mythe de la *Genèse* pour comprendre le reste — la science, la nature, l'homme —, et non pas l'inverse. Il va jusqu'à refuser une théorie scientifique qui irait pourtant assez dans le sens où le porte la pente naturelle de ses réflexions, car cette théorie lui paraît contraire à la succession des jours telle que la décrit le texte de Moïse. Pourtant, Johann Bernhard Wiedeburg et Romanus Teller sont un peu nos contemporains quand ils laissent entendre que les particules de matière ne sont rien d'autre que de la lumière, et dans la mesure où l'idée de concentration et d'expansion, telle qu'ils la présentent, rappelle l'actuelle théorie du *big-bang* comme origine de l'univers. Mais on sent combien, malgré ces réserves, Rösler est sensible aux arguments de la dernière « interprétation » de *Genèse* I, 3. Dire que la première lumière est toujours dans la terre — dans la matière, dans les choses —, cela revient à voir le monde à travers une image propre au milieu œtingerien et plus tard romantique, celle de la Belle au Bois Dormant — image que je choisis ici pour évoquer les diverses formes qu'elle a prises.

L'étalage d'érudition et l'accumulation d'exemples pris dans la physique de l'époque font ressortir le lyrisme contenu des passages où le discours scientifique devient insensiblement appel à la beauté d'un univers à recréer. L'évocation de l'aurore boréale, dont on suggère au passage qu'elle pourrait bien être de l'éclair maîtrisé, fait encore songer à des réflexions du physicien romantique Johann

Wilhelm Ritter qui prononcera en 1806 son discours sur *La physique considérée comme un art* et exprimera dans le *Journal de Gehlen* le vœu qu'on soit un jour capable d'immobiliser une étincelle pour en mieux étudier la structure hiéroglyphique et paradigmatique[6]. A l'instar de Ritter, Johann Christian Volz (cité par Rösler) considérait en 1751 le feu et l'électricité comme équivalents ; il appelait « feu » l'élément originel et actif répandu, et à l'œuvre, dans tous les corps. Ce feu a perdu de sa force, « s'est éteint peu à peu » ; pourtant il reste « caché partout, enveloppé et enlacé au plus profond de la texture de tous les corps, répandu à travers eux [...] jusqu'à ce que, grâce à un frottement quelconque, il reprenne ses émissions d'étincelles ». Une énergie, appelée indifféremment lumière, feu, électricité, serait donc susceptible de rendre compte de l'unité de phénomènes que seule notre provisoire ignorance considère comme indépendants les uns des autres. Parmi les réflexions de cette nature, celles qui concernent les pierres et les métaux sont toujours intéressantes et significatives ; or, Rösler nous parle ici de la tourmaline, qui fascinera également Ritter et qui figure en bonne place dans le roman de Novalis, *Henri d'Ofterdingen*[7].

Sous sa forme plus concrète d'électricité, visible par l'étincelle ou l'éclair, c'est l'harmonie cachée qui se donne à voir, c'est la lumière première née ou Ame du Monde, qui aspire partout à se réveiller *(cf. Romains*, VIII, 19-22). Sous sa forme splendide d'aurore boréale, elle revêt son plus somptueux vêtement en se rendant semblable au modèle occulté, disparu ou défiguré, car la lumière primordiale de *Genèse* I, 3, au premier jour de l'hexaemeron, « a surgi avec plus de magnificence encore que ne le fit le soleil, comme l'époux sortant de sa chambre nuptiale ou du lieu dans lequel il était retenu jusqu'alors (et, comme l'époux réjouissant toutes choses, il n'avait encore jamais été vu) et il s'est réjoui, tel un héros, de parcourir sa route (pour se révéler là où il le faudrait) » (*Ps.* 19,6). Cherchons-la donc, comme les alchimistes — tous les vrais Adeptes l'ont connue —, « dans l'intérieur le plus profond des choses », là où elle repose. Dieu a commandé à cette « matière électrique » d'y reposer « pendant beaucoup de siècles et d'échapper provisoirement aux mains, toujours en quête d'expériences, des physiciens ». C'est à cette lumière, dont l'atmosphère de la terre est le lieu propre, que les corps doivent de se maintenir en équilibre. Véritable « stimulus intérieur », elle a même pu remplacer le soleil, puisque les plantes existaient avant lui. La terre ne pourrait-elle pas, grâce à elle, se passer du soleil lui-même ?

NOTES

1. Cf. l'article précédent dans le présent ouvrage. Sur Rösler, cf. Fr. C. Oetinger, *Die Lehrtafel der Prinzessin Antonia*, hrsg. von Reinhard Breymayer et Friedrich Häussermann. Berlin, New York : W. de Gruyter, 1977, t. I (texte) et II (notes), particulièrement II, 439 (notes de Breymayer et de Häussermann, fort détaillées pour ce qui concerne plusieurs points bio-bibliographiques de notre propos). Et la notice sur lui, pp. 687-689 in *Schwäbisches Magazin von Gelehrten Sachen auf das Jahr 1776*, Erstes Stück, Stuttgart.

2. Cf. l'article précédent cité note 1 *(Magia naturalis...)*.

3. Ernst Benz, cf. article précédent, note 2.

4. Cf. *supra*, note 1.

5. Cf. *supra*, *Extraits* d'œuvres d'Oetinger, p. 223.

6. Cf. *Feu et Lumière chez J.W. Ritter* (article dans le présent ouvrage).

7. *Henri d'Ofterdingen*. Paris : Aubier, s.d., Collection bilingue, p. 332 et 334. ainsi que p. 443 (note 166). Tourmaline, présentée ici comme un personnage, symbolise d'une certaine manière l'électricité statique. On sait qu'il s'agit d'un cristal qui peut s'électriser par le frottement ou la chaleur : dans le contexte de l'histoire racontée par Novalis, la tourmaline (ou Tourmaline) attire, et rassemble, les particules ténues des cendres.

Liste alphabétique de la plupart des auteurs cités dans le Commentaire exégético-critique *de Gottlieb Friedrich Rösler*

Le signe [?] qui suit certains titres signifie que je n'ai pas identifié leur auteur avec certitude.

ABRAVANEL (Isaac). — Nombreux commentaires bibliques (sur le Pentateuque, 1768 ; sur Osée, 1688...).

Allgemeine Welthistorie, die in England durch eine Gesellschaft von Gelehrten angefertigt, nebst den Anmerkungen der deutschen Uebersetzer [...] hsg. von S.J. Baumgarten. — Halle : 1746-1759 (continué sous la direction de J.S. Semler. Halle : 1759-1766 ; rééd. de 1767 à 1772).

AMMERSINS (Wendelin). — *Cf.* mon article *supra*, *Magia Naturalis 1765*.

BALTHASAR (Augustin von). — *Programma quo rector Academiae Gryphis waldensis Augustinus Balthasar [...] sacra pentecostalia rite ac pie celebranda civibus academicis indicit et in hunc usum pias quasdam meditationes de electrisatione spiritualium iisdem communicat.* — Greifenswald : 1745.

BACANUS (P. Martinus). — *Opera omnia.* — 2 vol. Moguntiae : 1630-1631.

BIANCHI (Giovanni Battista). — *De naturali in humano corpore, vitiosa morbosaque generatione historia.* — Turin : 1741.

BINA CASINESE (P. Don Andra). — *Ragionamento sopra la ragione de' tremvoti (...) Dato nuovamente in luce dal sig. Conte Aurelio Miari. Con una lettera dello stesso Padre intorno alle meteore infiammate.* — Carpi : 1756.

BISSCHOP (Simon, dit EPISCOPIUS). — *Opera Theologica* ; Amsterdam : 1650. Londres : 1678. Rotterdam : 1665. *Operarum theologicarum pars altera.* — Amsterdam : 1665.

BURNET (Thomas). — *Archeologiae philosophicae, sive Doctrina antiqua de rerum originibus.* — Londres : 1692. *Telluris theoria sacra.* Londres : 1681. — *The Theory of the Earth [...] The two first Books concerning the Deluge and concerning Paradise.* — Londres : 1684. *The Sacred Theory of the Earth [...] till the Consummation of all Things.* — Londres : 1726. *De statu mortuorum et resurgentium liber.* — Londres : 1723 (trad. française Rotterdam, 1731, et anglaise 1728).

CLEMM (Heinrich Wilhelm). — *Betrachtungen über die Absichten der Religion.* — 3 vol. Heilbronn : 1753-1760. — [?]

DIVISCH (Prokop). — *Cf.* mon article *supra*, *Magia naturalis 1765.*

DORTOUS DE MAIRAN (Jean-Jacques). — « Traité physique et historique de l'aurore boréale », *in : Suite des Mémoires de l'Académie Royale des Sciences,* année 1731. Paris : 1733 (rééd. 1735 et 1754).

EBERHARD (Johann Peter). — *Gedanken von Feuer, Licht und von elektrischer Materie.* — Erfurt et Leipzig (Halle) ; 1750. — *Conspectus medicinae theoreticae in tabulas redactus.* — Magdebourg : 1757-1761 (2 vol.). — *Erste Gründe der Naturlehre.* — 1753. — *Abhandlungen von physikalischem Aberglauben und der Magie.* — Erfurt et Leipzig (Halle) : 1778.

EPISCOPIUS. *Cf.* BISSCHOP.

FRANKLIN (Benjamin). — *Experiments and Observations on Electricity, made at Philadelphia in America.* — Londres : 1751-1753, rééd. Londres : 1769, et Cambridge (Mass.) 1941.

FULLER (Nicolas). — *Miscellanorum theologicorum, quibus non modo Scripturae divinae, sed et aliorum classicorum auctorum plurima monumenta explicantur atque illustrantur.* — Londres : 1617 (plusieurs rééd.).

GIGAS (Johann) — *De certitudine religionis christianae.* — Francfort : 1550. [?]

GLASS (Salomon). — *Philologiae sacrae, qua totius sacrosanctae Veteris et Novi Testamenti scripturae, tum stylus et literatura, tum sensus *et genuinae interpretationis ratio expenditur.* Iéna : 1623 (plusieurs rééd.).

GROOT (Hugo de), ou GROTIUS. — *Sensus librorum sex, quos pro Veritate religionis christianae batavice scripsit Hugo Grotius.* — Lyon : 1627. (Nombreuses rééd. et trad. notamment sous le titre *La Vérité de la religion chrétienne*).

HACKSPAN (Theodoricus). — *Notarum philologico-theologicarum in varia et difficilia Scripturae loca pars prima [- tertia].* — Altdorff : 1664 (éd. Nuremberg : 1666).

HARTMANN (Johann Friedrich). — *Abhandlung von der Verwandschaft und Aehnlichkeit der elektrischen Kraft mit den erschrecklichen Luft-Erscheinungen entworfen.* — Hanovre : 1759.

HOTTINGER (Johann Jakob). — *Diatribe philosophico-theologica de miraculis.* — Zurich : 1770. [?].

JANSENIUS (Corneille). — *Pentateuchus, sive Commentarius in V. libros Moysis.* — Louvain : 1641.

LILIENTHAL (Michael). — *Die gute Sache in der heiligen Schrift (Altes und Neues Testament) enthält göttliche Offenbarungen etc., wider die Feinde derselben erwiesen und gerettet.* — Königsberg : 1750-1781.

MAIRAN. *Cf.* DORTOUS DE MAIRAN.

MENOCHIUS (P. Giovanni Stefano), ou MENOCCHIO. — *Commentarii totius S. Scripturae, ex optimis quibusque authoribus collecti.* — Lyon : 1683 (plusieurs rééd.).

MUSCHENBRÖCK (Johann Peter). — *Dissertatio phys. experim. de magnete.* — Vienne : 1754. — *Introductio ad philosophiam naturalem.* — Leyde : 1762.

NOLLET (Jean-Antoine). — *Essai sur l'électricité des corps.* — Paris : 1746. — *Leçons de physique expérimentale.* — Paris : 1743-1748 (6 vol.). — *Lettres sur l'électricité.* — Paris : 1753-1767 (2 vol.), suites en 1770 et 1774.

NOTA CARAFFA (pseudonyme de Michel Adamson). — *Lettres du duc de Noya-Caraffa sur la tourmaline, à M. de Buffon.* — Paris : 1759.

OETINGER (Friedrich Christoph). — *Cf.* mon article *supra, Magia Naturalis 1765.*

PATRICK (Simon). — *A Commentary upon the Historical Book of the Old Testament.* — Londres : 1738. [?].

PISCATOR (Johannes). — *Commentarii in omnes libros Veteris Testamenti.* — Herbornae Nassoviorum : 1646.

PITTON DE TOURNEFORT (Joseph). — *Elemens de botanique, ou Méthode pour connaître les plantes.* — Paris : 1694, 3 vol. (et de nombreux autres ouvrages).

PIVATI (Giovanni Francesco). — *Lettre sur l'électricité médicale qui contient des expériences singulières d'électricité relatives à la médecine et les essais surprenants d'une nouvelle méthode d'administrer les remèdes par le moyen de l'électricité.* — Paris : 1750.

PONTOPPIDAN (Erik) (ps. : Eutropius PHILADELPHUS). — *Det forste Forsog paa Norges naturlige Historie.* — Copennague : 1752. Trad. allemande : *Versuch einer natürlichen Historie von Norwegen.* — Copenhague : 1753-1754, 2 vol. (trad. anglaise, Londres : 1755).

POOLE (Matthew). — *Synopsis criticorum aliorumque Scripturae interpretum.* 6 Vol. — Londres : 1669-1673.

REINBECK (J. Gust.). — *Erörterung der Meinung von der sogenannten harmonia praestabilia.* — 1715. [?].

RICCIOLI (P. Giovanni Battista). — *Almagestum novum astronomiam veterem novamque complectens observationibus aliorum [...].* — Bononiae : 1651.

RIVINUS (Augustus Quirinus). — *Introductio generalis in rem herbariam.* — Leipzig : 1690 (et de nombreux autres ouvrages).

RUNEBERG (Eduard). — *Tankar om penning ars värden, eller Afhandling om vaxel-coursen, grundad uppa theorien of penningars varden i inlandsta handels rôrelsen.* — Stockholm : 1762. [?].

SCHMIDT (Ph. Ant.). — *De structura interiori globi terraquei.* — Heidelberg : 1768. [?].

SPENGLER (Lorenz). — *Briefe, welche einige Erfahrungen der elektrischen Wirkungen in Kranckheiten enthalten ; nebst einer ausführlichen Beschreibung der elektrischen Maschine von Lorenz Spengler.* — Copenhague : 1754.

STOCK (Christian). — *Clavis Linguae Sanctae Novi Testamenti.* — Iéna : 1725. [?].

TELLER (Romanus). — *Die Heilige Schrift [...] mit Anmerkungen begleitet.* — 1749.

TOURNEFORT. *Cf.* PITTON DE TOURNEFORT.

TREUNER (Johann Philip). — *Colloquium de lucis primigeniae causis theologico-physicis [...] inter [...] G.L. Ruckerum et J.P. Treunerum.* 1703.

VALENCIA (P. Gregorio de -). — *Commentarium theologicorum tomi quatuor.* — Ingolstadt : 1592-1597 (plusieurs rééd.). [?].

VERATTI (Gio. Giuseppe). — *Osservazioni fisico-mediche intorno alla electricità.* — Bologne : 1748.

VOLZ (Johann Christian). — *Grundriss der Erdbeschreibung als ein Anhang zu Essigs Einleitung in die Welthistorie.* — Stuttgart : 1765. [?].

WIEDEBURG (J. Bernh.). — *Mathesis Biblica VII specimentibus comprehensa.* — Iéna : 1730 (et ouvrages sur les comètes).

WIEDEBURG (Jo. Ern. Bas.). — *Schrift an die Bürger bei Gelegenheit der Kometen.* — Iéna : 1769. — *Beobachtungen und Muthmassungen über die Nordlichter.* — Iéna : 1771. — *Einleitung zur Kosmologie, ein Auszug der allgemeinen Naturlehre.* — Gotha : 1776. — *Natur und Grössenlehre, zur Rechtfertigung der heiligen Schrift nach mathematischen Grundsätzen.* — Nuremberg : 1782.

WINCKLER (Johann Heinrich). — *Essai sur la nature, les effets et les causes de l'électricité.* — Paris : 1748 (éd. allemande : *Gedanken von den Eigenschaften, Würckungen und Ursachen der Elektricität*).

WISTON (William). — *Astronomical Principles of Religion and Reveal'd in Nine Parts.* — Londres : 1725. *A New Theory of the Earth from its Original to the Consummation of all Things, where in the Creation of the World in Six Days, the Universal Deluge and the General Conflagration, as laid down in the Holy Scriptures are schewn to be perfectly agreable to Reason and Philosophy.* — Londres : 1696. Rééd. 1737. Trad. all : *Gründlicher Beweis [...].* — Wittenberg : 1755.

WITTICH (Christoph). — *Dissertationes duae, quarum prior de S. Scripturae in rebus philosophicis abusu examinat : 1) an physicae genuinum principium sit Scriptura [...].* — Amsterdam : 1653.

WITTY (John). — *An Essay towards vindication of the Mosaic History of the World, in Several Letters.* Londres : 1705. [?].

ZANCHI (Girolamo). *Operum theologicorum D. Hieronymi Zanchii tomus primus [- octavus].* Genève : 1613. 8 tomes (le t. 3 traite des six jours de la création et reprend le contenu de son ouvrage précédent : *De operibus Dei intra spacium sex dierum creatis opus.* — Newstadt : 159).

ZETZEL (Peter). — *Consectaria electrico-medica [...] publico examini subjicit [...] Petrus Zetzel etc. Praes. Carl Linnaeus.* — Upsal : 1754. Trad. : *Elektriskt-Medicinska satser [...] Akademisk avhanding under Linnès praesidium [...],* trad. par Arvid Hj. Uggla ; intr., note et postface de Talemak Fredbärj. — Ekenäs : 1922.

Commentaire exégético-physique dans lequel Théophile-Frédéric Rösler disserte DE LA LUMIÈRE PRIMORDIALE

Crebris micat ignibus aether
Virgile, *Enéide,* I, 90

I

Les voies de Dieu, dans lesquelles il veut que marchent les mortels, doivent être adorées dans leur mystère qui reste toujours caché. La divinité demeure toujours admirable dans ses œuvres (Ps. *139, 14) soit que l'on tourne les pages du livre de la Nature, soit que l'on pénètre pour l'explorer dans le sanctuaire de la sagesse qui nous fut révélée par Dieu. Mais, de même qu'aux enfants de Dieu différents âges se révèlent, dont chacun apporte la lumière à celui qui le précède et donne un nouvel accès à une connaissance plus pleine de la sagesse du Christ, jusqu'à ce qu'enfin Dieu soit tout en toutes choses, de même une méthode identique est observée par Dieu dans la science de la nature. La dernière page seulement de ce vaste livre révèle la nature dans sa plénitude et son achèvement. Mais il n'est point donné aux hommes finis, mortels, aveugles, indignes, de parvenir jusque-là. Un jour viendra où sera donnée la vision du Logos par qui tout a été fait et sans qui rien n'a été fait de ce qui a été fait* (Jean *1). Mais en attendant il est dit que ce qui, de Dieu, est invisible peut, depuis le commencement du monde être vu par un esprit attentif grâce à ce que Dieu a créé* (Rom., *1, 20). Et ainsi nous avons suffisamment à louer en lui, parce que, comme l'a dit très savamment M. D'Alembert, le fait qu'il y ait un Dieu n'a pas besoin d'une démonstration, mais peut être posé comme un axiome. Heureux et sages ceux qui n'abandonnent pas ces principes inébranlables : ils s'honoreront d'un accès de plus en plus rapproché à la lumière suprême. Mais en vérité c'est, me semble-t-il, un grand mystère, qui révèle la sagesse singulière et très profonde de Dieu, ce fait que Dieu ne permette jusqu'à maintenant que de lents progrès dans la recherche des choses de la nature, le fait qu'il ait décidé que même les choses qui sont les plus proches des hommes soient demeurées cachées pendant quelques milliers d'années, le fait (alors qu'il aurait pu le faire pour les descendants d'Adam) que ce soit seulement au soir des jours qu'il ait apparu dans sa magnificence multiple grâce aux nouvelles découvertes de la Physique, méritant ainsi d'être loué avec encore plus d'humilité et pour des raisons d'autant plus diverses et peut-être aussi voulant de cette manière allumer avec plus d'ardeur encore en notre sein le désir de manifester bientôt sa majesté dans toute sa plénitude. Et ainsi, en un seul siècle, beaucoup de lumière est venue s'ajouter à ce que le livre saint contient sous une forme très brève en ce qui concerne le domaine de la nature ; il est vrai qu'il n'appartenait pas à ce livre de former le savant dans la science physique, mais de former l'homme spirituel, élevé très loin au-dessus de toute nature, dans le Christ. Mais ce livre saint lui-même exige qu'on l'examine aussi dans le domaine des choses de la Nature, et ceux-là mêmes qu'il tient liés avec douceur dans les liens de sa vérité, il leur ordonne aussi de défendre cette vérité, d'instruire mieux les ennemis de celle-ci, qui se vantent d'avoir trouvé des doctrines qui la contredisent, de consacrer à Dieu les progrès de la science et de les appliquer au bon moment pour l'honneur de son nom et de son verbe. Nous louons à ce titre les Nieuwentyt, les Schmid, les Wideburg, les Lilienthal et invoquons leurs nombreux successeurs, aussi parmi les plus modernes, pour que brille dans l'avenir la Physicothéologie, discipline que souvent le théologien, pensant que la physique lui est étrangère, et le physicien, effrayé par les notions sacrées de la théologie ou préférant les laisser de côté, négligent également. Que le présent essai mette fin à une coupure de ce genre ; à quiconque est amoureux de la vérité, à quiconque désire s'approcher d'elle au plus près, je demande de faire bon accueil à cette tentative.*

II

Si jamais un événement fut rapporté en termes à la fois concis et magnifiques, clairs et voilés, c'est bien l'Œuvre des Six Jours. Ceux qui combattent les objections des adversaires me semblent mieux faire que ceux qui, créant à partir de leur cerveau une Protogaea, préfèrent subir le sort qu'une telle tentative a connu la plupart du temps. Nous savons combien les théories de Descartes, Burnet, Whiston, Cluver, Buffon et même de Leibniz se sont éloignées avec une extrême audace des Lettres Sacrées et ont déformé celles-ci chacune selon son gré, ces théories étant d'ailleurs accueillies par des fortunes diverses et des appréciations très variées. Qu'il se souvienne toujours des paroles de Paul, Rom. *11, 34, celui qui veut s'élever jusqu'aux secrets de la création, qu'il sache qu'il faut qu'il reste pour les mortels des choses telles qu'ils ne puissent les comprendre par leur intelligence, de telle sorte qu'elles rendent Dieu très haut et nous humbles et très faibles. Il ne faut jamais perdre des yeux, je pense, dans le problème de la création, cette loi fondamentale : « D'une part Dieu a conservé autant qu'il a pu les forces de la nature et les lois du mouvement, mais d'autre part il a suppléé la faiblesse des forces de la nature de telle manière que les Six Jours demeurent un miracle au sens propre*[1] *». Si maintenant de nouvelles forces de la nature auparavant inconnues sont découvertes, et qu'elles résolvent par une méthode facile des questions jusque-là très difficiles à résoudre, si enfin elles rendent Dieu admirable sous un nouvel aspect, il ne faut certainement pas prendre en mal des tentatives destinées à rechercher dans quelle mesure ces forces elles aussi ont agi dans l'œuvre de la création, lorsque toutes les espèces de forces et de puissances de la nature devaient être présentes et travailler chacune selon ses moyens conformément à l'ordre du Dieu tout-puissant. C'est par cette méthode que nous résoudrons la difficulté qui consiste en ce que, en* Gen. *1, 3, il est dit que la lumière et la succession des jours et des nuits ont été créées au premier jour tandis qu'en* Gen. *1, 14 il est dit que le soleil, qui règle la succession des jours et des nuits, fut créé au quatrième jour seulement. Auparavant nous citerons le texte même et nous examinerons les exégèses des autres.*

III

Il convient de citer ici les paroles du Texte lui-même : Genèse *I, première sous-section, versets 1, 2, 3, 4, 5, qui contiennent la première œuvre de la création en six jours.*

בראשית ברא אלהים את השמים ואת הארץ: והארץ היתה
תהו ובהו וחשך על־פני תהום ורוח אלהים מרחפת על־פני
המים: ויאמר אלהים יהי אור ויהי־אור: וירא אלהים
את־האור כי־טוב ויבדל אלהים בין האור ובין החשך: ויקרא
אלהים לאור יום ולחשך קרא לילה ויהי־ערב ויהי־בקר
יום אחד:

(« Lorsque Dieu commença la création du ciel et de la terre, la terre était déserte et vide, et la ténèbre à la surface de l'abîme ; le souffle de Dieu planait à la surface des eaux, et Dieu dit : Que la lumière soit ! Et la lumière fut. Dieu vit que la lumière était bonne. Dieu sépara la lumière de la ténèbre ») [trad. œcuménique, Paris : Cerf, 1975].

La quatrième sous-section, versets 14 à 19, contient le quatrième jour de la création en six jours :

ויאמר אלהים יהי מארת ברקיע השמים להבדיל בין
היום ובין הלילה והיו לאתת ולמועדים ולימים
ושנים: והיו למארת ברקיע השמים להאיר על־הארץ
ויהי־כן: ויעש אלהים את־שני המארת הגדלים את־המאור
הגדל לממשלת היום ואת־המאור הקטן לממשלת
הלילה ואת הכוכבים: ויתן אתם אלהים ברקיע השמים
להאיר על הארץ: ולמשל ביום ובלילה ולהבדיל בין האור
ובין החשך וירא אלהים כי טוב: ויהי־ערב ויהי־בקר
יום רביעי:

(« *Dieu dit :* Qu'il y ait des luminaires au firmament du ciel pour séparer le jour de la nuit, qu'ils servent de signes tant pour les fêtes que pour les jours et les années et qu'ils servent de luminaires au firmament du ciel pour illuminer la terre. Il en fut ainsi. Dieu fit les deux grands luminaires, le grand luminaire pour présider au jour, le petit pour présider à la nuit, et les étoiles. Dieu les établit dans le firmament du ciel pour illuminer la terre, pour présider au jour et à la nuit et séparer la lumière de la ténèbre. Dieu vit que cela était bon. Il y eut un soir, il y eut un matin : quatrième jour. ») [ibid.].

On peut réduire, me semble-t-il, à quatre groupes la presque totalité des exégètes de la lumière primordiale dont il est question au verset 3. Les uns croient qu'il s'y cache une allégorie ; les autres interprètent cette lumière comme désignant un corps lumineux, transféré ensuite dans le soleil ; d'autres l'interprètent comme le soleil lui-même ; d'autres enfin n'aboutissent à aucune des interprétations précédentes, mais à une théorie particulière. Interprètent allégoriquement les mots : wa-ĕhē 'ōr *(« et la lumière fut ») Origène, Bède, Hughes, Euchinus, Lombardus et surtout Augustin ; ils font allusion à une lumière spirituelle ou à des anges, qui, pensent-ils, sont désignés par le terme « Ciel » ou plutôt « Lumière » ; et ils pensent aussi que leur distinction est indiquée par la division de la lumière et des ténèbres*[2]*. Combien à ce propos les sectateurs des Pères latins ont pensé avoir fait de belles inventions, on le verra en lisant Jansénius,* Comment. in Pentateuc., ad h. l. Ioh. *Gigas juge vraisemblable qu'il y a eu une étoile qui était appelée « ange »* (Matth. *2), cf. Theodorus Hakspanius,* Notae Philol. Theol. *P. I, p. 39. Mais pourtant jamais dans l'Écriture les anges ne sont appelés « lumière » tout court, mais « anges de lumière » ; c'est ce que remarque excellemment Lilienthal dans* Die gute Sache der Goettlichen Offenbahrung, *t. V, p. 18. Et Luther parle d'or dans son commentaire sur la Genèse ad. h. l. : « C'est s'amuser avec des allégories qui ne sont pas de saison (en effet Moïse raconte une histoire), ce n'est pas interpréter l'Écriture. De plus Moïse écrivait pour des hommes incultes, afin qu'ils aient un témoignage clair au sujet de la création. Donc il ne faut pas dire de telles absurdités. » Abarbanel, dans son exégèse de l'Exode 40, déclare que cette lumière est l'adorable Schechinah qui serait appelée, dans le Saint-Livre, Magnificence et Gloire de Dieu. Mais ici encore qui ne voit qu'il ait fait violence au texte ? Personne à coup sûr n'osera nier que cette lumière est aussi le vêtement* (salmāh) *dont Dieu se couvre* (Psaum. *104, 2), c'est-à-dire grâce auquel il se présente à nous magnifique et admirable dans ses œuvres.*

Le nombre de ceux qui forment le second groupe d'exégètes est très grand. La plupart, en effet, à la suite de Basile, déclarent que cette lumière fut un objet substantiel, rassemblé en forme de globe et de corps, et qu'elle fut transportée ensuite dans le soleil après que celui-ci eut été créé. Luther, l, c., affirme qu'il s'agit d'une véritable lumière, se répandant grâce à un mouvement circulaire comme le fait la lumière du soleil, lumière toutefois qui n'était pas aussi claire et resplendissante qu'elle le fut ensuite, lorsqu'elle fut accrue par la lumière du soleil. Il ajoute : « D'autres disent que cette lumière primordiale dure encore, mais qu'elle a été obscurcie par la clarté du soleil, comme la lune et les étoiles sont, pendant le jour, obscurcies par le soleil. Il est possible qu'il soit vrai à la fois que cette lumière primordiale ait continué à exister et pourtant qu'elle ait été en quelque sorte la semence du soleil et de la lune. » Episcopius (P. 2, Disp. 12) dit qu'elle était seulement une qualité[3] *ou bien une substance subtile et claire, diffusée à partir d'en haut et rayonnant à travers le vide ou encore la transparence de l'eau et sa clarté, jointe à une chaleur douce et tempérée : voir Hakspan, l.c. Becanus (t. I, tr. 4, c. 3, § 1 s.) affirme à peu près la même chose, à savoir qu'un corps lumineux fut produit par Dieu à partir de l'eau. A propos du même texte, Ioh. Piscator dans son* Comment. in Vet. Test. *est d'accord avec ceux qui pensent qu'une nuée lumineuse est sortie des eaux, mue d'un mouvement circulaire autour de cette masse des eaux, et qu'elle a été ensuite transportée dans le soleil. Sont aussi favorables à cette nuée lumineuse Zanchius, Fullerus (voir Polus,* Syn. Crit.) *en se référant aux passages de l'* Exode *(XIV, 19) et du* Deutéronome (I, 33). *Grotius dans le livre I* De Veritate Relig. Christ. *c. 16, pense que le soleil n'est pas la lumière primordiale, mais le réceptacle de la lumière* (dochema kai ochema tou puros), *comme l'un des anciens Chrétiens le dit et comme l'a reconnu Empédocle. Le très ingénieux Wall, dont D. Rom. Teller a jugé digne d'insérer les réflexions dans son ouvrage* Bibliorum Anglic., *est cité à l'endroit en question faisant l'hypothèse suivante : « Peut-être qu'il se produisit au commencement à partir des parties ignées un corps lumineux dont Dieu fit ensuite le soleil, en unissant plus étroitement encore ces parties. Il se peut aussi que la terre dès le premier jour se mût sur son axe propre et que peu à peu sur ses deux moitiés elle reçût les rayons du corps lumineux qui restait pourtant lui-même immobile*. » A cet endroit Patrik lui aussi conclut de la même manière. Et Reinbek,* Comm. *XIV § 27 : « A l'endroit où le soleil se trouve maintenant, il y avait déjà présent le premier jour un amas informe de matières inflammables. Dieu les mit en mouvement le premier jour (d'où la lumière). Au quatrième jour, le soleil s'enflamma d'un coup par un mouvement intense de ces matières, etc.*. » On lit des choses analogues chez Lilienthal, t. V, c. I. Et peu d'auteurs s'éloignent des opinions de ces anciens exégètes.*

* Cité en allemand par Rösler *(N.d.T.)*

IV

On aura beaucoup de mal à triompher de ces difficultés, qu'il ne faut pas sous-estimer, mais apprécier à leur juste valeur, si l'on admet qu'à partir du premier jour de l'Hexaemeron, jour où la lumière fut créée, la terre fut illuminée par un globe lumineux séparé (non par le soleil, puisqu'il ne fut créé qu'au quatrième jour). On aura besoin alors de lois nouvelles de la mécanique et de l'optique. Si le globe lumineux est immobile, quelle force meut la terre autour de son axe ? Si la terre est immobile, quelle force meut ce globe sur ses orbites pour que la succession des jours et des nuits soit réalisée, succession que l'Écriture évoque en propres termes ? Bien plus quel lieu assignera-t-on à ce globe lumineux ? Dans l'atmosphère de la terre ? Je ne peux le croire, car on devrait admettre un globe trop petit pour qu'il puisse illuminer un hémisphère entier, dont il faut bien supposer l'illumination ; sans ajouter encore qu'il est assez difficile, sinon contradictoire, d'admettre qu'un corps de ce genre, hétérogène, se soit trouvé en mouvement dans l'atmosphère terrestre, etc. Le placera-t-on hors de l'atmosphère ? Le premier dilemme se reproduira et il faudra postuler soit une masse immense, soit un immense éloignement de ce globe. À quoi j'ajouterai : Moïse, en rapportant l'histoire de la création suit comme guide l'Esprit-Saint, en quelque manière et jusqu'à un certain point, et dans la mesure aussi où l'Esprit-Saint enseigne une certaine succession de moments. Maintenant, les réalités qui sont hors de notre atmosphère, on peut dire qu'à leur manière elles ne nous concernent pas ; certainement, un tel globe, igné, ou brillant de quelque manière que ce soit, doit être rapporté aux astres, dont il est fait mention expresse, au moins pour deux d'entre eux, au quatrième jour seulement, soit qu'ils n'aient été créés en acte seulement à ce moment-là, soit qu'ils n'aient été offerts à notre vue qu'alors seulement : ce n'est pas le lieu de faire une recherche sur ce point. Il ne reste donc aucune explication, sinon de découvrir que cette lumière des premiers jours était déjà présente dans la texture même de la terre : il nous faudra développer ultérieurement cette recherche. J'ajoute : si l'on affirme (et il sera nécessaire de l'affirmer, à moins que l'on ne veuille se réfugier dans l'hypothèse d'une annihilation de ce globe de lumière après la création du soleil, hypothèse d'annihilation qu'il faut déclarer à juste titre tout à fait indigne d'un philosophe), si l'on affirme donc que le soleil a été ensuite créé à partir de ce globe de lumière, il se pourrait alors qu'il manque un moment important de la création. En effet il est dit tout court : au quatrième jour furent créés deux luminaires. Et ainsi le luminaire moins grand, je veux dire : la lune, a-t-il reçu sa part, comme le soleil, de cette lumière désormais inutile ? De cette manière on ajoute arbitrairement au texte. Cela *aurait dû être l'affaire de Moïse de distinguer ainsi entre la création immédiate du soleil et la création médiate de la lune. D'ailleurs, les auteurs de l'*Allgemeine Welt-Historie, *t. I, p. 92, argumentent excellemment contre Nicholius et d'autres, qui prétendent que quelque chose a été enlevé à notre terre pour constituer la substance des autres planètes et des étoiles fixes. Car, de manière tout à fait périphrastique, Moïse dit « terre », « cette terre » pour désigner le chaos. Cette soustraction faite à la terre exigerait un miracle gigantesque et elle serait en contradiction avec toutes les lois du mouvement, etc.*

V

Venons-en en troisième lieu au camp de ceux qui pensent que la cause de cette lumière primordiale a été le soleil déjà créé. Et à coup sûr, de toutes les hypothèses énumérées jusqu'ici, c'est celle-ci à première vue qui paraît se recommander par une apparence toute particulière de vérité. Parmi les anciens vient d'abord Valentia qui a pensé qu'il s'agissait de la lumière du soleil, mais encore imparfaite ; puis Menochius, Lyra, voir Polus, au passage cité. Témoin tout particulier de cette opinion, M. Iaenichen cité plus haut (§ 2, n. 1) qui, il y a quelques années, a pensé pouvoir accepter aussi cette théorie dans son ouvrage Protogea, *etc. Dans la seconde des thèses qu'il pose, § X, il dit : « Dès le commencement, les différents corps du monde se sont trouvés au lieu où ils doivent se trouver et où on les observe maintenant » et il ajoute (§ XII) : la lumière est dite créée au premier jour en tant qu'elle a alors son commencement et elle est dite créée au quatrième jour en tant qu'elle a alors son achèvement. À cet endroit il fait appel ensuite à Glassius,* Philol. Sacra, *p. 753 : « Les mots qui désignent un acte achevé doivent parfois être pris dans un sens inchoatif. » En bref, il pense que la lumière du soleil au premier jour était très faible, que c'est seulement au quatrième jour qu'elle est parvenue jusqu'à nous après un achèvement ultérieur du corps solaire. Mais je ne parviens pas à voir pourquoi alors il fallait dire que Dieu sépara des ténèbres la lumière, dont le nom même* 'ōr *(lumière) est répété à cette occasion. Est-ce que cette lumière aurait été séparée des ténèbres alors qu'elle se trouvait déjà dans le soleil ? L'auteur laisse de côté, sans se mouiller évidemment, ces mots difficiles :* we-yabhdel 'Elohīm beyn ha-'ōr ū-bheyn ha-ḥošekh *(et Dieu fit une séparation entre la lumière et les ténèbres).*

Pour le distinguer de cette lumière primordiale, Moïse appelle le soleil « luminaire » (ma 'ōr), *corps émettant et contenant de la lumière, mais n'étant pas lui-même la lumière. Sur ce point les traducteurs de la Septante ont pris soin de désigner la lumière primordiale par le mot* phôs *et le soleil et la lune par le mot* phosteras. *Est-ce que le soleil, le premier jour, alors qu'il répand une lumière moins forte, porterait un nom plus prestigieux qu'au moment où il serait dans sa perfection ? Je crains aussi tout à fait que dans cette hypothèse le premier jour ne fût éclairé que d'un degré infime de lumière puisque, n'étant pas encore créé, les faibles rayons de ce soleil inachevé trouvaient toutes sortes d'empêchements et de milieux difficiles à traverser ; que l'on voie comment résoudre cette difficulté dans les systèmes newtonien et eulérien !*

VI

Ceux que nous avons placés dans le quatrième groupe semblent reconnaître la difficulté : ils se persuadent que cette lumière primordiale était intérieure à la terre et née de son mouvement interne. Nous aurons à expliquer dans quelle mesure nous sommes d'accord avec eux. Que Io. Bernh. Wideburg, Mathesis Biblica, *Q. VII., vienne en tête, lui qui s'est appuyé sur l'expérience des eaux de la mer ou des fleuves au flot rapide, qui émettent de la lumière. Il dit dans cet ouvrage à la p. 24 : « Dieu a créé la lumière, lorsque, de son souffle, il a fait fondre et se mouvoir d'un mouvement très rapide la matière du ciel et de la terre qui avait été produite au premier instant et qui, au commencement, était immobile et comme gelée. En effet qui douterait que, lorsqu'elles ont commencé à sortir, à se dégager les unes des autres, à presser et pousser leurs voisines, à se dilater, pour poursuivre le mouvement qui leur avait été imprimé par Dieu, à se distinguer si elles étaient hétérogènes, à s'amasser si elles étaient homogènes, les particules plus subtiles n'aient constitué des rayons de lumière ? Car ceux-ci ne sont, selon l'opinion des connaisseurs de l'optique, rien d'autre que des colonnes éthérées, c'est-à-dire de matière très subtile, mues très rapidement. » Teller, dans la Bible anglaise, à cet endroit, ne s'exprime pas de manière différente : « Au moment où Dieu agita toute la masse de notre globe terrestre d'une manière violente, alors se séparèrent, se divisèrent et s'unirent à cause de cela une grande quantité de ces petites particules de feu et elles commencèrent à produire un phénomène lumineux aérien. » Mais, si on se pose alors la question de savoir comment était possible la succession des nuits et des jours, on ne trouvera qu'une honteuse échappatoire. Un mouvement continu de particules terrestres ne produira par hypothèse qu'un jour continu, ou, s'il ne le fait pas, quelle force nouvelle qui les contienne* (katechon) *faudra-t-il ici inventer ? J'ajoute : dans ces mouvements intérieurs continus, la lumière aurait dû ou bien finir par s'affaiblir et s'éteindre ou au contraire produire rapidement une flamme plus nourrie. Bien plus, comment, au troisième jour, où la terre paraît déjà ornée d'herbes et parée d'autres réalités déjà mises en ordre, pourra-t-on concevoir un tel mouvement très rapide et très violent de toutes ses parties ? Ces difficultés et d'autres du même genre suffisent, je pense, à enlever à cette hypothèse toute solidité et probabilité. À la vérité, nous savons bien comment d'aucuns ont l'habitude d'utiliser certaines méthodes pour calculer les jours et les nuits. La paraphrase de Lilienthal à l'endroit cité infléchit ainsi les mots du texte : « et ainsi il y eut un soir et ainsi un matin du premier jour », c'est-à-dire qu'on laisse dans l'ombre le temps de vingt-quatre heures, défini ailleurs par la succession du jour et de la nuit, etc. Mais à qui donc pourrait échapper la difficulté, qui n'est pas mince ? Mention expresse est faite dans l'Écriture du « soir » et du « jour ». Laissons de côté d'autres interprétations : pour Cajetan par exemple, la création momentanée, pour Whiston, et d'autres, l'équivalence entre les jours de l'Hexaemeron et des années. Toutes ces questions, Io. Ge. Henr. Feder les pose très bien dans sa Dissertation d'Erlangen (1760, sous la présid. de Io. Ern. Bas. Wideburg) : « Les six jours, dans l'intervalle desquels l'œuvre de la création a été achevée, de quelle sorte furent-ils ? »* (« Sex dies, intra quos opus creationis absolutum, quales fuerint ? »)

VII

Ainsi avons-nous énuméré les diverses opinions des érudits, grâce auxquelles ils se sont efforcés, avec des talents divers, d'apporter quelque remède et lumière aux difficultés de ce passage biblique qui a tourmenté les physiciens et qui a été tourné et retourné dans tous les sens. Nous allons à notre tour faire une tentative et rechercher s'il subsiste quelque interprétation qui puisse, d'un meilleur droit, soutenir le rôle d'une hypothèse tout en évitant l'erreur de ceux qui pensent que cette lumière primordiale a été réduite à néant ou transférée dans l'astre solaire. De toutes les nouvelles découvertes obtenues dans l'époque récente soit par l'art soit par le hasard, il n'y a rien qui n'ait plongé les ignorants dans une plus grande stupeur, bien plus, rien qui n'ait plus troublé ceux qui recherchent les causes que la force électrique. Les anciens jetaient sur le bûcher pour le brûler quiconque croyait, en copernisant à juste titre, que le soleil était fixe et que nous-mêmes et notre support étions mobiles. Que serait-il arrivé alors à Franklin rangeant sous les lois de l'électricité les tonnerres et les éclairs ? Que serait-il arrivé à Kleist, Musschenbrœk sur l'ordre desquels des membres très robustes et des diaphragmes de géant se mettent à trembler ? Et tout cela, c'est notre époque qui l'a produit, elle qui est peut-être en gestation de bien d'autres choses encore[4]. *Que l'on ne s'étonne pas que les aspects multiples de cette force occulte, que ses effets extraordinaires, que sa nature à la fois délicate et forte, aussi bien qu'efficace, aient fait que notre époque, soit par ignorance soit par désir d'innovation, a cherché dans l'électricité l'explication de phénomènes qui étaient auparavant inconnus. C'est ainsi que, de manière tout à fait ridicule, Pivati, de Venise, Verati, de Bologne, et Bianchi, de Turin, ont voulu traiter les malades par des effluves électriques apportant avec eux des vapeurs salutaires, alors que, avec plus de prudence, mais chacun d'une manière différente selon son propre système, l'Anglais W. Stuckeley et le moine italien Andr. Bina ont pensé à l'électricité pour expliquer les tremblements de terre, le célèbre Io. Pet. Eberhard, et aussi Hartmann et d'autres, pour expliquer les météores, d'autres enfin pour expliquer bien d'autres choses*[5].

VIII

Laissons de côté pour le moment le problème de l'origine de la terre et pour nous, qui faisons une recherche abstraction faite de cette question, considérons comme équivalent ou bien d'affirmer avec Buffon[6] *que la terre a été éjectée à partir du soleil ou encore de croire avec Leibniz* (Protog. *p. 3-6) que notre terre a été un soleil qui, après un certain temps, ayant été brûlé complètement par la matière effervescente, a été transmué en un corps opaque (conclusion à laquelle il aboutit en partant de l'exemple du verre, qui est à base de toute sorte de terre, de sable, etc.) ou enfin de poser de quelque autre manière son origine et son mouvement stabilisé. Il est plus prudent d'examiner la matière électrique là où elle est, c'est-à-dire évidemment dans la terre, mais je ne vois pas bien comment il est possible de conclure de la terre au principe qui la meut, c'est-à-dire au soleil et comment il est possible d'attribuer de l'électricité à celui-ci. Il y a bien des choses que le Créateur suprême a créées pour qu'elles fassent tenir ensemble et échauffent notre globe : il serait insensé, par une induction fausse, de les attribuer au soleil et aux autres corps. Mais par ailleurs, que la matière ignée s'accorde avec la matière électrique, cela a déjà été affirmé par beaucoup de savants comme l'a rapporté Nollet dans ses* Conjectures sur les causes de l'électricité des corps, *Mémoires de l'Académie royale des Sciences, Paris, 1745. Et Franklin,* Lettre *IV, § 46 sq., y donne son accord. Certes, peu s'en faut que cette matière électrique, dont la présence dans tous les corps ne diffère qu'en degrés de quantité, ne soit rangée par les habitants de la terre parmi les éléments, qui communément ne sont qu'au nombre de quatre. J'aurais du mal à croire que sans cette matière électrique les corps pourraient garder leur cohésion, et que quelque chose pourrait croître et fleurir. Il est nécessaire que cette matière si subtile et si pleine de ressources remplisse dans l'univers les fonctions les plus hautes et les plus nécessaires. Et même si l'on ne veut pas totalement souscrire aux idées de Franklin qui croit* (Beylagen zum IV Bd. *1749, § 9.10) que cette terre éclaterait si une plus grande quantité d'électricité que celle qu'elle a actuellement lui était ajoutée*[7], *il nous faut quand même concéder à bon droit que Dieu, dans la mesure même de sa sagesse, en laquelle il est infini, a mis dans la terre, non un défaut ou un excès, mais la masse de matière électrique et nécessaire qui s'y trouve actuellement et que, si cette masse était modifiée, il faudrait imaginer de tout autres lois du mouvement.*

IX

Toutes les expériences qui portent sur l'électricité consistent dans l'augmentation ou la diminution de cette matière électrique. En effet Dieu a commandé à cette matière de reposer au plus profond des corps, bien plus, de s'y reposer pendant beaucoup de siècles et d'échapper aux mains, toujours en quête d'expériences, des physiciens, fait bien digne d'admiration[8]. *Et en général, il faut par une force quelconque détruire l'équilibre qui existe entre les corps si l'on veut avoir le spectacle de la force électrique. Nous l'excitons par le frottement d'une boule ou en liquéfiant des matières à base de poix ou de cire et en les versant dans des récipients en bronze* (Hamburgisches Magazin. *t. XXII, 1759, p. 439) : procédés dont riront peut-être nos descendants, plus savants que nous. Dans la pierre que l'on appelle tourmaline*[9] *comme dans d'autres gemmes (selon le témoignage de Gray et de Du Fay), la chaleur du soleil ou du feu de cuisine produit également l'électricité. En général, cette matière manifeste sa présence en émettant de la lumière ; que cette vertu lui appartienne en propre et doive être rapportée à sa nature même, c'est ce que prouve le fait que, dans tous les cas et dans toutes les expériences, elle se manifeste dans le vide aussi bien qu'à l'air libre. Qui aura vu les spectacles que produit l'électricité, surtout s'ils se déroulent la nuit, sera encore plus certain de la beauté et de la grandeur de cette lumière, à la lueur de laquelle il est possible de lire des lettres d'imprimerie, même petites (sans parler de son fracas qui égale la foudre en éclat). Tu verrais alors une boule de verre frottée nageant en quelque sorte dans un océan de feu, s'étendant d'autant plus loin dans l'atmosphère que ce feu est plus pur ; mais ce n'est pas seulement le cas des boules de verre, c'est aussi celui du bois, comme l'a montré P. Wend. Ammersin*[10], *et, que dis-je, c'est le cas de tous les corps que l'on frotte ; quant aux métaux eux-mêmes, qui sont les seuls à résister à ces frottements, il faut peut-être d'ordinaire les classer dans la catégorie des corps idioélectriques*[11].

X

*Je n'apporterai comme preuve qu'un seul phénomène, mais qui vaut tous les autres réunis : l'aurore boréale ; le célèbre Mairan (IX*ᵉ *et X*ᵉ *t. des* Mémoires de l'Académie de Paris) *s'est fatigué à l'expliquer par l'atmosphère du soleil qui toucherait notre atmosphère, c'est-à-dire par la lumière zodiacale. Mais les savants modernes n'hésitent pas à recourir à l'électricité pour l'expliquer*[12], *en la concevant comme produite par l'air électrique (cela peut arriver de différentes manières, notamment par la rotation de la terre autour de son axe) et en constatant que ce phénomène a lieu plus fréquemment dans les régions boréales précisément à cause de cet air qui là-bas est plus électrique, parce que le froid qui y règne empêche que la friction de l'air ne parvienne à un degré tel qu'un orage complet puisse se produire. Au témoignage de Wolf déjà, l'aurore boréale n'est rien d'autre qu'un orage qui n'est pas arrivé à son terme. C'est ce que note aussi le célèbre et S. R. Dn. Ep. Pontoppidan dans son excellente* Histoire de la Norvège : *on voit dans cette contrée des aurores boréales accompagnées de fracas et de crépitement. Et il ne faudrait pas que l'on objecte la rareté de telles aurores ; je crois qu'elles arrivent tous les jours, mais qu'elles échappent à nos regards à cause de l'altitude à laquelle le phénomène se produit, étant donné que l'électricité est d'autant plus brillante que l'air est plus raréfié, comme il est possible de l'observer quand l'air est raréfié sous l'effet d'une pompe* (antlia), *phénomène donc qui peut se produire en proportion de l'altitude croissante de l'atmosphère. Que l'on n'objecte pas non plus qu'il n'y a qu'une toute petite partie du ciel qui est occupée par ces aurores et qu'elle n'est pas si grande qu'elle puisse être remarquée par le globe tout entier ou au moins par une de ses moitiés ; en effet Mairan (l. c. tome IX) fait mention d'une telle aurore qui, le 19 octobre de l'année 1726, à Breuillepont distant de quinze ou seize milles de Paris, remplit l'hémisphère entier du ciel. Et l'œuvre de la création se réserve à elle-même ses moyens particuliers, distincts de la* *manière habituelle. En un mot : que l'air soit idioélectrique, c'est ce que démontrent les expériences mêmes qui seraient impossibles à entreprendre autrement si l'air absorbait l'électricité que l'on a produite. D'autre part que l'air puisse émettre de la lumière, c'est ce que montre le fusil à vent, qui projette par un étroit orifice de l'air comprimé qui émet de la lumière.*

XI

Après avoir posé ces différents points, est-il tout à fait absurde, on en jugera, d'appeler la lumière primordiale dont nous parlons « feu électrique » ? Il est bien certain que c'est surtout à cette lumière-là qu'il faut attribuer quelque chose de tout à fait privilégié, puisque c'est elle que la divinité suprême a introduite la première sur la scène du monde. Tout d'abord yĕhi *(« Qu'il soit ») supprima en un moment le désert et le vide de la terre. Après le premier jour de l'Hexaemeron on ne pouvait plus parler de* tohū wa-bōhu, *puisque Dieu avait mis, en quelque sorte, la première main à son ouvrage. Pourtant* Tohū *et* bōhū *seraient restés si, dans son sein propre en quelque sorte, et pas en dehors d'eux, n'avait pas été ajouté et procréé quelque chose qui les pourvoyait* (ornamentum) *de ce qui leur était nécessaire. Il faut remarquer ici la racine syro-chaldéenne* tĕheh : *« demeura frappée de stupeur » en sorte que* tohū *signifie, comme le montre abondamment Stockius dans sa* Clavis : *« L'absence et la privation d'une chose, qui, parce qu'elle aurait dû être présente, peut facilement exciter l'étonnement par son absence ». Ainsi Dieu créa la lumière, il ajouta aux corps la portion de cette matière électrique élémentaire qu'ils conservent encore maintenant et grâce à laquelle ils se maintiennent réciproquement en équilibre. Mais quel intérêt ressort-il de là pour nous-mêmes et pour notre objet ? Aussitôt après, il est ajouté que « Dieu vit que la lumière était bonne », c'est-à-dire que, en contemplant cette œuvre magnifique de sa toute puissance, il se réjouit en lui-même et qu'il vit ses propres perfections. Mais plus loin le Créateur continue :* we-yabdhel 'Elohīm beyn ha-'ōr ū-bheyn ha-ḥošekh *(« Et Dieu fit une séparation entre la lumière et les ténèbres »). Comment expliquer ces mots, sinon en recherchant cette lumière dans l'intérieur le plus profond des corps ? Comment aurait-on eu besoin autrement d'une distinction ? Ou bien est-ce que cette lumière existant déjà à l'extérieur des corps aurait déjà été distincte ? C'est bien pourquoi Dieu l'a séparée, c'est-à-dire qu'il lui a ordonné de sortir hors des prisons où elle était enfermée. Que l'on ajoute à cela le mouvement et la fermentation, non seulement de l'air et des vapeurs de la terre, mais aussi des corps terrestres et l'on trouvera de multiples causes de l'excitation de la lumière électrique par des frictions de ce genre. Ainsi nous pouvons nous imaginer la lumière du premier jour dans une certaine mesure sous l'aspect des aurores boréales. Cette lumière a-t-elle atteint le degré de splendeur de la lumière du jour, ce qui n'est pas incompatible avec les phénomènes électriques, qui le sait ? Et si elle ne l'a pas atteint, était-ce nécessaire, puisque la plus grande partie des créatures était absente ? Il pouvait suffire d'avoir produit la différence du jour d'avec la nuit. Nous préférons admettre que cette lumière était diffuse et qu'elle n'était pas concentrée dans un corps, comme cela découle immédiatement de l'hypothèse de la lumière électrique, parce que, au soleil, comme à un corps distinct, est attribué en propre un empire, une domination sur le jour ; et d'ailleurs le soleil est dit fixé au firmament* (in Expanso), *selon le verset 17. Mais le ciel éthéré* (raqīaʿ : « *firmament* ») *lui-même n'est dit être créé qu'au second jour seulement (verset 6). Assignons donc comme lieu propre à la lumière primordiale l'atmosphère de la terre.*

XII

Il a été prouvé depuis longtemps par les physiciens et, pour qui a un entendement (synciput) *sain, il est facile de voir clairement que, sous l'influence du soleil (puisque, lorsqu'il est absent, règne le froid qui fait mourir toute vie), les végétaux ne peuvent absolument pas subsister, à plus forte raison, fleurir et préparer la semence dans les alvéoles en vue de la conservation de l'espèce. Il y a des plantes telles que, de quelque manière que l'on veuille imiter la chaleur du soleil par un feu naturel, il est pourtant impossible de les transporter en les conservant vivantes*[13] *de l'équateur jusqu'à nous, encore moins si l'on approche encore plus des pôles. Sur ce point, les systèmes par ailleurs divergents de Tournefort, Rivinus et Linné s'accordent pour expliquer ce phénomène à partir des structures internes des plantes. Mais l'ordre du Créateur a assigné aux herbes des champs le troisième jour et au soleil, père bienveillant de la chaleur et de la vie, seulement le quatrième jour. Cela me semble être une grave difficulté et, bien que la main divine doive être adorée par les mortels, cette main qui est capable de retenir et de conserver sans aucun soleil ou chaleur les réalités les plus fragiles, il n'en est pas moins vraisemblable qu'ici également, la sagesse divine a choisi d'agir selon une voie naturelle et que cette matière électrique pourra suffire à tenir excellemment la place du soleil et qu'elle pourra ainsi mettre en fuite cette difficulté. On sait quelle vertu de produire chaleur et échauffement tout particuliers Prokop Divisch de Moravie (infatigable scrutateur de la nature) attribue à cette matière électrique ; il appelle celle-ci « baume de la nature » ; c'est pourquoi il applique aux malades les seuls effluves de cette matière, effluves qui émanent de baguettes recouvertes d'une couche abondante de cire, et il n'est pas partisan des expériences de Leyde, parce qu'elles sont trop violentes. En tout cas, puisque les fondements du système de Divisch*[14] *sont encore tout à fait inconnus, tenons pour certain que la floraison et la croissance des plantes sont, de manière tout à fait remarquable, intensifiées par l'électricité. C'est ce que montre Edward Runeberg, de Stockholm dans* Königl. Schwedische Akad. Abhandlungen, *t. XVIII, 1757, à propos des amandes* (amygdalis) *électrisées comparées aux amandes naturelles. Et il existe encore des expériences de ce genre, faites par d'autres savants, que nous devons renoncer à énumérer et qui prouvent suffisamment et abondamment l'influence de l'électricité sur le règne végétal. Nouvel avantage*[15], *on le voit, de notre hypothèse ! Quelle sollicitude, quelle bienveillance dans le Créateur, qui, avant de parer de tapis qui dépassent la gloire du roi Salomon* [Matthieu, VI, 29] *la terre encore dénudée, a déjà préparé la puissance qui les conserverait et qui, non seulement ne leur nuirait pas, mais bien plutôt les ferait se développer en une croissance heureuse, grâce à un stimulus intérieur !*

XIII

Deux difficultés principales resurgissent, me semble-t-il, à cette occasion. Tout d'abord, on demandera comment, dans cette hypothèse, la nuit a pu succéder au jour et un autre jour à la nuit, avant que ne soit créé le soleil qui préside au jour et à la nuit ? Je réponds : Le même jour que notre terre, le soleil aussi, la lune et les autres planètes semblent avoir été créés. Ils ne pouvaient encore transmettre jusqu'à nous les rayons de lumière[16], *car le milieu rendant possible cette liaison avec nous ne fut créé, semble-t-il, seulement que le quatrième jour, opinion à laquelle Witty*[17] *est favorable et aussi, quoique en un autre sens, S.R. M. Clemmius, notre compatriote* (Betrachtungen über die Absichten der Religion, *t. I, p. 57-58)*[18]. *On sait déjà que la lumière électrique apparaît le plus volontiers à l'approche d'un corps étranger. Posons donc d'une part le soleil, à qui il n'est pas encore permis de nous envoyer ses rayons et qui, par la volonté du Créateur, n'a encore aucune relation avec nous, sinon de proximité*[19], *posons d'autre part sur notre globe deux points diamétralement opposés A et B. A ayant le soleil au zénith marque le milieu des jours, c'est-à-dire qu'à ce point se trouve la cause la plus puissante qu'il fasse jour de la manière la plus éclatante et que se manifeste le plus nettement la lumière électrique dans l'air. Cette cause décroît au fur et à mesure que le point A se déplace et lorsque ce point parviendra jusqu'à l'endroit où le Soleil se trouve en son Nadir, à ce point, donc, cela est nécessaire, il ne fera plus du tout jour, c'est-à-dire qu'on aura le milieu de la nuit : le point B s'étant transporté jusqu'à la place de A avec tout son hémisphère. Ainsi, grâce à sa propre lumière, sans voir le soleil, la terre éprouve la succession du jour et de la nuit. Il est vrai que cette explication suppose que, déjà à ce moment, la terre tournait sur son axe : mais je vois mal comment nous n'admettrions pas cela avec Lilienthal. Combien de lois de la nature, lois de la pesanteur, de la fertilité, etc., dépendent de cette rotation : si elles n'avaient pas existé au premier jour, elles auraient produit beaucoup de confusion en apparaissant seulement au quatrième jour. On peut croire que l'Esprit de Dieu qui, déjà avant l'œuvre du premier jour, comme on le lit dans l'Écriture,* mērahephet ʿal pēnēy ha-maîm *(« volait sur la face des eaux »)*[20]*, produisant ainsi en toutes choses par son mouvement la vie et l'action (même si l'on admet que le soleil n'était pas encore créé), on peut croire donc que l'Esprit de Dieu a ordonné que la terre se meuve autour de son axe du même mouvement qui, ensuite, lorsque la terre fut appelée à se soumettre aux lois du soleil, fut stabilisé et ordonné jusqu'au jour où ce soleil se convertira en ténèbres. Si quelqu'un trouve que tout cela n'est pas naturel, renvoyons-le au vide de Toricelli dans lequel il découvrira une lumière électrique s'allumant et s'éteignant alternativement au milieu des ténèbres : il ne pourra sûrement refuser à Dieu la puissance de faire cela dans notre terre, quelle que soit la loi selon laquelle Dieu produit finalement cette succession du jour et de la nuit.*

XIV

En second lieu on pensera peut-être que, si l'on admet cette hypothèse, on rencontrera une difficulté dans la phrase : « Dieu sépara (wē-yabhdel) *la lumière des ténèbres. » Excellente séparation, dira-t-on ; mais où se trouve maintenant la lumière primordiale ? Si elle est retirée dans la profondeur des corps, on ne peut pas raisonnablement dire qu'elle a été séparée. Je réponds : Quel besoin aura-t-on de cette lumière séparée, lorsque le soleil assumera les fonctions de cette lumière ? Le mot* badal *(« sépara ») ne signifie pas précisément une division qui pour l'éternité ne pourrait jamais se rejoindre. Dieu a « séparé » pour que lumière et ténèbres fassent la distinction du jour et de la nuit. Le soleil une fois créé, il les a réunies. Dieu agit en raison de sa sagesse, en raison des besoins des choses créées. J'introduis ici pour parler à ma place mon maître profondément respecté M. Ioh. Chr. Volz, professeur émérite du Gymnase de Stuttgart, qui mérite que je fasse publiquement mémoire de son enseignement que je reçus autrefois et dont je dois faire la louange avec une profonde gratitude. Dans son programme de 1751, à l'occasion de l'anniversaire de notre Sérénissime Duc, après avoir présenté un bref examen du système de Buffon, il écrit les mots suivants que l'on nous permettra d'appliquer à notre hypothèse grâce aux notes que nous y ajouterons :*

« Cette hypothèse de Buffon a donné naissance à l'idée suivante que l'on nous permettra d'exprimer ici : s'il est vrai que la terre a pris son origine dans la matière solaire, il semble que l'on puisse expliquer de manière excellente en même temps l'origine[21] *de la matière électrique. Car celle-ci a tellement de ressemblance avec la matière du feu qu'il n'a pas semblé absurde à certains savants de confondre les deux*[22]. *Que le feu soit répandu dans tous les corps, c'est ce qu'ont affirmé beaucoup de savants aussi bien autrefois qu'aujourd'hui. C'est un fait établi que le feu a des propriétés communes avec la matière électrique ou, si l'on veut, le feu électrique. Il ne manifeste pas sa présence, dès qu'il a été ramené au repos. Mais mis en mouvement par un frottement ou par quelque autre cause, il se fait alors sentir par la lumière et la chaleur ; c'est la même chose qui arrive pour l'électricité. Mais maintenant se pose la question : d'où vient que cette matière apparaisse comme dispersée partout et intimement liée avec toutes les matières ? Je soupçonne qu'elle est ce feu même, élémentaire*[23] *ou solaire, qui, enflammant notre terre au commencement du monde, la rendait brûlante ; c'est par ce même feu peut-être qu'un jour elle périra. Ainsi tous les corps que nous voyons ici-bas étaient enflammés. Ce feu s'est éteint peu à peu. Qu'est-ce à dire ? Ce feu s'envola-t-il dans les espaces les plus éloignés dans le ciel ? Qui pourrait l'admettre ? La force de gravité l'empêchait de s'envoler*[24]. *Il est donc caché partout, enveloppé et enlacé au plus profond de la texture de tous les corps, répandu à travers eux, mais pourtant imperceptible, parce que privé de son mouvement propre, jusqu'à ce que, grâce à un frottement quelconque, il reprenne ses émissions d'étincelles* (vibrationes) ; *quand il les a reprises, il révèle qu'il n'avait jamais cessé d'être ce qu'il était. »*

XV

Et ainsi, comme nous nous l'étions proposé, nous avons brièvement traité de ce thème : « Qu'il faut rechercher l'explication de la lumière primordiale dans les phénomènes électriques. » Certains l'avaient pensé depuis longtemps. Mais je ne connais aucun auteur ayant écrit sur les phénomènes électriques qui ait entrepris de le démontrer. Si le temps nous l'avait permis, nous aurions pu présenter nos thèses en les illustrant par de nombreuses expériences, et des expériences peut-être pas tellement banales : il nous faut réserver cela pour d'autres occasions. Pourtant, pour ne pas laisser sans l'évoquer ce terme très controversé de raqia' *(« firmament »), il nous faut ajouter ceci très brièvement. Nous entendons par* Expansum *(déploiement)* [Genèse, *V. 17,* cf. supra, *fin du § XI*] *la séparation plénière entre notre atmosphère et celle des autres planètes. Dans quelle mesure, là encore, l'électricité a pu contribuer et coopérer au rassemblement et à la répartition des vapeurs et des nuages, c'est ce qu'établit l'excellent traité de Heinrich Eeles :* Von den Ursachen des Aufsteigens der Dünste, Winde, denen allgemeinen Phänomenen des Wetters und der Barometer, *voir* Hamburg. Magazin. *t. XVIII, 2ᵉ partie, n° 2, 1757, extrait des* Transact. Philos. Anglic. *Ce qui, dans ce traité, est exposé à propos d'une partie restreinte du ciel peut s'appliquer à toute notre atmosphère. I. Ph. Treunerus dans son* Dialogue sur les causes de la lumière primordiale, *Iena, in 8°, 1703, attribue à celle-ci cette fonction unique de faire tenir en l'air les nuées (qu'il ne pense pas pouvoir être accomplie par le soleil tout seul, en même temps dans les deux hémisphères).*

XVI

Et dans ce domaine aussi, le champ des méditations ascétiques n'est pas interdit au théologien, selon l'exemple (au sujet duquel, nous le savons, nous sommes tout à fait incapable et indigne de porter un jugement) que nous a donné l'excellent M. Ant. von Balthasar, alors recteur de Greifswald, 1ᵉʳ Prof. Canon., aux fêtes de la Pentecôte 1745, lorsqu'il a annoncé et traité avec autant d'élégance que de science le sujet de « l'Électrisation spirituelle ». Assurément, et la nature de la chose n'y fait pas obstacle, au théologien qui dirige son attention sur ces secrets de la nature, il se présente comme digne d'adoration et d'autant plus glorieux, ce Dieu qui a dit : « Que la lumière resplendisse des ténèbres » (II Cor. *4, 6). Précieuse lumière, par laquelle Dieu a commencé à créer, Dieu a commencé à nommer ! Il se donne maintenant à admirer, Il donne maintenant la lumière première et naturelle de sa connaissance, grâce à la lumière du soleil ; mais, au commencement, alors que les choses commençaient à se faire, au premier jour de l'Hexaemeron, il a donné tout cela grâce à la lumière primordiale, autre que celle du soleil ; cette lumière a surgi avec plus de magnificence encore que ne le fit le soleil, comme l'époux sortant de sa chambre nuptiale ou du lieu dans lequel il était retenu jusqu'alors (et, comme l'époux réjouissant toutes choses, il n'avait encore jamais été vu) et il s'est réjoui, tel un héros, de parcourir sa route (pour se révéler là où il le faudrait)* (Ps. *19, 6). Dieu, je le crois, ajoutera, en son temps, lorsqu'il saura que les mortels n'en abuseront pas, une nouvelle lumière, et cette fois tout à fait particulière, à la lumière électrique ; cette nouvelle lumière nous découvrira combien étroitement et amicalement l'énergie électrique est liée à nous et proche de nous (bien qu'elle soit déjà étroitement liée avec toutes choses et avec nos corps) : si elle est méprisée, si elle est rarement étudiée par ceux qui peut-être y auraient intérêt, ce n'est probablement pas pour une autre raison que celle-ci : par le mauvais usage qu'on fait d'elle (mais ce mauvais usage n'empêche pas qu'il y ait aussi un bon usage de l'électricité et il devrait d'autant plus et à plus juste titre éveiller notre infatigable attention), donc par le mauvais usage qu'on a fait d'elle, l'électricité a rendu les charlatans célèbres auprès du vulgaire et les mauvais médecins, peu soucieux de la vertu de l'électricité dans le domaine de la médecine interne, elle les a rendus aussi négligents et menteurs que méprisables. Mais ce que Jallabert, Spengler, Nebel, Zetzel, surtout Linné pensent de l'usage médical de l'électricité, cela célèbre assez la bienveillance de Dieu. Je laisse de côté d'autres considérations : comme par exemple que cette lumière primordiale, tirée des ténèbres, semble à certains une préfiguration de la douce splendeur de l'Évangile après les ténèbres de l'Ancien Testament, s'avançant en majesté, comme l'aurore. On trouve plusieurs considérations sur ce thème chez Piscator, dans son Commentaire sur ce passage. Lorsque nous puiserons, dans le lieu de l'affermissement et de l'achèvement, aux eaux de l'intelligence, lorsque nous verrons Dieu siégeant dans une lumière inaccessible, assurément nous comprendrons aussi de plus près, quant à sa nature, quant à ses fins très sages, cette lumière primordiale, cette merveille issue de la divine bonté, ce miroir de la Majesté divine. En attendant, que Celui qui nous a appelés à explorer le double livre, de la nature et de la révélation, resplendisse dans nos cœurs pour nous donner la lumière de la connaissance de la Gloire de Dieu, en présence de Jésus-Christ !*

FIN

NOTES [de Rösler lui-même]

1. Ainsi s'exprime excellemment M.I.C. Iaenichen dans *Protogaea novo specimine argumentis mathematicis atque Philosophicis retractata*, Witeb. 1760 § VII. Nous pouvons difficilement l'approuver pour le reste, comme on le verra par la suite.

2. Est-ce que je me trompe si je fais dériver ces théories d'Augustin, du *Ps.* 104, 4, détourné en un sens qui lui est tout à fait étranger ?

3. Bellarmin rapporte l'opinion de Basile selon lequel cette lumière aurait été pendant les trois premiers jours sans véhicule ou sujet. Bien plus, Ricciolus lui-même, in *Almagesto*, ne proteste pas contre cette opinion, puisqu'il affirme que la lumière primordiale fut un accident, qui n'était pas inhérent à un sujet ; avoir dit de pareilles choses, c'est dans le même moment les avoir réfutées, Hottinger, *Hist. Creat.* p. 95, entend par « lumière » le jour lui-même, confondant ainsi la cause et l'effet.

4. Je n'approuve pas l'idée de l'un de mes amis qui suppose qu'il s'agit de la force électrique lorsqu'on lit (ce qu'on trouve aussi dans Picart) que certains prêtres païens étaient frappés d'un coup et d'un choc douloureux et pénétrant profondément, lorsqu'ils se présentaient sans respect devant les idoles ou lorsqu'ils se refusaient à les adorer ; ce qui supposerait que l'antiquité déjà connaissait l'électricité.

5. Pourvu que quelque soldat n'aille pas oser recourir à cette force pour son fusil : ce qu'on rapporte que fit (mais ce n'est qu'un on-dit) un officier de Brunswick qui devait être répréhendé pour cela par le très sage roi de Prusse, beaucoup plus durement que son Excellence Monsieur le Conseiller Jordan proposant un jour des plans de machines de guerre à un tel héros (*Stuttgart. Phys. Oeconom. Auszüge*, IVe t., 1762, II, p. 305-306).

6. P. de Lignac a entrepris de donner son jugement sur le système de Buffon dans ses *Lettres à un Américain, sur l'Histoire naturelle générale et particulière de M. de Buffon*, Lettre II, p. 100, vol. I.

7. Notons que peut-être le dernier jour qui « ébranlera les vertus des cieux » (*Luc* 21. 26), qui « dissoudra toutes choses dans le feu » (*II Petr.* 2, 10, etc.) prouvera la nécessité de cette quantité déterminée. On garde sur ce point une tranquille suspension de jugement, qui ne craint pas la contradiction, en se réservant pour l'événement.

8. A moins que peut-être on n'allègue ici la fameuse lance enflammée du soldat sicilien (Tite-Live, XXII, 1, 8), l'étoile se plaçant sur la pointe de la lance de Gylippe et Castor et Pollux apparaissant aux navigateurs (Sénèque, *Quaest. Natur.*, I, 1, 13-14) et d'autres manifestations que l'on peut assimiler au phénomène de Northusan et au feu de Saint-Elme (*Hamburg. Magazin.*, t. VII, N° 9, 1751 et t. IX, 1752, p. 109, 110).

9. Lettre du duc De Nota Caraffa *Sur la Tourmaline* à M. de Buffon, 4, Paris, 1752.

10. *In Electricitate propria Lignorum*, Lucerne, 1754, petit livre qui est tout à fait digne d'être réimprimé.

11. Ce n'est pas sans ingéniosité que Ioh. Fr. Mayer, dans son traité tout récent : *Chymische Versuche zu naeherer Erkœnntnuss des ungelœschten Kalchs, auch der Elastisch- und Electrischen Materie*, Hanovre et Francfort, in 8°, 1764, recherche ce défaut dans la structure des métaux : cette structure interdit au feu électrique de s'échapper parce que les métaux sont formés de particules plus souples, flexibles, et qui peuvent se mouvoir les unes sur les autres comme des stries, quoique d'une manière insensible, lorsqu'on les frotte, alors que les corps qui peuvent devenir électriques lorsqu'on les frotte, peuvent facilement se réduire en

poussière quand on les écrase (comme le verre, la poix, etc.) mais ne peuvent être amincis (comme les métaux). Il a entrepris d'examiner avec beaucoup d'attention la nature du feu, selon la méthode de la chimie, peut-être avec plus de succès qu'il n'en a eu dans la matière électrique : car il pense que celle-ci est un acide gras.

12. *Cf.* Ioh. Frid. Hartmann, *Aehnlichkeit der Electrischen Kraft mit den erschrœklichen Lufterscheinungen.* In 8°. Hannover, 1759, p. 238, sq. De même *Vom Nordlicht*, 16 sept. 1759, dans *Hamburgisch. Magaz.* 24, t. 2, St. n° IV, p. 157-160. Et il est bien vrai que le système de Mairan se recommande par sa beauté, d'autant plus que très récemment le célèbre Ioh. Heinrich Winkler (que l'on devrait appeler le père des électriciens parmi les Allemands et dont la renommée, le nom, les louanges demeureront toujours), Winkler donc, dans un Programme de 1763, a traité de Mairan et a dit des choses excellentes au sujet de la force électrique des vapeurs solaires dans l'aurore boréale. Pourtant je crois quand même, s'il m'est permis d'exprimer mon opinion, qu'il faut admettre une cause plus proche de nous qui explique ces aurores plutôt que d'en faire venir une de la région du soleil jusqu'à nous. Il reste toujours à Mairan une difficulté : comment expliquer que les vapeurs solaires puissent luire ? Ou bien attribuera-t-on plutôt cela à notre atmosphère ? Il y a des phénomènes et des météores de notre atmosphère qui sont difficilement attribuables à d'autres causes que les causes électriques.

13. Ch. Linné, *Philosophia Botanica*, Stockholm, 1751 : « Il y a trois dimensions du climat : la longitude, la latitude et l'altitude (p. 264). » « Les plantes froides, transportées en milieu chaud, commencent par devenir exubérantes, puis se dessèchent et périssent. Les plantes chaudes, transportées en milieu froid, cessent de croître, perdent leurs feuilles, et deviennent stériles (p. 277). »

14. Il promet de publier bientôt tout ce que, depuis longtemps, il a rendu certain par des expériences et unifié en un système, qu'il appellera *Météorologie et Magie*, *cf.* S.R. M. Oetinger *Philosophie der Alten Wiederkommend in der güldenen Zeit*, t. I, p. 181. M. Divish ne se recommande pas seulement par sa nouveauté, mais par sa profondeur ; il est tout à fait digne d'éprouver, jointe à la faveur peu commune de César, dont il jouit, celle aussi des princes étrangers.

15. Et ici encore il faut que cette matière électrique ne soit pas rassemblée en un seul corps, mais diffusée à l'intérieur de toute la terre.

16. Lilienthal, dans *Die gute Sache der Gœttlichen Offenbahrurg*, t. V. § 14, p. 17, est du même avis. C'est pour une raison sans valeur que l'on assigne le quatrième jour comme temps de la création du soleil et de la lune (de la même manière l'arc-en-ciel a dû exister avant le déluge en raison des lois optiques, et pourtant il est dit avoir été produit comme signe de l'alliance ; *Gen.* 9, 12-13). Cela ressort du passage de la *Genèse* 1, 14-15 où il est dit que ces luminaires *lĕhabdil beyn ha-yom-ū-bheyn ha-laīlāh* (« pour faire une séparation entre le jour et la nuit ») ont été faits *lĕ-'otōt* (« pour être des signes »). Ici il n'est question que de destination et rien n'oblige d'y ajouter un commencement d'existence.

17. *Cf.* sur ce point *An Essay towards a vindication of the Mosaic History of the World, in several Letters*, by John Witty, Londres, 1705, in 8°, ouvrage recensé dans les *Acta Eruditorum*, pour l'année 1707, p. 161 sq.

18. Lorsque ce savant dit à cet endroit qu'il préfère le système d'Euler à celui de Newton quand il s'agit d'éclairer les difficultés bibliques, ses paroles sont tout à fait dignes d'être examinées attentivement. Pour nous, nous pensons par notre hypothèse donner satisfaction aux deux systèmes.

19. La difficulté qui suit tombe d'elle-même et n'existe pas : la lune ou les autres planètes plus proches de nous auraient eu

plus de droit que le soleil, plus éloigné, à exciter la lumière électrique dans les régions de la terre qui se trouvent devant elles. En effet nous croyons à bon droit que ces planètes sont de même nature que la nôtre et on peut assumer, nons sans apparence de vérité, qu'aux mêmes jours les mêmes phénomènes que ceux qui se passaient sur la terre se produisaient sur elles. Deux corps électrisés ne diffusent pas de la lumière l'un vers l'autre. Mais si leur degré de force électrique est inégal, ils ne rétablissent entre eux, en un seul coup de foudre, l'équilibre de matière électrique que s'ils sont suffisamment rapprochés ; et cela seulement dans la mesure de la quantité de matière électrique que n'importe quel corps peut naturellement recevoir.

20. *Riheph* (« voltigea ») signifie aussi (transitivement) dans la forme Piel : « Il a mu, il a agité » (Stock). Au sujet de cette « énergie » de l'Esprit voir aussi Glass. *Philologia Sacra*, p. 828. De même Reinbek, *Comment.* XIV, § XI, Schol.

21. C'est pourquoi nous posons qu'elle est la lumière que Dieu par son Verbe tout-puissant a produite au premier jour et qu'il a ainsi introduite dans tous les corps.

22. Que le soleil soit igné, ce n'est pas le lieu pour nous de l'étudier ; pour le moment, tout à fait digne de lecture est ce que pense l'excellent Winkler, *Des expériences optiques appliquées aux flux et rayons électriques*, dans *Eigenschaften der Electrischen Materie 5 Hauptst.* Et M. Divisch, cité plus haut, se donnera pour tâche principale dans son ouvrage de prouver le rapport étroit entre le feu et l'électricité.

23. C'est ce feu électrique, dont les corps étaient chargés dès le premier jour, qui, sur l'ordre de la divine puissance, sortit en partie de ces corps et produisit le jour, à la place du soleil, jusqu'au quatrième jour.

24. Que le feu électrique ait une pesanteur, cela n'a pu être prouvé jusqu'ici par des expériences ; que l'on puisse le faire un jour d'une manière évidente, j'ai du mal à le croire, parce que nos yeux ne le perçoivent pas autrement que dans son passage de corps en corps, dans lequel il ne peut manifester sa pesanteur, mais il suit les lois de l'attraction. Bien qu'il soit très subtil, il appartient à la classe des corps qui dans l'univers ont une pesanteur. En outre, dans le corps de la terre dans lequel il se trouvait, il y avait pour lui une cause plus forte de gravitation que dans le soleil, beaucoup plus éloigné.

A l'auteur très illustre et très savant de cette Dissertation
Joh. Fried. Cotta
docteur en théologie et pasteur
exprime toutes ses salutations

Tu m'as offert, il y a quelques jours, une étude, très savante et très digne d'être lue, que tu as écrite pour montrer aux autres les progrès tout à fait remarquables que tu as fait aussi bien dans les études théologiques que dans les études philosophiques. La question « De la lumière primordiale » que tu as pris pour tâche d'élucider ne manque pas de difficultés et elle a été résolue de manières tout à fait diverses par les docteurs de l'Église chrétienne aussi bien anciens que modernes, en sorte que, pour cette raison même, elle pouvait paraître digne d'être soumise à une recherche plus précise. Étonnante assurément est l'opinion d'Augustin, le célèbre évêque d'Hippone, qui a estimé que les mots de

Moïse qui se trouvent au verset 3 du premier verset de la Genèse doivent être interprétés comme se rapportant à la lumière spirituelle *comme il dit, ou à la nature angélique, ou à l'illumination de cette nature angélique. Plus justement, d'autres ont pensé que l'écrivain sacré a fait allusion à la lumière* corporelle *et visible, à cet endroit, bien que ceux-là encore ont divergé ensuite dans leurs opinions. Grégoire de Nysse, écrivain du* IVe *siècle, a cru qu'il s'agissait du feu qui, à partir de la masse informe et confuse, comme un chaos, mais commençant à s'organiser par la volonté et le commandement de Dieu, aurait surgi subitement à cause de sa subtilité et illuminé brusquement toutes choses de sa lumière. A cette opinion, Jean Damascène, homme d'une intelligence qu'il ne faut pas sous-estimer, a donné son approbation, au* VIIIe *siècle. Plusieurs autres ont pensé que c'était le soleil qu'il fallait entendre sous le nom de lumière, par exemple Thomas d'Aquin, père des Thomistes, de la famille dominicaine ; Augustinus Eugubinus, Ambrosius Catharinus et Perrerius ont suivi ses traces. Car les anciens docteurs de cette école en étaient venus à l'idée que le ciel avait été créé au commencement de toutes choses, avec la terre et les eaux, que d'autre part le soleil était une partie du ciel, et donc que ce soleil avait préexisté, mais privé de lumière, celle-ci n'ayant été créée qu'au premier jour. Et il n'a pas manqué d'exégètes pour affirmer que cette lumière primordiale n'était pas le soleil lui-même, mais qu'elle était cette lumière qui fut ensuite transfusée dans le soleil, lui-même créé au quatrième jour. Et ce fut l'opinion de Basile, dit le Grana, qui brilla au* IVe *siècle : il a affirmé que cette lumière, séparée du soleil le premier jour, a existé sans sujet, opinion que quelques-uns des docteurs de l'Église Romaine ont aussi adoptée pour expliquer leur* transsubstantiation. *Basile a supposé que cette lumière fut tout à fait parfaite et de beaucoup plus resplendissante que la nôtre, et qu'elle avait offert une demeure aux anges et aux âmes bienheureuses ; qu'après la création du ciel, cette lumière avait subsisté dans la région supracéleste et qu'elle avait été choisie comme habitacle pour les bienheureux après leur mort, alors que dans la partie inférieure, la lumière étant interceptée par l'obstacle du corps céleste, les ténèbres avaient régné. Je laisse de côté, chez les Grecs, les Palamites, ainsi nommés à cause de Grégoire Palamas, archevêque de Thessalonique au* XIVe *siècle : ils ont rêvé d'une certaine lumière coéternelle à Dieu, mais distincte de sa nature, lumière qu'ils ont appelée* energeia, *« énergie ». Je passe aussi sous silence ceux qui ont pris cette lumière primordiale pour une* nuée lumineuse *qui, par son mouvement circulaire, allant de l'orient à l'occident, aurait produit le jour et la nuit. Je passe enfin sous silence les philosophes de notre époque qui ont fait dériver cette lumière d'une agitation plus forte de l'éther, telle que même si elle cessait les ténèbres ne pourraient revenir, ou encore ont cru que cette lumière était née de la séparation des particules de feu, d'air et de terre qui furent la conséquence de la première agitation de la matière, et je ne dis rien non plus des autres hypothèses de ce genre, qu'il suffit de mentionner pour montrer avec évidence que, puisque l'Écriture sainte se tait, on ne peut rien dire de certain sur cette question. Que cette lumière ait existé et qu'elle ait existé parce que Dieu l'avait ordonné, Moïse, homme divin, le dit en paroles éloquentes. Mais sur ce que fut cette lumière, il garde un profond silence. Puisque donc, au sujet de cette lumière, on ne peut rien apporter dans la discussion sinon certaines conjectures philosophiques, dont j'ai mentionné quelques exemples, il t'était permis à toi aussi, homme très savant, rejetant les autres opinions, d'adopter une autre conjecture nouvelle : « Que la lumière primordiale est à rechercher dans les phénomènes électriques » et de la communiquer au monde savant ; cette conjecture, bien que, peut-être, elle laisse place encore à des objections, a été pourtant illustrée et défendue par toi dans cet écrit avec de telles raisons qu'elle se recommande aux lecteurs par une haute vraisemblance et qu'en même temps elle fournit un témoignage excellent de ton esprit remarquable et de ta science peu commune. C'est donc justement et à bon droit que je te félicite sincèrement, cher Rösler, de ce très bel exemple de ton application et de ta science et je te souhaite une félicité vraie et solide, autant qu'un ami, très attaché à toi et sincère admirateur de ton père vénérable qui a si bien mérité de la religion, peut la vouloir pour le fils de ce père, un fils qui porte de grandes espérances et qui servira un jour grandement les intérêts de la cité sacrée. Jouis de cette félicité privée et publique. Réserve pour Dieu et pour le zèle de la religion et de la vertu ton excellente intelligence, ainsi que tout ce que tu as assimilé des belles lettres et de la doctrine sainte. Imite l'exemple éclatant de ton père si digne de louange, qui a bien mérité de la cité chrétienne, et, dans le sentier digne de louange où tu t'es engagé, avec l'aide de la Divinité suprême, continue de marcher, afin que tu ne remplisses pas seulement l'espoir que l'on a mis un jour en toi, mais même que tu le dépasses de beaucoup. A Tübingen, dans l'Académie d'Eberhardt, le 19 oct. 1764.*

Traduit du latin par Pierre HADOT.

Entre l'*Aufklärung* et le romantisme : A.G. Werner ou la « géognosie »

Le nom d'Abraham Gottlob Werner reste lié au romantisme allemand. Il ne fut pas lui-même un romantique dans la pure acception du terme, mais il prit parti dans un débat qui passionnait les philosophes de la nature ; et s'il reste fort connu des minéralogistes et géologues actuels [1], sa gloire est due aussi aux penseurs et aux écrivains qui évoquèrent son souvenir.

Né en 1749 près de Görlitz, d'une famille silésienne dont la vie depuis trois siècles se confondait avec la mine, il fut nommé en 1775 professeur de minéralogie et d'études minières à Freiberg, en Saxe, où il enseigna jusqu'à sa mort survenue en 1817. Dès son traité de 1774 consacré aux *Caractères extérieurs des fossiles* [2] — c'est-à-dire des minéraux, comme on disait encore au XVIIIe siècle —, il s'est révélé un classificateur systématique et rigoureux, un observateur dont on ne trouverait guère d'équivalent parmi ses prédécesseurs. Au fond, il suivait la voie déjà tracée au XVIe siècle par Georgius Agricola, de Chemnitz, qui consiste à chercher la connaissance des choses en partant des choses mêmes ; mais Werner développa en même temps une méthode inductive qui, dans ce domaine, n'avait pas encore fait ses preuves faute d'avoir été appliquée. Son autorité, vite immense, n'eut sans doute point d'égale dans la spécialité. Tandis que les diverses académies d'Europe faisaient de lui un de leurs associés étrangers, les chercheurs de nombreux pays se pressaient à Freiberg, à tel point que Cuvier a pu rappeler sans nous surprendre que la « petite école de Freiberg », fondée dans un but essentiellement pratique en 1765, renouvela « en peu d'années » et grâce à Werner « le spectacle des premières universités du Moyen Âge ». Cuvier ajoute que Werner initiait ses étudiants à son art « comme par inspiration », fondant ses commentaires « sur quelques fragments de pierres ou de roches disposées presque au hasard », et que cette minéralogie « leur semblait *donner la clef de la nature* » [3].

Ce savant avait assez curieusement limité ses observations au massif de l'Erzgebirge, mais sa collection de pierres, prélevées là, passait pour unique et suscitait l'admiration. Il voyait en elle comme dans l'Erzgebirge un microcosme ou résumé de l'univers, ce qui explique certainement, du moins en partie, la limitation géographique de sa recherche. Jamais il ne visita le musée minéralogique de Vienne, non plus que les volcans éteints d'Auvergne ou le Vésuve. Mais puisqu'il disposait d'un microcosme, il se sentait fondé à mépriser l'aide auxiliaire de la chimie autant qu'à postuler l'unité de l'univers et à élargir aux dimensions macrocosmiques, c'est-à-dire à tout le globe terrestre, les « signatures » qu'il avait patiemment rassemblées et décrites. D'où le nom de la science qu'il a voulu fonder et qu'il a lui-même baptisée *géognosie*[4], véritable doctrine côtoyant souvent les frontières d'un ésotérisme religieux sans pourtant y succomber jamais. Car si les hardis et, à ce qu'il paraît, irrésistibles raisonnements de Werner, réservés — malheureusement pour nous — à un enseignement oral, déclenchaient l'enthousiasme de ses auditeurs, ils restaient toujours collés à des faits, à des objets, d'une concrétude extrême. C'est pourtant, écrit Roger Ayrault, « vers des vues d'ensemble sur l'histoire de la terre, et d'où sa pensée irradiait comme d'un centre nouveau vers l'histoire des peuples et de leurs langages, que le dirigeait une religiosité naturelle, étrangère à toute orthodoxie mais constamment nourrie de la Bible, et prompte à s'élever de l'explication du monde créé jusqu'au Créateur »[5]. L'influence de Werner a tout de suite contribué à placer la minéralogie au centre des débats scientifiques. Son *Weltbild* géologique y est pour beaucoup car il semblait permettre un regard dans le devenir même de notre univers. L'aspect *naturphilosophisch* de sa pensée n'a pas manqué de provoquer l'adhésion spontanée ou le refus irrité de ceux pour qui la nature et le processus de ce devenir engageaient la métaphysique, à une époque où cette nature, plus que jamais sans doute, était devenue l'enjeu des thèses et des doctrines les plus opposées, les plus incompatibles. C'est précisément sur un terrain parsemé d'explosifs que Werner porta le débat.

On sait généralement qu'il s'agit du problème de l'origine, volcanique ou neptunienne, du basalte. La controverse[6] a commencé par deux événements littéraires. Le premier eut lieu en 1787 ; un concours académique avait posé la question : « Qu'est-ce que le basalte ? Est-il volcanique ou n'est-il pas volcanique ? » Le Dr Höpfner, pharmacien de Biel, près de Zurich, répondit par l'affirmative pour critiquer les thèses neptuniennes déjà avancées par Werner, contribuant ainsi à les faire connaître du public et à généraliser un débat qui jusqu'alors s'était limité à une controverse entre spécialistes. Le premier et le second prix furent attribués non pas à

Höpfner, mais respectivement à Johann Friedrich Wiedemann qui étudiait à Freiberg depuis 1786, et à Johann Carl Wilhelm Voigt que Goethe avait envoyé dans cette ville dès 1776. Wiedemann était neptuniste, Voigt vulcaniste. Le second événement littéraire fut une polémique entre Werner et Voigt dans le *Journal* de Köhler. Et peu après paraissait l'ouvrage fondamental de Werner, par lequel l'auteur entendait préciser le plus clairement possible sa position dans ce débat : l'*Essai d'explication de l'origine des volcans par l'inflammation de puissantes couches de charbon de terre* (1789)[7] fondait l'emprise du neptunisme en Allemagne, l'année même où Goethe rencontrait Werner pour se mettre à son école en reniant du même coup « l'emprise vulcaniste » que Voigt, devenu entre-temps directeur de l'exploitation minière d'Ilmenau, avait exercée sur lui jusqu'alors.

Werner expliquait par l'action de l'eau l'essentiel des processus géologiques de notre Terre. Tout est parti d'une mer originelle, universelle et immobile[8]. Il défendait son neptunisme avec une fougue point tout à fait exempte de fanatisme, contre plutonistes et vulcanistes, ce qui le conduisit à des interprétations d'une série de phénomènes géologiques dont on sait maintenant qu'ils étaient causés par des processus endogènes[9]. Trop inspirées par le neptunisme, ses théories sur l'origine du basalte et sur le remplissement descendant relatif aux filons n'entraînent plus l'adhésion des spécialistes[10]. L'école anglaise de géologie, représentée par James Hutton, proposa un peu plus tard des explications endogènes *et* exogènes sur la formation des roches, mettant en valeur le rôle du feu[11]. Mais le plutonisme était encore ressenti comme une atteinte contre la religion, ce dont l'ouvrage de J. Williams, publié la même année que le traité fondamental de Werner *(Essai d'explication...)*, suffirait à nous convaincre[12]. La tendance plutoniste apparaissait évidemment la plus progressiste des deux à l'époque de Werner et dans les premières décennies qui suivirent sa mort car le neptunisme s'accordait mieux avec le récit du Déluge. L'étonnant ouvrage d'un savant suédois, J.G. Wallerius, paru sept ans avant l'*Essai d'explication*, montre que Werner ne faisait pas figure d'isolé. Wallerius n'hésitait pas à citer abondamment les Écritures pour appuyer ses théories[13]. Mais si l'on observe que les notes personnelles et inédites de Werner renferment plusieurs passages rappelant l'enthousiasme religieux de Wallerius[14], il faut convenir que Werner ne se permettait pas de faire intervenir la Bible lorsqu'il traitait de problèmes scientifiques.

Il distingue dans l'histoire de la Terre quatre ou cinq grandes périodes. La mer originelle qui recouvre le globe dépose d'abord le granit ; s'abaissant du fait de ces cristallisations, les eaux s'agitent, les « tempêtes » se multiplient : les schistes apparaissent, et la vie, ce qui caractérise la première période. Puis, l'alternance des tempêtes et de l'immobilité crée les terrains sédimentaires, particulièrement le basalte, tandis que les tempêtes transforment en charbon les dépôts de la première période. Des couches plus minces se constituent alors, que percent les roches primitives : ainsi apparaissent les hautes montagnes. Au cours de cette lente évolution, en s'accumulant dans les fentes des roches de nombreux dépôts deviennent métaux. Enfin, seulement, apparaissent de façon locale et superficielle les roches volcaniques dues à l'embrasement spontané du charbon ; quand l'eau qui se trouve au-dessus du charbon enflammé se transforme en vapeur, elle fait éclater la roche. Ainsi Werner rejette la théorie selon laquelle les volcans s'expliquent par la présence d'un feu central, hypothèse à laquelle l'époque tenait encore et qu'Athanase Kircher avait depuis longtemps contribué à populariser[15]. Il pense, au contraire, qu'il n'y a jamais eu de volcan sans l'apport d'une grande quantité d'eau[16].

Une aussi grandiose fresque, qui se voulait fondée sur l'observation empirique, n'a pu se dessiner sans le désir préalable et permanent de donner forme à une vision intérieure. Sinon, Werner aurait-il seulement risqué le terme de « géognosie » ? Un précieux passage de ses notes biographiques restées inédites nous instruit sur le rôle qu'il assignait à l'imagination dans l'élaboration scientifique ; on y lit sans trop d'étonnement qu'il en reconnaît les « effets salutaires » et voit en elle « le grand ressort de l'esprit humain car elle met de la vie et de l'activité » dans les sciences ; il note aussi que si le public s'enthousiasme pour une branche du savoir, les moyens sont alors donnés aux savants de l'étudier[17]. Mais il faut répéter que Werner ne cède jamais à l'appel de l'ésotérisme ou de la théosophie. Le neptunisme ne semble d'ailleurs pas se rattacher davantage à une doctrine religieuse traditionnelle qu'à une conception progressiste de l'histoire du monde, puisque, jusqu'à un certain point, il permet même d'éviter l'intervention personnelle de Dieu dans le cours de l'histoire des phénomènes. Un peu comme la théorie des « catastrophes » de Cuvier, le neptunisme de Werner prend appui sur un unique acte créateur qui se dissout dans une succession d'événements : pour le savant de Freiberg c'est progressivement que descend l'océan originel ; ainsi le devenir de la Terre s'inscrit dans une perspective génétique — et la pensée de Werner dans le grand courant de l'*Aufklärung* religieuse ; de celle-ci le déisme constitue alors le dernier mot en Allemagne bien qu'il se soit déjà, en France et en Angleterre, transformé en matérialisme. On lit dans les notes inédites de Werner ce passage caractéristique : « Les plantes et les animaux surgirent sur la Terre désormais propre à les maintenir, soit qu'ils y fussent appelés par le seul Verbe du Créateur, soit qu'ils fussent produits par la puissance génératrice conférée à la nature par le Créateur et qui se développa alors »[18]. *Aufklärung*, donc, mais religieuse, point « radicale », chez ce Silésien par ailleurs favorable au despotisme éclairé à la prussienne[19].

Les partisans du neptunisme se firent d'autant plus nombreux que Werner venait, en 1789, d'en saisir l'étendard. Son seul élève français, d'Aubuisson de Voisins, contribua à sa gloire ; auteur d'un *Traité de géognosie*, il se ralliera pourtant au vulcanisme après avoir étudié de près les volcans d'Auvergne[20] et l'on entendra bientôt Leopold von Busch parler également en faveur du vulcanisme à la suite d'observations effectuées elles aussi en Auvergne. Benedikt Franz Joseph Hermann, professeur à Saint-Pétersbourg, se rangea du côté de Werner dans un livre publié en 1797[21]. Werner doit aussi sa célébrité au fait qu'il forma pendant plus de quarante ans des étudiants à Freiberg. Franz von Baader, son élève de 1788 à 1791, devint conseiller supérieur des Mines de Bavière. Pourtant cet auteur, sans doute le plus grand théosophe allemand du siècle, ne cite jamais Werner dans ses ouvrages philosophiques[22]. Au soir de sa vie, en 1841, Baader racontait à l'occasion que Werner avait jadis été son professeur ; il le portait en haute estime pour la précision de ses recherches mais regrettait que lui aussi fût resté, comme la plupart des savants de son temps, tout à fait dans l'obscurité quant au vrai « pourquoi » des choses et qu'il n'ait pas « dépassé le matérialisme »[23]. La formule est certes outrée — et c'est ailleurs qu'il faut chercher les admirateurs véritables ; ainsi Julius Wilhelm von Oppel qui connut Baader à Freiberg où il subit l'influence du maître ; une commune amitié de Werner rapprochait Novalis et Oppel[24]. Alexander von Humboldt, qui suivit les cours de 1791 à 1792, devint conseiller des Mines ; il avait précédé sur les bancs de cette école Georg Forster, un des premiers élèves du savant, qui enseigna en Russie à l'Université de Wilna, et Theodor Körner, le poète célèbre venu étudier à Freiberg de 1808 à 1811, peu avant sa mort prématurée. Un grand *Naturphilosoph*, Gotthilf Heinrich von Schubert, fut médecin avant de venir étudier à Freiberg en 1805 ; il devint professeur d'histoire naturelle à Erlangen, puis à Munich, et fut très marqué par l'influence de Werner ; ses *Manuel de minéralogie* (1813) et *Manuel de géognosie et de sciences des mines* (1816) en témoignent malgré le désaccord de Schubert pour ce qui concerne le basalte[25].

Henrik Steffens, dont les études à Freiberg durèrent de 1799 à 1802, fut un des plus remarquables *Naturphilosophen* de son temps ; il croyait déceler chez Werner un penchant trop marqué pour le pragmatique et l'utilitaire mais il lui reconnut, dans un livre de souvenirs resté célèbre, d'avoir accordé la géognosie au récit initial de la Genèse, car au-dessus des eaux plane l'Esprit de Dieu qui les sépare les unes des autres au moyen du ciel. Steffens avait rencontré Novalis, à Iéna d'abord, chez Friedrich Schlegel, puis à Freiberg en 1795 chez Charpentier et finalement à Dresde quand Novalis était déjà malade. L'idée d'une nature conçue comme un être vivant doué d'une volonté, d'intentions, donc d'une histoire, est centrale dans l'œuvre de Steffens dont les *Contributions à l'histoire naturelle interne de la terre*, publiées en 1801, furent selon l'aveu même de l'auteur élaborées à Freiberg sous l'influence de Werner. Steffens, qui en avait donné à Novalis un résumé oral susceptible de frapper le poète, expliqua dans ses souvenirs que depuis sa plus tendre enfance la nature s'adressait à lui, Steffens, comme si elle était un être vivant ; elle lui semblait enclore le secret d'un profond processus logique et devoir absolument exprimer non seulement ce que *pensait* l'auteur de la nature mais aussi la *volonté* correspondant à cette pensée. Or, si Schelling lui avait bien fourni le « type fondamental » — l'élément stable embrassant l'existence entière —, ce fut Werner qui suscita en lui l'espoir de connaître et de représenter ce type comme élément d'un mouvement dévoilant une réalité supérieure, c'est-à-dire une volonté et une idée[26]. Et Novalis lui-même rendit à celui qui fut une année son maître un éclatant hommage puisqu'il en évoqua la personne dans ses deux romans initiatiques. Dans *Les Disciples à Saïs*, commencé en 1798, il en trace sans le nommer un portrait idéalisé dans lequel Werner fait figure de mage et de théosophe :

> Notre Maître sait assembler les traits qui sont partout épars. Une flamme singulière s'allume dans son regard dès que nous nous trouvons en présence de ces runes sublimes, il cherche dans nos yeux si l'astre intérieur s'est levé en nous, qui nous rendra le symbole visible et intelligible. S'il nous voit tristes, parce que la nuit ne se dissipe pas, il nous console et promet au chercheur zélé et sincère un bonheur futur. Souvent il nous a raconté que dès l'enfance le besoin d'exercer ses sens, de les occuper, de les assouvir, ne lui laissait aucun repos. Il observait les étoiles et en reproduisait dans le sable la forme et le groupement. Il regardait sans cesse l'espace aérien sans se lasser jamais d'en contempler la clarté, la mobilité, les nuages, les lueurs. Il collectionnait des pierres, des fleurs, des insectes de toute sorte et les disposait en séries variées. Il observait les hommes et les animaux, il s'asseyait au bord de la mer, ou cherchait des coquillages. Il veillait soigneusement sur son cœur et sur ses pensées. Il ne savait où l'entraînait son aspiration. Quand il fut plus grand, il fit des voyages, alla voir d'autres pays, d'autres mers, d'autres climats, des astres nouveaux, des plantes, des animaux, des hommes inconnus ; il descendait dans des grottes, observait les stratifications et les veines

bariolées qui constituent le sol, et il modelait dans l'argile de singulières reproductions de rochers. Alors il retrouvait partout du connu, mais en mélanges et en accouplements surprenants, et c'est ainsi qu'en lui-même s'ordonnaient souvent les choses les plus imprévues. Bientôt il devint attentif aux liens qui existent entre tous les êtres, aux rencontres, aux coïncidences. Alors rien ne lui parut plus isolé. Les perceptions de ses sens se composaient en grandes images colorées, il entendait, voyait, palpait et pensait tout ensemble. Il prenait plaisir à amener la rencontre entre les choses hétérogènes. Tantôt les étoiles lui semblaient des hommes, tantôt les hommes lui semblaient des étoiles, les pierres des animaux, les nuages des plantes ; il se jouait des forces et des phénomènes, il savait où et comment trouver et faire apparaître telle chose, et frappait toutes les cordes pour en tirer des accords et des roulades [27].

Sans doute Novalis fait-il allusion à ses maladresses d'étudiant à Freiberg quand il écrit :

Moi aussi je suis plus maladroit que les autres, et les trésors de la nature semblent n'aimer guère à se laisser trouver par moi. Pourtant le Maître a de l'affection pour moi et me laisse m'absorber dans mes pensées tandis que les autres vont à leurs recherches. Je n'ai jamais éprouvé ce qu'éprouve le Maître. Tout me ramène en moi-même [...] J'aime à regarder les collections et les figures singulières qui remplissent les salles, mais il me semble que ce ne sont qu'images, enveloppes, ornements, groupés autour d'une miraculeuse image divine, et c'est cette image qui toujours occupe ma pensée. Je ne cherche pas toutes ces choses, mais je cherche quelque chose en elles parfois. Il me semble qu'elles devraient m'indiquer la voie qui mène au lieu où repose dans un profond sommeil la Vierge à laquelle mon âme aspire. Le Maître ne m'a jamais parlé de ces choses, je ne puis, de mon côté, rien lui en confier, il me semble qu'il y a là un mystère inviolable [28].

Mais peut-être faut-il voir aussi dans ce dernier passage une critique indirecte des limites de la philosophie et de la science werneriennes. Dans le second « fragment », le visage du Maître de Freiberg est moins net mais tout de même reconnaissable. Enfin, toujours dans le même roman, le premier des *Paralipomena*, consacré à la controverse entre neptunistes et vulcanistes, apparaît significatif : « La querelle géognostique entre vulcanistes et neptunistes revient à se demander si la Terre a débuté de façon sthénique ou asthénique » [29]. Cette remarquable allusion au système médical de l'Ecossais John Brown, dont les *Elementa Medicinae* (1780) venaient de trouver en Allemagne un accueil chaleureux et de nombreux commentateurs, témoigne du souci permanent chez Novalis de découvrir un dénominateur commun entre toutes les sciences : le théosophe ne fait de la thèse chère à Werner qu'un cas particulier de l'idée de polarité. Dans son roman *Heinrich von Ofterdingen*, il décerne à Werner un nouvel hommage, d'autant plus émouvant que le savant est cette fois appelé par son nom ! Le jeune Heinrich entend le récit d'un mineur qui raconte avoir eu un maître dont les connaissances procurèrent au duc de Bohême un pouvoir fabuleux. Ce maître, natif de Lusace, s'appelait Werner ; le mineur épousa sa fille, réalisant ainsi l'union de l'amour et de la connaissance[30]. L'enthousiasme de Novalis va jusqu'à porter le neptunisme au cœur même de cet extraordinaire poème théosophique qu'est le second chant du mineur : le château ancien et merveilleux du roi mystérieux est tombé du sein des mers profondes et s'est fixé, inébranlable, afin d'empêcher la fuite du minéral vers le ciel tandis qu'à l'intérieur un lien invisible maintient enchaînés les sujets du royaume ; des nuées ressemblant à des drapeaux de victoire pendent et flottent aux murailles de pierre. Et le mineur prophétise :

> Un jour enfin, affranchie de ses chaînes,
> la mer viendra remplir le château vide
> et portés sur ses douces ailes vertes
> nous rentrerons au sein de la patrie[31].

De fait, Novalis devait à Werner une profonde reconnaissance, ne fût-ce que pour la joie de vivre qu'avaient accrue en lui les cours de Freiberg[32]. Si toutefois il loue l'*Encyclopédie* de Werner, qui consiste essentiellement en notes personnelles, et la qualifie à l'occasion de « modèle » pour sa propre et très peu systématique *Encyclopédie*, il sait conserver une attitude critique : à ses yeux, Werner n'est pas assez métaphysicien pour lui avoir vraiment servi de « modèle »[33]. La critique indirecte déjà finement suggérée dans *Les Disciples à Saïs* se précise d'ailleurs dans d'autres écrits où Werner se voit reprocher par Novalis l'insuffisance épistémologique de sa méthode[34]. Novalis n'a finalement utilisé les idées de Werner que comme confirmation des siennes propres, dans un contexte théosophique dépassant hardiment les horizons pourtant assez vastes du maître de Freiberg.

On saisit mieux en effet la nature, ou du moins l'origine, de cette fascination ressentie par Novalis, et son caractère moins paradoxal qu'il ne paraît, si derrière les décors on inspecte les coulisses théosophiques du romantisme : l'essentiel nous paraît alors résider moins dans la différence entre neptunisme et vulcanisme que dans l'image obsessionnelle d'une Terre perçue comme une immense ruine. Cette constante de l'iconographie préromantique et romantique se retrouve chez Hölderlin, Baader, Novalis et bien d'autres. Schelling ne prit pas parti, semble-t-il, dans la dispute des neptunistes[35], mais quand il évoque le passé de la Terre il ne s'agit pas plus pour lui que pour Novalis d'une banale « poésie des ruines ». Ce qui le hante, c'est un décor métaphysique pour un « paysage géognostique », selon l'expression de Schlegel employée par Helmut Rehder à propos de Novalis, Werner et Steffens, et reprise par Xavier Tilliette[36]. A l'agencement du décor préside souvent, en effet, l'idée si prisée par les théosophes selon laquelle, depuis le péché originel, la Terre gémit dans les douleurs de l'enfantement (cf. *Romains*, VII, 19-22) et représente seulement la caricature de ce qu'elle était avant la chute. On peut observer aussi que, même en dehors de toute préoccupation neptuniste au sens wernerien, ce thème de la catastrophe originelle dans laquelle l'Adam primordial entraîna la nature s'accompagne, chez plus d'un *Naturphilosoph*, d'une tendance marquée à conférer à l'eau plus qu'au feu une valeur cosmogonique. Ces frères ennemis que furent Baader et Schelling voulurent l'un et l'autre partager avec les *Naturphilosophen* la croyance selon laquelle tous les corps solides et notamment toute vie proviennent de l'élément liquide[37]. Baader explique que celui-ci représente la graine universelle des corps solides, et Schelling que toute matière est liquide à l'origine[38]. Et Goethe lui-même, qui n'est point resté insensible à cette métaphysique de l'eau, a souligné avec hardiesse le rapport entre le neptunisme et le début de la *Genèse*[39]. Plus tard, dans huit vers des *Xenien*, il fit avec humour et bonheur allusion aux gens qui, dès la mort de Werner, s'empressèrent de suivre la nouvelle mode, laquelle consistait cette fois à s'incliner devant Hephaïstos[40]. Mais il a aussi exposé son opinion sur un plan purement scientifique, dans des pages destinées « à accorder les vulcaniens et les neptuniens sur la formation du basalte »[41].

En 1813, l'Italien Lippi avancera encore l'hypothèse que Pompéi, Herculanum et Stabiae « avaient dû être détruits et enterrés par des précipitations humides »[42], et tout à l'opposé d'une philosophie pénétrée de théosophie, Thomas Jefferson, pourtant universitaire et homme d'État, apparaît assez représentatif de ce manque de curiosité pour la pure recherche, trait propre à bien des Américains dans les États-Unis naissants : il est utile, dit Jefferson, de trouver et de décrire des minéraux, « mais les rêves relatifs à leurs modes de création, les enquêtes sur la question de savoir si notre globe a été formé par l'action du feu ou de l'eau », voilà des sujets de spéculation « trop vains pour qu'un homme y consacre une seule heure de sa vie »[43]. Aujourd'hui, si l'on admire en Werner le technicien et le « spécialiste », les historiens des pays de l'Est ont tendance à le considérer non pas comme « le début d'une nouvelle phase de la géologie, mais comme le point final d'une phase surmontée »[44].

La pensée de Werner est de celles que les philosophes d'horizons les plus différents annexent facilement à leur propre système. Lui-même n'a pas de métaphysique à proposer, mais d'une part il fait preuve d'un goût pour l'analyse poussé si loin que les résultats obtenus permettent à chacun de trouver des données utilisables, et d'autre part son penchant à la synthèse lui permet de créer d'immenses fresques ne pouvant laisser indifférents ceux que préoccupe le problème des origines. S'il est vrai que l'analyse représente une des caractéristiques de l'*Aufklärung*, et que la passion des grandes synthèses suffit peut-être à cerner l'impulsion fondamentale du romantisme, Werner occupe solidement une position intermédiaire : ni matérialiste ni gnostique, il refuse de se laisser mutiler par le si facile argument de la modestie, qui autorise certains chercheurs à ne pas penser du tout dès lors qu'ils accumulent des fiches bien faites, et il se refuse aussi à franchir la limite ondoyante derrière laquelle les sciences de la Terre deviennent une alchimie théogonique et cosmogonique. Comme l'*Aufklärung* non plus n'est pas uniquement affaire d'analyse, cette position intermédiaire de Werner semble ambiguë à une époque impatiente de trouver, comme dit Faust dans son fameux monologue, ce qui maintient l'univers dans sa cohésion intime. Les *Aufklärer* comme les romantiques cherchaient un *organon*, qui pour les premiers était moins synthèse et davantage formule, si bien que Werner pouvait intéresser les uns comme les autres. Les portraits qu'on a de lui et les témoignages sur sa personne nous présentent un homme robuste, sain, dont le regard rehaussait l'attrait exercé sur ses auditeurs par un verbe fascinant. On devait être sous le charme, en l'écoutant. Mais les esprits qui, entraînés par ce charisme même, voulaient, comme dit saint Paul, « scruter tout, jusqu'aux profondeurs divines », se sentaient déçus ou irrités lorsqu'ils se retrouvaient seuls. Ses paysages géognostiques sont bien d'un peintre que les penseurs romantiques ne pouvaient renier, mais si Werner a voulu décrire le *comment* des origines immanentes de notre terre, il semble s'être interdit de spéculer sur le *pourquoi* ontologique et métahistorique des deux premiers versets mosaïques. Sa géognosie n'est pas une géosophie.

NOTES

1. L'Académie de Freiberg lui a consacré en 1967 un recueil de mélanges : *A.G. Werner ; Gedenkschrift aus Anlass der Wiederkehr seines Todestages nach 150 Jahren am 30. Juni 1967. Mit 63 Bildern und Tabellen,* in « Freiberger Forschungshefte », hg. vom Rektor der Bergakademie Freiberg, Leipzig, V.E.B. Deutscher Verlag für Grundstoffindustrie, 1967, 317 p. Le lecteur y trouvera une très abondante bibliographie.

2. *Von den äusserlichen Kennzeichen der Fossilien.*

3. Passages cités par Roger Ayrault, *La Genèse du romantisme allemand,* Paris, Aubier, t. II, 1961, pp. 295 s., d'après G. Cuvier, *Recueil des éloges historiques,* t. II, 1819, pp. 296 et 298.

4. Il appelait aussi « oriktognosie » l'étude des fossiles.

5. R. Ayrault, *op. cit.*, p. 297.

6. On trouvera sur elle une bibliographie détaillée dans *Gedenkschrift, op. cit.*, pp. 310 à 317.

7. « Versuch einer Erklärung der Entstehung der Vulkanen durch die Entzündung mächtiger Steinkohlenschichten, als ein Beitrag zur Naturgeschichte des Basalts », pp. 239 à 254 du t. IV du *Magazin für die Naturkunde Helvetiens,* Zurich, 1789. Bibliothèque Nationale de Paris, cote S 28564.

8. Cf. « Versuch einer Erklärung », *op. cit.*, mais aussi *Neue Theorie von der Entstehung der Gänge mit Anwendung auf den Bergbau besonders den freibergischen,* Freiberg, 1791, et ses manuscrits inédits ; la *Gedenkschrift* de 1967 (article de W. Mühlfriedel et M. Guntau, « A.G. Werners Wirken für die Wissenschaft und sein Verhältnis zu den geistigen Strömungen des 18. Jahrhunderts », pp. 9 à 46), cf. *supra,* p. 41, n. I, a publié une partie de ceux-ci, notamment ce passage : « Unser fester Erdkörper, so weit wir ihn kennen, ist ursprünglich fast ganz von Wasser gebildet, was das Feuer daran gearbeitet komt gegen das ganze in keinen Betracht » (*Gedenkschrift,* pp. 26 s., d'après le fonds manuscrit de Werner, t. II, *Geognosie II,* fol. 206).

9. Mühlfriedl et Guntau, in *Gedenkschrift, op. cit.*, pp. 26 s.

10. *Ibid.*, p. 30.

11. *Theory of the Earth,* Edimbourg, 1795, 2 vol. (rééd. Weinheim, 1959).

12. J. Williams, *The Natural History of the Mineral Kingdom,* Edimbourg, 1789.

13. « Wir können auch zum Besten der Zweifler [...] das anbringen, dass sie überzeugt seyn sollen, dass der *allmächtige Schöpfer* eine solche Verwandlung mit leichter Mühe habe, verrichten können und würklich verrichtet habe, und das mit viel mehr Wahrscheinlichkeit, als wenn er anfänglich viel verschiedene Theile schuf [...] Damit aber niemand glaube, dass diese unsre Theorie von der Geburt der festen Körper aus dem Wasser der heiligen Schrift widerstrebte, so wollen wir uns auf diejenigen Stellen berufen, die dieses ausser allen Zweifel setzen. Im Psalm wird gesagt : denn er hat sie and die Meere gegründet und an den Wassern bereitet, ferner : die Erde sey über dem Wasser ausgebreitet gewesen, und noch mehr gerade zu *Petrus* : Aber muthwillig wollen wir nicht wissen, dass der Himmel vor Zeiten auch war, darzu die Erde aus Wasser und im Wasser bestanden. Aus welchen Worten, dächte ich, veroffenbharet es sich, dass alle Festen, sowohl die himmlische als irdische dunkle Körper, aus ein und dem nehmlich Wasser entstanden » (J.G. Wallerius, *Physisch-chemische Betrachtungen über den Ursprung der Welt besonders der Erdwelt und ihrer Veränderung,* Erfurt, 1782, pp. 174 s. ; cité par Mühlfriedel-Guntau, in *Gedenkschrift, op. cit.*, pp. 23 s.).

14. Notamment un compte rendu de Werner, révélé in *ibid.*, où il se montre bien informé sur un autre neptuniste, Torbern Bergmann.

15. Cf. *Essai d'explication, op. cit.*, et le bon résumé de R. Ayrault, *op. cit.*, p. 298.

16. Cf. *Gedenkschrift, op. cit.*, article de O. Wagenbreth, « A.G. Werners System der Geologie, Petrographie und Lagerstättenlehre », pp. 89 s.

17. « Hauptsächlich ist es unsere *Phantasie*, in dem Falle, wenn solche die Beurtheilungskraft einigermassen überwiegt oder ihr doch ziemlich die Waage hält, welche uns zu solchen wissenschaftlichen Schwärmern macht. Ich bin weit davon entfernt, über diese Geisteskraft und ihre Wirkungen in dem Felde der Gelehrsamkeit spotten zu wollen. Ich erkenne vielmehr ihre heilsamen Wirkungen mit aller Achtung und sehe sie als die grossen Sprungfeder des menschlichen Geistes an, die Leben und Thätigkeit in die ausserdem gewis nur sehr langsam fortschleichende Kultur der Wissenschaften bringt. Ungleich mehr Köpfe und Hände werden, sobald dem Publikum Enthusiasmus für eine Wissenschaft beigebracht worden zur Bearbeitung derselben angetrieben. Eine Menge wichtiger Beobachtungen, die ausserdem ganz unterblieben wären, werden gemacht. Wahren Denkern, gründlichen Forschern werden Hülfsmittel dargebothen, die ihnen ihre Arbeit ausserordentlich erleichtern » *(Handschriftlicher Nachlass*, t. 77, *Biographische Notizen*, fol. 76, cité par Mühlfriedel-Guntau, in *Gedenkschrift, op. cit.*, pp. 24 s.).

18. « Gewächse und Thiere entstanden auf der nunmehro zu der Erhaltung dieser Körper geschickten Erde, entweder durch das blosse Wort des Schöpfers gerufen, oder durch die, der Natur vom Schöpfer beygelegte u. sich nunmehro entwickelnde Erzeugungskraft hervorgebracht » (*Handschriftlicher Nachlass*, t. 5, *Geognosie*, fol. 167. Cité par Mühlfriedel-Guntau, in *ibid.*, p. 29. Ces deux auteurs, auxquels j'emprunte certaines des considérations qui précèdent, me semblent aller trop loin quand ils parlent de matérialisme à propos de Werner et lorsqu'ils le rapprochent de Engels.

19. Cf., sur cette préférence politique, *ibid.*, p. 33.

20. Cf. R. Ayrault, *op. cit.*, p. 299.

21. *Ueber die Entstehung der Gebirge, und ihre gegenwärtige Beschaffenheit*, Leipzig, 1797.

22. Du moins dans ses œuvres publiées : cf. *Sämtliche Werke*, rééd. anastatique, Aalen, Scientia Verlag, 1963, t. XVI, index des noms.

E. Susini a découvert et publié une lettre de Baader à Werner, datée du 17 août 1807. Baader écrit à son « vénéré ami et maître » pour se « rapprocher de lui après plusieurs années de silence » et lui demander son accord pour la nomination de deux spécialistes, dont Steffens, qui seraient chargés d'étudier la topographie géognostique de la Bavière (E. Susini, *Lettres inédites de Franz von Baader*, Paris, Presses Universitaires de France, 1967, p. 58).

23. « Gelegentlich erzählte er noch, dass er selbst ein Schüler von Werner gewesen sei. Diesen seinen Lehrer halte er sehr hoch wegen der Genauigkeit in seinen Forschungen ; über das eigentliche Warum sei aber auch er, wie die Meisten, ganz im Dunkeln gewesen ; er habe sich nicht über den Materialismus erhoben » *(Biographie Franz von Baader's*, par Franz Hoffmann, in *Sämtliche Werke, op. cit.*, t. XV, pp. 143 s.).

24. Cf. Eugène Susini, *Lettres inédites de Franz von Baader (commentaires)*, t. II, Vienne, Herder, 1951, pp. 59 s.

25. *Handbuch der Mineralogie* (Nuremberg, 1813), qui est le premier volume du *Handbuch der Naturgeschichte* (5 vol.) ; *Handbuch der Geognosie und Bergbaukunde* (Nuremberg, 1816), second volume de cette série. Sur ce point, et sur d'autres concernant l'influence scientifique de Werner, cf. A.M. Ospovat, « Wernerian Influences in the Geological Literature of Western Europe », in *Gedenkschrift, op. cit.* ; cf. aussi, de Schubert, *Der Erwerb aus einem vergangenen und die Erwartungen von einem zukünftigen Leben*, Erlangen, 1855,

2 vol., Abt. I, pp. 126 s. Dans l'article de O. Wagenbreth *(Gedenkschrift, op. cit.)* on trouvera un tableau chronologique de la plupart des élèves de Werner à Freiberg.

26. H. Steffens, *Was ich erlebte*, 1842, t. IV, pp. 201, 205, 209 à 211 :

« Was ich in dieser Schrift zu entwickeln suchte, bildete das Grundthema meines ganzen Lebens [...] Von meiner frühesten Kindheit an sprach mich die Natur selbst als ein Lebendiges an. Sie schloss das Geheimnis eines tiefen Denkprozesses in sich. Sie musste aussprechen, nicht bloss was der Urheber der Natur *dachte*, sondern auch was er mit dem Denken *wollte* [...] Wenn Schelling mir den Grundtypus, der als das Bleibende, also als eine durch Konstruktion in sich gesicherte Denkbestimmung das ganze Dasein umfasste, gegeben hat, so entstand durch Werner in mir die Hoffnung, diesen bleibenden Grundtypus selbst als das Element einer Bewegung, die etwas Höheres, nämlich einen Willen, eine Ansicht enthüllte, zu erkennen und darzustellen. Das ganze Dasein sollte Geschichte werden, ich nannte sie die innere Natur-Geschichte der Erde » (*Was ich erlebte, op. cit.*, t. IV, p. 286).

27. *Die Lehrlinge zu Sais*, Paris, Aubier, 1947, trad. de Geneviève Blanquis, pp. 181 et 183 éd. bilingue).

28. *Ibid.*, pp. 185 et 187.

29. *Ibid.* p. 257 : « Der geognostische Streit der Vulkanisten und Neptunisten ist eigentlich der Streit : ob die Erde sthenisch oder asthenisch debutiert habe. »

30. *Heinrich von Ofterdingen*, Paris, Aubier, (s.d.), trad. de Marcel Camus, p. 180 (éd. bilingue).

31. *Ibid.*, p. 191 : « Am Ende wird, von Banden los, / Das Meer die leere Burg durchdringen / Und trägt auf weichen grünen Schwingen / Zurück uns in der Heimat Schoss. »

32. Cf. le texte de décembre 1799, *in* éd. Kluckhohn (Leipzig), IV, 298 ; la longue description de Werner par Novalis à von Oppel, en janvier 1800 (*ibid.*, pp. 298 s.), la lettre de Novalis à Werner, en avril 1800 (éd. Kohlhammer, III, 773 à 790, 794 à 798 ; IV, 298 s., 304 s.).

33. Cf. Theodor Haering, *Novalis als Philosoph*, Stuttgart et Cologne, Kohlhammer, 1954, p. 125. *In* éd. Kluckhohn, cf. III, 188, 201, 208, 302, 428.

34. *Ibid.*, III, 211, 218, 235. Cf. aussi H.G. Bachmann, « A.G. Werner und sein Schüler Novalis », in *Zeitschrift für Kunst und Kultur im Bergbau*, 8 (1956) ; H.D. Schmid, *Fr. von Hardenberg und A.G. Werner*, Tübingen, Diss. Phil., 1951.

35. Cf. Xavier Tilliette, *Une philosophie en devenir* (thèse d'État sur Schelling), Paris, Vrin, 1972, t. I, p. 181, n. 2.

36. Helmut Rehder, *Die Philosophie der unendlichen Landschaft. Ein Beitrag zur Geschichte der romantischen Weltanschauung*, Halle, 1932, cf. pp. 102 s., 169 ; cité par X. Tilliette, *op. cit.*, I, p. 492 et n. 39.

37. Cf. par exemple le rapport que fait Wilhelm von Humboldt d'une conversation avec Baader en 1796 *(Gesammelte Schriften*, t. XIV, 1916 ; *Tagebücher*, p. 343).

38. Baader, *Sämtliche Werke*, III, 265 ; IV, 21. Schelling, I, II, 546 : « Die Natur [...] hat [...] das Flüssige als das eigentliche Element des Lebens [...] dem Körper, der [...] sonst überal nur [...] starr [wäre, zugeteilt]. » Et *Darstellung meines Systems der Philosophie*, 1801, I, IV, 147. Passages cités dans David Baumgardt, *Fr. von Baader und die philosophische Romantik*, Halle, 1927, p. 335.

39. In *Die Schriften der Naturwissenschaft*, t. I, *Schriften zur Geologie und Mineralogie* (1770-1810), Weimar, 1947, pp. 311 s. : « Das Hervortreten der Welt aus den Wassern war in den heiligen Büchern der Juden ausgesprochen / Ebenso das Zurückkommen des Wassern in dem, was man Sündflut nannte. / Alte Nachrichten andrer Völker stimmten damit überein. / Man gab die ersten Gebirge als bei der Erschaffung erstanden wohl zu. Dagegen alle organischen Reste, die sich im Steinreiche fanden, sollten

von der Sündflut herstammen... / Diese Meinung traf mit der Meinung der Theologen zusammen. / Die Welt habe ihren Anfang im Wasser gewonnen und werde durch Feuer untergehen. / Nun zeigten sich unter den Gegnern der Offenbarung Antihydoristen. Die Entstehung der Welt wird aus dem Feuer erklärt. / Feurige Phänomene auf der Erde, / Sah man als Ueberbleibsel älterer Wirkingen an. / Freiberger Schule. / Behandlung aller Dokumente in einem Sinn. / Verschiedene Lehren in Verbindung. / Die Entstehung der Erde aus Wasser behielt die Oberhand. / Bis eine partielle Feuer-Meinung eintrat. / Bei Gelegenheit der Basalte. / Welche man vulkanischen Wirkungen zuschrieb. »

40. « Kaum wendet der edle *Werner* den Rücken, / Zerstört man das Poseidonische Reich ; / Wenn alle sich vor Hephästos bücken, / Ich kann es nicht sogleich ; / Ich weiss nur in der Folge zu schätzen. / Schon hab ich manches Credo verpasst ; / Mir sind sie allegleich verhasst, / Meine Götter und Götzen » (*Xenien*, 1820-1821).

41. « Vergleichsvorschläge, die Vulkanier und Neptunier über die Entstehung des Basalts zu vereinigen », in *Weimarer Ausgabe*, t. IX, p. 304.

42. O. Wagenbreth, « Werners Schüler als Geologen und Bergleute und ihre Bedeutung für die Geologie und den Bergbau des 19. Jahrhunderts », in *Gedenkschrift, op. cit.*, p. 167.

43. « To learn the ordinary arrangements of the different strata of minerals in the earth, to know [...] where we find one mineral [...] is useful. But the dreams about the modes of creation, enquiries whether our globe has been formed by the agency of fire or water, how many millions of years it has cost Vulcan or Neptune to produce what the fiat of the Creator would effect by a single act of will, is too idle to be worth a single hour of any man's life » (cité par A.M. Ospovat, « The Wernerian Era of American Geology », in *Gedenkschrift, op. cit.*, p. 237).

44. C'est le cas de K. von Bülow, cité in *ibid.*, p. 28 et 45 ; c'est aussi la conception selon laquelle ont travaillé la plupart des collaborateurs de cette *Gedenkschrift*.

Physique et métaphysique du feu chez Johann Wilhelm Ritter (1776-1810)

Pour briller dans la constellation du romantisme allemand, il n'est pas nécessaire d'avoir su composer de beaux vers, écrit des romans ou publié des essais littéraires inspirés. La grande affaire n'est point l'art pour l'art, ni l'esthétisme, mais un art de la vie comprise comme force vitale, et une esthétique de la connaissance comprise comme une gnose. D'où les convergences, les rencontres, des regards malgré la diversité des occupations. Clemens Brentano, poète, dit de son contemporain Johann Wilhelm Ritter, physicien, qu'il est un homme comparable à Moïse car tous deux frappent de leur bâton un dur rocher. C'est exprimer une obsession caractéristique du romantisme germanique, celle que la pensée s'épuiserait à définir en concept et que seule l'image, l'image vivante ouverte sur le mythe nous restitue dans sa concrétude : le dur rocher dont il s'agit, dit Brentano dans cette lettre à Bettina, est celui « de la science, d'où jaillit la source pure et cristalline de la sagesse ; et celui qui ose y emplir son verre se trouve du même coup pénétré de la grandeur de cet homme immortel ». La métaphore admise, un témoignage de Goethe peut moins surprendre ; sans aller jusqu'à comparer Ritter à Moïse il avoue dans une lettre à Schiller, en 1800, que le jeune physicien a « quelque chose d'étonnant », qu'il est « un vrai firmament de savoir descendu sur terre ». Surtout, Schiller reçoit peu après une confidence dont l'enjeu va au-delà du simple jugement porté sur un individu quand Goethe lui avoue reléguer au second rang la poésie elle-même chaque fois qu'avec Ritter il s'entretient de « haute physique ». Il serait tentant de voir là une adresse à tout le romantisme allemand si, en d'autres circonstances, Goethe ne nous avait formellement mis en garde contre son aspect « malade » ; toutefois, cette louange paraît nous avertir que le blâme porté par l'auteur de la *Théorie des couleurs* et de la *Métamorphose des plantes* ne concerne pas le romantisme entier mais seulement certains de ses excès. Commun à Goethe et à des gens comme Novalis et Ritter reste évidemment ce « noble instinct de scruter profondément l'âme du vaste monde », évoqué par la *Dédicace (Zueignung)* dont Novalis fait précéder *Heinrich von Ofterdingen*, le roman romantique par excellence :

> Tu as éveillé en moi le noble instinct
> De scruter profondément l'âme du vaste monde ;
> En me prenant par la main, tu m'as pénétré d'une confiance
> Qui est mon sûr appui à travers les tempêtes.

Or, Ritter s'est reconnu dans ce « Tu », sans doute avec raison. L'étoile du jeune physicien brille d'un éclat moins vif que celle du romancier, pourtant une remarque glissée comme incidemment dans une lettre de Novalis à Caroline Schlegel, en 1799, nous avertit de la présence possible de Ritter sur un certain plan : « Ritter est Ritter, et nous ne sommes que ses valets. Baader lui-même n'est que son poète. » Même compte tenu qu'à cette date Baader n'était pas encore tout à fait Baader, on est intrigué par cet hommage rendu à celui en qui récemment encore un des meilleurs historiens de ce courant de pensée voyait « la figure la plus énigmatique du romantisme »[1]. De fait, une vie courte et tumultueuse, une œuvre philosophique faite essentiellement de fragments, la fascination mêlée de réserves qu'il exerçait sur la plupart des gens qui l'approchaient ont de quoi déconcerter les admirateurs fervents du romantisme même. Aussi bien n'existe-t-il à ce jour aucune œuvre d'ensemble, quantitativement importante, qui lui soit consacrée[2]. Mais quel magnifique livre à écrire ! Né le 16 décembre 1776 près de Hainau, à Samitz, donc Silésien comme Böhme (Samitz est près de Haynow, actuellement ville polonaise), ce fils de pasteur protestant étudie à Liegnitz entre 1791 et 1796 la pharmacie et la chimie, puis s'inscrit à l'Université d'Iéna où il fait le 18 octobre 1797, sur le galvanisme, un exposé qui attire sur lui l'intérêt des milieux scientifiques et littéraires ; il en publie le contenu l'année suivante sous le titre : *Démonstration que, dans le règne animal, un galvanisme constant accompagne le processus de la vie*[3]. L'attention passionnée dont il fait alors l'objet de la part de nombreux savants et philosophes ne se démentira plus guère, même en dehors du milieu romantique, car beaucoup voient aussitôt en lui un physicien marqué par le génie.

Il est évident que même si Ritter n'avait jamais rien écrit de « philosophique », si sa pensée n'avait pas pris un tour poétique, sa seule œuvre scientifique lui eût assuré une renommée plus prestigieuse que celle d'un Goethe qu'on réduirait à cette même et unique dimension. De ce qu'il laisse à son actif la liste impressionne. Deux ans avant Volta il découvre le principe de ce que sera la pile voltaïque, puis à l'aide de celle-ci décompose l'eau en hydrogène et en oxygène ; c'est lui le véritable fondateur de l'électrolyse, qu'il est aussi le premier expérimentateur à avoir réalisée et dont la preuve scientifique sera fournie définitivement par Du Bois-Reymond en 1842 ; le fondateur aussi, plus généralement, d'une véritable électrochimie, discipline revenue à l'honneur depuis 1980. En 1801 il découvre à partir de la loi de polarité les rayons ultraviolets, construit en 1802 ce qu'on peut bien appeler le premier accumulateur, et révèle l'année suivante en même temps que Gautherot les lois de la polarisation galvanique. Il a en outre prévu de façon assez exacte ce qui sera plus tard les rayons X, su décrire les phénomènes électro-capillaires du vif-argent et prévoir le prisme sonore[4].

Ritter fait la connaissance de Novalis en 1799 et aussitôt une grande amitié unit les deux jeunes gens ; elle ne s'interrompra que par la mort de celui-ci, survenue en mars 1801. Ritter se lie alors avec le chimiste Hans Christian Oersted, surtout avec le grand Herder auprès duquel il peut se livrer aux épanchements du cœur et de l'esprit. Il l'aime comme son père, d'autant qu'à ce moment aussi le jeune physicien a besoin d'affection, car il commence à se détacher peu à peu du cercle de Iéna, qu'il a beaucoup fréquenté jusque-là ; il connaît bien les frères Schlegel, notamment, mais August Wilhelm, l'aîné, ne l'y a jamais admis à part entière. Une preuve de cette mise à l'écart : il ne l'a invité à collaborer à aucune des revues romantiques. La raison de cette attitude paraît résider dans le style rugueux et chaotique des écrits de Ritter qui malgré leur intérêt n'a pas encore su et ne saura jamais écrire un bel allemand, sauf à considérer plusieurs de ses « fragments » ultérieurs ou les surprises qu'au détour d'une page certains exposés lyrico-scientifiques réservent. Malgré ses excellents rapports avec Goethe et sa nomination à l'Académie des Sciences de Munich grâce à l'entremise de Franz von Baader en 1804, il reste pauvre toute sa vie, se ruine la santé à des expériences de physique — au cours desquelles souvent il se prend pour cobaye —, à des veilles, à l'alcool. Bien que correspondant de cinq académies scientifiques il vit pauvrement, pendu au bon vouloir d'amis mécènes qui n'assurent pas toujours sa subsistance, dépense en achat de matériel scientifique presque tout ce qu'il reçoit. L'aide financière des ducs de Gotha et de Weimar, celle d'autres aussi ne l'empêchent pas de laisser sans le sou sa femme et ses quatre enfants. Lorsqu'en 1805 il arrive à Munich avec sa famille (il a épousé l'année précédente Dorothea Munchgesang) il y devient l'ami de Gotthilf Heinrich von Schubert qui adoptera plus tard sa fille Adeline. Schelling est nommé dans cette ville l'année suivante ; ainsi se constitue le « triumvirat transcendantal » Ritter-Schelling-Baader, comme disait un contemporain ironique[5] pour désigner cette constellation des trois grandes figures de la *Naturphilosophie* munichoise. Ritter meurt à Munich le 23 janvier 1810, la santé délabrée, peu après la naissance de son quatrième enfant.

Outre l'essai cité plus haut il en a consacré un autre au galvanisme, en plusieurs volumes sous le titre *Contributions à une connaissance plus exacte de galvanisme*[6]. Il a écrit des essais sur la « nature chimique de l'eau », sur le « système électrique des corps »[7]. Son discours de 1806 à l'Académie de Munich, *De la Physique considérée comme un art*[8], constitue une sorte de résumé de ce qu'on pourrait appeler son « art scientifico-poétique ». Il donna de très nombreux articles à des revues scientifiques et voulut lui aussi éditer un périodique, *Le Sidérisme*, dont seul le premier numéro parut[9]. Il y expose longuement le résultat d'expériences faites par lui en Italie et à Munich avec un certain Campetti dont les mains tenant la baguette de sourcier et le pendule sidérique se mouvaient de façon prometteuse. Enfin il est l'auteur d'un des livres les plus marquants du romantisme allemand, *Fragments posthumes tirés des papiers d'un jeune physicien. Manuel à l'usage des amis de la Nature*[10] ; c'est un recueil d'aphorismes, de pensées, d'apophtegmes, de fragments de toute sorte concernant la physique, l'astronomie, la biologie, la psychologie, précédés d'une longue introduction se présentant comme une autobiographie romancée ou plutôt « romanticisée ».

Faute de donner en quelques pages un exposé complet et systématique de toutes les vues de Ritter, ce qui même en laissant de côté les écrits les plus techniques tiendrait de la fusion réductrice, de l'amalgame, on peut suivre une image ou un groupe d'images apparentées. Sa pensée de visionnaire s'exprime volontiers en effet à travers les deux grands symboles Lumière et Feu ; aussi ne sera-ce point la trahir que d'évoquer avec Ritter les sens que ces mots revêtent pour lui. Quelques rappels préliminaires paraissent néanmoins utiles dans la mesure où Lumière et Feu expriment ici deux des manifestations, essentielles pour l'époque, de la loi de polarité : l'oxygénisme et le galvanisme.

Oxygénisme et galvanisme à l'époque de Ritter

Kant, dans *Premiers Principes métaphysiques de la Science de la Nature* (1786)[11], exposa ses vues concernant la matière, qu'il voyait construite sur l'interaction de deux forces en conflit : l'attraction et la répulsion, qualifiées aussi de pesanteur et d'élasticité. La première se vit attribuer le signe positif, la seconde le signe négatif. En cela il se faisait l'annonciateur d'une Philosophie de la Nature. A la polarité kantienne s'ajoute un autre élément qui contribua à la naissance de cette *Naturphilosophie* : la découverte de l'oxygène en 1774 par Priestley et presque simultanément par Lavoisier ; celui-ci surtout fut le premier à expliquer le principe de combustion. On avait cru jusqu'alors à la théorie du phlogiston, défendue notamment par Stahl, selon laquelle la combustion est le fait que quelque chose de combustible (l'hypothétique phlogiston) s'échappe du corps. Pour Stahl un élément combustible comme le zinc était un corps composé, l'oxyde de zinc un corps simple. Lavoisier montra au contraire qu'un corps chauffé ne perd pas de substance mais emprunte à l'atmosphère un élément gazeux actif qu'il appela « oxygène » (de *oxus*, acide, et *gennôn*, engendrer). La combustion devenait alors un processus d'union d'une substance avec une autre, l'oxygène. Grâce à Lavoisier et à Priestley la vie pouvait être assimilée à un principe d'oxydation, c'est-à-dire d'intégration, non pas de désintégration ; de plus, intégration et désintégration (oxydation et réduction chimiques) paraissent relever naturellement de la polarité kantienne. Appliquer à la chimie les principes établis par Kant correspond à la tendance panvitaliste accentuée par les écrits de Herder dans l'Allemagne de cette époque.

Carl August von Eschenmayer voulut réaliser ce programme d'intégration de la chimie à la dynamique kantienne, dès 1796 [12], à peu près en même temps que Schelling dont les *Idées pour une Philosophie de la Nature* (1797) présentent l'oxygène comme le principe de jouvence venant tirer de leur sommeil les forces endormies de la terre. Cet éveil s'opère selon Schelling grâce à la combustion, toujours renouvelée par l'air atmosphérique dont la permanence est assurée par la corruption de cet air due au monde animal, tandis que l'action du monde végétal fait réapparaître l'oxygène. L'élément rajeunissant qu'est ce gaz joue ici à peu près le rôle du principe mercuriel de Paracelse. Dans les écrits suivants, *Ame du Monde* (1798) et *Esquisse* (1799), il développe à partir de là une notion de dédoublement par polarité dont l'électricité et le magnétisme représenteraient les exemples typiques [13]. Selon Schelling la « séparation » ou décomposition chimique s'accomplit grâce à la lumière, force répulsive, tandis que l'oxygène, centre commun des phénomènes, intermédiaire qui les lie entre eux, est principe de toute attraction chimique, agent de la « combinaison ». L'oxygène est négatif (pour Kant, l'attraction l'était par rapport à la répulsion) par rapport à la lumière qui, répulsive, est positive. Avec l'Introduction aux *Idées* de 1797 la *Naturphilosophie* romantique apparaît. *L'Ame du Monde*, par son sous-titre même *(Hypothèse de la physique supérieure pour l'explication de l'organisme général)*, suggère tout un programme. On ne peut présenter ici dans le détail les vues développées par Schelling ; il s'agissait simplement d'indiquer sur quoi repose l'intuition fondamentale de ses premiers écrits, importante pour comprendre Ritter.

En bon disciple de Boehme et de Saint-Martin, Baader dira que la matière fut créée afin d'atténuer le courroux (pour limiter le Mal), mais ajoutera que seule une énorme oxydation peut l'avoir formée[14]. G. H. von Schubert parlera de l'azote qui est à l'oxygène ce que le corps grossier est aux nerfs ; la vieille idée est donc bien fondée selon lui que le principe animant — qui dans l'oxygène s'est revêtu de la nature planétaire terrestre — est un principe plus général et plus haut parcourant l'univers. C'est un éther qui pénètre tout. La substance plus grossière tend toujours vers le haut afin de se revêtir de la nature supérieure de l'air ; l'élément supérieur tend toujours vers le bas pour se plonger dans la substance solide ; de même l'âme humaine aspire à se revêtir de l'esprit d'en haut qui embrasse et pénètre toute vie. Dans *La Symbolique du Rêve* (1814), un des livres les plus significatifs du romantisme allemand, Schubert discutera encore de la puissance animatrice de l'oxygène ; conformément à l'idée de l'époque il a tendance à y voir la matière de l'électricité animale ou la force vitale elle-même, tant le désir se fait sentir alors de donner une forme à l'antique idée d'Ame du Monde dont le retour offensif est célébré par Novalis, Oken, etc., et assez différemment par Hölderlin qui à sa manière ressuscite le panpsychisme grec[15].

Panvitalisme bien sûr, associé à la notion de polarité que le couplage antagoniste et complémentaire oxygène-hydrogène rend ici évidente. Or, la polarité occupait les esprits avant même la venue du romantisme[16]. Les *Elementa Medicinae* (1780) de l'Anglais John Brown enseignaient que toutes les maladies dérivent de plus ou moins d'excitation et doivent être traitées avec des stimulants ou des sédatifs. Albrecht von Haller avait distingué les deux principes, pour lui essentiels, d'irritabilité des muscles et de sensibilité des nerfs, et deux ans avant la parution du livre de Brown, Herder avait suggéré des idées semblables[17]. Le brownianisme exerça une influence considérable sur la médecine et la biologie en Allemagne, pendant quelques années. Elle aurait été plus durable si Brown avait proposé une polarité réelle ; mais l'état normal étant selon lui l'état sthénique, il n'est pas conçu comme le résultat d'une tension des opposés[18]. Sous cette influence on travaillait un peu partout ; en 1789, un an après la mort de Brown, Galvani réalisait à Bologne ses fameuses expériences sur les cuisses de grenouille, découvrant du même coup ce qui sera le sujet principal de l'œuvre de Ritter.

L'expérience de Galvani révèle une tripolarité qui fait pâlir le trop timide système brownien. Elle consiste en ceci que deux branches métalliques de nature différente, par exemple le zinc et l'argent ou l'or, reliées l'une à l'autre par une extrémité et appliquées l'une à un muscle, l'autre à un nerf, d'une grenouille morte, font tressaillir ceux-ci. Il attribua la cause de ces mouvements artificiels à une électricité animale [19]. Les nerfs et les muscles sont chargés d'électricités contraires comme les armatures d'une bouteille de Leyde. Était-on sur les traces du mystère de la vie ? N'était-il pas plausible que les mouvements vivants des organismes végétaux et animaux sont dus à un principe, à un agent, contraignant les substances inorganiques à se soumettre aux lois d'une organisation animée ? La réponse positive à cette seconde question représente une forme de dualisme qu'Alexandre von Humboldt fera sienne et que d'autres combattront [20]. Parmi ceux-ci Christoph Girtaner *(Du Principe kantien appliqué à la philosophie de la Nature*, 1796) [21] rejette le principe « électrique » du galvanisme et place plutôt dans l'oxygène ou « air de vie » le génie de l'organisation animale. La « force vitale », selon lui associée à une substance matérielle, ne saurait gouverner celle-ci de façon tyrannique. Christoph Wilhelm Hufeland dans son très célèbre livre *L'Art de prolonger la Vie* (1796) [22] présente cette force vitale comme l'agent de la nature le plus subtil, le plus pénétrant, le plus invisible, que nous connaissions ; il dépasse la lumière, l'électricité, le magnétisme, avec lesquels il semble pourtant avoir la plus grande affinité. La tentation se fait alors sentir de la concevoir de façon de plus en plus matérielle, tendance allant tout à fait dans la direction où le mesmérisme avait soufflé et contre laquelle Baader, avant Carus, met en garde dès 1793. Mais généralement le romantisme allemand ne « matérialise » pas la vie, ni l'électricité, ni le magnétisme [23] ; il est davantage porté à « vitaliser » l'univers, à le considérer comme un « organisme général » parcouru de polarités sans qu'on puisse parler de dualisme proprement dit. Vient alors Volta, qui paraît fournir des arguments en faveur d'un organisme universel.

En 1800 la pile de Volta est bien faite pour venir confirmer l'idée qu'un courant parcourt la matière inorganique elle-même ; la matière la plus matérielle aussi contiendrait de la vie, de l'esprit. Volta montre que deux métaux hétérogènes qui se touchent en étant reliés à un conducteur liquide donnent de l'électricité. La tension changeant selon les métaux, on peut établir entre eux un « ordre de tension » ; la plus grande se situe entre le zinc et l'argent. On montrera qu'un fil d'or placé au pôle d'argent relié à de l'eau pure, et un autre fil d'or placé au pôle de zinc relié à cette même eau permettent d'obtenir du gaz d'hydrogène à l'extrémité du premier fil et du gaz d'oxygène à l'extrémité du second. Et puis, l'électricité apparaissant dans ce processus se manifeste par une lumière rouge, la négative par une lumière violette ; ainsi électricité, oxygène, lumière se découvrent de surprenants liens de parenté. Avec Volta, l'électricité de statique qu'elle était devient dynamique. On pourra faire la jonction de deux catégories : électricité et magnétisme, quand l'électromagnétisme fera son apparition à compter de 1819 grâce à l'ami de Ritter, Oersted, qui observera que des phénomènes électriques modifient la direction d'objets aimantés[24]. Depuis 1750, date de l'invention du paratonnerre, on se passionnait pour les problèmes relatifs à la nature de l'électricité, comme l'attestent les travaux et les publications de Oetinger et de ses amis physiciens pendant les trente années ultérieures[25]. Après la mort de Oetinger (1782) on s'interroge toujours avec le même intérêt sur cette mystérieuse électricité dans le développement de laquelle Herder voit « le grand esprit vital partout présent »[26].

Dans ce climat d'effervescence scientifique et épistémologique Schelling postule avec ses premiers écrits l'existence d'un « organisme général » pour montrer l'irréductibilité de la matière organique à des processus purement mécaniques et sa double essence à la fois matière et esprit, matière et forme. Il étend cette hypothèse au monde inorganique en utilisant dans les *Idées* la découverte de l'oxygène, mais va jusqu'à hausser au rang de concepts métaphysiques l'électricité, le galvanisme, le magnétisme et la lumière. Les phénomènes vitaux à l'œuvre dans le domaine inorganique lui paraissent être le « chimisme », l'électricité et le magnétisme, triade à laquelle correspond dans l'organique celle de la reproductivité, de l'irritabilité et de la sensibilité — la première, conçue comme un chimisme supérieur, la seconde représentant pour l'organisme ce que l'électricité est à certains corps inorganiques comme les métaux, tandis que la forme originelle de la sensibilité se trouve déjà dans le magnétisme dont la bipolarité, lorsqu'elle tend à créer une forme donnée, devient ce qu'il appelle « indifférence ». Schelling verra finalement une égalité d'essence de la nature et de la conscience et l'exprimera par la célèbre formule : « La nature doit être l'esprit visible, l'esprit la nature invisible. *Ici*, donc, dans l'identité absolue de l'esprit *en* nous et de la nature *en dehors* de nous, doit se résoudre le problème de la possibilité d'une nature en dehors de nous »[27].

Les expériences passionnant Ritter — il s'y consacre jusqu'à perdre sa santé — tournent presque toutes autour de ces questions qui répercutent dans la grande littérature des échos d'une saisissante fidélité. Le *Conte* de Novalis, inséré dans son roman *Henri d'Ofterdingen*, met en scène des personnages métalliques dont l'auteur ne prend même pas la peine de transformer les noms ; l'Or et le Zinc jouent un rôle d'éveilleurs, Tourmaline celui d'un indispensable intermédiaire. Moins de dix ans plus tard, en 1808-1809, Goethe écrit *Les Affinités électives*, roman qui doit au moins autant à cette *Naturphilosophie* romantique qu'à sa passion pour Minna Herzlieb[28]. Une notion s'impose ici, celle de totalité organique, car à l'idée de totalité (c'est-à-dire : il y a des lois qui expliquent les autres, et les divers niveaux de réalité obéissent aux mêmes lois) en honneur dans la science officielle et caractéristique de toute l'époque, sans doute depuis Buffon (avec lui commence peut-être le romantisme, dans la mesure où il serait avant tout recherche de la synthèse), la *Naturphilosophie* vient ajouter une autre idée, celle d'organicisme. En 1799 paraît le *Traité sur la mécanique céleste* de Laplace, dans lequel les romantiques voient une pensée mécaniste ; or, au même moment Schelling formule ses vues sur l'organisme universel d'une nature dont l'individu constitue moins une partie qu'un membre.

Ritter n'a rien d'un homme de lettres professionnel mais son activité avant tout scientifique est celle aussi d'un spéculatif ; pratiquement tous les romantiques allemands, même ceux — relativement rares — non préoccupés directement de sciences naturelles, sont aussi des épistémologues. Pendant ses études à la Karlschule Schiller écrivit une *Philosophie de la Physiologie*, Kleist apprit les mathématiques à Francfort-sur-l'Oder, Chamisso était botaniste, Arnim publia pendant des années dans des revues scientifiques, Novalis et Baader étaient géologues[29]. Feu et Lumière nous servant de guides à travers l'imaginaire ritterien, revenons d'abord aux notions de galvanisme et d'oxygénisme telles qu'elles apparaissent dans son œuvre, pour nous plonger ensuite dans ce feu et dans cette lumière proprement dits. L'univers apparaîtra comme un texte hiéroglyphique et nous verrons quelles clés d'or offre Ritter pour nous aider à le déchiffrer.

Galvanisme, magnétisme et oxygénisme chez Ritter

Un grand nombre des plus importants philosophes de la nature tendent à partir de l'idée abstraite, de l'*a priori*, pour tenter ensuite d'appliquer au réel extérieur le résultat de leurs spéculations en attendant que la réalité se conforme à celles-ci. Ritter fait le contraire. Dès le départ il adopte une attitude empirique, ce qu'on ne saurait dire d'Oken, de Steffens, ni surtout de Schelling, ni même de Baader. Sous la bannière de la Lumière et du Feu il a célébré le galvanisme, le magnétisme et l'électricité ; dans la première de ces disciplines il a fait d'innombrables expériences dont les *Fragments* comme ses autres publications, ainsi que les témoignages de ceux qui l'ont vu travailler, attestent le sérieux et la précision ; elles lui permirent de hausser le galvanisme au rang de science universelle, du moins à l'intérieur de son cohérent système. L'originalité de la *Démonstration* de 1798, dédiée à Alexander von Humboldt et à Volta, est évidemment de considérer l'action galvanique comme permanente dans la vie organique sans qu'y interviennent des parties non organiques (métalliques). Il insiste en revanche sur la nécessité d'une triplicité des constituants (dans l'organique c'est la fibre musculaire, les nerfs, et les tissus) et d'une duplicité des classes (un corps liquide, par exemple le tissu organique, doit faire partie de cette triplicité). En même temps il étend déjà ce schéma à l'inorganique, puisqu'il voit l'univers comme un tout. La fin de la *Démonstration* évoque avec de grandioses images lyriques les corps célestes en qui il reconnaît les globules sanguins de l'univers ; les voies lactées sont ses muscles, l'éther céleste parcourt ses nerfs ! « Une loi naturelle inconnue jusqu'alors semble sur le point de nous apporter sa lumière »...

C'est par la *Démonstration* que Schelling vient à s'intéresser à Ritter et au galvanisme. Ensuite, à partir de 1798, il assiste presque simultanément à la découverte de la pile de Volta et à la publication par Ritter d'une seconde *Démonstration* qui tire de la pile une généralisation hardie du galvanisme, comme le titre l'indique clairement : *Démonstration que l'action galvanique ou « galvanisme » est possible et réelle dans la nature inorganique même*[30]. Alors que certains interprètent l'expérience de Galvani comme un phénomène d'électricité animale et d'autres comme un phénomène d'électricité métallique, Ritter y voit les deux ; cette action peut se produire aussi bien dans l'organique seul que dans l'inorganique seul, puisque selon lui il s'agit, dans les deux cas, de l'expression d'une force unique et universelle. Dans l'inorganique, deux métaux différents et un liquide conducteur suffisent. Publié dans un des volumes des *Contributions* de Ritter, ce texte répond à la nostalgie romantique de voir la nature vivante : « La matière animale n'a donc, en tant que telle, absolument rien de spécifique par rapport à la matière non animale »[31] ; détachée de son contexte la formule paraîtrait matérialiste.

Ritter explique que chaque animal est une totalité physique fermée et il tend plus que jamais à considérer comme équivalents « galvanisme » et « électricité » ; ils signifieraient l'un et l'autre ce « phénomène central » dont parle Bacon. « Tout phénomène n'est que son reflet[32]. » C'est pourquoi les *Contributions*, placées entièrement sous le signe du galvanisme, le présentent comme le schéma vital par excellence répété en diverses organisations selon les mêmes formes. Novalis aussi comprend les premières expériences en ce domaine comme une tentative de s'évader du plan étroitement physique pour chercher l'Ame du Monde et faire apparaître tous les processus extérieurs comme symboles et effets ultimes de processus intérieurs. D'où sa pertinente remarque : « Ritter recherche absolument la véritable Ame du Monde de la nature. Il veut lire les lettres visibles et pondérables et expliquer la composition typographique des hautes énergies spirituelles »[33]. La seconde *Démonstration* ouvre à Ritter le monde romantique de Iéna ; outre Novalis il connaît maintenant les Schlegel, l'intérêt et l'amitié de Goethe lui sont acquis. Mais dans presque toutes ses autres œuvres également il fait reculer les frontières de la mort au sein de la nature apparemment inanimée, en s'intéressant par exemple à Humphrey Davy qui avait prouvé l'existence de métaux dans les alcali qu'on avait rangés parmi les terres, c'est-à-dire les substances non conductibles de fluide vital. Ritter est en Allemagne l'un des premiers chercheurs qui répètent avec succès les expériences de Davy.

Les fragments également contiennent de significatives remarques sur ce sujet. Le galvanisme y est présenté comme le lien entre la nature et l'esprit : « Ce qui, dans la chaîne galvanique, cause la sensation et se trouve déplacé vers le haut, n'est-ce pas en quelque sorte un médiateur entre la nature et l'esprit ? » (frag. 389). Et lorsqu'il ajoute : « Dans le galvanisme la terre vient à réfléchir sur elle-même » (frag. 349), il semble affirmer que l'histoire de l'univers est celle de la conscience. Ritter va jusqu'à envisager le galvanisme comme une clé rendant compte de la lumière même, quand il émet l'hypothèse qu'elle apparaîtrait dans l'univers grâce à lui. Si l'animal et l'homme « se complètent » pendant la journée en faisant usage de leur volonté, la nuit une autre volonté intervient, qui n'est pas la leur ; « la nuit agit donc sur l'homme comme le pôle d'argent de la batterie galvanique : de façon contractive », tandis que l'expansion divine favorise la volonté, invite à l'action (frag. 469).

Puisque dans une chaîne galvanique la tension électrique est suscitée par une séparation polaire à l'intérieur d'un troisième élément liquide, le galvanisme repose tout entier sur un ternaire (ici, processus de vie) ; dans le magnétisme en revanche, Ritter voit une bipolarité (ici, symbiose des choses) car il se produit par contact direct de deux métaux (par exemple l'argent et le zinc). Il semble au demeurant vouloir ignorer Mesmer, sans doute parce que le problème du magnétisme animal est appelé à se fondre dans une théorie beaucoup plus vaste. Oersted publie de lui dans le *Journal de Physique* plusieurs articles sur le magnétisme qui font connaître au public français le jeune physicien. Les *Fragments* sont riches en aperçus profonds, parfois obscurs, toujours poétiques, sur cette question. Parce que le magnétisme est le lien organique des corps terrestres, il doit nécessairement se retrouver dans l'animal (on voit que Ritter procède ici à l'inverse, par rapport au galvanisme). Ainsi : « Une barre de fer posée verticalement reçoit différents pôles magnétiques. Pourquoi pas aussi la plante, l'animal, l'homme ? » (frag. 9). On imagine ce que cette méthode analogique permet de suggérer. Ainsi : « Est-ce que, lors du baptême, l'eau baptismale est *magnétisée* ? Le bassin qui sert à l'y mettre est lui aussi ordinairement en métal » (frag. 9). Et encore : « La lumière est du fer subjectif, le magnétisme est la polarité objective de la lumière. »

Magnétisme et électricité sont évoqués complémentairement dans le fragment 587 ; le premier y est considéré comme la « polarité du temps », la seconde comme la « polarité de l'espace » — le processus chimique résultant du conflit des deux. Opposition habile qui lui permet d'ajouter que « Sch-g », c'est-à-dire Schelling, « en est encore resté à la polarité de l'espace, il est proprement un électricien philosophique ou un philosophe électricien », alors qu'il faut savoir tenir les deux bouts pour devenir un « philosophe chimique ». Ce fragment s'achève sur une hardie conclusion générale bien dans le génie de Ritter : « La polarité magnétique est une polarité de la *volonté*, du *devenir*, la polarité électrique est une polarité de l'Être. La religion, l'art, etc., sont du domaine de la première. » Le fragment ultérieur 594, daté de 1803, reprend la même critique à propos du magnétisme. La raison *(Vernunft)* schellingienne y est qualifiée d'état « d'indifférence de la terre et du soleil » ou encore de « ligne magnétique du système solaire » à partir de laquelle Schelling aurait construit son système, si bien que ce qu'il dit de la vie a un côté artificiel ; il lui a manqué jusqu'à présent un « tiers animant » *(ein belebendes Drittes)* avec lequel, il est vrai, son identité cesserait d'être absolue. Or, ce tiers n'est pas une question de savoir mais de foi, car à ce qui dépasse le soleil on ne peut que croire, et tel est le commencement de la religion.

L'importance des métaux pour le magnétisme et l'électricité conduit Ritter à suggérer, dans *Le Système électrique des corps* (écrit à la fin de sa période de Iéna, publié en 1805 au moment de son installation à Munich), l'utilité qu'il y aurait à énumérer tous les métaux et même tous les corps de l'univers, en ordre linéaire pour montrer qu'ils constituent ensemble une gigantesque pile voltaïque. Il existe entre les métaux un ordre de tension qui monte jusqu'à l'or et qui correspond à leur affinité avec l'oxygène — ainsi que Ritter fut un des premiers à le montrer. L'ordre de tension électrique entre les sept métaux (le premier est l'or, le dernier le zinc), grâce auquel la combinaison or-zinc dans une chaîne galvanique présente la plus haute tension, se retrouve on l'a vu dans le *Conte* de Klingsohr raconté par Novalis ; Ritter élargit maintenant cette procession métallique pour l'étendre à un nombre infini de corps et propose d'admettre que l'unité du cosmos entier repose sur l'électricité — une lumière mythique, ontologique. Le bizarre finale du *Système* est d'un visionnaire. On en retient surtout que le « feu vital » de l'électricité apparaît partout, quoique plus ou moins potentialisé, dans certains corps de façon particulièrement privilégiée — ainsi dans la tourmaline. Le monde minéral n'est pas mort mais excitable par cette même force à laquelle répond un organisme animal ou végétal.

L'importance des métaux pour la chimie n'échappe pas à Ritter qui voit en eux des conducteurs privilégiés d'électricité, donc des « éléments de vie ». En 1801 Schelling écrit à Goethe que le fer est le corps fondamental ; d'autres, qu'on prenait pour des substances originelles de la terre, sont simplement des rejetons du fer. Ritter, lui, note que le fer se situe au centre de la série de tension électrique des métaux et voit dans la polarisation de tous les autres corps une conséquence de la polarisation originelle du fer. D'où le fragment 51 où il écrit que toutes les substances semblent être du fer décomposé ; ce métal est « le noyau de la terre, *l'esprit-source visible de la terre* (Jac. Böhme) », et même son « équateur dynamique ». Toutes les substances prises ensemble devraient donner du fer comme produit ; aussi bien toutes les actions chimiques tendent-elles à le créer. On reconnaît le ternaire alchimique dont l'allusion à Böhme vient souligner le caractère théosophique : fer élémentaire, décomposition en substances chimiques, puis réunification en un « fer idéal ». D'une manière générale les métaux se voient attribuer ici le rôle d'*ancillae lucis*, comme le confirme le très hermétisant fragment 126 : « Les métaux sont les serviteurs de la lumière, les prêtres du Soleil. C'est à partir d'eux que la lumière se remet à luire. Ils remplacent la lumière, également, là où ils se trouvent, et leur conversation est faite de couleurs. »

La lumière, dite dans le fragment 517 « l'unique nourriture de tout ce qui est vivant », fait pénétrer profondément dans les mystères du monde organique. Par elle « la terre se souvient des temps les plus anciens ». Dans *Le Système électrique des corps* Ritter parle aussi de cette force de rayonnement interne des pierres précieuses, chargées d'infiniment de promesses, qui lui rappelle l'éclat d'un paradis perdu. Semblablement, au XIIe siècle, la savante abbesse Hildegarde de Bingen avait vu en elles les « premiers annonciateurs de la splendeur à la rencontre de laquelle s'avance la terre entière »[34]. Pour Ritter la matière a surgi à partir du spectre lumineux, donc les corps les plus vieux sont ceux qui réfractent le plus fortement la lumière ; aussi le diamant est-il une des premières substances de la terre. La formation de matière à partir de lumière est un beau thème romantique de l'époque ; évoquons seulement ici les roses qui à partir de la source lumineuse s'incarnent et se dirigent vers les mains des deux *putti* peints par Philipp Otto Runge dans son extraordinaire *Petit Matin*[35].

Cette lumière fondamentale est électrique, mais ce qu'on entend généralement par lumière et électricité représente pour Ritter seulement deux cas particuliers de la lumière ontologique, ou de ce qu'on pourrait appeler sans doute lumière naturante. Ainsi quand il nous entretient des cinq sens. Leurs excitants originels ne sont pas la lumière, le son, les substances olfactives ou gustatives, c'est « l'électricité », cet « excitant universel de tous les sens ». Il y a un sens originel dont les cinq connus sont seulement des particularisations ; il l'appelle le *Sinnenstoff* — la substance des sens —, le dit « électrique », et voit dans sa quintuple ramification moins un processus de séparation, de réparation, que d'extériorisation. Puisque tous les cinq possèdent une source commune leurs différences pourraient n'être que de vibration, de fréquence, une vibration plus intense permettant de passer du son à la lumière. A Oersted il écrit : « La lumière est le son visible, le son est la lumière audible, l'odeur est le son appréhendé par l'odorat, le goût est l'odeur appréhendée par celui-ci »[36]. Les couleurs, dit-il encore, sont des sons muets, les sons des couleurs qui parlent. La cynesthésie est déjà alors un des lieux communs du romantisme, mais l'originalité de Ritter est d'une part d'avoir vu dans la lumière une Électricité libre, qui une fois captée se transforme par contact en électricité proprement dite[37], d'autre part d'avoir donné à l'ouïe la prééminence sur les quatre autres sens. Le second point s'explique par le fait que la musique résonne à l'intérieur de l'homme, donc parvient à toucher le *Sinnenstoff* originel et potentiel ; plus un accord va vers la pureté, moins il concerne l'oreille extérieure et c'est l'intérieure qui est touchée. Au bout du compte le « son idéal » n'a même pas besoin d'être entendu : « J'aimerais croire en la possibilité d'une musique qu'on n'entendrait pas au sens courant du terme mais dont on jouirait seulement »[38]. Des cinq sens c'est dans l'ouïe que le « sens électrique » se manifeste comme à travers un modèle ; le fragment 358 célèbre en elle la « vision de l'intérieur, la conscience la plus intérieure et la plus intime ».

Mais la force vitale ou lumière originelle s'exprime également par l'oxygène, cet « air vital » que la nature favorise car elle vit précisément de combustion, d'oxydation. Ritter voit en lui une forme des extraordinaires énergies de déploiement propres à la lumière et appelle « véritable qualitatif » le passage de celle-ci à travers quelque chose de particulier (frag. 517). Le principe combustible de l'hydrogène se voit associé par Ritter au principe de liberté, d'avenir ; celui d'oxygène représente le passé, car le temps est un phénomène polaire par rapport à l'éternité ; alors qu'il y a une polarité quantitative de l'espace il y en a une qualitative du temps (l'eau se transforme en oxygène et en hydrogène)[39]. Si la lumière représente ce qu'il y a de vraiment qualitatif dans l'oxygène, si l'oxygène est seul capable de nourrir et de stimuler l'homme, l'animal ou la plante, alors la lumière est en dernier ressort l'unique nourriture du vivant. Elle excite la Terre ; la chaleur, vie de notre planète, est au fond cette excitation même, produit de la Terre excitable et du Soleil excitant. Toutes les planètes sont des réservoirs de matière calorique, les soleils des réservoirs de lumière. Monde harmonieux car complémentaire : le Soleil ne vit que pendant que vit la Terre (frag. 517) ; malheureusement l'oxygène se fait rare ici-bas, tout finissant par s'oxyder, si bien que la vie est une entreprise de plus en plus difficile. La Terre « inspire du Soleil et expire de la Lune » (frag. 527), car l'hydrogène correspond à une « tendance lunaire » contrebalancée par l'oxygène. La formation de la Lune correspond à une désoxydation de la Terre, l'hydrogène étant en quelque sorte la Lune par excellence (frag. 526). Le très inspiré fragment 599 développe avec ampleur le thème de l'oxygène. Le tournant de la création, explique Ritter dans ce texte, fut l'apparition de l'oxydation, c'est-à-dire de la vie. Culte et oxydation sont alors rapprochés, compris comme synonymes, car la respiration est non seulement la vie de l'homme, mais aussi sa manière d'adorer Dieu ; en brûlant nous menons une vie divine ; or toute vie est divine...

Qui dit oxygène dit aussi feu (combustion) et eau. Ritter évoque l'étincelle qui échappée aussitôt à nos regards continue à brûler dans l'éternité et symbolise ainsi notre immortalité. La flamme rappellerait plutôt le passage de Dieu à la visibilité. Conclusion : flamme et vie représentent les deux pôles de l'eau, « milieu de la lumière et de la vie », ou Dieu rendu présent. L'eau est le point de rencontre de la visibilité de Dieu et de sa présence sensible. D'où l'onction divine, la déification que confère le baptême. Une belle image évoque la flamme éclairant la Cène, ce repas du soir ou de la nuit au cours duquel la vie du pain et du vin, et la flamme de la chandelle allumée se trouvaient rassemblées. Ritter écrit aussi dans ce fragment 599 qu'on « respire » la femme aimée. A la vie l'amour ajoute la flamme ! L'érotique rittérienne voit comme une transparence cette femme aimée :

> La femme est l'oxygénable, l'homme est l'oxygénant. C'est pourquoi la femme prend du poids en amour, comme tous les corps qui s'oxydent. Il s'ensuit : un poids spécifique plus léger, une plus grande capacité de chaleur, une réfraction lumineuse plus faible, une transparence plus grande, etc., tout se passe ici comme ailleurs (frag. 636).

Ritter croit à l'unité originelle de l'eau, en cette époque où A.G. Werner enseigne à Freiberg[40] et qui voit paraître dans *Les Disciples à Saïs* de Novalis, un merveilleux hymne au mythe du liquide. Bien que Ritter soit le premier, en tout cas en Allemagne, à faire avec la pile voltaïque des expériences décisives d'électrolyse, il continue à penser que l'eau n'est pas vraiment décomposable et à croire — comme d'autres aussi un peu plus tard, tel J.F. von Meyer[41] — au phlogiston, selon lui la substance permettant à l'oxygène de se lier à un corps. Il assimile celle-ci, il est vrai, à l'hydrogène et n'est donc pas phlogistinien au sens où Stahl l'était. Il y a tout de même là un paradoxe, en ce sens que Ritter ne croit pas à ce qu'il voit[42]. Pour lui tous les corps oxydables contiennent cette substance d'hydrogène qu'il définit comme réunion d'eau et d'électricité positive (l'oxygène étant fait d'eau et d'électricité négative). Si l'eau elle-même n'est pas décomposable, tout dans la nature n'est qu'une « eau modifiée » ; quand les corps perdent leur individualité ils se dissolvent en hydrogène et en oxygène[43]. Liés étroitement, ces deux gaz donnent du fer ; liés lâchement, de l'eau. Le cadavre, l'*indifférence* (au sens schellingien rencontré plus haut) « qui recouvre la terre », est donc l'eau. On peut réveiller ce cadavre par la chaîne galvanique. L'individualité se perd dans l'eau, renaît à partir d'elle. L'eau est vraiment à la fois le « lit de mort » et le « lit nuptial » de la nature. Associée ici à la lumière conçue comme énergie du Soleil, l'électricité engendre cet élément originel dans ses noces avec la Terre[44]. L'opposition de la flamme et du liquide, du feu et de l'eau, s'inscrit dans le contexte romantique et traditionnel de l'alternance réunion et dissolution, soif et ébriété, amour et mort. Novalis avait su évoquer en termes inspirés la combustion de l'hydrogène par l'oxygène, et en 1807 Oersted voit dans le mariage des deux, c'est-à-dire de ce que la nature présente respectivement de moins et de plus combustible, le suprême équilibre de toutes les énergies. Pour Ritter toute la chimie n'est qu'une science de l'eau, une plongée dans la *Wassernacht*. A la méditation rittérienne sur l'eau et le feu fait écho celle de maints poètes dont Bachelard a bien cerné certaines des plus significatives constantes. A la dualitude Eau-Feu, mythologème privilégié de l'ésotérisme judéo-chrétien, à l'*Aesch-Majim* — eau ignée ou feu aqueux, substance originelle pour l'alchimie et la Kabbale — répond ainsi tel un chant magique

— un « charme » — la constante, chez Paul Valéry, du Soleil et de l'Eau. Jean-Luc Faivre a bien dégagé l'importance et la fonction de cette « immense circulation lumineuse » qui envahit souvent le paysage d'*Eupalinos*, du *Cimetière marin* et de *La Jeune Parque* ; l'univers paraît s'y résumer « aux multiples et immatérielles métamorphoses de la clarté » ; seuls le Soleil et l'Eau importent, les accidents et les volumes de la terre sont seulement, comme chez Ritter, « autant de prétextes aux effets lumineux »[45].

Feu et lumière, ou de la physique considérée comme un art

Complémentairement à cette *Wassernacht* c'est à une plongée dans le Feu et la Lumière que Ritter convie ses collègues de l'Académie de Munich en 1806, avec son fameux discours écrit sous l'influence de Herder. Le prologue, confie-t-il à Oersted le 1er avril 1806, n'est qu'une fidèle traduction du *Plus ancien document du genre humain*, ouvrage de Herder (1774) ayant impressionné le jeune physicien qui se déclare en outre tributaire des derniers passages de la *Critique du jugement* (1790) de Kant, tels que Baader les avait exposés à sa manière dans *Contributions à la physiologie élémentaire* (1797)[46]. On a pu dire de ce discours : « Les idées de Schelling, de Novalis, de Schleiermacher, se déploient ici dans la lumière aux mille couleurs que leur confèrent l'imagination et la nostalgie de Ritter ; en ce sens, cet écrit est le plus remarquable témoignage de l'époque du romantisme allemand »[47]. Ritter a été chargé de le prononcer à l'occasion de la réouverture de l'Académie des Sciences ; il enseigne alors à Munich en même temps que Schelling, et à l'instar de celui-ci parle du Feu comme d'un mythe au sens le plus positif. Selon les trois membres du « triumvirat » (Schelling, Baader et Ritter) la physique se doit de devenir une science du Feu, aussi Ritter voit-il rassemblées dans ce symbole toutes les énergies du monde. Ses évocations dépassent en hardiesse celles de Herder qui avait déclaré vouloir manier prudemment les analogies, ne pas mettre sur le même plan magnétisme et analogie sous prétexte qu'ils possèdent des lois communes[48]. La vie présente dans les divers domaines de la nature se résume donc, dit-il, par ce « chiffre » du Feu actif aussi bien dans la lumière que dans les processus de combustion, la chaleur, les oxydations — siège du « feu obscur » —, l'électricité et le galvanisme. L'image de Prométhée enchaîné ravisseur du feu de l'Olympe symbolise à la fois un esprit vivant mais « lié », et la libération de cet esprit grâce aux découvertes d'une physique devenue « science du Feu ». Pour Ritter la découverte du galvanisme à la fin du XVIIIe siècle correspond au fait que l'esprit vivant dans la nature a pris conscience de lui-même. L'histoire des découvertes scientifiques n'est autre que celle du salut de la nature. L'électricité fut reçue par les humains comme un second larcin prométhéen qui en importance l'emporte sur le premier, car il est plus pur. Maintenant c'est « l'esprit de la terre lui-même qui est sorti des frontières de sa vieille demeure »[49].

La chimie, aux processus si semblables à ceux de l'électricité, consiste-t-elle en l'union d'éléments séparés et opposés ? L'homme se situe-t-il entre la chimie et l'électricité ? Le but de l'existence humaine est-il de réconcilier Terre et Ciel ? Les lois « extérieures » de l'électricité sont-elles une image de nous-mêmes ? Autant de questions auxquelles il répond évidemment par l'affirmative. A propos de la dernière il enseigne que les deux pôles unis en chimie comme dans le « feu vital » constituent une réalité plus complexe que l'électricité ne pourrait le laisser croire ; il s'en faut de peu que la vie ne se transforme en une flamme consumant le corps ; or, cette flamme continue à couver sous la cendre ! Ritter évoque non sans emphase ce Feu partout présent dans une incandescence active, jamais tarie. La nature qu'on croyait morte se révèle pleine de vie — de Feu ![50]. Un « grand homme » — dont il ne cite pas le nom, mais il doit s'agir de Schelling — a découvert que le feu électrique et le feu chimique s'originent dans une opposition de même nature ; simplement, ce qui en électricité est poussé à l'extrême *(extremisirt)* passe à l'unité en chimie « par suite de séparations moindres ». Le feu chimique, toujours en même temps électrique, se manifeste comme tel à travers les sens de l'homme :

> C'est un seul et même Feu qui fut *lumière* pour l'œil, son pour l'oreille, et aussitôt, pour les autres organes et dans l'ordre : odorat, goût, toucher, mouvement, chaleur [...] Tous les sens ne sont que *sens ignés* ; toute perception, par leur intermédiaire, n'est que combustion ignée[51].

Si la Terre se montre moins vivante que jadis, ajoute Ritter, c'est que le processus igné lui fait défaut. On peut voir une caractéristique de la pensée romantique dans le fait que ses poètes, peintres et penseurs découvrent généralement dans les paysages de la terre moins de beautés à admirer que les traces d'un gigantesque cataclysme originel. Comme on pouvait s'y attendre, Ritter ne fait pas exception ; mais il sait joindre à ce tableau de programme d'une œuvre de restauration :

> Tel un grand incendie éteint où rarement, ici et là, on voit encore quelques étincelles isolées, et qui continue à se nourrir de l'incandescence restée à l'intérieur de lui-même, ainsi la Terre apparaît maintenant [...] Où donc est-il passé, ce Feu qui nourrissait avec prodigalité, et animait lui-même, l'ancienne terre ? Que peut bien signifier le colosse séparateur qui gît maintenant presque sans vie à nos pieds ? Ne remuera-t-il plus jamais ses membres, le pouls de la vie ne battra-t-il plus rigoureusement en lui ? Ou encore : Cette grande *Terre* que tu appelles *Nature* n'a-t-elle fait que pour toi l'expérience de la mort, et sera-ce toi qui un jour, après une longue séparation, seras celui qui en se réunissant à elle viendra la réveiller ? Ce doit-il *être toi-même* en qui cette Terre-là et toi qui es séparé d'elle, ne célébreront qu'*une seule vie* ? [...] Oh alors ne regarde plus au-dessus de toi ni au-dessous, regarde ce qui *t'entoure* quotidiennement. Si tu es le porteur du Feu de la nature et celui qui accomplit la nature, mets-toi à l'école des ancêtres de ta propre espèce [...] Ce que tu as laissé se séparer, s'est séparé par ta faute. Mais il n'y a pas d'autre chemin à suivre que celui par lequel tu es tombé. Toute la création animée, vois-la comme ce que tu as précipité dans la honte et comme ce que tu dois sauver *(erlösen)* comme toi-même[52].

Programme follement, démesurément, ambitieux ? Dans la perspective d'un christianisme pris au sérieux, certainement pas ; cette sotériologie pourrait invoquer une solide référence scripturaire : *Romains*, VIII, 19-22. Aussi bien la noble alchimie n'est-elle pas en son principe plus hérétique que cette vision de Ritter, l'une et l'autre trouvant leur justification dans le texte de l'Apôtre. Il est logique aussi qu'avec un tel programme le « physicien » doive partir du passé, « car qui ignore ce qu'il était ne saurait savoir ce qu'il deviendra ». Seul le passage par l'histoire permet de fonder une physique. On voit que la science romantique — Ritter ne représente ici qu'un exemple parmi d'autres — entend être une génétique alors qu'habituellement la science se veut ahistorique. Les expériences physiques devront être en même temps le récit de chaque phénomène[53]. « Tout est, mais l'Être devient », dit Ritter de façon lapidaire mais parfaite, et Novalis déclare en se référant expressément à lui : « Une bonne expérience physique peut servir de modèle à une expérience intérieure et est elle-même une bonne expérience intérieure subjective (*vide :* les expériences de Ritter) »[54].

Rien d'abstrait ici. Ritter sait transcender l'observation objective pour se hausser hardiment et passionnément au niveau de la dramaturgie vivante d'une théosophie, au point que les faits révélés par l'expérience scientifique viennent rendre compte du récit qu'est le mythe. Jadis uni à la nature dont il était l'image vivante sans se confondre avec elle, l'homme la représentait en petit, en

« résumé » ; idée traditionnelle qu'il met en valeur habilement par une simple allusion à la chute originelle qu'au demeurant il n'évoque explicitement nulle part, se contentant de dire que l'homme « s'éloigna » de la nature, perdant du même coup « l'unité harmonieuse de l'Intérieur avec la Nature infinie »[55]. Par nous la création doit retrouver centre et périphérie. « Les plus anciens documents » (allusion discrète au livre de Herder) s'accordent pour dire que l'humanité était jadis en rapport et harmonie avec la terre et l'univers entier. Se connaître soi-même et connaître le monde, voilà qui rendra possible la réconciliation. Partons des choses visibles, concrètes, en vue du renouvellement, de la réintégration *(Reintegrirung)* du monde dans lequel le Feu jaillissait et la vie se retrouvait dans la lumière amie[56]. L'Âge d'Or selon Ritter était celui pendant lequel il n'y avait pas de formes inorganiques ; tout n'était qu'un grand organisme général, mais nous verrons que la « réintégration » ne sera pas celle d'un *statu quo ante.* Tels sont donc les points essentiels du discours de 1806. A propos de cette réintégration, qui sera celle de la nature et de l'homme à la fois, Ritter fournit ailleurs, à l'occasion, quelques aperçus théosophiques. Après avoir affirmé qu'Eve était un Christ féminin (car elle « délivrait » — *erlöste* — les animaux), qu'elle pécha en tant qu'être humain, qu'elle était née sans femme comme le Christ naquit sans homme, il annonce la venue d'un Christ androgyne et la fusion des deux sexes dans la lumière *(im Glanz).* Le corps asexué sera immortel comme de l'or devenu chair, « de même que toute l'alchimie n'est que deuil du paradis terrestre perdu, et que son vrai but est un élixir de vie, une boisson de rajeunissement, l'annonce du céleste, la première prophétie de l'androgyne, etc. » (frag. 602).

Si le Feu ou la Lumière originels n'expriment pas seulement des choses visibles quotidiennement, ils ne sont pas pour autant des abstractions dans la pensée de Ritter. Sa biographie confirme à quel point la « lumière » est pour lui porteuse de sens. Le 5 août 1809 il écrit à Karl, le frère de Novalis :

> D'ici là, avant l'hiver, j'achèverai encore une série d'expériences sur la lumière, avec, chaque fois, des chaînes galvaniques complètes et les deux « pôles » de la lumière comme représentants des « électricités » du zinc et de l'argent. Cela peut devenir un bon travail. A part cela, c'est toujours vers la lumière que je me sens le plus attiré quand je ressens moi-même un besoin intérieur, dans les moments de détresse ; avec la lumière je voudrais et pourrais traverser la mort, ce qui arrivera[57].

La lumière chez lui s'oppose comme chez Schelling à la pesanteur, notion que Ritter complète par une note subtile : « la lumière est la contemplation *(Anschauung)* extérieure de la pesanteur, l'amour en est l'intérieure » (frag. 115). « Qu'on l'amène à se perdre presque elle-même d'un côté », écrit-il curieusement dans *Traités physico-chimiques*, « par exemple dans le fer, on la voit réapparaître dans l'homme et célébrer elle-même, avec toutes les couleurs, la fête éternelle de son existence »[58]. « Tout semble vouloir éclater dans un rayonnement », dit le fragment 459 ; aussi faudrait-il rechercher une hiérarchie dans le monde animal à partir de ces critères : quels sont les animaux qui « luisent » toujours, ceux à qui cela arrive parfois, ou jamais de leur vivant, ou en aucun cas ? (frag. 459). La lumière comme principe opposé à celui de la pesanteur, cela signifie que la matière est de la lumière condensée ; il s'écrie dans le fragment 266 : « Que sont toutes les masses, sinon une lumière enchaînée ! » — et ajoute que dans le corps le plus compact la lumière est pour la plus grande part concentrée. « Tous les corps célestes ne sont que des conglomérats de lumière » (frag. 266) — et les corps en général des « électricités pétrifiées. Franklin le disait déjà : il faut admettre que le verre ne consiste en rien d'autre qu'en électricité » (frag. 84).

Lumière et chaleur s'opposent comme l'homogène à l'hétérogène. Sur le corps opaque la première se transforme en la seconde : « Là où en pensant il faut surmonter une grande résistance, là où la lumière intérieure doit lutter contre l'hétérogène, c'est fort justement qu'on dit : « J'ai chaud à la tête. » La chaleur est médiatrice de vie, « point d'indifférence » entre le Soleil stimulant et la Terre stimulée. « La chaleur, la lumière, l'homme, etc., sont synonymes. La chaleur est la vie de la Terre, dans l'homme elle se manifeste tout à fait. Les plantes sont tièdes, les animaux sont chauds, et l'homme brûle » (frag. 635). Les *Traités physico-chimiques par ordre chronologique* de 1806 associent lumière et chaleur comme deux manières différentes de voir la même chose, affirment l'inexistence d'un espace sans chaleur, présentent l'univers comme « un océan de lumière, un océan de feu » et contiennent ce passage sur la conscience, bien caractéristique de la pensée de Ritter :

> Si au demeurant l'on songe que lumière et chaleur ne sont telles que pour et *par* celui qui les voit et les sent, que cette vision et cette sensation sont un savoir *(Wissen)* particulier, et que tout savoir n'est que savoir de soi-même, conscience de soi, conscience d'un état particulier de soi-même ; bref, si l'on songe que lumière (dans son sens le plus pur) et conscience sont identiques (et inversement), alors l'esprit est surpris par l'intuition solennelle de sa grandeur infinie, intuition de cette grande vérité que la nature est son système et que

> c'est lui la nature. Alors, à partir de « cette identité absolue de l'esprit en nous et de la nature en dehors de nous » vient nous illuminer la joyeuse espérance qui ne trompe pas, celle de pouvoir résoudre vraiment le grand problème de tous les phénomènes naturels[59].

La rencontre de la lumière libre et de la matière opaque évoque aussi, outre les idées rappelées plus haut, celle du prisme, notamment dans le fragment 254 :

> Le prisme parfait de la lumière est la terre ; elle décompose la lumière en couleurs infinies. Qu'est, que sont, toutes les matières, les substances, etc., sinon des couleurs corporelles ? Les alliages sont des mélanges de couleurs. Celui qui aime particulièrement telle ou telle couleur habituelle, à celui-là correspond certainement aussi le mieux telle ou telle couleur corporelle. Théorie de la santé = théorie des couleurs. Sur la Terre, toute couleur devient aussitôt matière.

On est loin de la prudence de Kant qui voyait dans la matière le produit d'une double force, attractive et répulsive. A cette manière de poser la lumière comme force créatrice naturelle correspond le mythe du rayon, de la clarté, du jour, mythe qui semblerait ici l'emporter sur celui de la nuit si l'on ignorait que clarté et obscurité peuvent représenter, comme chez le peintre Philipp Otto Runge, les extrémités des couleurs du spectre. En la lumière ces deux extrêmes se touchent, créent une tension, une opposition, qui permet à la lumière d'embraser l'espace. Lumière, couleurs, matière, conscience même, sont inséparables. Avant Baudelaire, avant Rimbaud, ce physicien romantique donnait un « fragment des couleurs » :

> Nous voyons partout notre propre lumière. Ce envers quoi nous avons une position négative, nous le voyons bleu ; si elle est positive, nous le voyons rouge. Aussi le bleu est-il la couleur de la jalousie, le rouge celle de l'amour. Dans le rouge nous nous perdons mais nous nous sentons repoussés par le bleu. On peut étendre cela à toutes les couleurs, à celles des fleurs, des animaux, etc. Nous aurons la connaissance de toutes choses par leurs couleurs (frag. 433).

Il est remarquable, note-t-il ailleurs, qu'il n'y ait rien de bleu dans l'homme sinon, parfois, l'œil ! (frag. 432). Le fragment 256, édité à côté du 254, a pu être écrit au même moment ; couleurs, pensées de l'homme, courbure, ligne droite, éclair, baiser, fondus en une unique vision où chaque élément garde pourtant sa spécificité, composent ensemble ce beau tableau romantique :

> Tout ce qui est individuel dans la nature est médium de réfraction pour tous les rayons de l'univers. Dans l'homme se réfractent des rayons divins. Ils se scindent, leurs couleurs sont le jeu harmonieux des pensées de l'homme. On pourrait parler de pensées qui naîtraient d'une rencontre en ligne droite, d'autres pensées qui naîtraient d'une rencontre de biais. Le cœur serait le rayon de Dieu tombant verticalement sur l'homme, tout le reste tombant de biais. Ou encore : l'homme proprement dit est le cœur, l'intériorité en nous dans laquelle se réfracte toute extériorité. La vie est le jeu de couleurs que suscite le médium réfractant. — L'homme ne doit pas prendre une couleur isolément car seulement la réunion de toutes donne l'image achevée de Dieu en lui ; image qui apparaît dans l'amour qui n'est rien d'autre que la joie éprouvée par cette réunion du fait d'exister en elle-même, de se contempler elle-même. Ainsi l'éclair se manifeste au milieu de l'énergie divine, quand tous les esprits de Dieu reçoivent leur vie et se réjouissent grandement ; dans un amour sacré, une étreinte, un baiser, ils goûtent, touchent, entendent, voient, sentent — et un esprit en embrasse un autre, comme dans la divinité. (Cf. J. Böhme, *Morgenröthe*, XII, 39.)

Idées d'harmonie et de complémentarité universelles, alliées à un dynamisme que prisme et réfraction symbolisent en ouvrant à la spéculation d'inépuisables perspectives... Ces passages paraissent d'autant plus remarquables qu'ils sont d'un savant ayant expérimenté sur les couleurs, parfois en compagnie de Goethe[60] dont Ritter au demeurant soutenait contre Newton la *Théorie des couleurs*. C'est le 22 février 1801, en cherchant à établir équilibre et polarité avec le seul des deux éléments trouvés jusqu'ici — les rayons infrarouges, dont Herschel venait de révéler l'existence —, que Ritter a prouvé l'existence de l'ultraviolet à partir des modifications chimiques du chlorure d'argent ; il l'a appelé « lumière froide » ou « obscure », de même que Herschel avait parlé de chaleur à propos de l'infrarouge. Dans le vert il a repéré « l'équateur de la lumière ». Au cours d'expériences sur le rouge, accentué au maximum par un courant électrique, il le vit avec joie se transformer en violet ; conformément aux intuitions de Schelling, de Friedrich Schlegel, de Novalis, les oppositions émergeaient ainsi du fond d'une unité paradoxale, d'une dialectique ontologique. Le plaisir est dans la douleur, la force dans la contre-force, la mort dans la vie[61].

Cette complémentarité prend aussi une forme intéressante avec le thème de l'œil et du Soleil lorsque Ritter considère l'univers entier comme fait de rétine et de rayon lumineux ; on pense à la *perceptio* universelle selon Leibniz, à la complémentarité gœthéenne de l'œil et de la vision[62]. Le chapitre introductif des *Nouvelles*

Contributions évoque le jeu cosmique unissant la lumière à ce qu'elle éclaire. Selon une « antique tradition », alléguée ici sans plus de précision par Ritter, la lumière a besoin d'une obscurité étrangère à elle-même, mais ce qui luit et ce qui est éclairé se fondent en un troisième terme. De même l'esprit et le corps ne deviennent quelque chose que dans leur unité, ou âme, qui est leur fille, la petite fille du Père. La vision suppose non seulement une lumière et ce qu'elle éclaire, mais un œil pour les voir dans leur unité afin que se complète le « cercle de famille » de la lumière. Il va jusqu'à imaginer que la Terre a un œil où pourrait bien régner une température aussi constante que celle de l'œil humain (frag. 340), mais précise que la vue est le propre de l'individu, non pas de l'espèce qui, elle, fait un avec la lumière. Amour et lumière suspendent *(aufheben)* l'individualité, rapprochent de la vierge céleste qui apparaît incognito dans la femme (frag. 629). Le XVIIIe siècle avait beaucoup parlé du « sens intérieur » ; Ritter reprend l'expression *(innerer Sinn)*, précise (frag. 628) que ce sens de l'homme, pour abâtardi qu'il soit maintenant, « sait » tout de même, de façon certaine, sans avoir besoin d'entendre ou de voir ; il « sait » de la manière dont l'œil voit, sans chercher un pourquoi, et devrait être éduqué davantage en nous. Amour et connaissance se trouvent naturellement rapprochés, puisque de tous nos organes l'œil est vraiment celui de l'amour :

> L'œil reste l'organe proprement dit de l'amour. Quand deux regards disparaissent l'un dans l'autre, l'amour est là. D'où également toute contemplation artistique [...] La lumière est l'amour le plus pur. Aussi l'amour cherche-t-il la nuit. Tout amour est transparent comme la lumière même. C'est pourquoi toutes les indifférences sont transparentes. Ce qui est le plus transparent, et voilà la plus belle image de l'amour, c'est le diamant — de même que l'or, par sa couleur, est le plus belle image de la femme aimée (frag. 273).

L'érotique rittérienne mériterait d'être étudiée systématiquement et comparée avec celle d'autres *Naturphilosophen* contemporains[63] ; elle apparaît de manière pittoresque à propos de l'œil, dans le fragment 465. Après s'être demandé d'où vient la lumière permettant aux animaux nocturnes de s'orienter (chauves-souris, oiseaux de nuit, certains insectes), cette lumière qu'on voit aussi dans les mines et plus généralement dans les entrailles de la terre, Ritter écrit :

> Il est remarquable que chez les serpents à sonnettes ce soit particulièrement l'œil l'organe par lequel se manifeste l'influence de ces animaux sur le monde extérieur. Exactement comme quand on fixe du regard l'objet aimé ; ainsi tous les amoureux seraient des serpents à

sonnettes et tous les serpents à sonnettes des amoureux. Et puis les uns et les autres ont encore ceci en commun qu'ils trouvent ainsi leur nourriture.

Malgré l'origine commune ignée de tous les sens, chacun comporte donc sa propre signification. Si l'œil est lié à la lumière, l'oreille l'est à la pesanteur car l'homme qui veut voir lève les yeux et il dirige l'oreille vers la terre s'il veut entendre. Le goût et l'odorat le sont sans doute à des états intermédiaires de lumière et de pesanteur (frag. 426). Pour Ritter les aspects les plus quotidiens du réel se font porteurs de messages d'une telle ampleur symbolique que le réel devient une gigantesque métaphore. Celle-ci s'origine dans le mythe romantique de la chute et de la réintégration, et débouche sur l'action magique, la science elle-même devenant magie.

Le Cosmos métaphorique ou les hiéroglyphes du réel

Le mythe sur lequel repose la vision rittérienne du monde et celui du romantisme « mystique » en général s'articulent sur un schéma tripartite :

a) Unité originelle des individus ; *b)* Transformation (au sens ici de *Aufhebung*) de cette unité en polarité ; *c)* Le produit de cette transformation est un phénomène dans lequel les opposés se sont transmués *(aufheben)* en une nouvelle unité. Le discours de 1806 nous a déjà fourni l'essentiel de cette tripartition, d'autres écrits du même auteur viennent en confirmer le sens[64]. Puisque la nature actuelle est très concrètement notre second Moi, la physique ne fait jamais finalement que déchiffrer les « signatures » de la condition humaine. Qu'il s'agisse du Feu, du magnétisme, de l'oxydation des corps, de l'électricité ou du galvanisme, il y a d'abord polarité de deux opposés puis accès à une unité supérieure. Dans l'expérience galvanique, exemple privilégié, deux métaux viennent se polariser dans un liquide mais constituent par là une nouvelle unité vitale, l'électricité galvanique. Il en va de même pour les processus d'oxydation, qui établissent entre deux corps un rapport complexe. En matière de magnétisme c'est le champ magnétique qui représente l'unité supérieure.

La nature reproduit donc dans le laboratoire ou à l'extérieur un schéma qui correspond à l'histoire même de l'univers. A la différence toutefois d'autres théosophes romantiques comme Novalis, et de la théosophie en général, le premier terme du schéma représente pour Ritter un état non achevé car la félicité des premiers temps de l'humanité résultait d'une harmonie semblable à celle que connaissent actuellement les plantes et les animaux. Une indifférenciation générale régnait, préludant à une transformation. La qualité du bonheur à venir, celui qui correspondra à la « réintégration » finale, sera bien supérieure à celle de cet accord originel, car le bonheur sera alors vécu en toute conscience. C'est pourquoi la période de transition que nous traversons — l'histoire humaine depuis la fin du premier terme du schéma tripartite — est considérée par Ritter d'une manière beaucoup plus optimiste que par Novalis. Il fallait qu'Atlantide sombrât, mais il n'y a pas de quoi se lamenter... Dans le mythe rittérien des origines, point de place pour ces personnages novalisiens que sont le barde, le sage, le mage ; on les imaginerait chez Ritter plutôt dans le troisième terme. Le mouvement ascensionnel de l'histoire dessiné par les *Aufklärer*, et le processus cyclique dans lequel la pensée romantique se coule si volontiers, paraissent s'unir chez Ritter dans l'image d'une spirale[65], ainsi que l'a fait remarquer Walter D. Wetzels. De plus en plus les hiéroglyphes naturels révèlent aux hommes, d'abord aux physiciens — ces privilégiés de la connaissance —, leurs significations ; dans la mesure où elles sont comprises la terre prend conscience d'elle-même. L'importance de ce tournant de siècle pour l'histoire de la nature est soulignée par divers passages de l'œuvre, par exemple le fragment 349 : « Dans le galvanisme, la terre vient réfléchir sur elle-même » ; cela veut dire à la fois que le processus galvanique est pour la nature la façon de prendre conscience, et que les expériences, c'est-à-dire les hommes du tournant de ce siècle, la réveillent de son assoupissement. Leur « autoconnaissance » et celle de la nature ont partie liée.

A l'intérieur des processus les plus habituels comme les plus lointains, des rythmes sont à l'œuvre ; ils scandent la marche du monde, à l'image de la pile voltaïque qui connaît un maximum d'intensité en hiver, un minimum en été. La dernière partie des *Contributions*[66], influencée sans doute par Herder, étudie les phénomènes périodiques naturels pour montrer l'unité du cosmos ; les grandes périodes de l'univers y sont dites analogues aux phénomènes terrestres, à l'histoire de l'homme et de chaque époque historique. A cette idée que tout est en devenir Ritter ajoute celle de prototype et de métamorphose ; sur ce point il est moins redevable à la théorie aristotélicienne des éléments et aux Idées de Platon qu'au Herder (*Le Document le plus ancien...* et les *Idées*) critiqué par Kant pour sa trop grande hardiesse, et évidemment qu'à Gœthe. Tandis que la science naturelle courante est ahistorique, la science romantique se pose comme une génétique[67].

Toutes les créatures parlent par leur forme ; ce principe hermésien rappelé par Herder est resté l'un des axiomes du romantisme. Il ne s'agit pas de croire en une cryptographie faite de signes abstraits ou artificiels, mais en l'alphabet originel dans lequel la création fut épelée. Signe et signifié étant identiques il n'y a pas de code, les hiéroglyphes de la nature signifient ce qu'ils sont. Mais toutes les formes n'en sont pas moins l'expression d'une force unique dont Ritter cherche à surprendre les modifications. Idée kantienne au départ, que le romantisme a faite sienne en la saupoudrant fortement d'analogies. Frappé par la forme en zigzag de l'éclair[68], Ritter écrit à Oersted le 8 décembre 1805 qu'il espère bien grâce à ses expériences rendre compte de l'existence d'un « vrai tétraèdre de lumière » *(wahres Lichttetraeder)*, par quoi il faut entendre un corps considéré comme parfait, constitué de quatre triangles équilatéraux. Or, c'est l'étincelle qui fournirait le modèle concret de ce tétraèdre. Dans le *Journal de Gehlen* en 1808 il déclare que si par quelque moyen encore inconnu on parvenait à immobiliser une étincelle, à la pétrifier en quelque sorte, on contemplerait une figure normative *(Normal-Figur)* à laquelle se laisseraient ramener toutes les formes organiques ou inorganiques, toutes les figurations, configurations et agencements[69]. C'est l'idée de la *Urpflanze* gœthéenne, transposée dans le domaine de la lumière électrique. De cette figure lumineuse qu'est l'étincelle proviennent selon Ritter toutes les autres formes naturelles ; elle serait la structure cardinale de la nature, le point de départ de la métamorphose infinie des formes. L'on comprend d'autant mieux qu'il ait vu dans les masses une « lumière enchaînée » (frag. 266) et considéré tous les corps comme autant d'étincelles électriques, la tendance suprême à laquelle tend le galvanisme consistant à « dissoudre en étincelles » tous les métaux[70]. L'odeur de soufre dégagée fréquemment par les décharges électriques lui permet de conclure que l'électricité crée du soufre — le galvanisme crée donc de la matière.

L'esprit scientifique de l'époque avait favorisé l'intérêt pour le déchiffrement des hiéroglyphes naturels. Avant les expériences de Ritter celles de Georg Christoph Lichtenberg en 1777 engageaient la spéculation dans des voies que la pensée de Herder suivait elle aussi. Comme Lichtenberg l'avait découvert presque par hasard, de la poussière déposée sur des plaques de résine chargées positivement ou négativement a tendance à prendre des formes particulières ; l'électricité se faisait du même coup hiéroglyphe, d'autant que les dessins obtenus revêtent des formes soit rayonnantes ou étoilées, soit circulaires, attribuées respectivement à l'électricité positive et à la négative. Cela frappe beaucoup l'esprit de Ritter qui au lieu d'écrire « + E » et « — E » préfère écrire, en raison de cette découverte, « + E » et « OE » ; car si + symbolise le rayonnement, O symbolise mieux la forme circulaire que le signe négatif couramment utilisé. Il conclut aussi que « l'indifférence » électrique sera la combinaison de ces deux signes, soit ⊗, symbole qu'il a sans doute trouvé chez Herder comme figurant l'union des deux sexes, hiéroglyphe de fertilité, ou point dans lequel toute vie s'origine[71].

Aux expériences de Lichtenberg étaient venues s'ajouter en 1787 celles de Chladni sur les « figures sonores ». Chladni répandait du sable de quartz sur des plaques soumises ensuite à des vibrations et l'on voyait ce sable s'organiser en lignes droites, couleurs, hyperboles. Les phénomènes sonores trouvant eux aussi leur correspondance optique, le pas à franchir n'était pas grand pour voir dans les figures de Lichtenberg et de Chladni l'alphabet originel de l'humanité. Ritter était tout disposé à aller dans ce sens, puisque pour lui l'électricité, la lumière et le son se ramènent à un unique phénomène vibratoire et ne se distinguent les uns des autres que par la rapidité de l'oscillation. La lumière n'est autre que de l'électricité libre qui se transforme partiellement en lumière ou en électricité proprement dites quand elle rencontre certains obstacles ; aussi se demande-t-il dans les *Fragments* si des miroirs creux pourraient concentrer les émanations de substances colorantes, si des miroirs convexes au contraire les disperseraient ; s'il pourrait exister des télescopes magnétiques et électriques, des miroirs pour le magnétisme et l'électricité, des verres capables de réfracter en focus les rayons sonores ; si un prisme sonore serait possible, etc. Le lecteur d'aujourd'hui ne peut qu'être frappé par l'étonnante modernité de ces questions. L'effet photo-électrique, le principe du microscope électronique sont déjà là en germe, sous forme sinon d'inventions réelles, du moins d'anticipations ou de questions légitimes[72].

Au fond la nature, toujours prête à répondre à nos questions, attend seulement qu'on la sollicite. La radiesthésie est une des manifestations de cette connivence potentielle ou de cette harmonie. Ritter dit « sidérisme » *(Siderismus)*, non pas « radiesthésie », mot encore inconnu à l'époque bien qu'il s'agisse de la même chose. C'est aussi le titre de sa revue, dont seul un numéro parut, en 1808. On parle de sidérisme parce que dans ses déplacements en ellipse ou en cercle un pendule répète les trajectoires des corps célestes[73]. L'unique numéro de *Siderismus*, sous-titré « Nouvelles contributions pour une connaissance plus exacte du galvanisme », expose avec beaucoup de détails les expériences effectuées avec un sujet particulièrement doué, Francesco Campetti, homme simple habitant le Tyrol, que Ritter alla chercher en 1806 au nom et aux frais du gouvernement bavarois. Après avoir fait toutes sortes d'expériences dans le pays de son médium il l'emmène à Munich en 1807 en vue de séances scientifiques et publiques qui toutefois ne se révèlent point probantes, sauf aux yeux de Ritter lui-même et d'autres convaincus comme Baader[74]. Des mouvements de pendule Ritter conclut qu'il existe un contact direct entre l'homme et les choses inanimées et que la nature semble répondre docilement à son maître. Schelling en informe Hegel, qui ne répugne pas à se livrer lui-même à de telles expériences et en parle à Goethe. Celui-ci se souviendra de ces confidences quand il écrira *Les Affinités électives*[75]. Ritter va jusqu'à faire du pendule un procédé divinatoire, comme l'atteste sa correspondance avec le frère de Novalis en 1807. Il découvre aussi que les oscillations d'une boule de zinc dans le creux d'une main humide semblent vouloir décrire des cercles comparables aux mouvements des pôles de la terre dans le ciel. La boule suit l'homme comme la planète suit le soleil ! Le 1er février 1807 Ritter écrit à Karl von Hardenberg, le frère de Novalis : « Le point réclamé par Archimède est trouvé. *Nous ferons se mouvoir réellement la terre* »[76]. Et quelques jours auparavant, le 11 janvier 1807, Schelling intéressé par l'expérience écrit à Hegel :

> C'est là une véritable magie de l'être humain ; aucun animal n'est capable de faire la même chose. L'homme se détache vraiment de tous les autres êtres comme un soleil parmi eux, ils sont tous ses planètes. Voici que commence la *Physica coelestis* ou *uranis*, après la *terrestris* qui existait jusqu'ici[77].

Attitude magique sans doute, mais fondée sur une cosmosophie, une vision hermétisante du monde nourrie des spéculations romantiques héritées de Böhme — nous avons vu qu'il le citait — et du préromantisme saint-martinien. Ritter n'a certainement pu éviter d'entendre Baader lui parler des grands théosophes ; le 20 août 1804 il dit au frère de Novalis sa joie d'avoir découvert à travers le *Magikon* de Kleuker les deux premiers livres de Saint-Martin ; cette « assez jolie découverte » qu'il vient de faire est bien « la chose la plus délicieuse » qui lui soit tombée entre les mains depuis des années. Il possède *Des Erreurs et de la Vérité*, recherche actuellement *Tableau naturel* et déclare : « Je suis persuadé qu'une étude profonde des kabbalistes peut mener au moins très loin »[78]. Ritter ne s'engagera jamais dans cette voie, sa cosmosophie restera « sauvage » mais la poésie n'y a rien perdu. On pense à Restif de La Bretonne en lisant certains passages dont il a parsemé la dernière partie des *Fragments* ; l'imagination y prend son envol vers des sphères apparemment détachées de toute référence empirique. En réalité ces échappées restent compatibles avec les principes scientifiques évoqués au long du présent exposé.

Il se demande par exemple si le firmament entier n'est pas pour tous les soleils une splendide sphère lumineuse et si les habitants du soleil ont des yeux. Les Solariens sont-ils intérieurement si bienheureux que le monde des sens n'est rien pour eux ? Il imagine le Soleil comme le lieu de rassemblement d'esprits élus, transfigurés par la beauté de l'univers. Inversement il doute que le « sens intérieur » puisse s'éveiller sur la Lune où il semblerait bien que tout soit seulement jeu onirique extérieur. La terre présente cette particularité qu'on a la chance d'y veiller en rêve et d'y rêver à l'état de veille. La raison, don de Dieu, nous aide à interpréter nos rêves ; région mixte par conséquent que notre planète où nous pouvons regarder par intermédiaire le reflet tamisé d'une lumière dont nous ne saurions supporter directement l'éclat (frag. 519). Plus l'organisation d'un corps céleste est proche de la divinité, moins il contient d'individus. Sur la Lune règne sans doute l'organisation la plus individuelle et la plus variée mais il ne doit rien y avoir de bien durable tandis que sur le Soleil on peut imaginer une longue vie, un art supérieur, un âge d'or éternel (frag. 586).

Les corps célestes grandissent, écrit-il sérieusement dans le fragment 511. Il serait intéressant de relever chez lui toutes les métaphores végétales ; celle-ci figurerait en bonne place : « Si l'univers est une plante, alors toutes les lunes sont les rejetons de ses branches » (frag. 520). Plantes et animaux sont renvoyés les uns aux autres en images inversées ; ainsi le mimosa est « animal sous forme de plante », la grenouille « plante sous forme animale », les pierres précieuses sont des fleurs minérales... mais la place privilégiée de l'homme dans la création vivante est révélée entre autres choses par le fait que le mimosa, comme il l'écrit à Oersted, réagit à la seule présence d'une personne[79]. Le végétal imprègne mainte évocation cosmique ; un point surgit de l'univers comme un bourgeon, se met à grandir : « Peut-être que la Lune est encore en période de croissance, peut-être toutes les planètes le sont-elles encore ? » Il est possible qu'elles grandissent en fonction de leur distance par rapport au Soleil, ou de la diminution de leur masse qui regagnerait en « extensité » ce qu'elle perdrait en intensité ; la lumière serait l'action de ce processus de réciprocité. Une des premières spéculations physiques de Ritter portait sur les précipitations métalliques au cours desquelles le jeune physicien croyait voir le cuivre présent à l'extrémité croissante d'un dentrite d'argent se transformer en lumière ; c'est l'amplification hardie de ce processus apparent qui lui permet de concevoir l'univers entier selon le modèle chimique : « La forme est partout la même ; il faut qu'il en soit ainsi, car c'est un seul Esprit qui la pense » ; et le jeune physicien d'ajouter que la Lune grandit aux dépens de la Terre (ce sont surtout les planètes sans satellites qui grandissent) et que le système artériel des corps (« microcosme du macrocosme ») est le symbole de l'univers (frag. 511). Le système solaire tout entier est dans l'homme, chacun de nous est un univers en miniature[80]. Le plus poétique des fragments sur les planètes et la lumière, le n° 518, mérite d'être cité intégralement pour son aspect de fantastique poétique :

> Toute vie est un baiser que le Soleil donne à la Terre, de même que l'amour est le point d'indifférence du genre humain. Quand le vivant s'embrasse, alors une vie se lève dans la vie, c'est le jour de résurrection du dieu céleste dans l'homme terrestre. L'homme et la femme sont les symboles de la dualité dans le système solaire. Lequel des deux est le Soleil, lequel la Lune ? La femme est créée à partir de la côte de l'homme, de même que la Terre l'est à partir d'une côte du Soleil. Le Soleil brille, l'homme lui aussi tend vers l'avant, comme la lumière. C'est aussi la vivifiante lumière du Soleil qui dans l'utérus de la Terre engendre éternellement l'embryon de la vie. C'est l'amour qui fait venir l'embryon à la lumière du monde et lui donne la première joie qu'il éprouve à exister. Pour cela aussi il naît avec des larmes. Le Soleil et l'homme [mâle] règnent sur le jour, mais pendant la nuit la Terre et la femme remportent la belle victoire. La Lune est un secret billet doux que le Soleil envoie à la Terre, elle est le reflet de l'élan amoureux de l'homme qui se penche vers sa bien-aimée terrestre. Et tout de même que le regard nostalgique de la jeune fille s'attarde volontiers dans le miroir pour y trouver une consolation, mais plus encore dans les yeux du jeune homme, ainsi lorsque la Lune brille cette belle femme qui est la Terre découvre davantage son sein et laisse couler ses larmes dans l'espoir d'être entendue. Voilà pourquoi également la vive reconnaissance éprouvée pour avoir eu la grâce d'être entendue fait soudain cesser ces larmes (frag. 518).

Ce serait trop peu faire que de rappeler la nécessité d'entendre ces évocations dans leur contexte « romantique » sous peine de ne pas les comprendre ou de ne pas leur faire pleinement justice. Pour aborder ces écrits romantiques allemands avec l'état d'esprit qui convient il faut en effet aller plus loin, les prendre dans leur ensemble comme on fait de la Bible, ensemble d'écrits elle aussi, multiplicité de livres qui pourtant n'en font qu'un[81]. Friedrich Schlegel lisait de cette manière les Anciens, reconnaissant à « saint Winckelmann » le mérite d'avoir été le premier à considérer tous les poèmes classiques de l'Antiquité comme une seule unité organique, un seul poème[82]. Bon nombre de *Naturphilosophen* diffèrent énormément les uns des autres, au point que le mot « romantique » paraît se dissoudre quand on les étudie de près, mais ils écrivent au fond tous le même livre dès lors que chez eux Science et Art se voudraient unis comme une seule tunique sans couture ; c'est en tenant compte de cette intention qu'il convient d'aborder les *Fragments* de Ritter, son discours sur le Feu, ses autres écrits de même que tous ceux des *Naturphilosophen* ses contemporains. Dans un compte rendu paru en 1810 et consacré justement aux *Fragments*, Achim von Arnim voit dans la *Naturforschung* contemporaine la contribution décisive de l'Allemagne au temps présent ; la France, dit-il, a produit avant et après la Révolution un monde politique nouveau mais la politique est pour les Allemands quelque chose qui les dérange et les ennuie *(eine lästige Störung)* et la vraie force de l'Allemagne réside dans le domaine de la Science et de l'Art[83].

Pour que Science et Art s'allient aussi étroitement, au point de n'être pas simplement rapprochés l'un de l'autre, mais considérés comme une unique activité il faut que joue à plein et de façon cohérente le raisonnement par similitude. De fait, le concept d'analogie est passé dans le romantisme par le canal de l'école wolffienne, en provenance de la pensée leibnizienne. La faculté esthétique en est venue à être considérée peu à peu — ainsi dans les théories de Baumgarten — comme *analogon* de la *ratio*, selon un procès évidemment plus dynamique, hardi et systématique que dans les trop timides systèmes de Leibniz et de Wolff, à partir du moment où l'on partit à la recherche de modèles génétiques susceptibles de mettre au jour les rapports entre l'homme et la Nature. Au long de cette recherche menée à peu près de Oetinger à Carus il ne fut jamais question de mettre en cause le bien-fondé de la méthode expérimentale mais seulement de prendre conscience du caractère limité des procédés de l'expérience purement empirique. Il ne convient donc pas de juger la *Naturphilosophie*, à laquelle Ritter se rattache, par comparaison avec des sciences plus exactes, mais de la considérer en soi[84], ni de succomber à la trop facile tentation de se gausser de la séparation qu'arbitrairement il lui arrive d'effectuer entre le contenu et la forme, entraînée qu'elle se trouve parfois dans ses élans analogiques et anagogiques. Ritter partage avec elle ce qu'elle a de spécifique et qui précisément fait défaut à la science et à l'épistémologie contemporaines malgré quelques tentatives d'un retour à ce mode de pensée.

La spécificité dont il s'agit, c'est d'abord l'idée qu'en vertu d'un accord de la Nature et de l'Esprit, celui-ci se naturalise et que celle-là se spiritualise. « Cet accord *(Uebereinstimmung)* de la Nature et de l'Esprit, dit en 1807 Oersted, on admettra difficilement qu'il est dû au hasard. Plus nous avançons, plus parfait vous le trouvez, et plus facilement vous serez d'accord avec moi pour admettre que les deux natures sont les germes d'une racine commune »[85]. Compris de façon non pas statique mais dynamique, cet « accord » est dramaturgie animée et passionnée. Ritter a inséré quelques-uns des autres thèmes principaux du romantisme au cœur de sa dramaturgie personnelle : le rôle qu'y jouent les cristaux et les métaux ; l'importance et le sens des quatre éléments traditionnels (surtout l'Eau et le Feu) ; l'existence de hiéroglyphes de la Nature en relation avec la langue universelle de l'homme ; les deux idées complémentaires d'une structure triadique de l'histoire, et d'un âge d'or ; enfin, la physique considérée comme une physiologie (et non pas l'inverse). L'œuvre de Ritter paraît ainsi exemplaire, à son époque, comme tentative de construire à partir de ces différents thèmes complémentaires une systématique des réalités du monde extérieur et des processus à l'œuvre dans l'homme, car le physicien qu'il est s'efforce aussi de saisir dans leur genèse la construction des sensations et de la perception de soi en vue d'une possible architectonique (Kant avait appelé ainsi l'art des systèmes, à propos de la méthode transcendantale de la première *Critique)*[86]. Or, en cette fin de notre XXe siècle la physiologie attend toujours une telle architectonique qui utiliserait les matières rassemblées et les connaissances historiques *(cognitio ex datis)* pour en tirer une rationalité prenant appui sur une heuristique *(cognitio ex principiis)*. Agrégats de connaissances et rhapsodies scientifiques ne suffisent pas à qui rêve légitimement d'un système d'idées, d'un regard sur le Tout, ou de voir ces bâtiments dont Kant disait déjà qu'on en aperçoit seulement les ruines ou des fragments.

NOTES

1. Roger Ayrault, *La Genèse du romantisme allemand*, Paris, Aubier, t. IV (1976), p. 119. Citation de Clemens Brentano, in *C. Brentanos Frühlingskranz in Briefen, ihm geflochten...*, Leipzig, 1907, p. 121. (Ritter, ein Mann « der wie Moses mit seinem Stab an den harten Fels der Wissenschaft schlägt, aus dem die reine kristallhelle Quelle der Weisheit hervorsprudelt, und wer es wagt, seinen Becher dran zu füllen, der wird von der Grösse dieses unsterblichen Menschen durchdrungen »). Texte du passage de la *Zueignung* : « Du hast in mir den edlen Trieb erregt / Tief ins Gemüt der weiten Welt zu schauen ; / Mit deiner Hand ergriff mich ein Vertrauen, / Das sicher mich durch alle Stürme trägt ». Passage de la lettre à C. Schlegel (20 janvier 1799, *in* Ed. Kohlhammer, 1975, t. IV, p. 275) : « Ritter ist Ritter und wir sind nur Knappen. Selbst Baader ist nur sein Dichter. »

2. Le meilleur travail est à ma connaissance celui de Walter D. Wetzels, *Johann Wilhelm Ritter : Physik im Wirkungsfeld der deutschen Romantik*, Berlin et New York, Walter de Gruyter, 1973, 135 p. Cf. aussi Wolfgang Hartwig, *Physik als Kunst. Ueber die naturphilosophischen Gedanken Johann Wilhelm Ritters*, Université Albert-Ludwig de Fribourg-in-Breis-

gau, thèse inédite (manuscrit), 1955. Dans l'ouvrage de Roger Ayrault (cf. *supra*, n. 1), consulter tout l'excellent passage, p. 118-131. Pour une bioliographie, cf. Wetzels, *op. cit.*, p. 127-135. R. Haym (*Die romantische Schule*, Berlin, 1970, p. 612-619) discrédite le mérite scientifique de Ritter malgré l'opinion positive de E. Du Bois-Reymond (*Untersuchungen über die tierische Elektrizität*, II, Berlin, 1849, p. 320 s.) sur la valeur empirique des travaux de Ritter en électrophysiologie. Actuellement, les jugements se rapprochent de ceux de Du Bois-Reymond (cf. par ex. D. Huffmeier, « J. W. Ritter : Naturforscher oder Naturphilosoph ? », in *Sudhoff's Archiv für Geschichte der Medizin und der Naturwissenschaften, 41* (1961), p. 225-234. Cf. aussi J. McRae, articles sur Ritter in *Dictionary of Scientific Biography*, ed. by C. C. Gillispie, New York, C. Scribner's Sons, vol. XI, 1975. Depuis la publication (1983) du présent article ont paru, parmi d'autres études intéressantes : Jean-Paul Guiot, « Sechs unveröffentlichte Briefe von J.W. Ritter », pp. 218-243 *in* : *Centaurus*, vol. 28, 1985. Du même, « Zur Entdeckung der ultravioletten Strahlen durch J.W. Ritter », pp. 346-356 *in* : *Archives internationales d'histoire des sciences*, nr. 114/115, vol. 35/1985. Et Klaus Richter, *Der Physiker des Romantikerkreises J.W. Ritter in seinen Briefen an den Verleger C.F.E. Fromann*, Weimar, H. Böhlhaus, 1988.

3. *Beweis, dass ein beständiger Galvanismus den Lebensprocess in dem Tierreich begleite. Nebst neuen Versuchen und Bemerkungen über den Galvanismus*, Weimar, 1798, 174 p.

4. Cf. entre autres articles Hans Schımank, « J. W. Ritter, der Begründer der wissenschaftlichen Elektrochemie », in *Deutsches Museum*, n° 6, 1933, p. 175-203, et Arnim Hermann, *Die Begründung der Elektrochemie und die Entdeckung der ultravioletten Strahlen von J. W. Ritter*, Francfort, 1968.

5. Franz von Spaun, *Die Verschwörung gegen den gesunden Menschenverstand*, Munich, 1817, p. 15. Cité par Wetzels, p. 44.

6. *Beyträge zur näheren Kenntnis des Galvanismus und der Resultate seiner Untersuchung*, Bd 1 (I et II). Iéna, 1800, Bd I (III et IV), Bd 2 (I et II), Iéna, 1802, Bd II (III et IV), Iéna, 1805.

7. « Galvanische Versuche über die chemische Natur des Wassers », in *Chemische Annalen*, hg. Lorenz von Grell, I. Stück, 1801, p. 41-63 ; *Das elektrische System der Körper. Ein Versuch*, Leipzig, 1805.

8. *Die Physik als Kunst. Ein Versuch, die Tendenz der Physik aus ihrer Geschichte zu deuten*, Munich, Joseph Lindauer, 1806, 62 p.

9. *Der Siderismus*, Bd I. (I Stück), Tübingen, 1808.

10. *Fragmente ans dem Nachlasse eines jungen Physikers. Ein Taschenbuch für die Freunde der Natur*, Heidelberg, Mohr & Zimmer, 1810, 2 vol. (228 et 269 p.) ; réimpression en fac-similé à Heidelberg : Lambert Schneider, 1969, avec une excellente postface de Heinrich Schipperges. Comme les fragments sont numérotés, ils seront référés entre parenthèses dans cet article, ex. : (frag. 389).

11. *Metaphysische Anfangsgründe der Naturwissenschaft.*

12. *Versuch die Gesetze magnetischer Erscheinungen aus den Sätzen der Naturmetaphysik mithin a priori zu entwickeln*, Tübingen, 1797.

13. *Ideen zu einer Philosophie der Natur*, 1797 ; *Von der Weltseele. Eine Hypothese der höheren Physik*, 1798 ; *Erster Entwurf eines Systems der Naturphilosophie*, 1799. Sur Schelling, cf. principalement Xavier Tilliette, *Schelling : un philosophe en devenir*, Paris, Vrin, 1970 (2 vol.) ; et Jean-François Marquet, *Liberté et existence. Etude sur la formation de la philosophie de Schelling*, Paris, Gallimard, 1973 ; du même, « Schelling et la philosophie de la nature », in *Epochen der Naturmystik*, hrg. A. Faivre et R. C. Zimmermann, Berlin, E. Schmidt, 1979, p. 426-444.

14. Baader, *Sämtliche Werke*, XIII, 143.

15. G.H. von Schubert, in *Romantische Naturphilosophie*, hg. C. Bernoulli et H. Kern, Iéna, E. Diederichs, 1926, p. 139. *Die Symbolik des Traums*, 1814 (trad. franç. : *La Symbolique du rêve*, présenté et traduit par Patrick Valette, Paris, A. Michel, 1982).

16. Cf. le travail remarquablement bien documenté de Rolf Christian Zimmermann, « Gœthes Polaritätsdenken im geistigen Kontext des 18. Jahrhunderts », in *Jahrbuch der deutschen Schillergesellschaft*, XVII, 1974, Stuttgart, A. Kröner, p. 304-347.

17. Cf. dans l'excellent livre de Alex. G. F. Gode-von Aesch *(Natural Science in German Romanticism*, New York, 1941) tout le chapitre consacré à la « force vitale ».

18. Reproche fait à Brown par Adam Müller dans son livre au titre significatif : *Die Lehre vom Gegensatz*, 1804 (cf. p. 234, note).

19. Aloysi Galvani, *Abhandlungen über die Kräfte der tierischen Elektrizität* (trad. allemande, 1793). *De viribus electricitatis in motu musculari commentarius* (1792). Jacob Fidei Ackermann fit connaître l'expérience de Galvani en Allemagne dès 1792 par un article et publia en 1797 *Versuch einer Darstellung der Lebenskräfte organisirter Körper* (t. II, 1800, rééd. 1805).

20. Notamment dans *Aphorismen aus der Lehre der chemischen Pflanzenphysiologie*, 1793 (déjà cité par Gode-von Aesch, *op. cit.*).

21. *Ueber das Kantische Prinzip für die Naturgeschichte*, Göttingen, 1796.

22. *Die Kunst das menschliche Leben zu verlängern*, Vienne et Prague, 1797, 2 vol. réédités en fac-similé (Hambourg, W. Lichters, s.d.).

23. La conception mesmérienne d'un fluide universel se dissout dans la simple remarque de Novalis, « *Le véritable* menstruum universale est la vie » (III, 98). Plus tard les *Recherches sur le magnétisme* (1846) du baron Karl von Reichenbach (« un Swedenborg du XIXe siècle », dit Gode-von Aesch, in *op. cit.*, p. 183) sur l'Od ou Odyl rappellent beaucoup la manière « matérialisante » du mesmérisme de concevoir une force vitale.

24. On sait que James Clark Maxwell proposera une théorie devant relier champ électrique et champ magnétique, prévoyant de ce fait l'existence d'ondes électromagnétiques.

25. Parmi les publications récentes, cf. *Lumière et Cosmos*, Paris, Albin Michel (« Cahiers de l'Hermétisme »), 1981.

26. *Sämtliche Werke*, Ed. Suphan, XIII, 102, et VIII, 170.

27. *Schellings Werke* (hg. M. Schröter, 1958), I, 706.

28. Cf. Otto Brahm, « Eine Episode in Goethes Wahlverwandtschaften », in *Zeitschrift für deutsches Altertum*, n° 26, 1882 (article reproduit, pour l'essentiel, dans la *Hamburger Ausgabe*, Bd 6, p. 442-446).

29. Enumération *in* Wetzels, p. 9 s. ; on pourrait évidemment multiplier les exemples.

30. « Beweis, daß die galvanische Action oder der Galvanismus auch in der anorganischen Natur möglich und wirklich sey », in *Beiträge*, Bd I (1. und 2. Stück), Iéna, 1800.

31. *Ibid.*, p. 282 s.

32. *Ibid.*, p. 282 s.

33. Cité par Wetzels, *op. cit.* (Minor, n° 3, 655). Rappelons à ce propos le passage significatif de la lettre de Novalis à Caroline Schlegel (cf. *supra*, note 1).

34. Cité par H. Schipperges, *in* Postface à l'édition de 1969 des *Fragmente* (cf. *supra*, n. 10), p. 28.

35. *Der Kleine Morgen*, Kunsthalle de Hambourg.

36. Cité par Wetzels, p. 103.

37. Parmi les contributions de Ritter au Journal de Gehlen (*Neues allgemeines Journal der Chemie*, hg. A.F. Gehlen), cf. notamment à ce propos : Bd 6, 1808, p. 80.

38. Cité par Wetzels, p. 105.

39. Le fragment 481 va jusqu'à faire correspondre l'oxygénation à la source de toute erreur, paralysie, immobilisation,

angoisse, tourment ; en revanche « l'activité organique de l'hydrogène » est bonne, car seul l'organique est bon. La contradiction avec les autres passages n'est qu'apparente.

40. Cf. Antoine Faivre, « Entre l'*Aufklärung* et le romantisme : A.G. Werner ou la géognosie », p. 41-52, dans le présent ouvrage.

41. Cf. Johann Friedrich von Meyer, « Gedanken über Licht und Wärme », in *Blätter für höhere Wahrheit*, I, 1820, p. 230-253.

42. C'est-à-dire à ce qu'il voit quand l'électrolyse a lieu sous ses yeux. Wetzels, p. 81, a bien relevé cette contradiction.

43. *Ritter à Kielmeyer*, 1808 (Wetzels, p. 82).

44. *Beiträge*, I-III, 174 s., 177, 185.

45. Jean-Luc Faivre, *Paul Valéry et le thème de la Lumière*, Paris, Lettres modernes (Minard), 1975 (coll. « Thèmes et Mythes », n° 13), cf. notamment p. 48 et 55. Sur la comparaison concernant Ritter, Novalis et Oersted, cf. Wetzels, p. 83.

46. *Correspondance de H.C. Oersted avec divers savants*, publié par M.C. Harding, Copenhague, 1920, t. II, p. 159 ; Baader, « Beiträge zur Elementarphysiologie », in *Sämtliche Werke*, 1852, t. III, p. 202-246 (rééd. Aalen, « Scientia Verlag », 1963).

47. Georg Stefansky, *Das hellenisch-deutsche Weltbild*, Bonn, 1925, p. 217. Cité par Wetzels, p. 45. A propos de la notion d'art et d'artiste chez Ritter, citons ce fragment (le n° 625), qui éclaire le titre du discours : « Une foule de grands artistes et poètes se penchèrent, avec le temps, vers la physique. Ainsi récemment encore *Winkelmann, Goethe*, et d'autres. Mais la terre elle-même fut d'abord artiste et poète avant de devenir physicienne, et l'individu ne fait que répéter l'histoire de l'ensemble ». Aussi peut-il affirmer du poète (frag. 683) : « De même que le Soleil brille dans un processus de combustion, de même la lumière de la nature brille dans le poète. »

48. *Sämtliche Werke*, hg. Supphan, t. XVI, p. 559 (Cinquième entretien sur Dieu).

49. *Physik als Kunst*, p. 25-30.

50. *Ibid.*, p. 31-35.

51. *Ibid.*, p. 36-38.

52. *Ibid.*, p. 51-54. Dans *Beiträge* (2, IV, p. 344) il voit la terre un peu comme une momie dont les membres particuliers ont été relativement préservés (car « des génies la gardent ») et attendent le grand matin qui la rappellera à la vie. Novalis voyait dans la nature inanimée une ville enchantée pétrifiée. Ritter voyait le cristal comme un organisme bloqué et se demandait si les métaux ne sont pas « les os d'un monde ancien » (frag. 81, cf. aussi frag. 82). Il est vrai qu'on avait trouvé des substances organiques dans le granit, G.H. Schubert en parle. Référence *in* Wetzels, p. 92.

53. Jeder Beweis ist eine Ahnenprobe (Novalis, *Schriften*, hg. Kluckhohn, 1968, t. III, p. 286).

54. Hartwig a placé cette belle citation en exergue de sa thèse (citée *supra*, n. 2).

55. *Physik als Kunst*, p. 14.

56. *Ibid.*, p. 24 s.

57. *Briefe eines romantischen Physikers : J. W. Ritter an G. H. Schubert und an K. von Hardenberg*, hg. und erläutert von Friedrich Klemm und Arnim Hermann, Munich, H. Hoos, 1966, 67 p. (texte cité ici : p. 48).

58. *Physisch-Chemische Abhandlungen in chronologischer Folge* (3 vol.), Leipzig ; II (1806), p. 107. Déjà cité par H. Schipperges (cf. *supra*, n. 10), p. 28.

59. *Ibid.*, I, 1806, p. 57 s.

60. Cf. Le Journal de Goethe, dans la *Weimarer Ausgabe*, III Abt., 3 Bd, p. 7-II.

61. Éléments judicieusement rapprochés par Wetzels, p. 101.

62. « Wär nicht das Auge sonnenhaft / Die Sonne könnt es nie erblicken ; / Läg nicht in uns des Gottes eig'ne Kraft / Wie könnt' uns Göttliches entzücken ? » (Si l'œil n'était pas solaire, / Il ne pourrait jamais apercevoir le soleil ; / S'il n'y avait pas en nous la force propre de Dieu, / Comment le divin pourrait-il nous sai-

sir ?). Cf. Goethe, *Traité des couleurs*, textes choisis et présentés par Paul-Henri Bideau, Paris, Triades, 1980, p. 80. Sur l'identité de l'œil et de la vision, cf. « Feu, Éclair et Lumière chez Franz von Baader », dans le présent ouvrage.

63. Paul Kluckhohn en a donné un aperçu dans *Die Auffassung der Liebe in der Literatur des 18. Jahrhunderts und in der deutschen Romantik*, Tübingen, M. Niemeyer, 1922 (rééd. 1966), 512-520.

64. *Beiträge 2*. IV. p. 344 (cf. Wetzels, p. 92).

65. Wetzels, p. 95 s.

66. *Beiträge* 2, III et IV.

67. Ritter à Oersted, 21 février 1802 : « Ich werde die Metamorphose der Pflanzen, der Tiere, des Menschen, der Erde, der Menschheit, etc., wie *Goethe* noch sonst jemand nimmer mehr. Kurz : die *Metamorphose alles Endlichen* » (cité par Wetzels, p. 87).

68. A rapprocher des remarques de Baader (*Ueber den Blitz als Vater des Lichts*, 1815, in *Sämtliche Werke*, II, p. 31 s., et de Martinus Van Marum (*Abhandlung über das Elektrisieren*, 1778, éd. néerlandaise originale 1776) ; cf. mon article sur Baader dans le présent ouvrage, note 62.

69. Wetzels, p. 84, Journal de Gehlen (cité *supra*, n. 37), Bd 7, 1808, p. 58 s.

70. « Si l'étincelle électrique a du poids (Winterl), alors tous les corps ne sont à vrai dire que des étincelles électriques » (frag. 311). A rapprocher de la remarque de Novalis : « Les formes cristallines ne pourraient-elles être d'*origine* électrique ? » (*Schriften*, III, 1968, p. 561).

71. Ritter à Baader, 28 juin 1806, in *Sämtliche Werke*, XV, p. 205 s. C'est W. Hartwig (cité *supra*, n. 2), p. III, qui a suggéré que Ritter pouvait avoir emprunté ce signe à *Aelteste Urkunde des Menschengeschlechts* de Herder paru en 1774 (*Sämtliche Werke*, hg. Suphan, Bd 6, 1883, p. 350 s.).

72. Bon résumé de la question *in* Wetzels, p. 90 s.

73. Ritter donne une bonne définition du « sidérisme » dans sa lettre à Karl von Hardenberg en date du 1er février 1807, publiée in *Briefe*, hg. F. Klemm et A. Hermann (cf. *supra*, n. 57), p. 29.

74. Dans *Neue Beiträge*, cf. surtout p. 1 à 50. Baader, *Sämtliche Werke*, XV, p. 187-235.

75. *Die Wahlverwandtschaften*, 2e partie, chap. II (cf. note *supra*, n° 28). Sur la correspondance de Schelling avec Hegel au sujet de Campetti, cf. citations et références *in* Eugène Susini, *Lettres inédites de Franz von Baader* (Notes et Commentaires, t. I), Vienne, Herder, 1951, p. 123 s., et *in* Wetzels, p. 49.

76. P. 32 *in* lettre citée *supra* (n. 73). Ritter fut pris à partie par Ludwig Wilhelm Gilbert qui dans *Annalen der Physik* l'attaqua et nuisit à sa réputation (références *in* Wetzels, p. 52).

77. Cité par Wetzels, p. 117, d'après *Sämtliche Werke* de Hegel (hg. J. Hoffmeister), I. Briefband (1952), p. 135.

78. Lettre publiée in *Briefe eines romantischen Physikers* (cité *supra*, n. 57).

79. Si l'organisme est conçu comme un processus de cristallisation supérieure on conçoit que les pierres précieuses puissent être considérées comme des fleurs minérales. Si d'autre part la plante est pour Ritter un animal inversé, c'est parce que son « excitation » (par exemple celle du mimosa) se produit vers l'intérieur, tandis que chez l'animal (la grenouille) elle se produit vers l'extérieur. Le royaume végétal serait alors le produit d'une expiration, le royaume animal celui d'une inspiration (rapprochement *in* Wetzels, p. 68 s.).

80. Cf. l'étonnant fragment 451, pour ne citer qu'un exemple.

81. Gode-von Aesch, *op. cit.*, p. 9.

82. Friedrich Schlegel, *Ideen*, 94, 101, *Prosaische Jugendschriften*, hg. von Jakob Miror, Vienne 1906.

83. *Heidelberger Jahrbücher der Literatur*, Jg. 3, Abt. I, Bd 2, 1910, p. 118 (déjà cité par von Dietrich v. Engelhardt, Ein-

führendes Referat, p. 167 *in Romantik in Deutschland*, Stuttgart, J.B. Metzler, 1978) ; les contributions de Engelhardt dans cet ouvrage, ainsi que ses autres travaux, sont d'un grand intérêt pour l'étude de la *Naturphilosophie*.

84. *Ibid.*, p. 168.

85. Oersted, « Betrachtungen über die Geschichte der Chemie », in *Journal für die Chemie und die Physik*, 3, 1807, p. 230.

86. II, 3, *Werke*, hg. Cassirer, Bd III, Berlin, 1922.

N.B. Le lecteur ignorant l'allemand mais désireux de lire Ritter en français peut avoir accès à la plupart des lettres écrites par le « jeune physicien » en consultant la thèse de 3e cycle de Daniel Giroux : *Lettres d'un Physicien Théosophe : J.W. Ritter (1776-1810)*. Thèse de doctorat de 3e cycle, Université de Dijon, 1973, 218 pages. L'introduction (p. 1 à 53), excellente, est suivie d'un choix de lettres de Ritter à J.W. v. Goethe, K. v. Savigny, K. v. Hardenberg, H.C. Oersted, F. v. Baader, G.H. v. Schubert. Des notes et une bibliographie complètent utilement ce travail qui mériterait d'être édité.

Feu et lumière chez Johann Friedrich von Meyer (1772-1849), C.B.C.S. de Francfort

Au grand germaniste Eugène Susini qui nous a quittés en 1982, on doit une meilleure connaissance de Franz von Baader et de la philosophie romantique, car il a consacré d'admirables études non seulement au théosophe de Munich mais aussi à tout un milieu recouvert, avant celles-ci, de plus d'ombres que de lumières. Peu de maîtres ont su, par leurs travaux et leurs conseils, susciter autant de vocations de recherche en ce domaine foisonnant, difficile d'accès mais intellectuellement et spirituellement si important, enrichissant, passionnant. Parmi les auteurs méconnus sur lesquels il a attiré l'attention figure en bonne place Johann Friedrich von Meyer (1772-1849), personnage qui aurait depuis longtemps mérité de faire l'objet d'un travail approfondi car, à ses dons de romancier, de poète, de philosophe s'ajoutent ceux d'hébraïsant, de théologien, de théosophe [1].

Meyer franc-maçon, philosophe et théologien

En effet, si Meyer fut un penseur polyvalent, un écrivain prolixe et un théologien de valeur, il se signale également à notre attention comme l'un des Maçons les plus actifs de la ville de Francfort-sur-le-Main, du moins pendant quelques années. C'est donc vers le Régime Écossais Rectifié que l'avaient conduit ses aspirations théosophiques et hermétisantes, si bien qu'il devint tout naturellement Chevalier Bienfaisant de la Cité Sainte. Le fonds qu'il a laissé (Bibliothèque de la Faculté de Théologie protestante de Erlangen), fort important quantitativement et qualitativement, comporte une section de manuscrits maçonniques dont il est l'auteur. Ceux-ci consistent, d'une part, en des réflexions sur la Franc-Maçonnerie et ses rituels — ceux du R.E.R. surtout —, leur nature et leur histoire, sur les besoins de réforme à l'intérieur des loges, et d'autre part, en une volumineuse correspondance avec des Maçons de grand renom tels que Christian de Hesse-Darmstadt et Charles de Hesse-Cassel. Gérard Van Rijnberk, dans son livre sur Martinès de Pasqually, avait déjà révélé que le C.B.C.S. Johann Friedrich von Meyer (*in ordine*: Eques a Cruce) fut Grand Profès dans cette ville de Francfort qui en comptait d'autres, eux aussi de renom, tels l'hébraïsant J.-F. Molitor (a Lingua Sancta) et l'échevin W.F. von Metzler (a Rosa Rubra). L'exposition « Spiritualité et Franc-Maçonnerie », organisée par Frédérick Tristan à la Bibliothèque nationale de Paris en septembre 1982, montrait des documents maçonniques empruntés au fonds Meyer, et cela grâce à l'obligeance de Jacques Fabry.

De celle-ci, indiquons seulement quelques grandes lignes. Meyer s'était signalé par quelques articles sur la Franc-Maçonnerie avant même d'être initié. Dès 1799 il écrivait sur elle. Plus tard, il se rattache à cette famille des C.B.C.S. de Francfort, de Darmstadt et de Strasbourg, qui pratiquement constituaient une sorte de prolongement ramifié de la Ve Province. Il devint C.B.C.S. le 17 novembre 1827 et reçut presque aussitôt les Instructions de la Grande Profession, celles de la Petite Profession ayant été, dit-il, « laissées de côté ». La mort du prince Christian (a Cedro Libani), en 1830, et le fait que le prince-héritier (a Leone armato) devenu Grand-Duc n'ait pas manifesté le désir d'être son successeur, furent la cause directe de la fin des C.B.C.S. de Darmstadt et de Francfort. Mais J.F. von Meyer a continué à travailler selon le rite willermozien, et au nom d'un christianisme authentique il s'est à maintes reprises opposé directement aux théories et aux pratiques théurgiques quelque peu douteuses de Charles de Hesse-Cassel.

Meyer étudia le droit à Göttingen, fut avocat, puis sénateur à Francfort à partir de 1816, et à trois reprises maire de cette ville (1825, 1839, 1843) dont il dirigea aussi le théâtre en 1843. Il a énormément écrit, mais aujourd'hui son roman *Kallias* (1794) retient moins l'attention de l'historien que sa traduction de la Bible en allemand (1819) ; aussi bien doit-il à celle-ci l'essentiel de sa notoriété, au point qu'en évoquant cet auteur on ait toujours parlé du fameux « Bibelmeyer ». Il doit aussi cette notoriété, de son vivant même, à ses *Feuilles périodiques pour une Vérité supérieure* (cf. *infra)* ainsi qu'à un curieux livre, *Hades, Contribution à la Théorie de la Science des Esprits* (1810), consacré à la vie de l'homme dans l'au-delà et directement inspiré d'un livre de Jung-Stilling sur le même sujet (*Theorie de la Science des Esprits*, 1808). Les écrits théosophiques de Meyer et sa philosophie romantique de la Nature ne constituent pas, loin de là, l'essentiel de son œuvre sur le plan quantitatif. Mais ce sont eux qui nous retiendront ici ; nous les évoquerons à travers l'image ou le symbole qui paraît en être le fil d'Ariane : le Feu, ou plutôt la Lumière[2].

Vers une Philosophie de la Nature : alchimie et science physique

Il a tenu pendant les années 1804 et 1805 une sorte de Journal, resté inédit, qui se présente sous forme de deux gros cahiers intitulés *Cabala* ; il y a noté un grand nombre de réflexions philosophiques, théosophiques, alchimiques, au fur et à mesure qu'elles se présentaient à son esprit. On y trouve peu de confessions intimes bien qu'il écrivît pour lui-même et ne destinât point à la publication ces pages dans lesquelles il a pourtant mis beaucoup de lui-même[3]. Chaque idée nouvelle est précédée d'un numéro, tous les numéros se suivent dans un ordre simplement chronologique. On lit ainsi au n° 95 que le système émanationniste de Newton et le système vibratoire de Euler, tous deux incomplets, ont besoin d'être replacés dans une symbolique alchimique. Un autre appelle en effet « Soufre » la « matière lumineuse », agent actif dans les corps lumineux, récepteur et propagateur dans l'espace, enfin réfléchissant *(Wiedergeber)* dans les corps qui nous sont visibles grâce aux rayons lumineux tombant sur eux ; car d'une manière générale, une chose ne peut-être engendrée que par l'action réciproque d'un élément actif et d'un élément passif *(agens* et *patiens)*, de même nature. Sans similitude *(Gleichartigkeit)* ou sympathie, note Meyer, il n'y a pas d'action. On reconnaît dans ces remarques la polarité kantienne, mais mêlée à une vision organiciste caractéristique de la *Naturphilosophie* théosophisante. Il n'est pas surprenant que Meyer et Baader se soient découverts de profondes affinités[4]. L'unité organique, appelée « Soufre », sera alors la source de la lumière et de la chaleur.

Ce raisonnement le conduit à évoquer de façon imagée (au n° 97) l'effet conjugué de la lumière et de la terre. Plus le Soufre de la lumière et de la chaleur, qui se trouve dans le rayon de soleil, s'approche de notre astre, plus celles-ci deviennent fortes, parce qu'ils s'agit d'un mariage (ou d'une inflammation) entre un élément actif en provenance du soleil et un élément passif qui vient au-devant du premier. Meyer n'insiste pas sur le caractère sexuel que cette image revêt évidemment ; il préfère ajouter : « Il en va de même du mercure, qui brille avec d'autant plus de clarté que l'environnement sur lequel il agit est plus mercuriel, ce qu'on appelle écho ou résonance *(Wiederhall)*, comme si par exemple on construisait une salle de métal ou de verre dans laquelle on mettrait un instrument musical ». Ces considérations sur le Soufre revêtent à ses yeux une signification d'autant plus universelle que le Soufre est lui-même un des trois éléments du Ternaire alchimique : « Dieu est le centre de Tout. Sel, Soufre et Mercure représentent Son vêtement, et les éléments sont Sa demeure » (n° 100). Les théories sur Sel et Mercure, dans *Cabala*, seraient assez complexes pour mériter un long développement. Pour nous en tenir aux remarques sur la lumière relevons quelques indications sur les couleurs. Le n° 119 présente quelques rapprochements saisissants, intéressants malgré le caractère assez fantaisiste de certaines étymologies suggérées ; il rapproche *blau* (bleu), *blühen* (fleurir), *Blüthe*, *Blume* (fleur), *Blut* (sang), *blenden* (éblouir), *Blick* (regard) — et l'anglais *to blush*, *to blend*.

Le tome II de *Cabala* contient un passage annonçant directement les idées que Meyer développera ultérieurement. Il semble qu'il ne parlera plus du « Soufre » en relation avec la lumière. Meyer souligne d'abord le caractère impondérable de celle-ci, « corps lumineux premier de l'homme ». L'idée développée, sur laquelle il reviendra, est que « cette matière, la plus subtile qu'il nous soit donné de percevoir, nous permet de conclure à l'existence d'une lumière plus subtile encore, si bien que de degré en degré il doit bien y avoir une lumière de moins en moins divisible, de moins en moins liée à l'espace et au temps. Le but de cette échelle lumineuse est Dieu ». Plus la matière est subtile, plus elle se fait esprit — si bien qu'au bout de la matière on ne trouve plus que l'Esprit... En effet, « ce que nous nommons matière n'est que le dernier degré, inversé et déplacé, de la divinité ». L'atome des anciens philosophes, si on ne le conçoit pas comme il convient, est une absurdité, car c'est Dieu l'unique atome, l'unique monde ; plus on s'éloigne de Lui dans l'échelle des êtres, plus ces êtres sont « polytomiques ». Un peu plus loin il évoque le prisme pour poser entre celui-ci et le rayon lumineux l'existence d'une relation d'antagonisme. Le rayon lumineux est comme déchiqueté par le prisme, mais pas pour autant décomposé en ses parties constitutives, seulement rendu plus grossier car plus visible. Le prisme joue ici le rôle de corrosif momentané. L'un et l'autre, corps très parfaits, sont en relation d'antagonisme, de lutte, se trouvant « incités à déployer ludiquement leur splendeur intérieure », si bien qu'on peut parler de « combat de paix ». Le prisme est « Sel », esprit pétillant *(Witz)*, sagesse, Logos, lumière qui a pris forme. De même il a fallu à Dieu un prisme pour déployer ses sept forces originelles *(Urkräfte)* ; ce prisme est « le Christ, la Sagesse éternelle, la pierre d'angle et la pyramide de la création ». Descendu jusque dans la chair il fut attaqué par la corruption, son enseignement le fut par la persécution, mais par là-même sa lumière put se développer, lumière dissolvante, glorifiante ; là où il y a corruption il doit y avoir d'abord corrosion afin qu'une vraie dissolution glorifiante s'ensuive. Dieu ne pouvait que descendre, non pas monter, par le prisme[5].

Meyer a édité pendant plusieurs années une revue intitulée *Feuilles périodiques pour une Vérité supérieure, à partir de manuscrits anciens, modernes et rares, et concernant particulièrement le magnétisme*[6], dont il est devenu assez vite le principal, voire bientôt l'unique, collaborateur. Sous ce titre évocateur on trouve des articles consacrés à la théosophie, à la *Naturphilosophie*, à des prophéties, au magnétisme, à l'exégèse biblique, etc., signés d'auteurs comme Franz von Baader, G.H. von Schubert, et parfois des rééditions de textes plus anciens comme celui de Paracelse sur les esprits élémentaires. En 1820 il publie dans ces *Feuilles périodiques* un article dont il est lui-même l'auteur, intitulé *Pensées sur la Lumière et la chaleur*[7]. Il s'agit d'un travail évidemment plus construit, plus élaboré, que les notes du manuscrit *Cabala*. Meyer cite d'abord l'ouvrage dans lequel se trouvent résumées les principales théories scientifiques sur la lumière, celui d'Ebermaier paru en 1799[8], et affirme qu'on en est aux hypothèses. C'est curieusement à propos du phlogiston qu'il pose d'emblée le problème, avouant qu'il ne nie point l'existence de cette « substance ». Sans citer Lavoisier ou Priestley il affirme qu'on ignore toujours s'il existe une matière lumineuse — un phlogiston —, en d'autres termes s'il y a unité ou diversité de la substance de lumière ou de chaleur, si la lumière est matérielle, etc.

La théorie antiphlogistique avait pourtant trouvé dans presque tous les milieux scientifiques un succès qui n'avait cessé de grandir, ce que Meyer se garde de rappeler ; il est d'autant plus significatif de sa pensée que l'étude s'ouvre sur un point d'interrogation en même temps que sur un programme à réaliser : Il faudrait « faire la lumière sur la lumière » ! Une note en bas de page, rédigée après coup, trahit une documentation peu exhaustive puisqu'il avoue n'avoir lu certaines choses importantes qu'après avoir écrit son article : il s'agit de « la riche introduction de Kastner à la chimie nouvelle », des travaux de Winterl, et de Ritter. Schelling n'est nulle part mentionné ; mais il serait bien surprenant qu'il ne l'ait pas lu car c'est précisément à propos de la lumière — et de l'oxygène — que Schelling avait donné forme à ses premières ébauches d'une Philosophie de la Nature ; au demeurant l'ébauche était devenue véritable système avec des écrits ultérieurs publiés avant cette année 1820[9]. Plus surprenant encore est que Meyer vienne seulement de découvrir l'œuvre de Johann Wilhelm Ritter, le génial physicien théosophe[10] à la pensée si proche de la sienne ; d'autant que Meyer définit ici clairement son propos, si semblable à celui de Ritter, et qui consiste à s'informer en vue de tirer de la « Nature supérieure » des conséquences susceptibles de rendre compte de ce qu'il y a de spécifique dans la « Nature inférieure ». Son raisonnement s'infléchit alors dans un sens résolument romantique quand il affirme, dans un mouvement typiquement schellingien, que « la découverte la plus importante » de ces dernières années est celle de deux principes en opposition polaire : l'oxygène et l'hydrogène, découverte grâce à laquelle « il semble » qu'on ait trouvé du même coup une théorie du feu et de la lumière. Une note manuscrite de Meyer, conservée dans son fonds inédit et sans doute rédigée peu après la publication des *Feuilles périodiques* de 1820[11], concerne de nouveau l'oxygène et l'hydrogène. « La lumière et la chaleur, écrit-il, sont une même substance, un composé d'oxygène et d'hydrogène, ainsi que je l'ai montré dans le second recueil des *Feuilles périodiques* [*i.e.* : l'article étudié ici] ; la substance lumineuse est identique à l'oxygène, la substance calorique à l'hydrogène » ; elles n'apparaissent jamais dans leur réalité sous une forme absolue mais seulement comme élément dominant, « de même que dans les deux sexes humains ».

Physique et métaphysique des quatre éléments

C'est donc sous le signe de la polarité, par conséquent en conformité avec l'image la plus révérée de la pensée romantique en Allemagne, que dans cet article de 1820 Meyer place toute spéculation possible sur la lumière. Car si nous considérons, dit-il, ces principes (l'oxygène et l'hydrogène) comme identiques aux deux forces ou substances *(Stoffe)* ou formes de l'électricité (la positive ou expansive, la négative ou contractive), ainsi qu'il semble licite de le faire, alors il y a un principe actif, capable « d'allumer », et un autre, passif, capable de « s'enflammer ». Tous deux ensemble engendrent le feu. Cette rencontre des deux principes peut prendre deux formes distinctes ou complémentaires : le frottement, la pression, les réactions chimiques, ou bien la communication, par exemple l'action du soleil sur la terre — ce qui rappelle l'image du prisme évoquée plus haut. Jusqu'ici l'auteur n'a parlé que du « feu » comme résultat de cette action placée sous le signe des deux constituants de l'eau, alors qu'on se serait attendu à le voir évoquer d'abord celle-ci. C'est seulement plus loin que l'eau va apparaître, mais comme résultat du « feu » ; car si l'on fait brûler ensemble du gaz d'oxygène et du gaz d'hydrogène « on voit apparaître de la lumière et de la chaleur, ou une flamme brûlante, puis de l'eau ». Cette image de l'eau oriente le raisonnement de Meyer dans un sens définitivement hermésien que la suite de l'article ne démentira plus guère, à partir du moment où il déclare que « tout » corps pondérable provient d'une coagulation *(Gerinnung)* ou d'une précipitation de cette eau, élément qui « selon la Genèse mosaïque » est la base la plus proche de l'élément terre [12].

Que le nom du célèbre A.G. Werner ne soit pas cité réserverait une autre surprise au lecteur n'ayant pas encore saisi le refus systématique de Meyer de se référer ici aux grands esprits de l'époque. Il semble que ce ne soit plus la rigueur de la science expérimentale mais une imagination inspirée qui l'incite à considérer ensuite chaque corps pondérable comme un mélange d'hydrogène et d'électricité, « ou plutôt comme un *Elektrum* », l'électricité étant ici moins importante à ses yeux que l'hydrogène, au point qu'il est possible de considérer cet *Elektrum* comme identique à l'hydrogène. Au fond, l'*Elektrum* semble tenir chez Meyer la place qui était dévolue au phlogiston de Stahl et de Boerhaave : « Nous ne considérons nullement, écrit Meyer, la chaleur et la lumière comme des substances différentes mais comme de simples modifications d'une seule et même substance que la chimie de Stahl nomme phlogiston et que nous avons nommée *Elektrum*, ou que nous pourrions tout aussi bien nommer phosphore ou simplement Feu ». On pense à l'essai de Baader paru cinq ans plus tôt *(De l'Éclair père de la Lumière)*, où « éclair » était synonyme de « feu », mais autant au fameux discours de Ritter (*De la Physique considérée comme un art*, 1806) [13] où la notion de « Feu » rendait compte de tout ce qui, dans la nature, se manifeste sous forme de lumière et de vie. Le mot « Feu » employé ici par Meyer remplace le mot « Soufre » du Journal kabbalistique.

Par lui-même ce Feu est invisible, car s'il brûle et luit il n'est point substance décomposable mais « forme possible de tous les corps et toutes les parties de corps ». Toutefois, si Meyer laissait entrevoir jusqu'ici que ce Feu pourrait être à l'origine de toute substance pondérable, il détrompe l'attente qui résulterait d'une lecture trop hâtive de son texte car il ajoute cette considération faite pour surprendre un lecteur peu familiarisé avec la pensée alchimique : « on l'obtient à partir de l'air (comme le sait la plus ancienne chimie) ». Ainsi les considérations de Meyer sur l'oxygène et l'hydrogène renvoient, grâce à cet habile détour, à la théorie aristotélicienne et alchimique de la circularité des éléments : l'eau peut se transformer en air, l'air en feu — mais c'est Cicéron (*De la nature des Dieux*, II, 33), non pas Aristote, que cite notre théosophe. On comprend du même coup la cohérence de son raisonnement, car s'il est possible d'obtenir du feu à partir de l'air c'est parce que l'air apparaît moins fondamental que le feu. La dissolution de l'eau n'est pas tant ici une décomposition de ses parties qu'un retour en arrière vers la simplicité de ses origines, vers l'indivisible. Au demeurant, Meyer se montre soucieux de préciser à plusieurs reprises que les « éléments » des Anciens ne sont pas des parties de corps mais des propriétés, ou des formes de manifestation, du monde de corps. On dit qu'il y a quatre éléments parce qu'il existe quatre propriétés de base *(Grundqualitäten).* La mise en garde de l'auteur n'est point inutile car on hésite parfois, comme presque toujours en lisant des textes de ce genre, sur l'interprétation littérale ou symbolique qu'il convient de donner aux quatre éléments. D'autant qu'il fait mention à la page suivante d'une découverte de la « nouvelle chimie » : les terres seraient des oxydes de métaux, on pourrait donc les décomposer en air et en eau — « car les métaux sont de l'eau dans le fleuve, et d'origine aquatique ». Si l'élément terre (figurativement, ou réellement ?) est décomposable en eau et en air, l'élément eau — Meyer invoque ici l'autorité des Stoïciens — peut retourner à l'élément air, et l'air brûler comme du feu.

Les prolégomènes d'une cosmogenèse

Un corps qui brûle fait apparaître du feu, et il serait légitime de se demander quelle est dans ce phénomène la nature et le rôle du Feu-principe. Meyer ne pose pas la question en ces termes, mais à partir d'un tel exemple il s'exprime moins en concepts qu'à travers une évocation de la création du monde. La matière lumineuse, dit-il, peut être détachée des corps, ce qui se produit quand quelque chose s'enflamme ; on peut dire alors que des parties de ce corps sont devenues lumière, mais elles restent en relation avec celui-ci. Il en va de même de la Création : Dieu a séparé la lumière du chaos aquatique obscur, c'est-à-dire que le Verbe a appelé à la vie une partie de cette masse inerte. Celle-ci, dans sa première forme, avait été lumière (Meyer fait ici allusion au fait qu'une chute a précédé le premier épisode du récit mosaïque). La lumière ainsi « séparée » et « suscitée » par Dieu devait agir comme un ferment ; elle continue à agir comme tel, « déliant » et « développant » les choses jusqu'à certaines limites à l'intérieur desquelles elle organise l'activité vitale, limites qui seront dépassées seulement quand la Nature se transformera ; alors le monde des phénomènes, toujours semi-chaotique, sera parcouru d'un feu amer et devra manifester extérieurement sa forme fondamentale et essentielle, qu'il aura retrouvée. La matière lumineuse est donc la matière elle-même à sa plus haute puissance de simplification ; détachable d'un corps donné, elle ne « s'oppose » pourtant pas à la matière « carbonique » de ce corps, au spath, etc. ; ce avec quoi elle se trouve en opposition, c'est une « substance nocturne » *(Nachtstoff)* résiduelle, obscure, chaotique ou semi-chaotique.

Les deux principes opposés, matière lumineuse et substance nocturne, constituent une polarité dont la *Genèse* de Moïse nous restitue la nature ontologique. Mais Meyer est fasciné aussi par cette autre polarité déjà évoquée : l'action de deux corps qui, s'entrechoquant, provoquent des étincelles, donc de la lumière. On a vu que c'est le phénomène dit de « frottement », à distinguer de la « communication ». Ritter déjà, impressionné par le fait que des étincelles peuvent jaillir des corps, avait poursuivi ses recherches sur le galvanisme avec le désir de surprendre en sa réalité intime le feu intérieur de la matière. Meyer voit dans la pierre l'élément actif, l'outil de friction, et dans l'acier la substance passive, combustible, quand on frotte de la pierre sur de l'acier ; de celui-ci une particule est arrachée violemment, qui possède des propriétés magnétiques lui permettant de recevoir de l'oxygène par lequel elle est brûlée ou fondue en un instant. L'*Elektrum* négatif du métal inflammable est délié par le choc, mais on peut se demander dans quelle mesure la pierre n'émet pas elle aussi de l'électricité ou du feu, comme le suggère le travail d'un émouleur, « car les expériences les plus communes sont souvent les plus instructives » ; et l'on sait que deux pierres frottées l'une contre l'autre donnent également du feu, « même de l'eau ». Meyer assimile alors cette polarité créatrice d'étincelle à la chaleur vitale, qui est un certain degré d'état électrique permanent entretenu par l'air des poumons. De même, l'*Elektrum* des aliments, délié par la digestion, se communique au sang et aux sucs, c'est pourquoi une nourriture trop riche devient inflammable. Poursuivant l'analogie il évoque les manifestations électriques qu'on observe sur la chevelure des enfants endormis, l'incandescence de la passion et de l'ivresse, en général tout échauffement et phosphorescence, dans lesquels il voit les modifications d'une seule et même énergie. Celle-ci se manifeste également par la phosphorescence des animaux à sang froid, à cause précisément du degré de chaleur de leur sang ; par les secousses galvaniques du gymnote, cette anguille électrique ; par le bois pourri, qui a échangé son suc naturel contre une luminosité fantomatique.

Si Meyer emploie volontiers le mot « phosphorescence » dans ce contexte, c'est, rappelons-le, parce que le phosphore contient de l'hydrogène et que l'hydrogène est le principe passif des corps. Par

« hydrogène » il entend donc généralement tous les gaz irrespirables, donc opposés à l'oxygène, qui est « le vrai agent de toute la chimie ». Afin de produire de l'eau il faut 15 parties d'hydrogène pour 85 parties d'oxygène. Quand l'hydrogène se développe au point d'atteindre sa plus haute combustibilité, comme on le voit avec l'électricité ou la « phosphoricité », il s'enflamme, donne de la chaleur et de la lumière « rapide et pure », mais perd du même coup sa capacité naturelle de produire de l'eau. « Qu'on ne nous blâme pas, écrit Meyer, de mêler toutes ces sortes de phénomènes corporels, car nous ne faisons que les rassembler sous des concepts communs dont ils sont tous des parties intégrantes et incarnées, corporisées » ! Précaution utile, car il se livre plus loin à une méditation lyrique sur la flamme, qu'un saisissant rapprochement associe à deux de nos sens. La flamme, ou émanation matérielle la plus fine que nous connaissions, se situe selon sa forme entre l'exhalaison des corps perceptible à l'odorat et l'ébranlement ou vibration de l'air perceptible à l'ouïe, mais elle est plus rapide, plus pénétrante, que ces deux sens ; elle peut pénétrer les corps capables de recevoir la lumière ; la flamme est donc le plus merveilleux phénomène du monde des corps, celui qui relie ce monde-ci à l'immatériel.

La faculté de recevoir la lumière permet, au moins potentiellement, la transfiguration. Le feu, ou un acide ayant les propriétés du feu, peut transfigurer les corps opaques. Mais cette transformation aboutit soit à la rigidité, comme on le voit avec la fabrication du verre, soit à une substance organique vivante, indestructible, inséparable, indissoluble ; ainsi la transfiguration et la transparence des corps qui seront engloutis dans la simplicité originelle de la matière, dans la Nature lumineuse. Meyer cite ici *Corinthiens* I, 1, 54 (« Quand donc cet être incorruptible aura revêtu l'incorruptibilité et que cet être mortel aura revêtu l'immortalité, alors se réalisera la parole de l'Écriture : la mort a été engloutie dans la victoire »). Il poursuit cette évocation eschatologique en précisant que l'élément lumineux ou igné qui l'emportera alors sur les autres parties de la nature absorbera en soi ce qui en avait été détaché originellement (sans doute veut-il dire : la « substance nocturne » tout entière) ; la reconduction de cette matière à la forme la plus simple signifiera son retour éternel à la liberté et fera éclore un univers lumineux composé de matière fine *(feinmaterielle Lichtwelt)*, un univers dont les dissolutions chimiques, par opposition à la décomposition ou à l'analyse, peuvent nous donner une idée. Si ce n'est pas simplement une parcelle de la création, mais l'univers entier qui doit être finalement transfiguré, cela suppose que les corps opaques et pondérables ne possèdent pas seulement une partie de lumière enfermée en eux, mais également une intériorité véritablement lumineuse. Inverser et enfermer cette lumière les rend obscurs, pesants et rigides ; le processus inverse, grâce à un « feu vital supérieur », les transfigurera. Transfigurabilité aussi peu niable à ses yeux que l'existence de la réfraction lumineuse ou que la variété innombrable de couleurs revêtant les liquides transparents ou les pierres précieuses de notre univers actuel[14].

Le monde de la transfiguration future sera varié à l'image de ces liquides et de ces pierres, quoique sur un mode différent. Dans notre monde actuel les gaz sont des sortes d'air, les liquides des sortes d'eau, toutes les terres des sortes de terre — c'est-à-dire des *species elementae*, non pas des *elementae naturae* ; de même le feu solaire, le feu électrique, le feu de cuisine, la lumière phosphorique ne sont que des corps de cette forme élémentaire, de cet *elementum naturae* qu'est le Feu. *Elementum*, ou Forme : la Forme est le véritable élément ; elle revêt dans le monde matériel un aspect optiquement et chimiquement divisé mais reflue toujours potentiellement vers sa simplicité première. Il semble que Meyer considère ici la lumière comme la Forme des Formes, la Forme originelle, car il l'évoque à cet endroit de son exposé pour opposer l'éclair passager à l'éclair « durable » qui, du fait de sa pureté extrême, transforme les choses en les renouvelant *(Verneuerung)* et qui traverse de son rayonnement fait de céleste clarté tous les êtres capables de le recevoir. Le Feu lumineux *(Lichtfeuer)* de l'immortalité, de la pérennité, est en même temps une eau pure, un mélange igné et aqueux des deux principes originels ; l'auteur renvoie alors à la contribution que G.H. von Schubert avait donnée à ce numéro des *Feuilles périodiques*[15], mais passe sous silence le fait que ce principe feu-eau est un symbole de la kabbale traditionnelle appelé *Aeschmajm*[16]. Comme d'autre part les « gaz irrespirables », tel l'azote, sont électriques, donc capables d'échauffement, mais ne peuvent briller sans air vital, il imagine ce que peut être le feu obscur dépourvu d'eau céleste — quelque chose de terrifiant !

Enfin les substances impondérables, incoercibles, autrement dit toutes celles qu'on ne peut enfermer et dont l'époque reconnaît de plus en plus la présence devenue évidente, ne seraient que les modifications d'une seule et même énergie ; toutes distinctes de la substance calorique, mais parentes. Telles sont les substances électrique, galvanique et magnétique ; chacune d'elles possède des propriétés visibles de caractère igné : la rapidité, l'action à distance par-delà les lois mécaniques de la matière et les catégories de l'espace et du temps. Par l'électricité, le galvanisme et le magnétisme, le monde des corps atteint vraiment les frontières de l'invisible, la science rejoint la magie ; leurs racines plongent et s'étendent dans des régions inconnues d'où notre partie lumineuse spécifique et individuelle, née à une nouvelle lumière, peut contempler l'ensemble du monde des corps avec tous ses membres intermédiaires. « Nous sommes alors, tous, lumière dans Celui qui nous éclaire, dans le Seigneur ».

La chute de Lucifer et ses conséquences cosmiques

Ce traité *De la Lumière et de la Chaleur* contient bien d'autres observations, notamment sur la lumière solaire. Sans doute suffit-il de se limiter ici à ce qui peut nous apparaître philosophiquement intéressant — encore qu'il soit toujours difficile de distinguer, chez ce genre de penseur, le physicien ou le chimiste du métaphysicien. Meyer se veut au demeurant plus que métaphysicien ; si dans ce traité il semble regretter de s'abandonner parfois à un lyrisme eschatologique, il sait rappeler dans d'autres articles ultérieurs qu'il est un théosophe. Quatre autres articles, tous publiés dans les *Feuilles périodiques,* précisent les éléments de cette théosophie et de cette *Naturphilosophie* ; ce sont, dans l'ordre chronologique : *Explication du Psaume VIII, avec traduction littérale* (1820) ; *Regard sur l'Univers* (1823) ; *La Bible pense de façon héliocentrique, ou considérations sur la Genèse* (1827) ; *Des trois Mondes* (1832). A quoi il faut ajouter de précieuses remarques dans *Du Magnétisme appliqué aux sexes* (1818-1820) [17]. Ces écrits traitent à peu près du même sujet, la lumière, mais dans chacun d'eux il consacre à certains thèmes des développements qui n'apparaissent pas dans les autres écrits de cette liste. Tentons une présentation synthétique de cet ensemble en considérant successivement la théorie des chutes et la nature de notre planète, les réflexions sur les étoiles fixes, la distinction des trois mondes, enfin les notions de réconciliation et de transfiguration.

En proposant sa traduction du *Psaume* VIII, verset 4 (« A voir ton ciel, ouvrage de tes doigts, la lune et les étoiles, que tu fixas »), il fait remarquer que si le soleil n'est pas ici mentionné c'est qu'il appartient à la « nuit » *(ein Nachtstück)* ; l'auteur du psaume a pensé aux autres « soleils » fixés par Dieu — aux étoiles fixes —, et la lune représente ici toutes les planètes mobiles « sorties de la grande masse chaotique ». La suite de l'article, et l'écrit *Regard sur l'Univers* éclairent ce propos qui n'est sibyllin qu'en apparence. Il s'agit de comprendre la cosmologie, voire l'astrophysique, grâce à la connaissance d'un scénario cosmosophique ; celui que Meyer déroule sous nos yeux, fort classique, appartient à la théosophie chrétienne traditionnelle, celle qui va de Böhme à Baader en passant par Fludd, Martines de Pasqually, Saint-Martin. Il nous livre à propos du verset 5 (« Qu'est donc le mortel, que tu en gardes mémoire, le fils d'Adam, que tu en prennes souci ? ») l'essentiel de ce scénario dramaturgique :

> Lucifer, après sa chute et celle de ceux [des autres anges] qui y avaient participé, fut exilé dans un cachot, c'est-à-dire dans la création actuelle qui était née du chaos, de même que celui-ci avait résulté de la chute de Lucifer. Ce cachot dans lequel il fut précipité est la circonscription *(Kreis)* de notre terre, dont la substance subtile avait servi en même temps à créer le corps lumineux d'Adam [après la chute de Lucifer]. Notre terre occupe à peu près le milieu de notre système solaire né du chaos, en quelque sorte la zone tempérée » (p. 16).

Point n'est besoin qu'il s'agisse très exactement du « milieu », car l'ordre n'est pas encore entièrement rétabli ; d'ailleurs « il n'est pas nécessaire qu'un monarque réside au milieu de ses terres ». Meyer précise à propos du verset 10 (« Yahvé, notre Seigneur, qu'il est grand ton nom par toute la terre ! »), qu'en tant que porteur de lumière Lucifer occupait une charge royale ; il était grand Prince dans la maison de Dieu :

> Mais la circonscription à partir de laquelle il répandait sa lumière à travers tous les autres univers d'étoiles qui sont encore là aujourd'hui, et jusque dans tous les mondes angéliques, devint par sa chute un océan de vide et de confusion ; et un autre, qui fut destiné à être instruit *(erzogen)* [à la place de Lucifer, pour le remplacer] dans ce cercle-là — car la confusion fut partiellement réparée par la création de notre système solaire —, et qui doit être d'autant plus instruit que l'erreur fut grande, cet autre, l'homme en Christ, doit désormais occuper cette place d'étoile du matin (p. 25).

On remarque que Meyer n'évoque pas ici la chute de l'homme, qui suivit celle de Lucifer, mais pour l'essentiel le récit théosophique classique est bien en place. Rien d'étonnant à ce que notre auteur se passionne, peu après, pour la Franc-Maçonnerie du Rite Écossais Rectifié dont il sera un des frères les plus marquants dans sa loge de Francfort, et cherche à s'informer sur Martines de Pasqually et Willermoz, ainsi que l'attestent plusieurs fois les documents se trouvant dans son fonds privé et encore inédit ![18] L'espace occupé actuellement par notre système solaire était donc « à l'origine le plus noble et le plus sacré de tous les mondes angéliques », précise Meyer dans *Regard sur l'Univers* ; il y régnait « le grand porteur de lumière, le prince des anges, le premier dans le Royaume après le Fils. Sa révolte orgueilleuse fut sa chute, sa chute le chaos de sa circonscription *(Kreis)* dans la mer lumineuse de laquelle il trônait et qui se trouve correspondre à l'espace que nous occupons actuellement ». L'homme, conçu par Dieu pour être la nouvelle, la grande, créature lumineuse, se laissa séduire par Lucifer et ne put donc ramener cet espace à sa dignité première. Notre monde, éclairé et animé sous la lune par le soleil, n'est donc pas la patrie de la « Vertu » *(Kraft)* mais celle de la pensanteur et des ténèbres, le pays de la chute, la cellule de la damnation[19]. Ce que le récit de Moïse donne à voir n'est pas la manière dont les étoiles fixes furent créées ; Moïse parle seulement d'un district jadis chaotique ramené ensuite à une lumière ambiguë *(Zwielicht)*, et non pas de celles-ci qui ne furent jamais « chaotiques » et sont toute lumière. Il ne parle pas non plus de l'eau ignée éthérique, c'est-à-dire de la lumière qui règne autour de la circonscription de notre système solaire et où règnent seulement pureté, simplicité. Celui-ci était par nature supérieur aux étoiles fixes, mais quand il devint confusion et chaos l'eau d'au-dessus du firmament fut séparée de l'eau d'au-dessous ; de celle-ci fut formé le corps de notre terre, de celle-là notre soleil et ses autres planètes. Les « luminaires » dont parle Moïse sont les planètes de notre système solaire. Pendant cette séparation les étoiles fixes « contemplaient avec leurs mille yeux purs la construction de notre univers ». C'est pourquoi, s'il règne dans les étoiles un feu lumineux doux, le feu brûlant et obscur ne se trouve que dans le ventre de la terre[20].

Exégèse théosophique du texte mosaïque

Les considérations de Meyer relatives à « l'héliocentrisme biblique » sont pour lui l'occasion de préciser tous ces points ; il le fait d'une manière admirable, les pages de cet essai appartenant aux plus inspirées que l'auteur ait écrites. Ici encore la lumière occupe une place capitale, inséparable il est vrai de celle des trois autres éléments, qui constituent la trame d'un récit cosmosophique. Il s'agit toujours d'harmoniser celui-ci avec le début du récit mosaïque. On connaît le postulat initial : la « terre » a été créée après « le ciel » quoique le premier verset de la *Genèse* ne dise pas combien de temps après. Ce « ciel » ne saurait être celui dont il est question au verset 8 (la voûte, « Veste », ou « firmament ») ; il n'est pas non plus le ciel du verset 16 (quatrième jour), c'est-à-dire le soleil, la lune et les étoiles, car de même que notre planète ils furent créés à partir du chaos « terre ». Meyer pense que le signe de l'accusatif, « eth », employé deux fois dans le premier verset, est un nom signifiant l'essence ou la substance, si bien que par « ciel » ce verset renvoie à tout ce qui est volatil, spirituel ou supérieur, et par « terre » à ce qui est plus solide, plus grossier, inférieur. Le ciel compris ici comme principe actif, la terre comme principe passif constituent deux colonnes éternelles de la création : « aucune nature n'est pensable sans elles et sans l'action de l'une dans l'autre ». Le principe supérieur ou spirituel, créé d'abord, est devenu l'organe de production du principe inférieur ou corporel. Pour comprendre celui-ci il suffit de penser aux précipitations que donne peu à peu une eau claire, ou à ce qu'une plante reçoit de l'atmosphère, c'est-à-dire de son « ciel ». Le « ciel », « *schamajim* », selon une étymologie fort probable est composé de « *aesch* » et de « *majim* » (« feu » et « eau ») bien que l'étymologie « *schamah* », « être haut » ou « être loin », ne soit point exclue. Ce mot est de plus un pluriel, voire une dualité. Il s'agit d'une substance d'eau ignée, double et pourtant une, première émanation de la volonté du créateur. L'eau séparée du feu est la « terre », le feu isolé est le « ciel ». Aussi bien l'eau et la terre du second verset semblent-ils avoir la même signification. On peut se convaincre que terre et eau sont identiques en songeant à la glace dure comme de la pierre mais que la chaleur peut relier aux substances terrestres après l'avoir fait fondre.

Si l'on admet que le premier verset suggère la création de deux substances fondamentales à partir d'une seule appelée « ciel », il apparaît qu'un grand intervalle chronologique sépare ce verset du second. La suite du récit mosaïque viendra remplir cet intervalle, puisqu'il faut voir que le « ciel » du premier verset fut fait avant la « terre » et signifie l'espace immense des étoiles fixes dont le livre de Job (38, 7) nous dit qu'elles « chantaient en chœur » quand Dieu donna ses fondements à la terre. Ce ciel, en tant que tel, ne pouvait être « chaotique », pas plus que le principe igné, et en chimie l'oxygène ne peuvent devenir chaos ni ténèbre car ils sont « lumière ». Seul le principe d'eau, de terre, d'hydrogène, qui lui est lié, peut devenir ténébreux. Or, ce principe de terre devint effectivement, en un endroit de cet espace immense, « désert et vide » (verset 2), engloutissant une partie du ciel. « Où et comment ? Telle est la question »... On voit que Meyer se refuse dans ce passage à traiter du péché originel, mais nous avons vu qu'il l'avait fait antérieurement. Il note seulement qu'une partie de cette eau-terre, la partie qui concerne notre planète terre — et par extension notre système planétaire tout entier — devint chaotique et ténébreuse. L'espace occupé actuellement par notre planète et par les luminaires du système solaire créés avec elle fut donc jadis un ciel et une terre, du feu et de l'eau, sans ténèbre, où demeuraient des êtres bienheureux[21]. Sa partie basse cessa à un moment donné d'être pleine de lumière et bien ordonnée pour devenir un chaos ténébreux emprisonnant ce qui s'y trouvait ; un air limpide qui se décompose soudain en vapeurs d'où éclate un orage noir peut donner, dit Meyer, une idée de cette transformation ! Il veut dire ici qu'une faute ou une erreur fatale enflamma cette région de l'univers dans laquelle nous sommes actuellement mais qui auparavant n'était guère distincte du reste de l'univers sinon par la présence de ces « êtres bienheureux » qui y demeuraient. Les deux premiers versets suggèrent donc que la chute, ou une chute, a eu lieu avant que le récit commence. La terre, ou les eaux *(Flut, tehom)*, de notre circonscription devenue « déserte et vide », c'est-à-dire le lieu de notre système solaire actuel, furent agitées par l'Esprit de Dieu (afin, semble dire l'auteur, que fussent enrayées les conséquences de cette catastrophe). Cet Esprit, souffle du Verbe créateur émanant, est évoqué par le verset 3 (« Que la lumière soit — Et la lumière fut »). Dieu sépara la lumière de la ténèbre (verset 4) dans laquelle elle était enfermée, c'est-à-dire qu'Il ne laissa pas la ténèbre engloutir la lumière mais les sépara l'une de l'autre — en « jour » et en « nuit ». Il ne rétablit donc pas cet espace dans sa situation originelle à la fois céleste et terrestre mais fit de celui-ci un « ciel-terre » tout à fait distinct du reste du ciel, c'est-à-dire de l'espace occupé par les étoiles fixes qui, lui, n'a jamais subi de transformation. Une région intermédiaire entre ces deux espaces fut créée pour séparer ceux-ci l'un de l'autre : c'est le « firmament » *(Veste)*, ou voûte solide des versets 6 et 7, qui les empêche de « couler l'un dans l'autre ». Ce firmament, cet espace séparateur, est appelé aussi « ciel » en raison de sa ressemblance avec les cieux étoilés (les étoiles fixes). Il va de l'air que nous respirons jusqu'à la plus haute eau ignée éthérique en passant par l'éther ; sa partie la plus basse, la plus matérielle, consiste en une terre et une eau « lourdes » d'où proviennent le sec et l'humide ; c'est la terre et la mer ; mais comme le firmament se laisse traverser par l'eau supérieure et par la lumière qui sont au-dessus de lui et dans lesquelles le Verbe créateur est à l'œuvre, la végétation et la vie sont rendues possibles sur la terre[22].

Notre planète fut donc créée en même temps que le « firmament » intermédiaire. A l'aide de la lumière ou du feu sans forme, ainsi que des eaux qui leur étaient liées au-dessus du firmament, et même à l'aide de parties d'eau et de terre appartenant à ce firmament lui-même, Dieu forma les luminaires (versets 14 à 16) de notre système solaire ; d'abord le soleil et la lune, qui nous intéressent principalement d'un point de vue géocentrique, et ensuite les autres planètes de notre système solaire. De cet exposé se dégage un schéma en étage qui peut rendre compte de l'essentiel de sa cosmosophie (cf. plus loin, les trois dessins faits de cercles concentriques).

Le soleil et les étoiles fixes

Ces textes de Meyer comportent de nombreuses pages consacrées à l'univers des étoiles fixes, sujet qui intéressait l'époque ; avant lui Herder avait défendu l'idée d'une différence de nature entre cet univers-là et les planètes de notre système solaire. Baader et bien d'autres se faisaient l'écho d'une telle conception au moment où Meyer exposait la sienne[23]. L'occasion et le prétexte de la publication de *Un regard sur l'Univers* lui ont été fournies par la parution à Dresde, l'année précédente, en 1822, d'un livre de Gotthilf Heinrich von Schubert intitulé *L'Univers primitif et les Étoiles fixes*[24] ; toute la première partie de l'essai de Meyer est consacrée à un résumé élogieux de cette étude. Schubert pense, avec Herschel, que les étoiles fixes proviennent d'un tendre *(zart)* « éther lumineux » ; elles n'ont pas la grossièreté des corps qui nous entourent, c'est-à-dire de ceux du système solaire mais sont faites de la substance de la lumière impérissable ; leurs satellites ne sont pas comparables aux planètes du soleil car ce sont des corps lumineux, de différentes couleurs ; donc, point de polarité masculin-féminin (planète et soleil : ces mots sont respectivement masculin et féminin, en allemand). Les étoiles fixes les plus proches de nous sont plus parentes des corps épais *(dicht)* du système solaire que les plus lointaines auxquelles Schubert attribue une qualité supérieure de liberté lumineuse éthérique. Mais au-delà, dans la lumière de la sphère extérieure aux étoiles fixes, à l'univers proprement dit, semble résider la patrie, la source, de la Lumière et des liquides ethériques comme des énergies vitales apparentées à celle-ci, qui parviennent jusqu'à nous pour animer le monde inférieur des corps de notre système solaire. Meyer souligne aussi que selon cette théorie les étoiles fixes ne semblent pas soumises aux mêmes lois de pesanteur ou d'attraction que notre système, mais à des forces plus « vivantes »[25].

Après avoir résumé l'ouvrage, Meyer en reprend les idées essentielles pour y ajouter quelques réflexions de son cru. Et s'il consacre d'abord un court passage au soleil, c'est pour affirmer qu'il possède un noyau dans lequel les deux principes formateurs de lumière, c'est-à-dire l'oxygène et l'hydrogène, s'unissent afin de produire la lumière visible. Mais il revient vite au sujet traité dans le livre de Schubert, les étoiles fixes, pour évoquer d'abord non sans lyrisme ce qui les entoure, cette mer de lumière fixe, calme, ondulante, cette nuée florale et tendre [26]. De la Présence (siège, ou trône) divine incompréhensible à notre intelligence, sise au-delà de l'immense espace étoilé coule le fleuve originel de toute la Lumière invisible qui est vie. Ce feu lumineux divin et caché, souffle et eau de l'éternité, fait passer à travers tous les univers angéliques son courant vivifiant ; descendant toujours plus profondément vers l'intérieur de l'univers il se répand sur les mondes d'étoiles qui à leur tour le font descendre graduellement pour communiquer son énergie spirituelle à notre système solaire. Cette « atmosphère des atmosphères » se trouve donc située dans la périphérie des univers visibles, celle-ci jouant le rôle de réceptacle passif, ou de filet capturant les influences vitales supérieures. De même qu'en Israël la divinité apparaissait dans une nuée lumineuse, de même cette « atmosphère » prodigue directement à tous les mondes habités la nourriture de lumière dont ils ont besoin. Bien que Meyer ne le rappelle pas ici, c'est l'ordre chaldéen et ptoléméen qu'il évoque. Agrippa, Robert Fludd, surtout, avaient présenté de façon similaire les hiérarchies visibles et invisibles, soucieux de montrer — on pense surtout aux merveilleuses et bien connues planches de Fludd — l'absence de toute rupture absolue de continuité entre le surcéleste, le céleste et le terrestre [27].

Les étoiles fixes, dit-il dans ses autres articles, sont des soleils dont les satellites ne sont pas composés de matière aussi grossière que ceux de notre soleil ; chacune d'elles est entourée d'une nuée de lumière dans laquelle de nouvelles étoiles, de même nature qu'elles, prennent naissance pour disparaître ensuite [28]. Leur lumière est « incomparablement supérieure » à celle de notre soleil et il apparaît « extrêmement vraisemblable qu'elles n'ont pas de planètes ». Puisqu'elles ne semblent pas faire partie de la création du monde décrite par la *Genèse*, c'est-à-dire de la re-création de l'espace où demeurait Lucifer et qui devint chaotique du fait de la chute de celui-ci, on peut voir en elles « comme les restes d'un univers ancien, comme une grande guirlande de fins corps lumineux entourant le royaume de Lucifer » [29]. Au cas où elles auraient été créées en même temps que le soleil et les planètes (car dans *Des trois Mondes* Meyer ne semble plus très sûr de leur origine), elles seraient alors le résultat de coagulations de la matière lumineuse entrant en contact avec une matière aqueuse extrêment fine. Peut-être faut-il attribuer à la montée incessante des eaux supérieures vers la région des étoiles fixes les changements permanents que nous observons dans celles-ci, c'est-à-dire les disparitions et apparitions d'étoiles qu'on observe régulièrement :

> Le vrai principe lumineux dans le monde des corps, c'est-à-dire l'oxygène, est pondérable *(schwer)* bien qu'invisible, et il ne brille qu'une fois mélangé à l'hydrogène, substance qui se trouve dans tous les corps grossiers et élémentaires ; l'oxygène est un Astrum *invisible, qui devient visible une fois enflammé avec l'hydrogène. De même, l'eau confère à toutes les choses, donc également à la lumière, visibilité et apparence. Ainsi, les étoiles fixes elles aussi tiennent, en quelque sorte, de l'eau leur visibilité*[30].

Si les limites entre les étoiles fixes et le monde divin sont malaisées à préciser, en revanche l'auteur fixe la frontière de la « voûte astrale » (*Genèse*, I, 7) — du « firmament » — au cours d'Uranus. Il se demande pourquoi l'immense canal de ces « eaux » entourant notre système solaire ne contient pas des étoiles reliant celui-ci à l'univers des étoiles fixes, mais suggère que la distance séparant Uranus des étoiles fixes représente le tiers du ciel visible. Cette distance correspond au domaine qu'occupait le premier d'entre les anges. Ce royaume était assez vaste pour qu'on n'ait pas besoin de lui adjoindre également les espaces incommensurables occupés par les étoiles fixes ; car bien que la distance joue un rôle non négligeable dans le déplacement d'être spirituels libres, « toute créature a cependant besoin d'un espace où se tenir ». Pour modifiée que soit l'apparence actuelle de l'espace originellement réservé à Lucifer et à ses anges, il est le même que celui que nous occupons actuellement[31]. Meyer imagine que les deux autres tiers, formés par les étoiles, se présentent sous forme de plusieurs sphères concentriques elles-mêmes entourées d'anneaux, selon une image géométriquement comparable à celle de Saturne. Notons qu'en cela il s'écarte du schéma de Robert Fludd où c'est le monde céleste entourant celui des étoiles fixes, qui se présente concentrique. La voie lactée, avait déjà dit G.H. von Schubert, serait une de ces zones. Les zones forment des doubles roues semblables à celles du chariot d'Ezéchiel[32].

Les étoiles fixes peuvent être habitées, car point n'est besoin qu'il y ait des planètes pour qu'existent des êtres vivants. Sans doute le soleil l'est-il, et aussi ces nuées lumineuses informes qui se trouvent au-delà de l'univers ! Nos mers et nos cours d'eau n'ont-ils pas leurs habitants ?[33] Il note que les étoiles fixes ont des aspects rappelant ceux de nos planètes, mais toujours plus marqués que dans celles-ci. Par exemple une étoile « saturnienne » aura un caractère encore plus saturnien que la planète du même nom. Féru d'astrologie —

il publie à la même époque dans les *Feuilles périodiques* un long article d'astrologie signé du pseudonyme « Astrologus » —, Meyer pose du même coup l'existence de sept caractères distincts en conformité avec la physionomie classique des sept planètes mais précise que cette caractérologie septiforme des étoiles ne doit rien aux planètes de notre système solaire, « car le haut ne doit rien au bas » ; elle provient de la « forme septénaire supérieure » — entendons : archétypale. Ce faisant, l'auteur ne s'éloigne nullement de l'astrologie traditionnelle. Il n'innove pas, mais rappelle un point intéressant. Enfin, ajoute-t-il, on devrait pouvoir identifier le caractère d'une étoile à sa couleur : le martien, rouge ; le saturnien, gris-cendre rougeâtre ; le vénusien, vert ; etc. — à quoi correspondent les couleurs des pierres précieuses. Et s'il arrive aux étoiles de changer de couleur, cela doit affecter leur caractère et, partant, l'influence qu'elles exercent[34].

Les trois mondes. Relativité de l'espace et du temps

Outre ces descriptions cosmosophiques et astrophysiques, un des articles cités ici présente une vision plus intériorisée de l'univers, où le ternaire invisible occupe une place aussi grande que les ternaires observables. Il s'agit de l'écrit *Des trois Mondes* (1832). Les trois mondes dont il s'agit sont, sur le plan de l'essence *(wesentlich)*, la Lumière, l'Apparence *(Schein)* et la Ténèbre ; ici, deux termes se trouvent en une opposition directe qui se résout en un troisième terme. Sur le plan des formes manifestées *(formal)* les trois mondes sont le spirituel, l'astral, et l'élémentaire corporel ou matériel (plan « génétique » et « émanatif », celui de la représentation concrète). Meyer fournit naturellement plusieurs exemples ; l'esprit de l'homme est parent de la lumière la plus haute, invisible ; son âme ou corps-principe est parente de la lumière visible et de l'astral *(Gestirn)* ; son corps grossier l'est des éléments inférieurs. Du fait de sa nature propre l'âme humaine se trouve placée entre la Lumière originelle et la lumière astrale[35].

Or, si les Ténèbres ne sont pas mauvaises en soi — ce que Meyer n'affirme pas explicitement, mais son texte semble autoriser cette interprétation —, c'est pourtant elles qui se sont transformées en chaos au moment de la chute des anges, et l'on sait déjà que les corps célestes de notre système solaire sont formés à partir de ce chaos (*Job*, XXV, 5). De toutes les planètes la nôtre est la plus ténébreuse, son centre est ténébreux par excellence si bien que les autres astres de notre système solaire éclairent la terre plus que celle-ci ne les éclaire. La plus forte densité de Mercure et de Vénus ne retire rien à leur nature lumineuse, de même qu'une pierre précieuse peut-être à la fois dense et lumineuse. Enfin, l'influence réelle d'une chose n'est pas nécessairement fonction de la visibilité de sa lumière, comme il apparaît avec l'oxygène, qu'on ne voit pas mais qui reste « le vrai principe et le père de la lumière »[36].

Le destin de l'univers repose en effet sur un fondement de merveilles *(Wundergrund)* caché à nos yeux. L'action invisible qui s'exerce dans le monde visible ne cesse jamais. On peut comparer l'action des énergies élémentaires et astrales sur la terre à celle des influences spirituelles s'exerçant sur notre esprit, d'autant que celles-ci utilisent souvent à cette fin la médiation de l'astral. Il existe donc un monde de lumière qui pour n'être pas perceptible à nos sens demeure « le fondement de tout ce qui, dans les normes de la nature, est un ordre rendu visible », et cela jusque dans le monde ténébreux qui lui-même ne pourrait subsister sans ce fondement. Dans ce royaume de lumière règne une liberté dont nous n'avons pas idée ; lien *(Band)* et liberté n'y font qu'un ; à cette lumière nous sommes redevables de nos « lois logiques », adaptées il est vrai à ce monde des apparences dans lequel l'homme a sombré, car notre lumière spirituelle naturelle se trouve enveloppée dans l'eau basse et astrale de l'âme. La lumière de l'esprit humain est dotée d'un haut degré de liberté, en cela elle surpasse même les anges car elle est une étincelle immédiate de la lumière de Dieu[37].

De la hiérarchie qui existe parmi les êtres de lumière, les étoiles de diverses grandeurs, clarté et puissance, nous donnent une image sensible, de même que toute la nature inférieure, l'organisation des États, les degrés intellectuels et moraux des hommes. D'une manière générale il n'y a rien de visible qui n'ait son archétype *(Urbild)* invisible ; les trois mondes se reflètent les uns dans les autres de telle sorte que l'entendement éclairé *(der erleuchtete Verstand)* peut connaître ce qui se trouve derrière le monde des apparences, au-dessus, et au-dessous de lui. Le monde des sens, lieu de réunion de la lumière et des ténèbres, sera jugé et séparé de ce monde des sens ; alors la lumière régnera seule. La transfiguration équivaut à une séparation, finalement à une transformation ; toute ténèbre peut et doit devenir lumière[38]. Comme les apparences sont trompeuses ! Meyer s'en prend à ceux qui tiennent notre petite planète pour insignifiante ; il leur oppose que « l'homme est un prince travesti, dans un ermitage sauvage, un pupille dans une chaumière ; mais il est destiné au trône, la chaumière appelée à devenir un palais ». Semblables aux anges nous saurons nous transporter d'un endroit à un autre, ce que les lois consécutives à la chute nous empêchent encore d'accomplir sur cette terre. La lumière visible, transition entre le monde des esprits et celui des corps, représente la substance intermédiaire *(Mittelwesen)* dont la vitesse peut nous fournir quelque enseignement : si nous étions des corps lumineux un voyage vers la mer des étoiles fixes ne serait pas impensable. Que dire alors de la lumière purement spirituelle ! Encore qu'il doive y avoir au sein de celle-ci des différences, de même que certains hommes ont l'esprit plus rapide que d'autres. Une vie d'homme serait trop courte pour un voyage dans les étoiles fixes, mais saint Paul (*Hébreux*, IV, 14) n'a pas mis longtemps à faire ce genre de voyage. Le déplacement d'un esprit spirituel d'un endroit à un autre est comparable à un changement immédiat de position, comme lorsque nous nous imaginons successivement en divers endroits[39] ; « traverser ainsi l'espace nous paraîtra tout naturel » ! Les anges que le Seigneur a parfois envoyés aux hommes n'ont pas été soumis, pour venir d'au-delà des étoiles, au temps qu'implique la loi de la chute. « Et comme la lumière visible constitue la transition entre le monde des esprits et le monde corporel, cette merveilleuse substance intermédiaire, et sa vitesse, peuvent être instructives ». Au demeurant, ajoute Meyer :

> De même qu'ici l'esprit de quelqu'un peut-être plus rapide que celui de quelqu'un d'autre, de même dans le monde des esprits leurs vitesse peuvent être différentes. Le son est quelque chose de mi-corporel, comme la lumière, chacun d'eux est *Astrum* à sa manière, pourtant le son est bien plus lent que la lumière [...] Mais comme la lumière des étoiles fixes est encore d'une subtilité plus grande que celle du soleil, si tels des corps lumineux nous nous revêtions de leur lumière il nous faudrait encore moins de temps que le rayon de soleil pour les parcourir. Et pourtant leurs rayons n'atteignent pas encore la vitesse de la lumière incorporelle et intelligente *(verständig)* des esprits, qui dépasse tout concept de notre entendement[40].

Au-delà des étoiles fixes en effet il n'y a plus d'espace qu'on pourrait se représenter par des nombres. C'est la divinité elle-même qui est l'extrémité infinie de l'espace. Mais si au-dessus de la lumière des étoiles fixes il existe encore une lumière corporelle invisible, un *Astrum* spirituel, cette lumière sera nôtre, car c'est elle qui est véritablement présente dans le corps spirituel ou céleste du Christ, ce corps dont nous serons semblablement revêtus nous aussi, ce corps avec lequel Il est entré dans l'invisible. En conformité avec le titre de son étude, Meyer déclare que les trois rapports de temps et d'espace trouvent leur copie en l'être humain : l'élémentaire, l'astral et le spirituel, dont chacun est lui-même complexe, c'est-à-dire possède différents temps et différents espaces propres. Ainsi, dans le monde visible des corps il y a les « impondérables » comme le vent, l'éclair ou l'électricité, le magnétisme, la lumière, qui tout en faisant partie de ce monde sont en même temps la transition vers le monde incorporel et correspondent dès lors aux facultés de notre âme. La magie animique *(seelisch)* de la volonté dépasse de loin notre raison pour ce qui est de l'énergie, de l'action à distance et de la vitesse, à tel point qu'on nie ses effets et qu'on les tient pour des contes. On peut donc dire que l'idée d'espace infini est pour Meyer un faux problème. L'espace sensible n'est pas infini parce que de cercle en cercle, de sphère en sphère, on s'élève à des zones de plus en plus subtiles, de plus en plus spirituelles jusqu'à parvenir au siège inimaginable de la divinité dans l'infinité de laquelle tout prend spatialement fin. Le Mal et son espace ne peuvent atteindre que certaines limites ; ainsi un poison peut pénétrer le corps extérieur mais point le corps intérieur et immortel, tandis que le Bien ou le divin parcourent tous les espaces et restent, même dans la mort et dans l'enfer, le fondement de la vie. Cette philosophie que Meyer appelle « pantopothéisme » — pour la distinguer nettement du panthéisme — rend terrible à nos yeux le péché sous toutes ses formes et particulièrement la situation de Satan[41].

Corporéité spirituelle et vérité biblique

La conséquence de ces postulats cosmogoniques, c'est que la terre devra être transfigurée, puisqu'à l'origine elle était un ciel. Et Meyer d'évoquer *Nombres*, XVIII et XX pour expliquer comment les enfants de Lévi symbolisent le genre humain transfiguré, le Christ remplaçant pour nous Aaron. Cette tribu avait Dieu auprès d'elle. « Nous sommes les Lévites de l'éternité » ; comme eux nous devons, nous, l'humanité entière, être les confidents et les hérauts de Dieu. La création transfigurée nous sera soumise pour que nous agissions en elle par les vertus de la lumière et de l'amour[42]. Et Meyer d'ajouter une autre jolie formule : « Notre système solaire ne pourrait-il pas être la Judée, et notre terre la Bethléem de l'Univers ? »[43] C'est bien à l'idée d'une transfiguration qu'aboutissent ces considérations théosophiques, d'autant plus « universelles » qu'elles s'appliquent au monde des étoiles, et c'est la force de cette théosophie que de projeter son mythe dans l'immensité des espaces. On ne peut savoir avec certitude, dit-il, si la grande chute qui dérangea les demeures lumineuses de notre système solaire (les demeures dont parle Jude au verset 6, et qu'il est difficile de se représenter) répandit également quelques ombres sur les mondes des étoiles fixes ; en tout cas « il ressort de quelques passages de l'Écriture que ces mondes eux aussi se transformeront pour se revêtir d'une clarté encore plus grande ». La pureté actuelle de leur lumière n'est que relative, car seul Dieu lui-même, en tant que Lumière suprême accessible à notre entendement, possède la perfection absolue[44].

L'auteur termine l'essai *Des trois Mondes* sur une vision grandiose, l'apocatastase de notre univers naturel :

> Un jour, l'espace qui porte notre monde sensible redeviendra un espace des esprits et des corps spirituels ; l'espace qui tient le Mal enfermé par des liens spirituels devra, purifié par le feu des éternités, accéder à la clarté d'une liberté céleste. Voici qu'une rosée teintée de rouge coule des montagnes de Sion, plus délicieuse que tous les baumes du monde ; elle rafraîchit l'incandescence qui a tout brûlé, ce feu altérant, et les bienheureux se réjouissent de ne plus trouver que grâce et réconciliation. Les descriptions sensibles que l'Écriture nous donne de l'éternité sont plus que symbole *(Gleichniss)* ; il y a une corporéité spirituelle *(geistige Leiblichkeit)* dans laquelle ils deviennent réalité, et il y a un espace spirituel dans lequel nous les retrouverons[45].

« Corporéité spirituelle » ! Voilà une référence précise à Œtinger dont Meyer pourtant ne cite pas le nom. Avec le grand Mage du Sud il n'a pas en commun seulement les croyances et l'activité théosophiques (celle-ci, bien sûr, à un degré moindre chez Meyer), mais également une épistémologie qui se présente sous la forme d'une herméneutique. Il s'agit toujours, chez l'un comme chez l'autre, de montrer que science et Révélation, loin de s'opposer, se complètent réciproquement. Dans *Regard sur l'Univers*, Meyer croit pouvoir constater de façon optimiste que la science du début du XIXe siècle se réconcilie de plus en plus avec les idées des Anciens et avec les livres de la Révélation[46]. Nous nous privons des vues les plus importantes si nous négligeons les indications fournies par celle-ci, car ce qu'elle nous enseigne ne doit pas être relégué parmi des « mythes juifs » qu'on considérerait à tort comme dépassés. Dieu n'a pu nous dire que des vérités, donc l'expérience ne peut que les confirmer[47]. Écoutons donc l'enseignement de l'astronome, mais sans oublier pour autant le Créateur ni Sa Parole ; nous résoudrons ainsi toujours plus facilement les énigmes de la Nature, car la Révélation divine nous tend un trousseau de clefs d'or[48] !

L'article *La Bible pense de façon héliocentrique*[49] comporte un développement semblable car Meyer veut y montrer que même si la terre tourne autour du soleil nous sommes tout de même le centre de l'univers, et que même si tout est seulement une question de perspective il ne faut pas perdre pour autant le sens du symbole.

Le langage de la Bible ne s'habille point d'abstractions trompeuses, il se présente à dessein comme « sensible », se fait symbolique avec sagesse, « car tout ce qui apparaît dans le monde sensible existe également dans l'essence ou l'archétype *(Urbild)* des choses, simplement d'une autre manière ». Au demeurant, le texte de Moïse n'a jamais prétendu enseigner aucune doctrine astronomique, pas plus qu'il n'a voulu en réfuter ! « Toute illusion n'est qu'une vérité relative ; elle a en elle un fond de vérité au moyen duquel elle peut paraître vraie sans être elle-même la vérité » [50]. Le Livre de la Nature et la Bible ne se contredisent pas. La Bible se montre neutre à l'égard des choses qui ne sont pas pour nous essentielles ou éternelles, bien qu'elle ne manque pas de nous donner des signes susceptibles de nous conduire à des vérités scientifiques ; ainsi, l'épître de Jacques (I, 17) fournit une indication discrète sur l'héliocentrisme. Les Églises devraient donc s'abstenir de combattre certains résultats scientifiques qu'on ne pourra empêcher de devenir des thèses reconnues partout, et il ne faudrait pas non plus qu'elles séparent trop nettement philosophie et théologie. Il serait beaucoup plus intéressant de montrer chaque fois que le dogme, loin de subir aucun dommage du fait des nouvelles découvertes, s'éclaire bien plutôt de nouvelles lumières supérieures. Ce que chaque fois il s'agit de combattre n'est pas un résultat scientifique en soi mais les conséquences fausses qu'on croit parfois en pouvoir tirer. Meyer déclare que, pour ce qui le concerne, l'héliocentrisme a contribué à affermir, élever et éclairer sa foi chrétienne. Toute découverte, utilisée convenablement, ne fait qu'ajouter un nouvel ornement à la Révélation [51] !

Madame de Ratzenried et le magnétisme

Il existe d'autres passages, d'un genre assez particulier, dans lesquels Meyer parle de la lumière. Ce sont les pages des *Feuilles périodiques* consacrées aux révélations d'une voyante. Sous le titre *Perceptions d'une Voyante* il a en effet offert à ses lecteurs, en 1826 et 1827, des extraits de procès-verbaux enregistrés au cours de séances de « somnambulisme » organisées avec un médium dont il ne donne pas le nom. En 1831 il lève un coin du voile en révélant à Justinus Kerner, dans une lettre encore inédite, qu'il s'agit de Madame de Ratzenried, née Stamm, sexagénaire demeurant actuellement à Strasbourg [52]. Les séances avaient eu lieu dans les années quatre-vingt et les procès-verbaux avaient été rédigés sous la dictée de la dame par un magnétiseur, Monsieur von Ratzenried qui devait devenir plus tard son mari, aidé par Christian Daniel von Meyer, l'oncle de notre auteur. Johann Friedrich dit lui avoir rendu visite il y a peu de temps, en 1828, donc après la publication des révélations. Au cas où Justinus Kerner se rendrait à Strasbourg, précise Johann Friedrich dans sa lettre, le professeur Ehrmann l'aîné se ferait une joie de le conduire chez elle. Enfin il avoue avoir volontairement omis de publier certains passages dont l'enseignement lui a paru erroné.

La lecture de ces deux textes de 1826 et 1827 est parfois ennuyeuse quand le discours se fait moralisateur ou édifiant, mais la dame retient souvent notre attention lorsqu'elle parle des mystères de ce monde et de l'autre. Quelques passages sur la lumière méritent d'être rappelés. Certes, ils ne sont pas de Johann Friedrich mais celui-ci semble admettre leur contenu puisqu'il ne les a point censurés. Dans le premier extrait la voyante pose la question : « Comment Dieu, en tant qu'Esprit, peut-il se relier à la matière pensante ? Comment un esprit peut-il avoir quelque chose à faire avec de la matière ? » Réponse : le lien qui maintient toutes choses en cohésion est de la lumière invisible, c'est une énergie de Dieu ; grâce à elle le lien entre la matière et Dieu est possible, si bien que la matière elle-même peut nous conduire à Dieu. Lumière et amour sont synonymes [53] : « La lumière de la nature est amour, c'est la vie dans la nature, la lumière est parente du vent ; elle nous communique tout ce qui est beau et gracieux. » Le vent est un « souffle tonnant » de Dieu ; il n'est pas lui-même amour mais exécute les ordres divins sur la terre, produisant sur celle-ci « une sorte de vie ». Meyer ajoute en note une remarque de son cru :

> La matière grossière tout entière est une lumière inversée, donc en son essence originelle, parente de la nature du Créateur dont la volonté originelle l'a fait naître et qui également la transfigurera de nouveau. Nous faisons de même, en quelque sorte, en ennoblissant les substances, en produisant des esprits ignés et vivants à partir de corps morts. Quand nous enflammons du bois nous le transfigurons et révélons son intérieur invisible. La terre, en tant qu'aimant, attire la nourriture céleste dont les plantes ont besoin. Cette énergie magnétique est l'énergie lumineuse *(Lichtkraft)* qui réside en elle [54].

Au cours de ces séances la voyante se répand volontiers en considérations sur la nature et l'utilité du magnétisme animal. Le fait est assez remarquable ; ainsi, l'expérience secrète elle-même des théories sur sa nature propre ! Exactement comme si un rêve avait pour contenu une théorie du rêve... Dans l'extrait publié en 1827

Madame de Ratzenried nous apprend que ce qu'on appelle magnétisme a toujours existé, quoique sous des noms différents, et que si on en parle tant actuellement c'est en raison des effets corporels dont il est la cause. Mais « les découvertes et perceptions spirituelles » d'une part, « les extériorisations et les effets » physiques d'autre part, ne nous ont pas fait connaître « la lumière ou l'énergie agissante » responsable des uns et des autres. Cette lumière fait parler les inspirés, dire des paroles à sens multiples dont ceux qui les profèrent ne connaissent pas eux-mêmes la profondeur ; ainsi Caïphe déclarant préférer la mort d'un seul au malheur du peuple entier. Meyer ajoute en note, à propos de l'exemple de Caïphe, que la vraie prophétie se manifeste « quand le reflet s'unit à la lumière originelle », par exemple lorsque « le nuage du faux moi *(Ichheit)* ne s'interroge pas ». Il pense également que si « le magnétisme ne fait luire d'abord que le reflet humain, c'est-à-dire la lumière de la nature *(Naturlicht)*, chez les chrétiens cette lumière de la nature peut se relier facilement à la lumière originelle »[55]. On peut, dit encore la voyante, se représenter le magnétisme par l'image de la lumière répandue dans la création : tous les êtres y participent mais on ne la perçoit pas chez tous. L'énergie magnétique est « la dignité de l'homme véritable » — et Meyer d'ajouter en note que l'énergie lumineuse *(Lichtkraft)* dont l'homme fut originellement doté lors de sa création mérite bien de s'appeler « dignité de l'homme véritable », et que « sans le Christ la production *(Herstellung)* de notre nature lumineuse est impossible »[56]. Il écrit dans une autre note que « la voyante était sinon la première, du moins l'une des premières, et des peu nombreuses personnes, qui ont donné du magnétisme des notions d'ordre supérieur. Celui-ci a commencé d'en bas avec Mesmer »[57]. Enfin Madame de Ratzenried dit que « la raison *(Vernunft)* doit être arrachée du monde sensible par des efforts incessants de l'entendement *(Verstand)* » ; il peut arriver que l'esprit contenu dans la matière s'approche de notre esprit au point que celui-ci le reconnaisse ; une lumière placée sous une plaque de verre symbolise cette idée : on voit la lumière sous le verre comme on peut voir l'esprit dans la matière. Meyer ajoute lui-même qu'il faut « appliquer cet excellent enseignement » à l'observation de l'Écriture, de la nature, de l'histoire et de la symbolique antique, pour voir « se transfigurer, devenir peu à peu du cristal, le verre de lait dans lequel brille l'étoile de l'Esprit »[58].

Meyer s'intéressait depuis longtemps au magnétisme et n'entendait pas seulement par là le magnétisme « animal », théorie et pratique plus ou moins directement liées à l'enseignement de Franz Anton Mesmer. En conformité avec la tendance de l'époque en Allemagne il le concevait comme un phénomène universel auquel se rattache aussi bien l'expérimentation purement physique appliquée à l'aimant, que comme une échelle d'énergies suggérée par l'existence de celui-ci. Le magnétisme apparaît à tant d'esprits d'alors, même aux plus distingués d'entre eux, comme un lieu de forces situé entre la matière et l'esprit ; en tant que tel il fait partie du royaume « astral » des choses, au point que Meyer ait suggéré de tenir compte de la position des astres au moment où l'on magnétise un individu[59]. Le soleil magnétise la terre, conférant à la nature organique une vie véritable (l'animation de l'organique, appelée « sidérisme », est d'abord le magnétisme du fer) ; toujours fidèle à l'esprit romantique, Meyer voit dans l'aimant un minéral qui mange — aimant et vif-argent sont pour lui les « animaux du règne métallique ». Quand notre auteur s'approche d'un instrument neuf en fer, il sent quelque chose dans les glandes salivaires et les nerfs des dents. Le fer agirait davantage sur les organes gustatifs, le cuivre sur les organes olfactifs, et l'on pourrait attribuer l'or à la vue, l'argent à l'ouïe, le plomb au toucher[60]. Mais les spéculations les plus intéressantes à propos du magnétisme se trouvent dans le premier recueil des *Feuilles périodiques* car Meyer y propose à ses lecteurs, plus particulièrement à une « lectrice » à laquelle il s'adresse sans la nommer, une série de réflexions intitulées *Du Magnétisme dans ses Rapports avec les Sexes*[61]. Ce texte, certainement l'un des plus intéressants que Meyer ait écrits, contient un enseignement construit tout entier sur une quadripolarité rendant compte de la nature de l'amour entre homme et femme et de la complémentarité sexuelle au plan de l'harmonie cosmique. Par plus d'un aspect il préfigure la typologie de Carl Gustav Jung, plus précisément la distinction entre *animus* et *anima* ; il conviendrait d'en tenir compte dans toute étude consacrée aux conceptions de l'amour et de l'androgyne dans la philosophie romantique.

*

* *

Deux idées essentielles se dégagent de cet ensemble. D'abord, Meyer présente une cosmosophie « oxygéniste » rejoignant celle de la plupart des grands *Naturphilosophen* et qu'il est sans doute possible de résumer par le tableau ci-joint. Celui-ci permet de voir, d'une façon plus claire que dans aucun des écrits de l'auteur mais sans doute conforme à sa pensée, comment une Lumière céleste originelle (« Oxygène supérieur ») est venue « oxygéner » une substance nocturne « chaotique » (« hydrogène inférieur »), c'est-à-dire due à une chute originelle, La première est toujours existante et active, la seconde l'est aussi. Notre univers solaire étant le résultat de cette énorme « oxydation » originelle, on n'est pas surpris de voir ces deux principes toujours actifs en son sein. Le premier, ou principe dit d'oxygène, aérien, non volatil, a tendance à se fixer, il est substance lumineuse, père de la lumière ; le second, ou principe dit d'hydrogène, passif, volatil, inflammable, est une substance « calorique » ou « phosphorique » caractéristique des corps élémentaires. Quand ils se joignent cela donne du feu (la « joyeuse apparition de la lumière ») et/ou de l'eau — donc de la terre (la terre entière n'est que le résultat d'une précipitation d'eau !). Quand ils se disjoignent l'eau retourne à l'air, et l'air redonne du feu. Ce résumé tient compte des idées de Schelling, de Ritter, de Schubert, de Baader ; il est destiné à montrer l'importance de la polarité associée à une manière de mythiser un principe déduit d'une découverte chimique récente, l'oxygène ; celui-ci est alors compris seulement comme la manifestation la plus significative d'un Oxygène-principe toujours à l'œuvre dont le gaz du même nom n'est finalement qu'une des manifestations possibles. Ce qui faisait dire à Ritter que « la lumière représente ce qu'il y a de vraiment qualitatif dans l'oxygène », ou encore que « l'oxygène est la forme de déploiement de la lumière ».

La seconde réflexion finale portera sur la légitimité de l'herméneutique meyerienne. La démarche de notre C.B.C.S. théosophe ne diffère pas en son principe de celle d'illustres devanciers, tel Œtinger, mais elle ne se justifie pas seulement par la qualité de ses représentants. Il s'agit, on le sait, de montrer qu'il n'y a pas contradiction mais accord profond entre les révélations bibliques et la nature réelle de l'univers. Ici comme toujours l'interprétation part d'irrégularités du texte. Ainsi, pourquoi un « chaos » ? Pourquoi un serpent ? Pourquoi ces arbres du Jardin ? Etc. La science s'intègre alors à l'herméneutique, mais le théosophe veille à ce que l'on ne tire pas de conséquences fausses à partir de principes vrais ou reconnus tels par les scientifiques ; il rappelle que l'historicité d'une vérité (par exemple la création du monde en six jours, ou encore le géocentrisme) ne signifie pas que cette vérité soit dépourvue de fondement ontologique. Autrement dit la Parole divine, pour être, doit savoir utiliser l'histoire. Ainsi doit-on procéder en vue de toute vraie « explication » qui ne soit pas seulement réduction.

Les spéculations sur la Lumière se prêtent à une telle herméneutique ; elles continueront à vivifier les esprits actifs et recréateurs. Au début même de la *Genèse* le statut particulier dévolu à la Lumière se prête à d'infinies gammes spéculatives ; le *Fiat Lux* n'est-il pas le seul cas, dans le récit, où le projet corresponde à la réalisation ? Dans les autres cas les choses « sortent » à partir d'une création préexistante. La Lumière et le Feu tels que les romantiques allemands les ont rêvés, recréés, repensés, serviront encore longtemps de support symbolique, et de stimulants, à nos méditations.

I
Stade originel

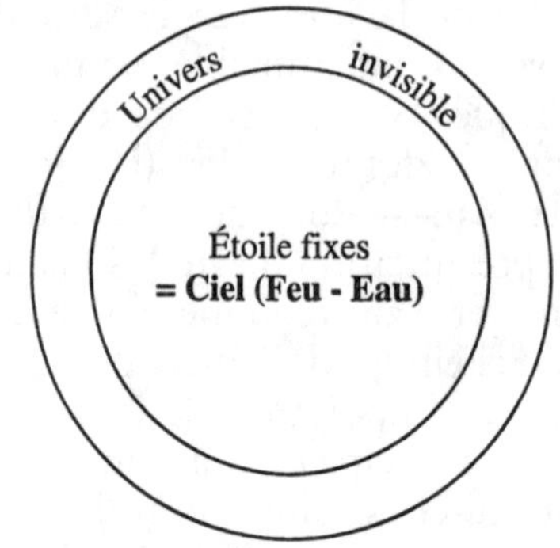

II
Chute

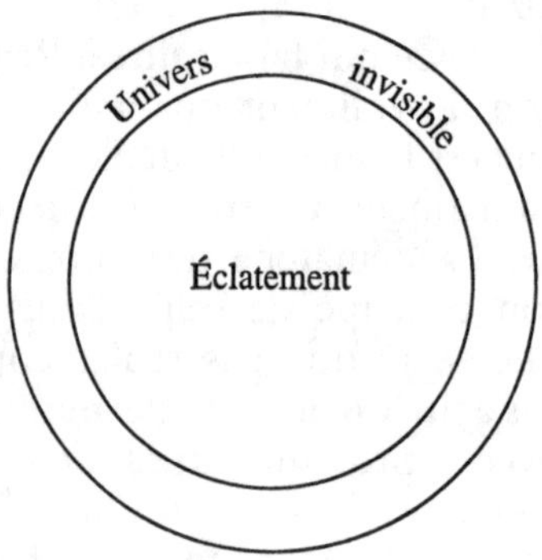

III
État actuel

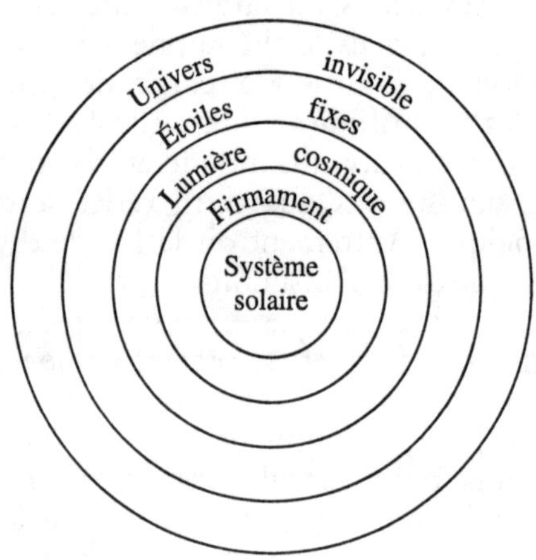

Lumière céleste — toujours existante et active dans/sur notre système solaire
(= « Oxygène supérieur »)

est venue « oxygéner » la substance nocturne « chaotique » (= « Hydrogène inférieur ») due à la chute,

pour donner, par une énorme oxydation, notre univers (terre, système solaire), qui est une atténuation du « courroux ». Cet univers est fait de deux principes :

Oxygène (ou électricité positive) : aérien, non volatil, allume, se fixe. Substance lumineuse, vrai principe, et père de la lumière.

Hydrogène (ou électricité négative). Passif, volatil, inflammable. Principe « phosphorique » dans tous les corps grossiers et élémentaires. Substance calorique, « Elektrum » phlogiston.

Quand ils se joignent ils donnent du *Feu* (lumière), et/ou de l'*Eau* (toute la *terre* n'est qu'une précipitation d'eau).

Quand ils se disjoignent, l'Eau retourne à l'Air, l'air redonne du Feu.

NOTES

1. Depuis la publication (1983) de cet article a paru le grand travail de Jacques Fabry (thèse de doctorat d'État) : *Le Théosophe de Francfort J.F. von Meyer et l'ésotérisme en Allemagne au XIXe siècle*, Francfort/Berne, P. Lang, 1989, 2. vol. Sur le thème de la Lumière chez Meyer, cf. pp. 739-748, qui sur quelques points complètent le présent travail.

2. *Hades. Ein Beitrag zur Theorie der Geisterkunde* (Francfort, 1810). Jung-Stilling, *Theorie der Geisterkunde* (Nuremberg, 1808). *Die Seherin von Prevorst*, de Justinus Kerner, ne paraît que plus tard, en 1829, à Stuttgart. Sur le Feu et la Lumière dans l'ésotérisme occidental et particulièrement la théosophie germanique, cf. *Lumière et Cosmos*, Paris, Albin Michel, 1981, ouvrage collectif (collection « Cahiers de l'Hermétisme », dirigée par A. Faivre et F. Tristan).

3. Ce manuscrit se trouve à Erlangen, dans le fonds Meyer actuellement étudié par Jacques Fabry (cf. *supra*, note 1).

4. Cf. *supra*, note 1 (lettres de Baader à Meyer).

5. Cf. notamment *Cabala*, II, nr. 112, p. 218 ss ; II, 143, p. 221 s.

6. *Blätter für höhere Wahrheit, aus älteren und neueren Handschriften und seltenen Büchern, mit besonderer Rücksicht auf den Magnetismus.* Cette revue parut de 1818 à 1832, soit en 11 numéros constituant chacun un petit volume ou cahier. Le douzième cahier est intitulé *Inbegriff der Glaubenslehre.*

7. « Gedanken über Licht und Wärme », in *Blätter für höhere Wahrheit*, I, 1820, p. 230-253.

8. Johann Edwin Christoph Ebermaier, *Commentatio de lucis in corpus humanum praeter visum efficacia*, Göttingen, 1797. *Physikal-chemische Geschichte des Lichts und dessen Einfluss auf den menschlichen Körper*, Osnabrück, 1799, Leipzig, 1819.

9. Surtout avec *Ideen zu einer Philosophie der Natur* (1797) ; *Von der Weltseele* (1798) ; *Erster Entwurf eines Systems der Naturphilosophie* (1799).

10. Sur lui, cf. surtout Walter D. Wetzels : *Johann Wilhelm Ritter : Physik im Wirkungsfeld der deutschen Romantik.* Berlin-New York, Walter de Gruyter, 1973. Et mon article : « Physique et Métaphysique du Feu chez J.W. Ritter », dans le présent ouvrage.

11. Fonds J.F. von Meyer, cote L, 10C.

12. Le manuscrit intitulé *Cabala* contient une intéressante remarque à propos de cette notion de coagulation (cf. p. 227, nr. 150) : le temps est corporéité *(Greiflichkeit)* ou coagulation *(Gerinnung)* de l'éternité, l'espace est celle de l'infini ou de la présence absolue, de même que la matière est la corporéité de l'esprit. Aussi espace et temps sont-ils divisibles ; ils rendent possible la création. De même qu'il y a des degrés dans l'esprit et dans la matière, de même il doit y en avoir dans l'espace et dans le temps, qui n'existent que dans, et pour, des esprits finis (nous verrons plus loin comment il reviendra sur cette idée).

13. *Ueber den Blitz als Vater des Lichts*, 1815 (Baader, *Sämtliche Werke*, I. II, p. 27-46, Aalen : Scientia Verlag, rééd. 1963). *Ueber die Physik als Kunst*, 1806.

14. Cf. *Apocalypse* XXII, 9-12 et 19-21 (non cité par Meyer).

15. G. H von Schubert, « Ueber einige der verschiedenen Bedeutungen des Wortes Wasser in der Sprache der heiligen Schrift », in *Blätter II*, 1820.

16. Il en reparlera plus tard. Baader l'en avait entretenu (cf. Baader à Meyer, 31 mars 1817, in Susini, *Lettres inédites, op. cit.*, p. 298). Sur le symbole de l'Aeschmajm, cf. Georg von Welling, *Opus magocabbalisticum et theosophicum*, Homburg von der Höhe, 1719, souvent réédité. Et E.J. Hirschfeld, *Biblisches Organon* (1796) (cf. à ce sujet G. G. Scholem, « Ein verschollener jüdischer Mystiker der Aufklärungszeit : E. J. Hirschfeld », in *Yearbook VIII of the Leo Baeck Institute of Jews from Germany*, Londres, 1962, p. 247-278).

17. « Erklärung des 8. Psalms » ; p. 4-27, in *Blätter für höhere Wahrheit. Aus ältern und neueren Handschriften und seltenen Büchern. Mit besonderer Rücksicht auf Magnetismus. Herausgegeben von Johann Friedrich von Meyer.* Zweyte Sammlung (= t. II), Frankfurt/Main, H. L. Brönner, 1820. — « Ueber Magnetismus in Beziehung auf die Geschlechter », p. 220-229, in *ibid.* (= t. II). — « Blick in das Weltall », p. 354-376, in *ibid.*, Vierte Sammlung (= t. IV), Frankfurt/Main, Hermannsche Buchhandlung, 1823. — « Die Bibel denkt heliocentrisch », p. 342-371, in *ibid.*, Achte Sammlung (t. VIII), Frankfurt/Main, Hermannsche Buchhandlung, 1827 (sous-titre : *Bilderschriften).* — « Von den drey Welten », p. 1-47, in *ibid.*, Neue Folge (dritte und letzte Sammlung : *Welt und Vorwelt)*, Berlin, L. Dehmigke, 1832.

18. C'est même Meyer qui, le premier semble-t-il, attira l'attention de Baader sur l'abbé Fournié (cf. Baader à Meyer, 31 mars 1817, in Susini, *Lettres inédites, op. cit.*, p. 297).

19. *Blick in das Weltall*, p. 367 ss.

20. *Ibid.*, p. 369 ss.

21. *Die Bibel denkt heliocentrisch*, p. 357.

22. *Ibid.*, p. 360.

23. Cf. les idées de G. H. von Schubert (*Die Urwelt und die Fixsterne*, 1822 ; *Handbuch der Kosmologie*, 1823), de J.W.A. Pfaff, et de Baader (*Sämtliche Werke*, XV, 383 s). Ce dernier s'était, à ce propos, opposé aux affirmations de Herder (cf. « Franz von Baader et les Philosophies de la Nature », dans le présent ouvrage).

24. *Die Urwelt und die Fixsterne*, 1822.

25. *Blick in das Weltall*, p. 356 ss.

26. *Ibid.*, p. 366.

27. *Ibid.*, p. 366 s. Fludd, *Utriusque cosmi historia*, I, p. 3.

28. *Die Bibel denkt heliocentrisch*, p. 369.

29. *Von den drey Welten*, p. 18.

30. *Ibid.*, p. 19 s.

31. *Ibid.*, p. 18.

32. *Ibid.*, p. 36.

33. *Blick in das Weltall*, p. 366. Tous les corps célestes sans exception peuvent être habités par des êtres (p. 353). Dans le *Commentaire* du Psaume VIII, p. 11, donc trois ans avant *Blick in das Weltall*, il suggérait déjà la possibilité qu'il y ait sur les planètes des êtres faits d'une autre chair que la nôtre mais qui vraisemblablement posséderaient la faculté de connaître et de glorifier le Créateur.

34. *Blick in das Weltall*, p. 373.

35. *Von den drey Welten*, p. 11 s.

36. *Ibid.*, p. 13 s.

37. *Ibid.*, p. 27 s.

38. *Ibid.*, p. 30 s.

39. *Ibid.*, p. 33.

40. *Ibid.*, p. 36 s.

41. *Ibid.*, p. 40 à 46. En affirmant la non-infinité de l'espace, Meyer rejoint la cosmologie aristotélicienne. On lit par exemple dans *Du Ciel* I, 9 : « Hors du ciel il n'y a pas de lieu ni de vide ni de temps. Le vide est l'endroit où il n'y a pas de corps mais où il peut en exister un. Sans corps naturel, pas de mouvement, et le temps est le nombre du mouvement. Or, hors du ciel pas de corps. Donc, hors du ciel, ni lieu, ni vide, ni temps » (le terme du ciel entier, c'est la durée, *aïon*).

42. *Ibid.*, p. 26 s.
43. *Ibid.*, p. 17.
44. *Ibid.*, p. 15.
45. *Ibid.*, p. 47.
46. *Blick in das Weltall*, p. 367.
47. *Ibid.*, p. 371 s.
48. *Ibid.*, p. 375 s.
49. L'idée lui tient à cœur depuis longtemps, de montrer que la Bible ne s'inscrit pas en faux contre l'héliocentrisme. Dans l'explication du Psaume VIII déjà, p. 9, il abordait le problème ; de même en 1822 (*Blätter*, t. III, p. 197 s : *Merkwürdige Andeutung der Zahl der Planeten)*. Il y reviendra en 1832 : *Blätter*, t. XI *(Nachträge)*, p. 327 : le géocentrisme apparent des Anciens ne s'explique pas par leur ignorance. Cf. aussi *Blätter*, IV (1823), p. 303 s.
50. *Die Bibel denkt heliocentrisch*, p. 345 ss.
51. *Ibid.*, 368 s.
52. *Wahrnehmungen einer Seherin. Aus dem handschriftlichen Tagebuch ihrer magnetischen Heilung geschrieben*, in *Blätter* VII, 1826, Frankfurt-am-Main, Hermann, p. 5 à 156, et VIII, 1827. Johann Friedrich von Meyer a fait paraître les *Wahrnehmungen einer Scherin*, peu après en deux volumes (1827-1828), chez Friedrich Perthes, de façon plus exhaustive. Sur Madame de Ratzenried, cf. aussi Jacques Matter, *Saint-Martin le Philosophe inconnu*, Paris, Didier, 1862 (rééd. Éditions d'Aujourd'hui, 1979), p. 156 ss, et E. Susini, *Lettres inédites, op. cit.*, t. III, index. La lettre de Meyer à Justinus Kerner, en date du 25 mai 1831, se trouve au Schiller-Nationalmuseum de Marbach-am-Neckar ; elle apporte de précieux compléments à la connaissance qu'on avait de cette voyante, et m'a été communiquée par Jacques Fabry.
53. *Wahrnehmungen*, VII p. 40 s.
54. *Ibid.*, VII, p. 90 s.
55. *Ibid.*, VIII, p. 45 s.
56. *Ibid.*, VIII, p. 97.
57. *Ibid.*, VIII, p. 120.
58. *Ibid.*, VIII, p. 122.
59. *Grundlinien der Astrologie der Alten*, in *Blätter II* (1820), p. 148, 187 s.
60. *Die Ursache der Polarität des Eisenmagnets*, in *Blätter* IV (1823), p. 303 s. Et sur l'électromagnétisme : *Elektromagnetismus*, in *Blätter* V (1824), p. 310 (Meyer rappelle que Ritter l'a pressenti et que Oersted l'a découvert).
61. *Ueber Magnetismus in Beziehung auf die Geschlechter*, in *Blätter* I (1818), p. 175 à 182, et *Blätter* II (1820), p. 220 à 253.

Index des noms de personnes

Sources

Les articles reproduits ici ont été corrigés et, autant que possible, mis à jour. Leurs lieux originaux d'édition sont les suivants :

Éditions Albin Michel (Paris), collection « Cahiers de l'Hermétisme », pour : « Ame du Monde et divine Sophia chez Franz von Baader », *in Sophia et l'Ame du Monde*, 1983. « Ténèbre, éclair et lumière chez Franz von Baader », *in Lumière et Cosmos*, 1981. « Magia Naturalis, 1765 : théologie de la lumière et de l'électricité dans la *Naturphilosophie* romantique », *in Lumière et Cosmos*, 1981. « Extraits de *Magia Naturalis* et du *Dictionnaire biblique et emblématique* de Fr. Chr. Oetinger », *in ibid.* « Le *Commentaire exégético-physique sur la Lumière primordiale de Genèse I*, de G.F. Rösler », *in ibid.*

Éditions Vrin (Paris), pour : « Note sur la lecture de Jacob Boehme par Franz von Baader », paru sous le titre « La critique boehméenne de Franz von Baader », *in Jacob Boehme ou l'obscure lumière de la connaissance mystique*, 1979 (Actes du colloque du C.E.R.I.C. de Chantilly, 1975).

Éditions des Presses universitaires de France (Paris), revue *Études philosophiques*, pour : « Entre l'*Aufklärung* et le romantisme : Abraham Gottlob Werner ou la géognosie », n. I *(Sciences de la Terre et Philosophie)* de 1977. « Physique et métaphysique du feu chez Johann Wilhelm Ritter », n. 1 *(Romantisme allemand)* de 1983.

Travaux de la Loge nationale de recherches Villard de Honnecourt, Neuilly-sur-Seine, pour : « Feu et lumière chez Johann Friedrich von Meyer », *in Travaux de la Loge nationale de recherches Villard de Honnecourt*, n. 7, 1983.

Éditions Erich Schmidt (Berlin), pour : « Franz von Baader et les philosophes de la Nature », *in* : A. Faivre und R. Chr. Zimmermaann (Hg.), *Epochen der Naturmystik*, 1979.

Les Éditions Albin Michel et l'auteur remercient les Éditions Vrin, les P.U.F., la L.N.R.V.H. et les Éditions Erich Schmidt.

Dans la même collection

ROGER ARNALDEZ
À la croisée des trois monothéismes

ISTVAN BIBO
Misère des petits États d'Europe de l'Est

ISAIAH BERLIN
À contre-courant. Essais sur l'histoire des idées
Les Penseurs russes
Le Bois tordu de l'humanité. Romantisme, nationalisme et totalitarisme

JACQUES BERQUE
Relire le Coran

PETER COULMAS
Les Citoyens du monde. Histoire du cosmopolitisme

MARCEL DETIENNE (dir.)
Transcrire les mythologies

MANUEL DE DIÉGUEZ
Essai sur l'universalité de la pensée française

JEAN GODIN
La Nouvelle Hypnose

BERNARD GROETHUYSEN
Philosophie et histoire

ANTONIETTA ET GÉRARD HADDAD
Freud en Italie. Psychanalyse du voyage

GILLES LAPOUGE
Utopie et civilisations

SERGE LECLAIRE et L'APUI
État des lieux de la psychanalyse

HENRI MALER
Convoiter l'impossible. L'utopie avec Marx, malgré Marx

HANS MAYER
Les Marginaux. Femmes, Juifs et homosexuels dans la littérature européenne

PATRICK MICHEL
Politique et religion. La grande mutation

FRANÇOIS PERRIER
La Chaussée d'Antin

JACQUES ROGER
Pour une histoire des sciences à part entière

LOUIS SALA-MOLINS
Sodome. Exergue à la philosophie du droit

DARYUSH SHAYEGAN
Qu'est-ce qu'une révolution religieuse ?

DANIEL SIBONY
Du vécu et de l'invivable. Psychopathologie du quotidien

GEORGE STEINER
Après Babel

COLLOQUE DE CERISY
La Terre et le Souffle. Rencontre autour de Claude Vigée

COLLOQUE DE LA VILLETTE
Les Paradoxes de l'environnement

*La composition de cet ouvrage
a été réalisée par Nord Compo à Villeneuve-d'Ascq.
L'impression et le brochage ont été effectués
sur presse CAMERON
par Bussière Camedan Imprimeries,
à Saint-Amand-Montrond (Cher),
pour le compte des Éditions Albin Michel.*

*Achevé d'imprimer en décembre 1995.
N° d'édition : 14164. N° d'impression : 1/2704.
Dépôt légal : janvier 1996.*